全国教育科学“十一五”规

线性代数

Linear Algebra

第三版

主　编　王希云　张红燕

中国教育出版传媒集团
高等教育出版社·北京

内容简介

本书系统地介绍了线性代数的基本概念和理论。全书共7章,包括行列式、矩阵、向量、线性方程组、矩阵的相似对角化、二次型及用MATLAB做线性代数等内容。书末汇编了2014年以来全国硕士研究生招生考试中线性代数的部分试题。

本书内容选择突出"适用够用",语言表达力求通俗易懂。可供普通高等学校非数学专业本科生选用,也可供自学者和科技工作者阅读。

图书在版编目(CIP)数据

线性代数/王希云,张红燕主编. --3版. --北京:高等教育出版社,2024.2

ISBN 978-7-04-061739-9

Ⅰ.①线… Ⅱ.①王… ②张… Ⅲ.①线性代数 Ⅳ.①O151.23

中国国家版本馆CIP数据核字(2024)第024445号

XianXing Daishu

策划编辑 朱 瑾　责任编辑 朱 瑾　封面设计 赵 阳　版式设计 杜微言
责任绘图 邓 超　责任校对 吕红颖　责任印制 沈心怡

出版发行 高等教育出版社
社 址 北京市西城区德外大街4号
邮政编码 100120
印 刷 北京印刷集团有限责任公司
开 本 787mm×960mm 1/16
印 张 20.25
字 数 350千字
购书热线 010-58581118
咨询电话 400-810-0598
网 址 http://www.hep.edu.cn
http://www.hep.com.cn
网上订购 http://www.hepmall.com.cn
http://www.hepmall.com
http://www.hepmall.cn
版 次 2010年2月第1版
2024年2月第3版
印 次 2024年3月第2次印刷
定 价 45.80元

物 料 号 61739-00

第三版前言

为适应新时代的要求，全面贯彻落实党的二十大精神进教材，本书是在第二版的基础上，依据本科院校线性代数课程基本要求，按照应用型本科院校的需要，结合近几年的教学改革实践及同行和使用者的意见和建议修订而成的。

此次修订的基本原则是：**适用够用，可读性强，加强应用**。

主要修订情况如下：

1. 基本保留原有结构体系，删除上一版第 7 章"线性空间与线性变换"，将原来的 3.5 节"向量的内积与正交"放在了第 5 章，将原来的 4.4 节"齐次线性方程组的一个应用"、5.4 节"矩阵对角化的应用"融入相应的知识点中，不再单列。为使叙述更加通俗易懂，增加了一些典型实例，并在文字叙述上做了较大修改。

2. 为增加教材的可读性，利用感性的实例引出抽象的概念或者抽象的定理，将一些较长或较难的定理证明制作成数字资源，供学有余力的读者进一步学习。

3. 对课后习题进行了全面更新。在题型上，增加了选择题及填空题；在内容上，采取循序渐进逐步提高的方式编写。每节后的习题是基础题目,供学生巩固基本知识点;每章后的总练习题A是综合题目,总练习题B是选自历年的考研试题,综合性更强,供学有余力的读者练习。

4. 每章后增加“历史探寻”,探寻线性代数核心概念的发展历史及应用,培养学生的科学精神,开阔学生的眼界。

5. 更新了附录中的历年全国硕士研究生招生考试线性代数部分试题汇编(2014—2023)。

本次修订工作由王希云负责并统稿,正文分别由张红燕、王欣洁、陈培军、麻晓波、黄丽、崔学英、常高完成修订,附录由张红燕编写。

本次修订工作得到了高等教育出版社及太原科技大学数学系老师的大力支持,特别是承担线性代数课程教学任务的老师提出了许多有建设性的意见和建议,在此向他们表示真诚的谢意!欢迎广大同行和使用者继续提出宝贵意见。

编　者

2023年6月

第二版前言

线性代数是一门重要的基础课，在自然科学、工程技术和经济管理科学等诸多领域有着重要的应用。根据线性代数课程的教学基本要求，编者结合多年来从事线性代数课程教学的体会，在第一版的基础上，编写了《线性代数（第二版）》，其目的是为普通高等学校非数学类专业学生提供一本可读性较强、适用面较宽的线性代数教材，培养学生的自主学习能力和思考能力，提高其实践动手能力。

本书第二版的基本内容及教材体系框架和章节安排基本与第一版一致，保留了原书的风格，主要在概念的引入、定理的证明、习题和实验方面做了较大幅度的修改。第二版的修订特色如下：

1. 修改了部分概念的引入方式。在概念引入、结论分析和例题演算等环节上尽可能多地反映代数与几何结合的思想，这样可以使学生从几何背景中理解代数概念的来龙去脉，并获得解决问题的启示。如向量线性相关的定义、特征值、特征向量概念的引入，尽量从几何上说明抽象的概念。

2. 丰富了课后习题。为便于学生自学，将课后习题分为三个层次。每节后为基本题，是学生初学完本节内容就能完成的题目。每章的总练习题又分为 A、B 两个层次。总练习题(A)主要是本章学习结束后学生必须掌握的习题,而总练习题(B)主要是为学有余力的学生准备的,其中的题目综合性较强,有部分为历年研究生入学考试试题。

3. 增加了用 MATLAB 解线性代数一章,采取边介绍 MATLAB、边学习、边实践的思路,逐步引导学生学习使用 MATLAB,并用 MATLAB 求解线性代数中的问题。

4. 补充了 2010~2014 年全国硕士研究生入学统一考试线性代数试题。

第二版前 6 章由王希云修订、编写,第 7 章由黄丽修订、编写,第 8 章由王欣洁与陈培军编写,习题的配置和历年考研试题汇编由赵文彬编写。在第二版的编写过程中,太原科技大学数学系的教师麻晓波、崔学英、王银珠等仔细阅读了全书并提出了许多建设性的建议,在此感谢他们的大力支持。本书第二版也是在高等教育出版社于丽娜编辑的促进与支持下才顺利与读者见面,在此致以深切的谢意。由于编者水平有限,不妥之处在所难免,恳请读者和使用本教材的教师批评指正。

编　者

2014 年 6 月

第一版前言

线性代数是大学数学教学中的一门重要基础课程,是学习和掌握其他数学学科及科学技术的基础,其主要内容是讲述线性空间理论和矩阵理论,主要处理线性关系问题。随着数学学科的发展,线性代数的含义也在不断扩大,它的理论不仅渗透到了数学的许多分支中,而且在理论物理、理论化学、工程技术、国民经济、生物技术、航天、航海等领域中都有着广泛的应用。

本书以教育部高等学校数学与统计学教学指导委员会关于工科类与经济管理类本科数学基础课程教学基本要求为依据,结合编者多年的教学经验编写而成。在编写过程中,借鉴了国内外许多优秀教材的思想和处理方法,内容上突出精选够用,表达上力求通俗易懂。根据非数学类专业学生的需要,以线性变换作为贯穿全书的主线,使线性方法得以充分体现,同时有利于学生理解线性代数课程的基本概念和基本原理。在概念的引入、理论分析和例题演算等环节上尽可能多地反映代数与实际结合的思想,这样可以使学生从实际背景中理解代数概念的来龙去脉,并获得解决问题的启示。本书重视例题和习题的设计与选配,除了在每一节后选配巩固课程内容的基本习题外,每章结束后还选配了总练习题。

全书共分7章,各章内容紧密联系又相对独立。全书系统地介绍了行列式、矩阵、向量空间、线性方程组的基础知识,论述了方阵的特征值与特征向量、方阵的对角化和实二次型的化简等问题,讨论了线性空间与线性变换的相关内容。

本书的各章内容编排与现行的全国硕士研究生入学统一考试数学考试大纲相一致,其中前6章内容覆盖了数学一、数学二、数学三关于线性代数的考试要求。

鉴于信息技术的飞速发展及软件的广泛应用,本书在附录1中对MATLAB作了简要介绍,为了提高学生数值计算和应用计算机的能力,通过实际计算加深对所学内容的理解,各章(除第7章外)都给出了用MATLAB进行数学实验的习题;为了使有志于攻读硕士研究生的读者能在学习过程中作适当准备,且使读者了解线性代数课程的基本要求和重点,本书在每章末给出了该章的基本要求,并与考研大纲的基本要求相一致,同时在附录2中汇编了2003年以来硕士研究生入学考试中线性代数的部分试题。

本书由王希云任主编,负责审阅全文。前6章由王希云编写,附录及数学实验由王欣洁编写,第7章由董安强编写。

本书可作为高等学校工科、理科(非数学类专业)与经济管理学科线性代数课程的教材,也可供报考硕士研究生的人员及工程技术人员参考。考虑到各类专业与各类人员的不同要求,对书中某些章节,不同专业可根据不同情况予以取舍(标注*的部分可舍去)。

本书在编写过程中得到了高等教育出版社、太原科技大学有关领导及太原科技大学印刷厂同志们的大力支持,太原科技大学数学系的老师们对本书提出了许多建设性的意见。编者在此向他们表示衷心的感谢!

由于时间仓促,加之编者水平有限,书中内容、体系、结构不当之处在所难免,恳请读者和使用本教材的老师不吝赐教。

编　者

2009年6月

目　录

行列式理论是线性代数的重要组成部分，是研究矩阵理论和线性方程组的重要工具.它不仅在数学中有广泛的应用，而且在经济、管理及工程技术等领域有着极其广泛的应用.特别是在本门课程中，它是研究线性方程组、矩阵及向量组的线性相关性的一种重要工具.

本章首先以二元和三元线性方程组的求解为背景引进行列式的概念，然后介绍行列式的基本性质和计算方法，最后给出基于行列式求解线性方程组的方法——克拉默法则.

第1章 行列式

1.1 行列式的定义

线性代数起源于线性方程组，线性方程组的研究产生出行列式的概念.所谓线性方程组是指未知数的最高次数是一次的方程组.为此我们回顾初等数学中二、三元线性方程组的求解过程，从而引入二、三阶行列式的概念，并在此基础上给出 n 阶行列式的定义.

1.1.1 二元线性方程组与二阶行列式

设二元线性方程组

$$\begin{cases} a_{11}x_1+a_{12}x_2=b_1, \\ a_{21}x_1+a_{22}x_2=b_2, \end{cases} \tag{1.1}$$

当 $a_{11}a_{22}-a_{12}a_{21}\neq 0$ 时，用消元法求解，得其解为

$$x_1=\frac{b_1a_{22}-a_{12}b_2}{a_{11}a_{22}-a_{12}a_{21}},x_2=\frac{a_{11}b_2-b_1a_{21}}{a_{11}a_{22}-a_{12}a_{21}}. \tag{1.2}$$

在式(1.2)中，其各自的分母由方程组(1.1)中未知数的系数构成，

为了便于记忆，把这 4 个系数按它们在方程组(1.1)中的位置，排成如下两行两列(横排称行，竖排称列)的数表：

$$\begin{matrix} a_{11} & a_{12} \\ a_{21} & a_{22} \end{matrix}$$

引入记号 $\begin{vmatrix} a_{11} & a_{12} \\ a_{21} & a_{22} \end{vmatrix}$ 表示 $a_{11}a_{22}-a_{12}a_{21}$，称为**二阶行列式**，即

$$\begin{vmatrix} a_{11} & a_{12} \\ a_{21} & a_{22} \end{vmatrix} = a_{11}a_{22}-a_{12}a_{21}, \tag{1.3}$$

其中 $a_{ij}(i,j=1,2)$ 称为二阶行列式的**元素**. 元素 a_{ij} 的第一个下标 i 称为**行标**，表明该元素位于第 i 行；第二个下标 j 称为**列标**，表明该元素位于第 j 列，常称 a_{ij} 是行列式的第 i 行第 j 列的元素.

上述二阶行列式的定义，可用**对角线法则**来记忆. 如图 1.1，把 a_{11} 到 a_{22} 的实连线称为**主对角线**，a_{12} 到 a_{21} 的虚连线称为**次对角线**. 于是二阶行列式便是主对角线上两元素之积减去次对角线上两元素之积所得的差.

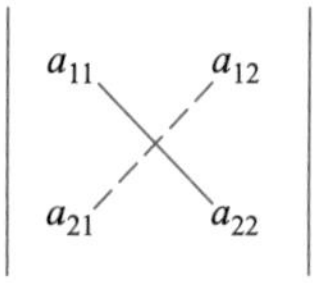

图 1.1

利用二阶行列式的概念，式(1.2)的分子也可以写成二阶行列式，即

$$b_1a_{22}-a_{12}b_2=\begin{vmatrix} b_1 & a_{12} \\ b_2 & a_{22} \end{vmatrix}, a_{11}b_2-b_1a_{21}=\begin{vmatrix} a_{11} & b_1 \\ a_{21} & b_2 \end{vmatrix},$$

若记

$$D=\begin{vmatrix} a_{11} & a_{12} \\ a_{21} & a_{22} \end{vmatrix}, D_1=\begin{vmatrix} b_1 & a_{12} \\ b_2 & a_{22} \end{vmatrix}, D_2=\begin{vmatrix} a_{11} & b_1 \\ a_{21} & b_2 \end{vmatrix},$$

则式(1.2)可以表示为

$$x_1=\frac{D_1}{D}=\frac{\begin{vmatrix} b_1 & a_{12} \\ b_2 & a_{22} \end{vmatrix}}{\begin{vmatrix} a_{11} & a_{12} \\ a_{21} & a_{22} \end{vmatrix}}, x_2=\frac{D_2}{D}=\frac{\begin{vmatrix} a_{11} & b_1 \\ a_{21} & b_2 \end{vmatrix}}{\begin{vmatrix} a_{11} & a_{12} \\ a_{21} & a_{22} \end{vmatrix}},$$

其中 D 是由方程组(1.1)的系数所确定的二阶行列式，称 D 为方程组的**系数行列式**. 分子 D_1、D_2 则分别是将系数行列式的第一列和第二列换成方程组(1.1)右端的常数列所得到的行列式.

例 1.1.1　求解二元线性方程组

$$\begin{cases} x_1-2x_2=3, \\ 2x_1+x_2=1. \end{cases}$$

解 因为 $D=\begin{vmatrix} 1 & -2 \\ 2 & 1 \end{vmatrix}=1-(-4)=5\neq 0$,所以方程组有解,而

$$D_1=\begin{vmatrix} 3 & -2 \\ 1 & 1 \end{vmatrix}=3-(-2)=5, D_2=\begin{vmatrix} 1 & 3 \\ 2 & 1 \end{vmatrix}=1-6=-5,$$

因此方程组的解为

$$x_1=\frac{D_1}{D}=1, x_2=\frac{D_2}{D}=-1.$$

1.1.2 三元线性方程组与三阶行列式

类似地,为求解三元线性方程组

$$\begin{cases} a_{11}x_1+a_{12}x_2+a_{13}x_3=b_1, \\ a_{21}x_1+a_{22}x_2+a_{23}x_3=b_2, \\ a_{31}x_1+a_{32}x_2+a_{33}x_3=b_3, \end{cases} \tag{1.4}$$

记

$$D=\begin{vmatrix} a_{11} & a_{12} & a_{13} \\ a_{21} & a_{22} & a_{23} \\ a_{31} & a_{32} & a_{33} \end{vmatrix},$$

$$D_1=\begin{vmatrix} b_1 & a_{12} & a_{13} \\ b_2 & a_{22} & a_{23} \\ b_3 & a_{32} & a_{33} \end{vmatrix}, D_2=\begin{vmatrix} a_{11} & b_1 & a_{13} \\ a_{21} & b_2 & a_{23} \\ a_{31} & b_3 & a_{33} \end{vmatrix}, D_3=\begin{vmatrix} a_{11} & a_{12} & b_1 \\ a_{21} & a_{22} & b_2 \\ a_{31} & a_{32} & b_3 \end{vmatrix}.$$

可以证明,当 $D\neq 0$ 时,方程组(1.4)的解可表示为

$$x_1=\frac{D_1}{D}, x_2=\frac{D_2}{D}, x_3=\frac{D_3}{D}, \tag{1.5}$$

其中

$$D=a_{11}a_{22}a_{33}+a_{12}a_{23}a_{31}+a_{13}a_{21}a_{32}-a_{11}a_{23}a_{32}-a_{12}a_{21}a_{33}-a_{13}a_{22}a_{31},$$

D 称为**三阶行列式**,上式右端称为三阶行列式的展开式.

上述三阶行列式的定义可按图 1.2 的**对角线法则**来记忆.其遵循的规律为:三条实线看作是平行于主对角线的连线,实线上连接的三个元素的乘积取正号;三条虚线看作是平行于次对角线的连线,虚线上连接的三个元素的乘积取负号;然后取这六项之和即为三阶行列式 D 的值.类似可用对角线法则求 D_1, D_2, D_3 的值.由方程组(1.4)的系数构成的行列式 D

称为方程组(1.4)的**系数行列式**.

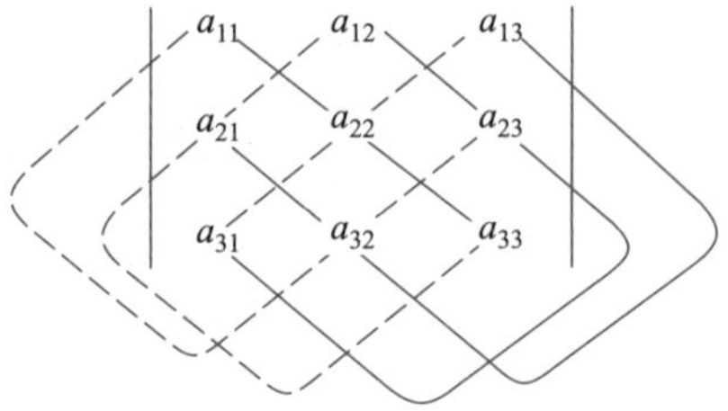

图 1.2

例 1.1.2　求解三元线性方程组

$$\begin{cases} 2x_1 \quad\quad +x_3=1, \\ x_1-4x_2-x_3=0, \\ -x_1+8x_2+3x_3=0. \end{cases}$$

解　系数行列式

$$D=\begin{vmatrix} 2 & 0 & 1 \\ 1 & -4 & -1 \\ -1 & 8 & 3 \end{vmatrix},$$

按照对角线法则,得

$$D=-24+8-4+16=-4,$$

$$D_1=\begin{vmatrix} 1 & 0 & 1 \\ 0 & -4 & -1 \\ 0 & 8 & 3 \end{vmatrix}=-4, D_2=\begin{vmatrix} 2 & 1 & 1 \\ 1 & 0 & -1 \\ -1 & 0 & 3 \end{vmatrix}=-2, D_3=\begin{vmatrix} 2 & 0 & 1 \\ 1 & -4 & 0 \\ -1 & 8 & 0 \end{vmatrix}=4,$$

因此方程组的解为 $x_1=\dfrac{D_1}{D}=1, x_2=\dfrac{D_2}{D}=\dfrac{1}{2}, x_3=\dfrac{D_3}{D}=-1.$

在实际问题中,往往会遇到未知数多于三个的线性方程组.那么对于四元及四元以上的线性方程组是否有类似的结果？其相应的行列式如何定义?

思考:仿照三阶行列式的定义(对角线法则)及解的形式(1.5),能否求解下列四元线性方程组?

$$\begin{cases} x_1+3x_2 \quad\quad +x_4=1, \\ 3x_1 \quad\quad +x_3+4x_4=0, \\ x_1+x_2+2x_3+x_4=1, \\ x_2+x_3 \quad\quad =0. \end{cases}$$

读者可以发现,利用对角线法则计算四阶行列式并按照(1.5)的形式得到的解并不是上述方程组的解.此例说明,要使四元线性方程组的解仍保持(1.5)的形式,则四阶行列式不能利用对角线法则求.对角线法则仅适用于二阶与三阶行列式,为了研究四阶及四阶以上行列式的定义,下面先介绍排列的有关知识,然后分析三阶行列式的结构,在此基础上引出 n 阶行列式的定义.

1.1.3 全排列及其逆序数

把 n 个不同的元素按一定顺序排成一列,称为这 n 个元素的一个**全排列**(简称排列).n 个不同元素的所有排列的种数,通常用 P_n 表示.

例 1.1.3 写出元素 1,2,3 的所有全排列.

解 三个元素 1,2,3 的全排列的种数 $P_3=3!=6$,其全排列依次为 123,132,213,231,312,321.

在上面的全排列中,除了 123 是按自然顺序排列以外,其他排列中都可找到一个大数排在一个小数前面的情况,这样的排列顺序与自然顺序相反.例如,在排列 132 中,3 排在 2 的前面;在排列 321 中,2 排在 1 的前面,3 排在 1 和 2 的前面.一般地,在一个排列中,若一个大数排在一个小数之前,则称这两个数构成一个**逆序**.在一个排列里出现的逆序总数称为该排列的**逆序数**.逆序数为偶数的排列称为**偶排列**,逆序数为奇数的排列称为**奇排列**.排列的奇偶性是定义 n 阶行列式的基础,为了方便,引进一个符号:如果 $j_1 j_2 \cdots j_n$ 是一个 n 元排列,其逆序数记作 $\sigma(j_1 j_2 \cdots j_n)$.

例 1.1.4 确定排列 4321 和 1324 以及 $n(n-1)\cdots 21$ 的奇偶性.

解 在排列 4321 中,2 在 1 之前构成一个逆序,3 在 1,2 之前构成两个逆序,4 在 1,2,3 之前构成三个逆序,此排列的逆序数

$$\sigma(4321)=1+2+3=6,$$

所以排列 4321 是偶排列.

在排列 1324 中,3 在 2 之前构成一个逆序,此排列的逆序数 $\sigma(1324)=1$,所以排列 1324 是奇排列.

在排列 $n(n-1)\cdots 21$ 中,2 在 1 之前构成一个逆序,3 在 1,2 之前构成两个逆序……n 在 $n-1,\cdots,2,1$ 之前构成 $n-1$ 个逆序,所以

$$\sigma(n(n-1)\cdots 21)=1+2+\cdots+(n-1)=n(n-1)/2.$$

当 $n=4k$ 或者 $n=4k+1$ 时,它是偶排列;而当 $n=4k+2$ 或者 $n=4k+3$ 时,它是奇排列,其中 k 为正整数.

在一个排列中,对调其中的两个数,而其他数字不动,就可得到一个新的排列.对排列所作的上述变换称为**对换**.**一个排列中的任意两个元素**

对换,排列改变奇偶性.在这里我们不证明这个结论,仅用例子说明它,如在例 1.1.4 中排列 4321 是偶排列,4 与 1 对换得排列 1324,它是奇排列.另外,关于奇排列和偶排列还有以下一个重要结论:

n 个不同元素($n>1$)共有 $n!$ 种全排列,其中奇偶排列各占一半.

1.1.4　n 阶行列式的定义

为了给出 n 阶行列式的定义,先来研究三阶行列式的结构.

根据三阶行列式的定义有

$$\begin{vmatrix} a_{11} & a_{12} & a_{13} \\ a_{21} & a_{22} & a_{23} \\ a_{31} & a_{32} & a_{33} \end{vmatrix} = a_{11}a_{22}a_{33}+a_{12}a_{23}a_{31}+a_{13}a_{21}a_{32}-a_{11}a_{23}a_{32}-a_{12}a_{21}a_{33}-a_{13}a_{22}a_{31}, \tag{1.6}$$

容易看出

(1) 三阶行列式的展开式共有 $3!=6$ 项;

(2) 式(1.6)右边每一项都是三个元素的乘积,且这三个元素位于不同的行不同的列. 因此,式(1.6)右端的任一项除正负号外可以写成 $a_{1j_1}a_{2j_2}a_{3j_3}$.第一个下标(行标)排成自然顺序 123,而第二个下标(列标)排成 $j_1j_2j_3$,它们是 1,2,3 三个数的某个排列.这样的排列共有 $3!=6$ 种,而对应式(1.6)右端恰含 6 项;

(3) 各项的正负号与列标的排列相对应.

带正号的三项列标排列是:123,231,312;带负号的三项列标排列是:132,213,321.易知前三个排列都是偶排列,而后三个排列都是奇排列,因此各项 $a_{1j_1}a_{2j_2}a_{3j_3}$ 所带的正负号可以表示为 $(-1)^{\sigma(j_1j_2j_3)}$.

经以上分析可知,三阶行列式可以写成

$$\begin{vmatrix} a_{11} & a_{12} & a_{13} \\ a_{21} & a_{22} & a_{23} \\ a_{31} & a_{32} & a_{33} \end{vmatrix} = \sum_{j_1j_2j_3} (-1)^{\sigma(j_1j_2j_3)} a_{1j_1}a_{2j_2}a_{3j_3},$$

其中 $\sum\limits_{j_1j_2j_3}$ 表示对 1,2,3 三个数的所有排列 $j_1j_2j_3$ 求和.

显然,二阶行列式可表示为

$$\begin{vmatrix} a_{11} & a_{12} \\ a_{21} & a_{22} \end{vmatrix} = a_{11}a_{22}-a_{12}a_{21} = (-1)^{\sigma(12)}a_{11}a_{22}+(-1)^{\sigma(21)}a_{12}a_{21}$$

$$= \sum_{j_1j_2} (-1)^{\sigma(j_1j_2)} a_{1j_1}a_{2j_2}.$$

类似地,可以给出 n 阶行列式的定义.

定义 1.1 将 n^2 个元素 $a_{ij}(i,j=1,2,\cdots,n)$ 组成的符号

$$\begin{vmatrix} a_{11} & a_{12} & \cdots & a_{1n} \\ a_{21} & a_{22} & \cdots & a_{2n} \\ \vdots & \vdots & & \vdots \\ a_{n1} & a_{n2} & \cdots & a_{nn} \end{vmatrix}$$

称为 n **阶行列式**(determinant),其中横排、竖排分别称为它的**行**和**列**,其值等于所有取自不同行不同列的 n 个元素乘积 $a_{1j_1}a_{2j_2}\cdots a_{nj_n}$ 的代数和,各项的符号为 $(-1)^{\sigma(j_1j_2\cdots j_n)}$,即

$$\begin{vmatrix} a_{11} & a_{12} & \cdots & a_{1n} \\ a_{21} & a_{22} & \cdots & a_{2n} \\ \vdots & \vdots & & \vdots \\ a_{n1} & a_{n2} & \cdots & a_{nn} \end{vmatrix} = \sum_{j_1j_2\cdots j_n}(-1)^{\sigma(j_1j_2\cdots j_n)}a_{1j_1}a_{2j_2}\cdots a_{nj_n},$$

其中 $\sum\limits_{j_1j_2\cdots j_n}$ 表示对 $1,2,\cdots,n$ 的所有排列求和,$j_1j_2\cdots j_n$ 是 $1,2,\cdots,n$ 的一个排列.

$$(-1)^{\sigma(j_1j_2\cdots j_n)}a_{1j_1}a_{2j_2}\cdots a_{nj_n}$$

称为行列式的一般项.

n 阶行列式简记为 $\det(a_{ij})$ 或 $|a_{ij}|_n$.当 $n=1$ 时,一阶行列式只有一个元素,认为 $|a_{11}|=a_{11}$,注意不要与绝对值混淆.

由行列式的定义可知,行列式是一个数,它等于位于不同行不同列的 n 个元素乘积的代数和.**如果行列式有一行(列)元素全为零,那么行列式等于零.**

例 1.1.5 计算行列式

$$D=\begin{vmatrix} a & 0 & 0 & b \\ 0 & c & d & 0 \\ 0 & e & f & 0 \\ g & 0 & 0 & h \end{vmatrix}.$$

解 D 的展开式共有 $4!=24$ 项.然而,在这 24 项里,除了 $acfh$,$adeh$,$bdeg$,$bcfg$ 这四项外,其余项均含有零因子,因而等于零.与上面 4 项对应的列标的排列依次是 1234,1324,4321,4231.其中第一个和第三个是偶排列,第二个和第四个是奇排列.因此

$$D=acfh-adeh+bdeg-bcfg.$$

思考：三阶行列式能否表示成如下形式(即一般项的列标按自然顺序排列)：

$$\begin{vmatrix} a_{11} & a_{12} & a_{13} \\ a_{21} & a_{22} & a_{23} \\ a_{31} & a_{32} & a_{33} \end{vmatrix} = \sum_{i_1 i_2 i_3} (-1)^{\sigma(i_1 i_2 i_3)} a_{i_1 1} a_{i_2 2} a_{i_3 3}.$$

事实上，由于数的乘法满足交换律，故行列式各项中 n 个元素的顺序可以任意交换.一般地，有

定理 1.1 n 阶行列式 $D=\det(a_{ij})$ 的一般项可以写作

$$(-1)^{\sigma(i_1 i_2 \cdots i_n)+\sigma(j_1 j_2 \cdots j_n)} a_{i_1 j_1} a_{i_2 j_2} \cdots a_{i_n j_n},$$

其中 $i_1 i_2 \cdots i_n$ 和 $j_1 j_2 \cdots j_n$ 都是 $1,2,\cdots,n$ 的排列.

据此，n 阶行列式又可表示为

$$\begin{vmatrix} a_{11} & a_{12} & \cdots & a_{1n} \\ a_{21} & a_{22} & \cdots & a_{2n} \\ \vdots & \vdots & & \vdots \\ a_{n1} & a_{n2} & \cdots & a_{nn} \end{vmatrix} = \sum_{i_1 i_2 \cdots i_n} (-1)^{\sigma(i_1 i_2 \cdots i_n)} a_{i_1 1} a_{i_2 2} \cdots a_{i_n n}$$

$$\overset{\text{或}}{=\!=\!=} \sum (-1)^{\sigma(i_1 i_2 \cdots i_n)+\sigma(j_1 j_2 \cdots j_n)} a_{i_1 j_1} a_{i_2 j_2} \cdots a_{i_n j_n}.$$

例 1.1.6 设 $(-1)^{\sigma(i432k)+\sigma(52j14)} a_{i5} a_{42} a_{3j} a_{21} a_{k4}$ 为五阶行列式中的一项，求 i,j,k 的值，并确定该项的符号.

解 由行列式的定义，每一项中的元素取自不同行不同列，故 $j=3$，$i=1$，$k=5$ 或者 $j=3$，$i=5$，$k=1$.

当 $j=3$，$i=1$，$k=5$ 时，$\sigma(14325)+\sigma(52314)=9$，该项取负号.

当 $j=3$，$i=5$，$k=1$ 时，由对换的性质，该项取正号.

例 1.1.7 计算行列式

$$\begin{vmatrix} a_{11} & a_{12} & \cdots & a_{1n} \\ 0 & a_{22} & \cdots & a_{2n} \\ \vdots & \vdots & & \vdots \\ 0 & 0 & \cdots & a_{nn} \end{vmatrix}.$$

解 由于第 1 列除了 a_{11} 之外其他元素都为 0，故第 1 列必须选 a_{11}. 而第 2 列不能选 a_{12}，因为一行中只能选一个元素，所以第 2 列只能选 a_{22}. 同理第 3 列只能选 a_{33}……第 n 列只能选 a_{nn}.这样该行列式仅有唯一可能的非零项 $a_{11}a_{22}\cdots a_{nn}$，由于该项的行标与列标都是按自然顺序排列的，因此 $D=a_{11}a_{22}\cdots a_{nn}$.

例 1.1.6 中的行列式称为**上三角形行列式**,它等于主对角线(行列式中从左上角到右下角的对角线称为主对角线)上元素的乘积.同理可得**下三角形行列式**

$$\begin{vmatrix} a_{11} & 0 & \cdots & 0 \\ a_{21} & a_{22} & \cdots & 0 \\ \vdots & \vdots & & \vdots \\ a_{n1} & a_{n2} & \cdots & a_{nn} \end{vmatrix} = a_{11}a_{22}\cdots a_{nn}.$$

特别有

$$\begin{vmatrix} a_{11} & 0 & \cdots & 0 \\ 0 & a_{22} & \cdots & 0 \\ \vdots & \vdots & & \vdots \\ 0 & 0 & \cdots & a_{nn} \end{vmatrix} = a_{11}a_{22}\cdots a_{nn},$$

称此行列式为**对角行列式**,其值也等于主对角线上元素的乘积.

习题 1-1

1. 单项选择题

(1) 下列命题错误的是(　　).

A. 不同数字的全排列中,奇偶排列各占一半

B. 一次对换改变排列的奇偶性

C. 任何行列式都可用对角线法则计算

D. n 阶行列式是 $n!$ 项取自不同行不同列的 n 个元素乘积的代数和

(2) 已知 5 元全排列 $3i4j1$ 为奇排列,则 i,j 的值为(　　).

A. $i=2,j=5$　　　　B. $i=5,j=2$

C. $i=7,j=2$　　　　D. $i=1,j=5$

(3) 下列哪项是四阶行列式中的项(　　).

A. $a_{42}a_{31}a_{12}a_{23}$　　　　B. $a_{12}a_{21}a_{33}a_{44}$

C. $-a_{12}a_{23}a_{31}a_{44}$　　　　D. $-a_{12}a_{21}a_{33}a_{44}$

(4) $\begin{vmatrix} 0 & 1 & 2 & 3 \\ 0 & 0 & 1 & 2 \\ 1 & 0 & 0 & 0 \\ 1 & 0 & 0 & 1 \end{vmatrix} = (\quad)$.

A. 2　　　　B. 1

C. 0　　　　D. -1

2. 填空题

(1) 排列 32415 的逆序数为________.

(2) 排列 $123\cdots n$ 的逆序数为________.

(3) 若 n 阶行列式 D 中有一行元素全为零,则行列式 $D=$________.

(4) 四阶行列式中 $a_{23}a_{12}a_{41}a_{34}$ 的符号为________.

(5) 四阶行列式中包含 $a_{42}a_{23}$ 并带负号的项为________.

3. 利用行列式的定义计算下列行列式:

(1) $\begin{vmatrix} 0 & 1 & 2 \\ 0 & 4 & 0 \\ 5 & 6 & 7 \end{vmatrix}$; (2) $\begin{vmatrix} 0 & 3 & 0 & 0 \\ 0 & 1 & 5 & 0 \\ 0 & 0 & 2 & 4 \\ 1 & 0 & 0 & 1 \end{vmatrix}$;

(3) $\begin{vmatrix} 1 & 2 & 3 & 4 & 5 \\ 1 & 2 & 3 & 4 & 0 \\ 1 & 2 & 3 & 0 & 0 \\ 1 & 2 & 0 & 0 & 0 \\ 1 & 0 & 0 & 0 & 0 \end{vmatrix}$.

习题答案与提示 1-1

1.2 行列式的性质

由 n 阶行列式的定义可知,当 n 较大时,直接利用定义计算行列式很困难或者几乎不可能.例如,计算一个 20 阶的行列式,需作 $19\times20!$ 次乘法,用每秒运算亿万次的计算机,也要算 1000 年才行!因此,研究行列式的运算规律,利用这些规律简化行列式的计算是十分必要的.本节将介绍行列式的基本性质.

设 n 阶行列式

$$D=\begin{vmatrix} a_{11} & a_{12} & \cdots & a_{1n} \\ a_{21} & a_{22} & \cdots & a_{2n} \\ \vdots & \vdots & & \vdots \\ a_{n1} & a_{n2} & \cdots & a_{nn} \end{vmatrix},$$

把 D 中的行与列互换,所得的 n 阶行列式,记为

$$D^{\mathrm{T}}=\begin{vmatrix} a_{11} & a_{21} & \cdots & a_{n1} \\ a_{12} & a_{22} & \cdots & a_{n2} \\ \vdots & \vdots & & \vdots \\ a_{1n} & a_{2n} & \cdots & a_{nn} \end{vmatrix},$$

称 D^{T}为 D 的**转置行列式**(transposed determinant).

性质 1.1 行列式与它的转置行列式相等,即 $D^{\mathrm{T}}=D$.

利用行列式的两种定义及转置行列式的定义直接可得结论.(证略)

例如

$$D=\begin{vmatrix} 2 & 1 & 2 \\ -4 & 3 & 1 \\ 2 & 3 & 5 \end{vmatrix}=10=\begin{vmatrix} 2 & -4 & 2 \\ 1 & 3 & 3 \\ 2 & 1 & 5 \end{vmatrix}=D^{\mathrm{T}}.$$

这个性质说明了行列式中行与列具有同等的地位.由此可知,行列式中凡是对行成立的性质,对列也是成立的,反之亦然.

对换上述行列式 D 中的第 2、3 行得

$$D_1=\begin{vmatrix} 2 & 1 & 2 \\ 2 & 3 & 5 \\ -4 & 3 & 1 \end{vmatrix}=-10=-D.$$

一般有

性质 1.2 对换行列式的两行(列),行列式变号.

证明 不妨设 $p<q$,

$$D=\begin{vmatrix} a_{11} & a_{12} & \cdots & a_{1n} \\ \vdots & \vdots & & \vdots \\ a_{p1} & a_{p2} & \cdots & a_{pn} \\ \vdots & \vdots & & \vdots \\ a_{q1} & a_{q2} & \cdots & a_{qn} \\ \vdots & \vdots & & \vdots \\ a_{n1} & a_{n2} & \cdots & a_{nn} \end{vmatrix},$$

对换第 p 行与第 q 行得

$$D_1=\begin{vmatrix} a_{11} & a_{12} & \cdots & a_{1n} \\ \vdots & \vdots & & \vdots \\ a_{q1} & a_{q2} & \cdots & a_{qn} \\ \vdots & \vdots & & \vdots \\ a_{p1} & a_{p2} & \cdots & a_{pn} \\ \vdots & \vdots & & \vdots \\ a_{n1} & a_{n2} & \cdots & a_{nn} \end{vmatrix}\begin{matrix} \\ \\ \leftarrow 第\ p\ 行 \\ \\ \leftarrow 第\ q\ 行 \\ \\ \\ \end{matrix}$$

下面证明 $D=-D_1$.

记 $D_1=\det(b_{ij})$,则

$$b_{ij}=a_{ij}(i\neq p,q;j=1,2,\cdots,n),$$
$$b_{qj}=a_{pj},b_{pj}=a_{qj}(j=1,2,\cdots,n),$$

根据行列式的定义有

$$\begin{aligned} D_1&=\sum(-1)^{\sigma(j_1\cdots j_p\cdots j_q\cdots j_n)}b_{1j_1}\cdots b_{pj_p}\cdots b_{qj_q}\cdots b_{nj_n} \\ &=\sum(-1)^{\sigma(j_1\cdots j_p\cdots j_q\cdots j_n)}a_{1j_1}\cdots a_{qj_p}\cdots a_{pj_q}\cdots a_{nj_n} \\ &=-\sum(-1)^{\sigma(j_1\cdots j_q\cdots j_p\cdots j_n)}a_{1j_1}\cdots a_{pj_q}\cdots a_{qj_p}\cdots a_{nj_n}=-D. \end{aligned}$$
证毕

其中 $\sum$ 与 $\sum\limits_{j_1j_2\cdots j_n}$ 的含义相同,以下类似.

以 r_p 表示行列式的第 p 行,c_p 表示行列式的第 p 列,交换 p、q 两行(列)记作 $r_p\leftrightarrow r_q(c_p\leftrightarrow c_q)$.

推论 1.1　若行列式有两行(列)完全相同,则行列式为零.

因为对换行列式相同的两行,有 $D_1=D$,又根据性质 1.2,$D_1=-D$,于是 $D=-D$,所以 $D=0$.

性质 1.3　行列式中某行(列)所有元素的公因子可提到行列式符号的外面.

例如

$$D_1=\begin{vmatrix} a_{11} & a_{12} & \cdots & a_{1n} \\ \vdots & \vdots & & \vdots \\ ka_{p1} & ka_{p2} & \cdots & ka_{pn} \\ \vdots & \vdots & & \vdots \\ a_{n1} & a_{n2} & \cdots & a_{nn} \end{vmatrix}=k\begin{vmatrix} a_{11} & a_{12} & \cdots & a_{1n} \\ \vdots & \vdots & & \vdots \\ a_{p1} & a_{p2} & \cdots & a_{pn} \\ \vdots & \vdots & & \vdots \\ a_{n1} & a_{n2} & \cdots & a_{nn} \end{vmatrix}=kD. \tag{1.7}$$

证明　记 $D_1=\det(b_{ij}),D=\det(a_{ij})$,则

$$b_{ij}=a_{ij}\quad(i\neq p,j=1,2,\cdots,n),$$
$$b_{pj}=ka_{pj}\quad(j=1,2,\cdots,n),$$

根据行列式的定义有

$$\begin{aligned}D_1 &= \sum(-1)^{\sigma(j_1\cdots j_p\cdots j_n)} b_{1j_1}\cdots b_{pj_p}\cdots b_{nj_n}\\ &= \sum(-1)^{\sigma(j_1\cdots j_p\cdots j_n)} a_{1j_1}\cdots ka_{pj_p}\cdots a_{nj_n}\\ &= k\sum(-1)^{\sigma(j_1\cdots j_p\cdots j_n)} a_{1j_1}\cdots a_{pj_p}\cdots a_{nj_n}\\ &= kD.\end{aligned}$$

证毕

将(1.7)中的等式从右往左看,则性质 1.3 也可等价地表述为:

推论 1.2 **用数 k 乘行列式的某行(列)的所有元素等于用数 k 乘此行列式.**

行列式第 p 行(列)乘数 $k(k\neq 0)$ 记作 $r_p\times k(c_p\times k)$,第 p 行(列)提取公因子 k,记作 $r_p\div k(c_p\div k)$.

例如

$$D=\begin{vmatrix}2&1&2\\-4&3&1\\2&3&5\end{vmatrix}\xrightarrow{r_1\times 2}\begin{vmatrix}2\times2&1\times2&2\times2\\-4&3&1\\2&3&5\end{vmatrix}=\begin{vmatrix}4&2&4\\-4&3&1\\2&3&5\end{vmatrix}=20=2D.$$

推论 1.3 **若行列式中有两行(列)对应元素成比例,则此行列式等于零.**

例如

$$\begin{vmatrix}1&2&3\\2&4&6\\3&1&0\end{vmatrix}\overset{r_2\div 2}{=\!=\!=}2\cdot\begin{vmatrix}1&2&3\\1&2&3\\3&1&0\end{vmatrix}=0.$$

性质 1.4 **若行列式的某行(列)元素都为两数之和,则这个行列式等于两个行列式之和,这两个行列式分别以这两个数作为该行(列)对应位置的元素,其他位置的元素与原行列式相同,即**

$$\begin{vmatrix}a_{11}&a_{12}&\cdots&a_{1n}\\ \vdots&\vdots&&\vdots\\ b_{p1}+c_{p1}&b_{p2}+c_{p2}&\cdots&b_{pn}+c_{pn}\\ \vdots&\vdots&&\vdots\\ a_{n1}&a_{n2}&\cdots&a_{nn}\end{vmatrix}$$

$$=\begin{vmatrix}a_{11}&a_{12}&\cdots&a_{1n}\\ \vdots&\vdots&&\vdots\\ b_{p1}&b_{p2}&\cdots&b_{pn}\\ \vdots&\vdots&&\vdots\\ a_{n1}&a_{n2}&\cdots&a_{nn}\end{vmatrix}+\begin{vmatrix}a_{11}&a_{12}&\cdots&a_{1n}\\ \vdots&\vdots&&\vdots\\ c_{p1}&c_{p2}&\cdots&c_{pn}\\ \vdots&\vdots&&\vdots\\ a_{n1}&a_{n2}&\cdots&a_{nn}\end{vmatrix}.$$

证明

$$
\begin{aligned}
\text{左边} &= \sum(-1)^{\sigma(j_1\cdots j_p\cdots j_n)} a_{1j_1}\cdots(b_{pj_p}+c_{pj_p})\cdots a_{nj_n}\\
&= \sum(-1)^{\sigma(j_1\cdots j_p\cdots j_n)} a_{1j_1}\cdots b_{pj_p}\cdots a_{nj_n}+\sum(-1)^{\sigma(j_1\cdots j_p\cdots j_n)} a_{1j_1}\cdots c_{pj_p}\cdots a_{nj_n}\\
&= \text{右边}.
\end{aligned}
$$

证毕

例如

$$
\begin{vmatrix} 2 & 1 & 2\\ -4 & 3 & 1\\ 2+0 & 1+2 & 2+3 \end{vmatrix} = \begin{vmatrix} 2 & 1 & 2\\ -4 & 3 & 1\\ 2 & 1 & 2 \end{vmatrix} + \begin{vmatrix} 2 & 1 & 2\\ -4 & 3 & 1\\ 0 & 2 & 3 \end{vmatrix} = 0+10=10.
$$

注:上述结果可推广到有限个和的情形.

性质 1.5　行列式的某一行(列)的各元素同乘数 k 加到另一行(列)的对应元素上,行列式不变.即

$$
\begin{vmatrix}
a_{11} & a_{12} & \cdots & a_{1n}\\
\vdots & \vdots & & \vdots\\
a_{p1} & a_{p2} & \cdots & a_{pn}\\
\vdots & \vdots & & \vdots\\
a_{q1} & a_{q2} & \cdots & a_{qn}\\
\vdots & \vdots & & \vdots\\
a_{n1} & a_{n2} & \cdots & a_{nn}
\end{vmatrix}
=
\begin{vmatrix}
a_{11} & a_{12} & \cdots & a_{1n}\\
\vdots & \vdots & & \vdots\\
a_{p1} & a_{p2} & \cdots & a_{pn}\\
\vdots & \vdots & & \vdots\\
a_{q1}+ka_{p1} & a_{q2}+ka_{p2} & \cdots & a_{qn}+ka_{pn}\\
\vdots & \vdots & & \vdots\\
a_{n1} & a_{n2} & \cdots & a_{nn}
\end{vmatrix}.
$$

数 k 乘第 p 行(列)加到第 q 行(列)上,记作 $r_q+kr_p(c_q+kc_p)$.

例如

$$
\begin{vmatrix} 2 & 1 & 2\\ -4 & 3 & 1\\ 2 & 3 & 5 \end{vmatrix} \xlongequal{r_2+2r_1} \begin{vmatrix} 2 & 1 & 2\\ -4+4 & 3+2 & 1+4\\ 2 & 3 & 5 \end{vmatrix} = \begin{vmatrix} 2 & 1 & 2\\ 0 & 5 & 5\\ 2 & 3 & 5 \end{vmatrix} = 10.
$$

性质 1.5 可由性质 1.4 与推论 1.3 导出.

利用上述行列式的性质可将行列式化为上三角形行列式,从而求得行列式的值.

例 1.2.1　计算行列式

$$
D=\begin{vmatrix} 1 & 2 & -3 & -1\\ 1 & 3 & 0 & 7\\ 2 & -1 & 4 & -2\\ 0 & 1 & -1 & 5 \end{vmatrix}.
$$

解

$$D \xlongequal[r_3-2r_1]{r_2-r_1} \begin{vmatrix} 1 & 2 & -3 & -1 \\ 0 & 1 & 3 & 8 \\ 0 & -5 & 10 & 0 \\ 0 & 1 & -1 & 5 \end{vmatrix} \xlongequal[r_4-r_2]{r_3+5r_2} \begin{vmatrix} 1 & 2 & -3 & -1 \\ 0 & 1 & 3 & 8 \\ 0 & 0 & 25 & 40 \\ 0 & 0 & -4 & -3 \end{vmatrix}$$

$$\xlongequal{r_3\div 5} 5\begin{vmatrix} 1 & 2 & -3 & -1 \\ 0 & 1 & 3 & 8 \\ 0 & 0 & 5 & 8 \\ 0 & 0 & -4 & -3 \end{vmatrix} \xlongequal{r_3+r_4} 5\begin{vmatrix} 1 & 2 & -3 & -1 \\ 0 & 1 & 3 & 8 \\ 0 & 0 & 1 & 5 \\ 0 & 0 & -4 & -3 \end{vmatrix}$$

$$\xlongequal{r_4+4r_3} 5\begin{vmatrix} 1 & 2 & -3 & -1 \\ 0 & 1 & 3 & 8 \\ 0 & 0 & 1 & 5 \\ 0 & 0 & 0 & 17 \end{vmatrix} = 5\times 17 = 85.$$

习题 1-2

1. 单项选择题

(1) 下列命题错误的是(　　).

A. 行列式中行与列具有同等地位

B. 对换行列式的两行(列),行列式变号

C. 将行列式某一行(列)的各个元素乘同一个数,行列式不变

D. 若行列式中两行(列)成比例,则行列式等于零

(2) 下列行列式中等于-1 的是(　　).

A. $\begin{vmatrix} 1 & 0 & 0 & 0 \\ 0 & 1 & 0 & 0 \\ 0 & 0 & 1 & 0 \\ 0 & 0 & 0 & 1 \end{vmatrix}$　　B. $\begin{vmatrix} 0 & 0 & 0 & 1 \\ 0 & 0 & 1 & 0 \\ 0 & 1 & 0 & 0 \\ 1 & 0 & 0 & 0 \end{vmatrix}$

C. $\begin{vmatrix} 0 & 1 & 0 & 0 \\ 1 & 0 & 0 & 0 \\ 0 & 0 & 1 & 0 \\ 0 & 0 & 0 & 1 \end{vmatrix}$　　D. $\begin{vmatrix} 1 & 0 & 0 & 0 \\ 0 & 0 & 1 & 0 \\ 0 & 0 & 0 & 1 \\ 0 & 1 & 0 & 0 \end{vmatrix}$

(3) 设 $D=\begin{vmatrix} a_{11} & a_{12} & a_{13} \\ a_{21} & a_{22} & a_{23} \\ a_{31} & a_{32} & a_{33} \end{vmatrix}=2$,则 $D_1=\begin{vmatrix} 4a_{11} & 4a_{12} & 4a_{13} \\ 2a_{11}-3a_{21} & 2a_{12}-3a_{22} & 2a_{13}-3a_{23} \\ a_{31} & a_{32} & a_{33} \end{vmatrix}=$(　　).

A. 16　　　B. 48

C. −24　　　D. −8

(4) 设 $\begin{vmatrix} a_{11} & a_{12} & a_{13} \\ a_{21} & a_{22} & a_{23} \\ a_{31} & a_{32} & a_{33} \end{vmatrix}=a$, $\begin{vmatrix} a_{11} & a_{12} & b_{13} \\ a_{21} & a_{22} & b_{23} \\ a_{31} & a_{32} & b_{33} \end{vmatrix}=b$, 则 $\begin{vmatrix} a_{13}+b_{13} & a_{12} & a_{11} \\ a_{23}+b_{23} & a_{22} & a_{21} \\ a_{33}+b_{33} & a_{32} & a_{31} \end{vmatrix}=$ (　　).

A. $a+b$　　　B. $a-b$

C. $-a+b$　　　D. $-(a+b)$

(5) 设 $D=\begin{vmatrix} a_{11} & a_{12} & a_{13} \\ a_{21} & a_{22} & a_{23} \\ a_{31} & a_{32} & a_{33} \end{vmatrix}$, $D_1=\begin{vmatrix} 2a_{11} & 2a_{12} & 2a_{13} \\ 2a_{21} & 2a_{22} & 2a_{23} \\ 2a_{31} & 2a_{32} & 2a_{33} \end{vmatrix}$, 则 $D_1=$ (　　).

A. $-8D$　　　B. $-2D$

C. $2D$　　　D. $8D$

2. 填空题

(1) 若 $\begin{vmatrix} a_{11} & a_{12} & a_{13} \\ a_{21} & a_{22} & a_{23} \\ a_{31} & a_{32} & a_{33} \end{vmatrix}=2$, 则 $\begin{vmatrix} a_{11} & a_{12} & a_{13} \\ 3a_{21} & 3a_{22} & 3a_{23} \\ 2a_{31}-3a_{11} & 2a_{32}-3a_{12} & 2a_{33}-3a_{13} \end{vmatrix}=$________.

(2) 若 $\begin{vmatrix} 2 & 1 & 0 \\ 1 & x & -2 \\ -3 & 2 & 7 \end{vmatrix}=0$, 则 $x=$________.

3. 利用行列式的性质计算下列行列式：

(1) $\begin{vmatrix} 1 & 2 & 3 \\ 0 & 1 & 2 \\ 1 & 1 & 1 \end{vmatrix}$;　(2) $\begin{vmatrix} x & y & x+y \\ y & x+y & x \\ x+y & x & y \end{vmatrix}$.

4. 利用行列式的性质证明

$$\begin{vmatrix} a^2 & (a+1)^2 & (a+2)^2 \\ b^2 & (b+1)^2 & (b+2)^2 \\ c^2 & (c+1)^2 & (c+2)^2 \end{vmatrix}=4(a-b)(a-c)(b-c).$$

习题答案与提示 1-2

1.3 行列式的展开

上节介绍了利用行列式的性质来简化行列式的计算,本节讨论如何把较高阶行列式的计算化为较低阶行列式的计算.降阶的基本方法是把行列式按照行列式的某一行(或列)展开.

1.3.1 余子式和代数余子式

定义 1.2 在 n 阶行列式 $D=\det(a_{ij})$ 中,划去元素 a_{ij}所在的行和列,剩下的$(n-1)^2$ 个元素按原来的位置构成的 $n-1$ 阶行列式

$$\begin{vmatrix} a_{11} & \cdots & a_{1,j-1} & a_{1,j+1} & \cdots & a_{1n} \\ \vdots & & \vdots & \vdots & & \vdots \\ a_{i-1,1} & \cdots & a_{i-1,j-1} & a_{i-1,j+1} & \cdots & a_{i-1,n} \\ a_{i+1,1} & \cdots & a_{i+1,j-1} & a_{i+1,j+1} & \cdots & a_{i+1,n} \\ \vdots & & \vdots & \vdots & & \vdots \\ a_{n1} & \cdots & a_{n,j-1} & a_{n,j+1} & \cdots & a_{nn} \end{vmatrix}$$

称为行列式 D 中元素 a_{ij}的**余子式**,记作 M_{ij}.称$(-1)^{i+j}M_{ij}$为 a_{ij}的**代数余子式**,记作 A_{ij},即

$$A_{ij}=(-1)^{i+j}M_{ij}.$$

例如,设四阶行列式

$$D=\begin{vmatrix} a_{11} & a_{12} & a_{13} & a_{14} \\ a_{21} & a_{22} & a_{23} & a_{24} \\ a_{31} & a_{32} & a_{33} & a_{34} \\ a_{41} & a_{42} & a_{43} & a_{44} \end{vmatrix},$$

则 D 中元素 a_{32}的余子式和代数余子式分别为

$$M_{32}=\begin{vmatrix} a_{11} & a_{13} & a_{14} \\ a_{21} & a_{23} & a_{24} \\ a_{41} & a_{43} & a_{44} \end{vmatrix}, A_{32}=(-1)^{3+2}M_{32}=-M_{32}.$$

1.3.2 行列式按一行(列)展开

为了将行列式降阶计算,考察三阶行列式

$$\begin{aligned}\begin{vmatrix} a_{11} & a_{12} & a_{13} \\ a_{21} & a_{22} & a_{23} \\ a_{31} & a_{32} & a_{33} \end{vmatrix} &= a_{11}a_{22}a_{33}+a_{12}a_{23}a_{31}+a_{13}a_{21}a_{32}- \\ &\quad a_{11}a_{23}a_{32}-a_{12}a_{21}a_{33}-a_{13}a_{22}a_{31} \\ &= a_{11}(a_{22}a_{33}-a_{23}a_{32})+a_{12}(a_{23}a_{31}-a_{21}a_{33})+ \\ &\quad a_{13}(a_{21}a_{32}-a_{22}a_{31}) \\ &= a_{11}\begin{vmatrix} a_{22} & a_{23} \\ a_{32} & a_{33} \end{vmatrix} - a_{12}\begin{vmatrix} a_{21} & a_{23} \\ a_{31} & a_{33} \end{vmatrix} + a_{13}\begin{vmatrix} a_{21} & a_{22} \\ a_{31} & a_{32} \end{vmatrix} \\ &= a_{11}M_{11}-a_{12}M_{12}+a_{13}M_{13} \\ &= a_{11}A_{11}+a_{12}A_{12}+a_{13}A_{13}.\end{aligned}$$

上式表明:三阶行列式等于其第 1 行的元素与其对应的代数余子式乘积之和.

思考:三阶行列式 D 能否等于其第 2 行(或第 3 行)的元素与其对应的代数余子式乘积之和? 此结论对“列”成立吗?

事实上,此结论成立,并可推广到一般的 n 阶行列式.

定理 1.2(行列式展开定理)　**n 阶行列式 $D=\det(a_{ij})$ 等于它的任意一行(列)的元素与其对应的代数余子式乘积之和,即**

$$D=a_{i1}A_{i1}+a_{i2}A_{i2}+\cdots+a_{in}A_{in}\quad (i=1,2,\cdots,n) \tag{1.8}$$

或

$$D=a_{1j}A_{1j}+a_{2j}A_{2j}+\cdots+a_{nj}A_{nj}\quad (j=1,2,\cdots,n). \tag{1.9}$$

定理 1.2 的证明

利用定理 1.2 可以把一个 n 阶行列式的计算降阶为 $n-1$ 阶行列式的计算.常称式(1.8)为 **D 按第 i 行的展开式**,式(1.9)为 **D 按第 j 列的展开式**.

例如,将行列式

$$D=\begin{vmatrix} 1 & 3 & 0 \\ 3 & 0 & 1 \\ 1 & 1 & 2 \end{vmatrix}$$

按第 1 行展开,得

$$\begin{aligned} D &= a_{11}A_{11}+a_{12}A_{12}+a_{13}A_{13} \\ &= \begin{vmatrix} 0 & 1 \\ 1 & 2 \end{vmatrix} - 3\begin{vmatrix} 3 & 1 \\ 1 & 2 \end{vmatrix} = -1-15=-16. \end{aligned}$$

在运用定理 1.2 的过程中,当 D 的第 i 行或第 j 列中有零时,则零的代数余子式可略去不算，故计算行列式的一个常用方法就是先用其他性质，使 D 中的某行或某列有尽可能多的零，然后再将 D 按此行或列展开.

例 1.3.1 计算例 1.2.1 中的行列式.

解 由例 1.2.1 可知

$$D=\begin{vmatrix}1&2&-3&-1\\0&1&3&8\\0&0&25&40\\0&0&-4&-3\end{vmatrix}=(-1)^{1+1}\begin{vmatrix}1&3&8\\0&25&40\\0&-4&-3\end{vmatrix}$$

$$=(-1)^{1+1}\begin{vmatrix}25&40\\-4&-3\end{vmatrix}=25\times(-3)-40\times(-4)=85.$$

运算中的第二个等号是按 D 的第 1 列展开，而第三个等号是按三阶行列式的第 1 列展开.

由定理 1.2 知

$$k_1A_{j1}+k_2A_{j2}+\cdots+k_nA_{jn}=\begin{vmatrix}a_{11}&a_{12}&\cdots&a_{1n}\\\vdots&\vdots&&\vdots\\k_1&k_2&\cdots&k_n\\\vdots&\vdots&&\vdots\\a_{n1}&a_{n2}&\cdots&a_{nn}\end{vmatrix}\begin{matrix}\\\\\leftarrow\text{第 } j \text{ 行}\\\\\\\end{matrix}$$

分别取 $k_1,k_2,\cdots,k_n$ 为 $a_{i1},a_{i2},\cdots,a_{in}$ 得

$$a_{i1}A_{j1}+a_{i2}A_{j2}+\cdots+a_{in}A_{jn}=\begin{vmatrix}a_{11}&a_{12}&\cdots&a_{1n}\\\vdots&\vdots&&\vdots\\a_{i1}&a_{i2}&\cdots&a_{in}\\\vdots&\vdots&&\vdots\\a_{i1}&a_{i2}&\cdots&a_{in}\\\vdots&\vdots&&\vdots\\a_{n1}&a_{n2}&\cdots&a_{nn}\end{vmatrix}\begin{matrix}\\\\\leftarrow\text{第 } j \text{ 行}\\\\\leftarrow\text{第 } i \text{ 行}\\\\\\\end{matrix}$$

当 $i\neq j$ 时，右端行列式的第 i 行与第 j 行对应元素相同，从而

$$a_{i1}A_{j1}+a_{i2}A_{j2}+\cdots+a_{in}A_{jn}=0(i\neq j).$$

对“列”也有类似结论，一般有：

推论 1.4 **n 阶行列式 $D=\det(a_{ij})$ 的任意一行（列）的元素与另一行（列）对应元素的代数余子式乘积之和为零，即**

$$a_{i1}A_{j1}+a_{i2}A_{j2}+\cdots+a_{in}A_{jn}=0,\qquad (i\neq j)$$

$$a_{1s}A_{1t}+a_{2s}A_{2t}+\cdots+a_{ns}A_{nt}=0.\qquad (s\neq t)$$

例如　若

$$D=\begin{vmatrix}-1&5&7&-8\\1&1&1&1\\2&0&-9&6\\-3&4&3&7\end{vmatrix},$$

则 $A_{41}+A_{42}+A_{43}+A_{44}$ 可以看作用 D 的第 2 行的元素乘第 4 行对应元素的代数余子式之和，所以 $A_{41}+A_{42}+A_{43}+A_{44}=0$.

把推论 1.4 与定理 1.2 结合在一起，便得到

$$a_{i1}A_{j1}+a_{i2}A_{j2}+\cdots+a_{in}A_{jn}=\begin{cases}D, & i=j,\\0, & i\neq j\end{cases}\qquad (i,j=1,2,\cdots,n),$$

$$a_{1s}A_{1t}+a_{2s}A_{2t}+\cdots+a_{ns}A_{nt}=\begin{cases}D, & s=t,\\0, & s\neq t\end{cases}\qquad (s,t=1,2,\cdots,n).$$

例 1.3.2　试按第 2 列展开计算例 1.2.1 中的行列式.

解　将 D 按第 2 列展开，则

$$D=a_{12}A_{12}+a_{22}A_{22}+a_{32}A_{32}+a_{42}A_{42},$$

其中 $a_{12}=2,a_{22}=3,a_{32}=-1,a_{42}=1$.

$$A_{12}=(-1)^{1+2}\begin{vmatrix}1&0&7\\2&4&-2\\0&-1&5\end{vmatrix}=-4,\quad A_{22}=(-1)^{2+2}\begin{vmatrix}1&-3&-1\\2&4&-2\\0&-1&5\end{vmatrix}=50,$$

$$A_{32}=(-1)^{3+2}\begin{vmatrix}1&-3&-1\\1&0&7\\0&-1&5\end{vmatrix}=-23,\quad A_{42}=(-1)^{4+2}\begin{vmatrix}1&-3&-1\\1&0&7\\2&4&-2\end{vmatrix}=-80,$$

所以 $D=2\times(-4)+3\times50-1\times(-23)+1\times(-80)=85$.

*1.3.3　行列式按若干行(列)展开

行列式按一行(列)展开定理可以推广到按若干行(列)展开.

定义 1.3　在 n 阶行列式 D 中，任意选定 k 行 k 列 $(1\leqslant k\leqslant n)$，位于这些行和列交叉处的 k^2 个元素，按原来的相对位置构成的 k 阶行列式 M，称为 D 的一个 **k 阶子式**；在 D 中划去这 k 行 k 列，余下的元素按原来的相对位置在子式 M 前构成的 $n-k$ 阶行列式 M' 称为 k 阶子式 M 的余子式；M' 前面冠以符号 $(-1)^{i_1+\cdots+i_k+j_1+\cdots+j_k}$，称为 M 的代数余子式，其中 $i_1,i_2,\cdots,i_k$ 为 k 阶子式 M 在 D 中的行标，$j_1,j_2,\cdots,j_k$ 为 M 在 D 中的列标.

例如，在行列式 $D=\begin{vmatrix}1&2&3&4\\0&1&2&1\\0&1&1&2\\1&0&2&3\end{vmatrix}$ 中，选定第 1,2 行，第 3,4 列，就确定了 D 的一个二阶子式 $M=\begin{vmatrix}3&4\\2&1\end{vmatrix}$，二阶子式 M 的余子式 $M'=\begin{vmatrix}0&1\\1&0\end{vmatrix}$，$M$ 的代数余子式为

$$(-1)^{1+2+3+4}\begin{vmatrix}0&1\\1&0\end{vmatrix}=\begin{vmatrix}0&1\\1&0\end{vmatrix}.$$

显然，定义 1.3 给出的子式的余子式是定义 1.2 的推广，行列式的 k 阶子式与其代数余子式之间有类似的行列式按行(列)展开定理.

定理 1.3(拉普拉斯(Laplace)定理) **在 n 阶行列式 D 中，任意取定 k 行($1\leqslant k\leqslant n$)，由这 k 行组成的所有 k 阶子式与它们的代数余子式的乘积之和等于行列式 D.**

证明略.

显然，行列式按一行(列)展开是该定理 $k=1$ 时的特殊情况.

例 1.3.3 用拉普拉斯定理计算行列式 $\begin{vmatrix}2&3&0&0\\1&2&3&0\\0&1&2&3\\0&0&1&2\end{vmatrix}$.

解 按第 1 行和第 2 行展开

$$\begin{aligned}\begin{vmatrix}2&3&0&0\\1&2&3&0\\0&1&2&3\\0&0&1&2\end{vmatrix}=&\begin{vmatrix}2&3\\1&2\end{vmatrix}\times(-1)^{1+2+1+2}\begin{vmatrix}2&3\\1&2\end{vmatrix}+\begin{vmatrix}2&0\\1&3\end{vmatrix}\times(-1)^{1+2+1+3}\begin{vmatrix}1&3\\0&2\end{vmatrix}+\\&\begin{vmatrix}2&0\\1&0\end{vmatrix}\times(-1)^{1+2+1+4}\begin{vmatrix}1&2\\0&1\end{vmatrix}+\begin{vmatrix}3&0\\2&3\end{vmatrix}\times(-1)^{1+2+2+3}\begin{vmatrix}0&3\\0&2\end{vmatrix}+\\&\begin{vmatrix}3&0\\2&0\end{vmatrix}\times(-1)^{1+2+2+4}\begin{vmatrix}0&2\\0&1\end{vmatrix}\\=&-11.\end{aligned}$$

例 1.3.4 计算六阶行列式

$$D_6=\begin{vmatrix} a_3 & 0 & 0 & 0 & 0 & b_3 \\ 0 & a_2 & 0 & 0 & b_2 & 0 \\ 0 & 0 & a_1 & b_1 & 0 & 0 \\ 0 & 0 & c_1 & d_1 & 0 & 0 \\ 0 & c_2 & 0 & 0 & d_2 & 0 \\ c_3 & 0 & 0 & 0 & 0 & d_3 \end{vmatrix}.$$

解 由于第 3,4 两行只有 1 个二阶子式非零,因此将 D_6 按 3,4 两行展开,得

$$D_6=\begin{vmatrix} a_1 & b_1 \\ c_1 & d_1 \end{vmatrix}\times(-1)^{3+4+3+4}\begin{vmatrix} a_3 & 0 & 0 & b_3 \\ 0 & a_2 & b_2 & 0 \\ 0 & c_2 & d_2 & 0 \\ c_3 & 0 & 0 & d_3 \end{vmatrix},$$

将上式右端的四阶行列式再按第 2,3 两行展开,得

$$D_6=\begin{vmatrix} a_1 & b_1 \\ c_1 & d_1 \end{vmatrix}\begin{vmatrix} a_2 & b_2 \\ c_2 & d_2 \end{vmatrix}\begin{vmatrix} a_3 & b_3 \\ c_3 & d_3 \end{vmatrix}=\prod_{i=1}^{3}(a_id_i-b_ic_i).$$

注:本题虽然也可利用按一行(列)展开定理 1.1 来计算(读者不妨一试),但利用拉普拉斯展开定理显然更为简便.

习题 1-3

1. 单项选择题

(1) 已知 $\begin{vmatrix} 1 & 2 & a \\ 0 & 1 & -1 \\ 3 & 4 & 5 \end{vmatrix}$ 的代数余子式 $A_{21}=2$,则 $a=($　　$)$.

A. 3　　B. 2　　C. 1　　D. 0

(2) 已知四阶行列式 D 的第 2 行元素依次为 $-1,0,a,2$,它们的余子式依次为 $2,3,-7,4$,且 $D=-4$,则 $a=($　　$)$.

A. 1　　B. 2　　C. -1　　D. -2

(3) 设 n 阶行列式 D 中元素 a_{ij} 的代数余子式为 A_{ij},则下式正确的是(　　).

A. $\sum\limits_{k=1}^{n} a_{kj}A_{kj}=0$　　B. $\sum\limits_{k=1}^{n} a_{ik}A_{ik}=0$

C. $\sum\limits_{k=1}^{n} a_{ik}A_{ik}=D$　　D. $\sum\limits_{j=1}^{n} a_{1j}A_{2j}=D$

(4) 已知行列式 $D=\begin{vmatrix}1&1&3&-1\\3&1&8&0\\-2&1&4&3\\4&1&2&5\end{vmatrix}$,则 $A_{14}+A_{24}+A_{34}+A_{44}=(\quad)$.

A. -1　　B. 0　　C. 1　　D. 2

2. 填空题

(1) 设行列式 $D=\begin{vmatrix}2&0&4\\-3&1&0\\1&2&5\end{vmatrix}$,则余子式 $M_{22}=$________,代数余子式 $A_{32}=$________.

(2) 若四阶行列式 D 中第 2 列元素依次为 $-1,2,0,1$,对应的余子式依次为 $5,3,-7,4$,则 $D=$________.

(3) 设行列式 $D=\begin{vmatrix}1&1&3&-1\\3&1&8&0\\-2&1&4&3\\4&1&2&5\end{vmatrix}$,则二阶子式 $M=\begin{vmatrix}1&-1\\-2&3\end{vmatrix}$ 的余子式为________,代数余子式为________.

3. 按第 3 列展开行列式 $\begin{vmatrix}1&0&a&1\\0&-1&b&-1\\-1&-1&c&-1\\-1&1&d&0\end{vmatrix}$,并计算.

4. 根据拉普拉斯定理计算下列行列式:

(1) $\begin{vmatrix}2&1&0&0&0\\1&2&1&0&0\\0&1&2&1&0\\0&0&1&2&1\\0&0&0&1&2\end{vmatrix}$;　(2) $\begin{vmatrix}0&a&b&0\\a&0&0&b\\0&c&d&0\\c&0&0&d\end{vmatrix}$.

习题答案与提示 1-3

1.4 行列式的计算

n 阶行列式的计算是本章的重点,也是本章的难点.本节将介绍计算与证明行列式常用的几种方法.

1.4.1 利用行列式的定义

一般当行列式中零元素较多时,用行列式的定义计算较方便.

例 1.4.1 计算行列式

$$D=\begin{vmatrix} 0 & 3 & 0 & 0 & 0 \\ 0 & 1 & 5 & 0 & 0 \\ 0 & 0 & 2 & 4 & 3 \\ 0 & 0 & 0 & 0 & 1 \\ 1 & 0 & 0 & 1 & 0 \end{vmatrix}.$$

解 这个五阶行列式的展开式按定义有 $5!=120$ 项,但实际上只有一个非零项,所以

$$D=(-1)^{\sigma(23451)}\times 3\times 5\times 4\times 1\times 1=(-1)^{4}\times 60=60.$$

1.4.2 化为三角形行列式

对一般的行列式用定义计算通常是困难的,但三角形行列式是容易计算的,因此可利用行列式的性质把行列式化为三角形行列式来计算.如例 1.2.1.

例 1.4.2 计算 $n+1$ 阶行列式

$$D_{n+1}=\begin{vmatrix} a_0 & 1 & 1 & \cdots & 1 \\ 1 & a_1 & 0 & \cdots & 0 \\ 1 & 0 & a_2 & \cdots & 0 \\ \vdots & \vdots & \vdots & & \vdots \\ 1 & 0 & 0 & \cdots & a_n \end{vmatrix} \quad (a_1a_2\cdots a_n\neq 0).$$

解 将行列式 D_{n+1} 的第 $2,3,\cdots,n$ 列分别乘 $-\dfrac{1}{a_1},-\dfrac{1}{a_2},\cdots,-\dfrac{1}{a_n}$ 加到第 1 列得

$$D_{n+1}=\begin{vmatrix} \left(a_0-\dfrac{1}{a_1}-\cdots-\dfrac{1}{a_n}\right) & 1 & 1 & \cdots & 1 \\ & a_1 & & & \\ & & a_2 & & \\ & & & \ddots & \\ & & & & a_n \end{vmatrix}=\left(a_0-\sum_{i=1}^{n}\frac{1}{a_i}\right)\prod_{i=1}^{n}a_i.$$

注：对于形如$\left|\nwarrow\right|$，$\left|\nearrow\right|$，$\left|\searrow\right|$，$\left|\swarrow\right|$的所谓**箭形**（或**爪形**）**行列式**（如例 1.4.2），可利用对角线元素或次对角线元素将一条边上的元素消为零，再将行列式化为三角形行列式来计算.

1.4.3 降阶法（按行列式某一行（列）展开）

降阶法主要是利用行列式展开定理 1.2 和拉普拉斯定理 1.3 将高阶行列式降为低阶行列式.如例 1.3.2，例 1.3.3.一般常用行列式展开定理 1.2 将行列式降阶进行计算.常用方法是利用行列式的性质将行列式的某一行（列）的 $n-1$ 个元素化为零，再根据行列式展开定理 1.2 按这一行（列）展开，把原来的 n 阶行列式降为 $n-1$ 阶行列式计算，这样继续降阶，最终可化为二阶行列式计算.

例 1.4.3 利用降阶法计算例 1.2.1 中的行列式.

解

$$D=\begin{vmatrix}1&2&-3&-1\\1&3&0&7\\2&-1&4&-2\\0&1&-1&5\end{vmatrix}\xlongequal[c_4+5c_3]{c_2+c_3}\begin{vmatrix}1&-1&-3&-16\\1&3&0&7\\2&3&4&18\\0&0&-1&0\end{vmatrix}$$

$$=\begin{vmatrix}1&-1&-16\\1&3&7\\2&3&18\end{vmatrix}\xlongequal[c_3+16c_1]{c_2+c_1}\begin{vmatrix}1&0&0\\1&4&23\\2&5&50\end{vmatrix}=\begin{vmatrix}4&23\\5&50\end{vmatrix}=85.$$

注：此例是按照行列式的性质使等 4 行只含一个非零元，然后按第 4 行展开.

例 1.4.4 计算 n 阶行列式

$$D_n=\begin{vmatrix}a_1&b_1&&&\\&a_2&b_2&&\\&&\ddots&\ddots&\\&&&a_{n-1}&b_{n-1}\\b_n&&&&a_n\end{vmatrix}_n \quad（这里下标\ n\ 表示行列式的阶数）$$

解 按第 1 列展开得

$$D_n=a_1\begin{vmatrix}a_2&b_2&&\\&\ddots&\ddots&\\&&a_{n-1}&b_{n-1}\\&&&a_n\end{vmatrix}_{n-1}+b_n(-1)^{n+1}\begin{vmatrix}b_1&&&\\a_2&b_2&&\\&\ddots&\ddots&\\&&a_{n-1}&b_{n-1}\end{vmatrix}_{n-1}$$

$$=a_1a_2\cdots a_n+(-1)^{n+1}b_1b_2\cdots b_n.$$

注：对于形如，，，，的所谓**两条线型行列式**（如例 1.4.4），可直接展开降阶.

1.4.4 递推法

例 1.4.5 计算五阶行列式

$$D_5=\begin{vmatrix}1-a & a & 0 & 0 & 0\\ -1 & 1-a & a & 0 & 0\\ 0 & -1 & 1-a & a & 0\\ 0 & 0 & -1 & 1-a & a\\ 0 & 0 & 0 & -1 & 1-a\end{vmatrix}.$$

解 按第 1 行展开，得递推关系式

$$\begin{aligned}D_5&=(1-a)D_4+aD_3=(1-a)[(1-a)D_3+aD_2]+aD_3\\&=[(1-a)^2+a]D_3+a(1-a)D_2\\&=(1-a+a^2)[(1-a)D_2+a(1-a)]+a(1-a)D_2\\&=(1-a+a^2)[(1-a)(1-a+a^2)+a(1-a)]+a(1-a)(1-a+a^2)\\&=1-a+a^2-a^3+a^4-a^5.\end{aligned}$$

注：对于形如的所谓**三对角行列式**（如例 1.4.5），可直接展开得到递推关系 $D_n=\alpha D_{n-1}+\beta D_{n-2}$.

例 1.4.6 计算 n 阶行列式

$$D_n=\begin{vmatrix}x & -1 & & & \\ & x & -1 & & \\ & & \ddots & \ddots & \\ & & & x & -1\\ a_n & a_{n-1} & \cdots & a_2 & x+a_1\end{vmatrix}_n.$$

解 按第 1 列展开得

$$\begin{aligned}D_n&=xD_{n-1}+a_n(-1)^{n+1}\begin{vmatrix}-1 & & & \\ x & -1 & & \\ & \ddots & \ddots & \\ & & x & -1\end{vmatrix}_{n-1}\\&=xD_{n-1}+a_n(-1)^{n+1}(-1)^{n-1}=xD_{n-1}+a_n,\end{aligned}$$

于是

$$
\begin{aligned}
D_n &= xD_{n-1}+a_n = x(xD_{n-2}+a_{n-1})+a_n = x^2D_{n-2}+a_{n-1}x+a_n \\
&= \cdots = x^{n-1}D_1+a_2x^{n-2}+\cdots+a_{n-1}x+a_n \\
&= x^{n-1}(x+a_1)+a_2x^{n-2}+\cdots+a_{n-1}x+a_n \\
&= x^n+a_1x^{n-1}+a_2x^{n-2}+\cdots+a_{n-1}x+a_n.
\end{aligned}
$$

注：对于形如，，，的所谓海森伯格(Hessenberg)**型行列式**(如例 1.4.6)，可直接展开得到递推公式，也可利用行列式性质化简并降阶.

1.4.5 数学归纳法

例 1.4.7 证明**范德蒙德**(Vandermonde)**公式**

$$
D_n = \begin{vmatrix} 1 & 1 & 1 & \cdots & 1 \\ x_1 & x_2 & x_3 & \cdots & x_n \\ x_1^2 & x_2^2 & x_3^2 & \cdots & x_n^2 \\ \vdots & \vdots & \vdots & & \vdots \\ x_1^{n-1} & x_2^{n-1} & x_3^{n-1} & \cdots & x_n^{n-1} \end{vmatrix}_n = \prod_{1\leqslant j<i\leqslant n}(x_i-x_j),
$$

其中第二个等号左端的行列式叫做 n 阶**范德蒙德行列式**，第二个等号右端的记号 $\prod$ 是连乘积记号，$\prod\limits_{1\leqslant j<i\leqslant n}(x_i-x_j)$ 表示所有适合关系式 $1\leqslant j<i\leqslant n$ 的因子 x_i-x_j 的乘积，例如取 $n=4$ 时有

$$
\prod_{1\leqslant j<i\leqslant 4}(x_i-x_j)=(x_4-x_3)(x_4-x_2)(x_4-x_1)(x_3-x_2)(x_3-x_1)(x_2-x_1).
$$

证明 对行列式的阶数 k 进行归纳证明.

(1) 当 $k=2$ 时，等式显然成立.

$$
D_2 = \begin{vmatrix} 1 & 1 \\ x_1 & x_2 \end{vmatrix} = x_2-x_1 = \prod_{1\leqslant j<i\leqslant 2}(x_i-x_j),
$$

(2) 设 $k=n-1$ 时，等式成立.

(3) 当 $k=n$ 时，对行列式 D_n 从第 n 行开始，后行减去前行的 x_1 倍，然后按第一列展开，并把每一列的公因子 x_i-x_1 提出，可得

$$
D_n = \begin{vmatrix} 1 & 1 & 1 & \cdots & 1 \\ 0 & x_2-x_1 & x_3-x_1 & \cdots & x_n-x_1 \\ 0 & x_2^2-x_2x_1 & x_3^2-x_3x_1 & \cdots & x_n^2-x_nx_1 \\ \vdots & \vdots & \vdots & & \vdots \\ 0 & x_2^{n-1}-x_2^{n-2}x_1 & x_3^{n-1}-x_3^{n-2}x_1 & \cdots & x_n^{n-1}-x_n^{n-2}x_1 \end{vmatrix}_n
$$

$$=(x_2-x_1)(x_3-x_1)\cdots(x_n-x_1)\begin{vmatrix}1 & 1 & \cdots & 1\\ x_2 & x_3 & \cdots & x_n\\ \vdots & \vdots & & \vdots\\ x_2^{n-2} & x_3^{n-2} & \cdots & x_n^{n-2}\end{vmatrix}_{n-1},$$

上式右端的行列式是 $n-1$ 阶范德蒙德行列式,按归纳法假设,它等于 $\prod\limits_{2\leqslant j<i\leqslant n}(x_i-x_j)$,所以

$$D_n=(x_2-x_1)(x_3-x_1)\cdots(x_n-x_1)\prod_{2\leqslant j<i\leqslant n}(x_i-x_j)=\prod_{1\leqslant j<i\leqslant n}(x_i-x_j).$$ 证毕

如果一个行列式具有范德蒙德行列式的特征,或者经过变形以后能成为范德蒙德行列式,就可利用范德蒙德公式计算它.

例 1.4.8　计算行列式

$$D=\begin{vmatrix}1 & 1 & 1 & 1\\ 4 & 3 & 7 & -5\\ 16 & 9 & 49 & 25\\ 64 & 27 & 343 & -125\end{vmatrix}.$$

解　这是一个范德蒙德行列式,其中 $x_1=4,x_2=3,x_3=7,x_4=-5$,根据范德蒙德公式得

$$\begin{aligned}D&=\prod_{1\leqslant j<i\leqslant 4}(x_i-x_j)=(x_4-x_1)(x_3-x_1)(x_2-x_1)(x_4-x_2)(x_3-x_2)(x_4-x_3)\\ &=(-5-4)(7-4)(3-4)(-5-3)(7-3)(-5-7)\\ &=10\ 368.\end{aligned}$$

例 1.4.9　证明

$$D_n=\begin{vmatrix}\cos\alpha & 1 & & & & \\ 1 & 2\cos\alpha & 1 & & & \\ & 1 & 2\cos\alpha & 1 & & \\ & & \ddots & \ddots & \ddots & \\ & & & 1 & 2\cos\alpha & 1\\ & & & & 1 & 2\cos\alpha\end{vmatrix}_n=\cos n\alpha.$$

证明　按第 n 行展开得

$$D_n=2\cos\alpha D_{n-1}+1\cdot(-1)^{n+(n-1)}\begin{vmatrix}\cos\alpha & 1 & & & \\ 1 & 2\cos\alpha & \ddots & & \\ & \ddots & \ddots & 1 & \\ & & 1 & 2\cos\alpha & 0\\ & & & 1 & 1\end{vmatrix}_{n-1}$$

$$=2\cos\alpha D_{n-1}-D_{n-2}.$$

采用第二数学归纳法证明.当 $n=1$ 时,$D_1=\cos\alpha$,结论成立.设 $n\leqslant k$ 时,结论成立,则当 $n=k+1$ 时,有

$$\begin{aligned}D_{k+1}&=2\cos\alpha D_k-D_{k-1}=2\cos\alpha\cos k\alpha-\cos(k-1)\alpha\\&=2\cos\alpha\cos k\alpha-(\cos k\alpha\cos\alpha+\sin k\alpha\sin\alpha)\\&=\cos k\alpha\cos\alpha-\sin k\alpha\sin\alpha=\cos(k+1)\alpha,\end{aligned}$$

故由归纳假设知 $D_n=\cos n\alpha$. 证毕

1.4.6 提取公因子法

当行列式的某一行(列)有公因子或者经过变换后出现公因子时,可将公因子提到行列式外面,以达到简化行列式的目的,并便于后面的计算.比较常见的是行列式各行(列)之和相等,这时可将其各行(列)都加到第一行(列)上,再提取该行(列)的公因子进行化简.

例 1.4.10 计算 n 阶行列式

$$D_n=\begin{vmatrix}a&b&b&\cdots&b\\b&a&b&\cdots&b\\b&b&a&\cdots&b\\\vdots&\vdots&\vdots&&\vdots\\b&b&b&\cdots&a\end{vmatrix}.$$

解 将第 $2,3,\cdots,n$ 行都加到第 1 行上,并提取公因子 $a+(n-1)b$,得

$$D_n=[a+(n-1)b]\begin{vmatrix}1&1&1&\cdots&1\\b&a&b&\cdots&b\\b&b&a&\cdots&b\\\vdots&\vdots&\vdots&&\vdots\\b&b&b&\cdots&a\end{vmatrix}$$

$$\xlongequal[\substack{\vdots\\c_n-c_1}]{\substack{c_2-c_1\\c_3-c_1}}[a+(n-1)b]\begin{vmatrix}1&0&0&\cdots&0\\b&a-b&0&\cdots&0\\b&0&a-b&\cdots&0\\\vdots&\vdots&\vdots&&\vdots\\b&0&0&\cdots&a-b\end{vmatrix}$$

$$=[a+(n-1)b](a-b)^{n-1}.$$

本节介绍了计算行列式常用的方法:定义法、化为三角形行列式法、降阶法、递推法、数学归纳法和提取公因子法,这里每一种方法的应用都离不开行列式的性质,因此我们要熟练掌握行列式的性质.

习题 1-4

1. 单项选择题

(1) 行列式 $\begin{vmatrix} 0 & a & 0 \\ b & 0 & 0 \\ c & 0 & d \end{vmatrix} = (\quad)$.

A. abc　　B. abd　　C. $-abc$　　(D) $-abd$

(2) 行列式 $\begin{vmatrix} 1 & 1 & 1 \\ a & b & c \\ a^2 & b^2 & c^2 \end{vmatrix} = (\quad)$.

A. abc　　B. $(b-a)(c-a)(c-b)$

C. $(b-a)(c-a)$　　D. $(c-a)(c-b)$

(3) 行列式 $\begin{vmatrix} 1 & 1 & 0 & 1 \\ 0 & 2 & 1 & 1 \\ 0 & 0 & 2 & 3 \\ 0 & 0 & 4 & 1 \end{vmatrix} = (\quad)$.

A. -20　　B. 4　　C. 20　　D. 24

(4) 行列式 $\begin{vmatrix} 2 & 1 & 1 & 1 \\ 1 & 2 & 1 & 1 \\ 1 & 1 & 2 & 1 \\ 1 & 1 & 1 & 2 \end{vmatrix} = (\quad)$.

A. -1　　B. 1　　C. -5　　D. 5

2. 填空题

(1) $\begin{vmatrix} 1 & 1 & 1 & 1 \\ 1 & 2 & 3 & 4 \\ 1^2 & 2^2 & 3^2 & 4^2 \\ 1^3 & 2^3 & 3^3 & 4^3 \end{vmatrix} = $ ________.

(2) 若 $D = \begin{vmatrix} 1 & x & 0 & 0 \\ x & 1 & 0 & 0 \\ 0 & 3 & 0 & 1 \\ 1 & 0 & 6 & x \end{vmatrix} = -6$, 则 $x = $ ________.

3. 计算下列行列式:

(1) $\begin{vmatrix} 2 & -5 & 3 & 1 \\ 1 & 3 & -1 & 3 \\ 0 & 1 & 1 & -5 \\ -1 & -4 & 2 & -3 \end{vmatrix}$;

(2) $\begin{vmatrix} 1+x & 1 & 1 & 1 \\ 1 & 1-x & 1 & 1 \\ 1 & 1 & 1+y & 1 \\ 1 & 1 & 1 & 1-y \end{vmatrix}$.

习题答案与提示 1-4

1.5 克拉默法则

在 1.1 节中,我们利用二阶、三阶行列式分别求解二元、三元线性方程组.本节将该方法推广到含 n 个未知量、n 个方程的线性方程组

$$\begin{cases} a_{11}x_1+a_{12}x_2+\cdots+a_{1n}x_n=b_1, \\ a_{21}x_1+a_{22}x_2+\cdots+a_{2n}x_n=b_2, \\ \cdots\cdots\cdots\cdots \\ a_{n1}x_1+a_{n2}x_2+\cdots+a_{nn}x_n=b_n, \end{cases} \tag{1.10}$$

得到基于行列式的线性方程组解的公式——克拉默(Cramer)法则,此法则由瑞士数学家克拉默于 1750 年提出.本节将证明克拉默法则,并进一步给出 n 个未知量 n 个方程的齐次线性方程组有非零解或只有零解的充分必要条件.

定理 1.4(克拉默法则)　如果线性方程组(1.10)的系数行列式

$$D=\begin{vmatrix} a_{11} & a_{12} & \cdots & a_{1n} \\ a_{21} & a_{22} & \cdots & a_{2n} \\ \vdots & \vdots & & \vdots \\ a_{n1} & a_{n2} & \cdots & a_{nn} \end{vmatrix}\neq 0,$$

那么方程组(1.10)有唯一解

$$x_j=\frac{D_j}{D}\quad (j=1,2,\cdots,n), \tag{1.11}$$

其中 D_j 是用方程组右端的常数项 $b_1,b_2,\cdots,b_n$ 替换 D

定理 1.4 的证明

中第 j 列后而得到的行列式,即

$$D_j=\begin{vmatrix} a_{11} & \cdots & a_{1,j-1} & b_1 & a_{1,j+1} & \cdots & a_{1n} \\ a_{21} & \cdots & a_{2,j-1} & b_2 & a_{2,j+1} & \cdots & a_{2n} \\ \vdots & & \vdots & \vdots & \vdots & & \vdots \\ a_{n1} & \cdots & a_{n,j-1} & b_n & a_{n,j+1} & \cdots & a_{nn} \end{vmatrix}.$$

本定理包含了三个结论:(1)方程组(1.10)有解;(2)解是唯一的;(3)解由(1.11)式给出.这三点是相互联系的.

例 1.5.1 利用克拉默法则解方程组

$$\begin{cases} 2x_1+x_2-5x_3+x_4=8, \\ x_1-3x_2-6x_4=9, \\ 2x_2-x_3+2x_4=-5, \\ x_1+4x_2-7x_3+6x_4=0. \end{cases}$$

解

$$D=\begin{vmatrix} 2 & 1 & -5 & 1 \\ 1 & -3 & 0 & -6 \\ 0 & 2 & -1 & 2 \\ 1 & 4 & -7 & 6 \end{vmatrix}=\begin{vmatrix} 0 & 7 & -5 & 13 \\ 1 & -3 & 0 & -6 \\ 0 & 2 & -1 & 2 \\ 0 & 7 & -7 & 12 \end{vmatrix}=-\begin{vmatrix} 7 & -5 & 13 \\ 2 & -1 & 2 \\ 7 & -7 & 12 \end{vmatrix}$$

$$=-\begin{vmatrix} -3 & -5 & 3 \\ 0 & -1 & 0 \\ -7 & -7 & -2 \end{vmatrix}=\begin{vmatrix} -3 & 3 \\ -7 & -2 \end{vmatrix}=27\neq 0,$$

$$D_1=\begin{vmatrix} 8 & 1 & -5 & 1 \\ 9 & -3 & 0 & -6 \\ -5 & 2 & -1 & 2 \\ 0 & 4 & -7 & 6 \end{vmatrix}=81, D_2=\begin{vmatrix} 2 & 8 & -5 & 1 \\ 1 & 9 & 0 & -6 \\ 0 & -5 & -1 & 2 \\ 1 & 0 & -7 & 6 \end{vmatrix}=-108,$$

$$D_3=\begin{vmatrix} 2 & 1 & 8 & 1 \\ 1 & -3 & 9 & -6 \\ 0 & 2 & -5 & 2 \\ 1 & 4 & 0 & 6 \end{vmatrix}=-27, D_4=\begin{vmatrix} 2 & 1 & -5 & 8 \\ 1 & -3 & 0 & 9 \\ 0 & 2 & -1 & -5 \\ 1 & 4 & -7 & 0 \end{vmatrix}=27,$$

所以

$$x_1=3, x_2=-4, x_3=-1, x_4=1.$$

若方程组(1.10)的常数项全为零,即

$$\begin{cases} a_{11}x_1+a_{12}x_2+\cdots+a_{1n}x_n=0, \\ a_{21}x_1+a_{22}x_2+\cdots+a_{2n}x_n=0, \\ \cdots\cdots\cdots\cdots \\ a_{n1}x_1+a_{n2}x_2+\cdots+a_{nn}x_n=0, \end{cases} \tag{1.12}$$

则称方程组(1.12)为 n **元齐次线性方程组**.若方程组(1.10)的常数项不全为零,则称为 n **元非齐次线性方程组**.

显然,齐次线性方程组(1.12)一定存在零解,但是否存在非零解或只有零解取决于其系数行列式.根据克拉默法则可得下列结论:

推论 1.5　若齐次线性方程组(1.12)的系数行列式 $D\neq 0$,则它只有零解(即 $x_1=x_2=\cdots=x_n=0$).

推论 1.6　若齐次线性方程组(1.12)有非零解(不全为零的一组解),则它的系数行列式 $D=0$.

进一步,在第 4 章还可以证明,推论 1.5、1.6 的逆命题也成立,即有

齐次线性方程组(1.12)只有零解的充分必要条件是其系数行列式 $D\neq 0$.

齐次线性方程组(1.12)有非零解的充分必要条件是其系数行列式 $D=0$.

例 1.5.2　解齐次线性方程组

$$\begin{cases} 2x_1+x_2-5x_3+x_4=0, \\ x_1-3x_2-6x_4=0, \\ 2x_2-x_3+2x_4=0, \\ x_1+4x_2-7x_3+6x_4=0. \end{cases}$$

解　由例 1.5.1 知,方程组的系数行列式 $D=27\neq 0$,所以方程组只有零解,即 $x_1=x_2=x_3=x_4=0$.

例 1.5.3　当 λ,μ 为何值时,齐次线性方程组

$$\begin{cases} \lambda x_1+x_2+x_3=0, \\ x_1+\mu x_2+x_3=0, \\ x_1+2\mu x_2+x_3=0 \end{cases}$$

有非零解?

解　齐次线性方程组的系数行列式

$$D=\begin{vmatrix} \lambda & 1 & 1 \\ 1 & \mu & 1 \\ 1 & 2\mu & 1 \end{vmatrix} \xlongequal{r_3-r_2} \begin{vmatrix} \lambda & 1 & 1 \\ 1 & \mu & 1 \\ 0 & \mu & 0 \end{vmatrix} = -\mu\begin{vmatrix} \lambda & 1 \\ 1 & 1 \end{vmatrix} = -\mu(\lambda-1),$$

所以当 $D=0$，即 $\mu=0$ 或 $\lambda=1$ 时，齐次线性方程组有非零解.

克拉默法则是线性方程组理论的一个重要结果，在理论上具有重要的意义，特别是它明确地揭示了方程组的解和其系数间的关系.

在上述各例中，用克拉默法则求解系数行列式不等于零的 n 元非齐次线性方程组时，需要计算 $n+1$ 个 n 阶行列式，这个计算量是相当大的，所以，在具体求解线性方程组时，很少用克拉默法则. 另外，当方程组中方程的个数与未知量的个数不相同时，就不能用克拉默法则求解. 当方程组 (1.10) 的系数行列式 $D=0$ 时，也不能用克拉默法则求解. 在第 4 章，我们将介绍求解一般线性方程组的有效方法——高斯消元法.

最后，介绍行列式在解析几何方面的一个应用（用行列式表示面积或体积）.

定理 1.5 **设 D_2 为二阶行列式，则由 D_2 的列所确定的平行四边形的面积为 $|D_2|$. 设 D_3 为三阶行列式，则由 D_3 的列所确定的平行六面体的体积为 $|D_3|$.**

行列式的几何意义

例 1.5.4 计算由点 $A(-2,-2)$，$B(0,3)$，$C(4,-1)$，$D(6,4)$ 所确定的平行四边形的面积.

解 由点 $A(-2,-2)$，$B(0,3)$，$C(4,-1)$，$D(6,4)$ 确定的平行四边形，如图 1.3 所示.

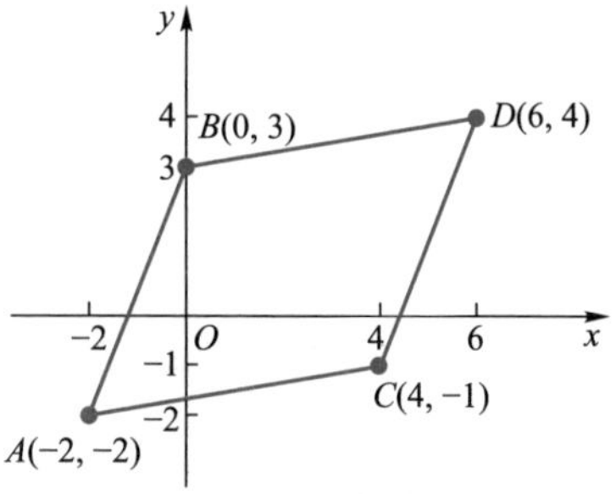

图 1.3

它是以 $\overrightarrow{AB},\overrightarrow{AC}$ 为邻边的平行四边形，由定理 1.5，其面积为以 $\overrightarrow{AB},\overrightarrow{AC}$ 为列向量的二阶行列式的绝对值. $\overrightarrow{AB}=(2,5)^{\mathrm{T}}$，$\overrightarrow{AC}=(6,1)^{\mathrm{T}}$，$\begin{vmatrix} 2 & 6 \\ 5 & 1 \end{vmatrix}=-28$. 所求平行四边形的面积为 28.

例 1.5.5 求顶点在 $A(1,1,1)$，相邻顶点在 $B(1,0,2)$，$C(1,3,2)$，$D(-2,1,1)$ 的平行六面体的体积.

解 由定理 1.5，平行六面体的体积为以 $\overrightarrow{AB},\overrightarrow{AC},\overrightarrow{AD}$ 为列向量的三阶行列式的绝对值.

$$\overrightarrow{AB}=(0,-1,1)^{\mathrm{T}},\overrightarrow{AC}=(0,2,1)^{\mathrm{T}},\overrightarrow{AD}=(-3,0,0)^{\mathrm{T}},$$

$$\begin{vmatrix} 0 & 0 & -3 \\ -1 & 2 & 0 \\ 1 & 1 & 0 \end{vmatrix}=9,$$

所求平行六面体的体积为 9.

思考:如果所求面积或体积为零,其几何意义如何解释?

若 $\begin{vmatrix} x_1 & y_1 \\ x_2 & y_2 \end{vmatrix}=0$,则向量 $\boldsymbol{a}=(x_1,x_2)^{\mathrm{T}}$,$\boldsymbol{b}=(y_1,y_2)^{\mathrm{T}}$ 共线.

若 $\begin{vmatrix} x_1 & y_1 & z_1 \\ x_2 & y_2 & z_2 \\ x_3 & y_3 & z_3 \end{vmatrix}=0$,则向量 $\boldsymbol{a}=(x_1,x_2,x_3)^{\mathrm{T}}$,$\boldsymbol{b}=(y_1,y_2,y_3)^{\mathrm{T}}$,$\boldsymbol{c}=(z_1,z_2,z_3)^{\mathrm{T}}$ 共面.

1812 年,法国数学家柯西使用行列式给出多个多面体体积的行列式公式,如:空间四点 $A_i(x_i,y_i,z_i)$ $(i=1,2,3,4)$构成的四面体的体积为

$$V_{A_1-A_2A_3A_4}=\left\|\begin{matrix} x_1 & y_1 & z_1 & 1 \\ x_2 & y_2 & z_2 & 1 \\ x_3 & y_3 & z_3 & 1 \\ x_4 & y_4 & z_4 & 1 \end{matrix}\right\|.$$

习题 1-5

1. 单项选择题

(1) 下列说法正确的是(　　).

A. 线性方程组一定有解

B. 线性方程组有解的充分必要条件是系数行列式不为零

C. 齐次线性方程组必有解

D. 若齐次线性方程组系数行列式不为零,则有非零解

(2) 设线性方程组

$$\begin{cases} a_{11}x_1+a_{12}x_2+\cdots+a_{1n}x_n=b_1, \\ a_{21}x_1+a_{22}x_2+\cdots+a_{2n}x_n=b_2, \\ \cdots\cdots\cdots\cdots \\ a_{n1}x_1+a_{n2}x_2+\cdots+a_{nn}x_n=b_n, \end{cases} \qquad (\mathrm{I})$$

对应的齐次线性方程组为

$$\begin{cases} a_{11}x_1+a_{12}x_2+\cdots+a_{1n}x_n=0, \\ a_{21}x_1+a_{22}x_2+\cdots+a_{2n}x_n=0, \\ \cdots\cdots\cdots \\ a_{n1}x_1+a_{n2}x_2+\cdots+a_{nn}x_n=0, \end{cases} \qquad (\mathrm{II})$$

则下列命题错误的是(　　).

A. 若线性方程组(Ⅰ)的系数行列式不为零,则(Ⅰ)有唯一解

B. 若齐次线性方程组(Ⅱ)的系数行列式不为零,则(Ⅱ)有唯一解

C. 若齐次线性方程组(Ⅱ)的系数行列式不为零,则(Ⅱ)只有零解

D. 若齐次线性方程组(Ⅱ)有非零解,则(Ⅱ)的系数行列式不等于零

E. 齐次线性方程组(Ⅱ)只有零解的充分必要条件是其系数行列式不等于零

F. 线性方程组(Ⅰ)有唯一解的充分必要条件是其系数行列式不等于零

(3) 已知非齐次线性方程组 $\begin{cases} x_1+x_2+x_3=1, \\ -x_1+x_2+\lambda x_3=1, \\ x_1+x_2+\lambda^2 x_3=1 \end{cases}$ 有唯一解,则(　　).

A. $\lambda \neq 1$　　　　B. $\lambda \neq -1$

C. $\lambda \neq 1$ 且 $\lambda \neq -1$　　　　D. $\lambda = 1$

(4) 根据行列式的几何意义,二阶行列式的绝对值等于以其行向量为邻边的平行四边形的(　　).

A. 面积　　　　B. 有向面积

C. 面积或者有向面积　　　　D. 都不是

(5) 根据行列式的几何意义,三阶行列式的绝对值等于以其列向量为邻边的平行六面体的(　　).

A. 体积　　　　B. 有向体积

C. 体积或者有向体积　　　　D. 都不是

2. 填空题

(1) 已知齐次线性方程组 $\begin{cases} \lambda x_1+x_2+x_3=0, \\ x_1+\lambda x_2+x_3=0, \\ x_1+x_2+\lambda x_3=0 \end{cases}$ 只有零解,则 λ 的取值为________.

(2) 已知齐次线性方程组 $\begin{cases} \lambda x_1+x_2+x_3=0, \\ x_1+\mu x_2+x_3=0, \\ \lambda x_1+2\mu x_2+x_3=0 \end{cases}$ 有非零解,则 $\lambda=$________或 $\mu=$________.

(3) 因为三元一次方程组 $\begin{cases} x_1+x_2+x_3=1, \\ 2x_1-x_2+3x_3=4, \\ 4x_1+x_2+9x_3=16 \end{cases}$ 的系数行列式 $D=$

________,所以方程组的解为________.

(4) 根据行列式的几何意义,定点$(0,-2),(5,-2),(-3,1),(2,1)$构成的平行四边形的面积为________.

(5) 根据行列式的几何意义,顶点在原点且相邻顶点在$(1,0,-3),(1,2,4),(5,1,0)$的平行六面体的体积为________.

习题答案与提示 1-5

3. 用克拉默法则求解线性方程组$\begin{cases}x_1+x_2-2x_3=-3,\\5x_1-2x_2+7x_3=22,\\2x_1-5x_2+4x_3=4.\end{cases}$

本章基本要求

1. 了解行列式的概念,掌握行列式的性质.
2. 会应用行列式的性质和行列式按行(列)展开定理计算行列式.
3. 理解克拉默法则,会利用它求解含有n个方程的n元线性方程组.

历史探寻:行列式

行列式的概念是人们在研究线性方程组的求解过程中逐步产生的,它最早是一种速记的表达式,现在已经是数学中一种非常有用的工具.行列式是由德国数学家莱布尼茨(G.Leibniz,1646—1716)和日本数学家关孝和(Seki Takakazu,约1642—1708)发明的,两位数学家各自在不同的地域以不同的方式提出了这个概念.关孝和于1683年在他的著作《解伏题之法》中引入了二阶行列式的概念.他将二阶行列式称为“方阵”,并研究了它的性质和应用.1693年,莱布尼茨在写给洛必达的一封信中讨论线性方程组,他所用的符号就是行列式的意思,并给出了线性方程组的系数行列式为零的条件.但莱布尼茨关于行列式的信件1850年才正式发表,西方国家第一个发表这个主题的是瑞士数学家克拉默(G.Cramer,1704—1752).1750年,克拉默在其著作《线性代数分析导引》中,对行列式的定义和展开法则给出了比较完整、明确的阐述,并给出了现在我们所称的解线性方程组的克拉默法则.在很长一段时间内,行列式只是作为解线性方程组的一种工具使用,并没有人意识到它可以独立于线性方程组之外,单独形成一门理论加以研究.在行列式的发展史上,第一个把行列式理论作为独立数学对象来研究的人,是法国数学家范德蒙德(A.T.Vandermonde,1735—1796).特别地,他给出了用二阶子式和它们的余子式来展开行列式的法则.1772年,拉普拉斯(P.Laplace,1749—1827)在一篇论文中证明了范德蒙德提出的一些规则并推广了范德蒙德展开行列式的方法,这就是我们今天仍在使用的拉普拉斯定理.随后经过拉格朗日、贝祖等数学家的潜心探讨,行列式理论作为数学的一个领域在18世纪得以建立.现代意义上的行列式研究始于19世纪,法国数学家柯西(A.-L.Cauchy,1789—1857)是这个时期最杰出的代表人物,他在前人的工作基础上,做了一系列扩建工作,夯实了行列式理论的整个大厦,重建了行列式理论.柯西在1812年发表了一篇长达84页关于行列式的论文,其中把莱布尼茨、贝祖、范德蒙德及其他人使用的算式叫做行列式,并且首次把行列式的元素排成方阵,采用双足标记法.这篇文章的发表标志着行列式及其性质的近代研究正式开始.19世纪,经过柯西、凯莱(A.Cayley,1821—1895)和西尔维斯特(J.Sylvester,1814—1897)等许多数学家们的不懈努力,行列式理论蓬勃发展、不断完善,并获得了空前广泛的应用,成为科学研究和计算中强有力的工具.

总练习题 1

(A)

1. 单项选择题

(1) 行列式 $D=\begin{vmatrix} a & 1 & 0 \\ 1 & a & 0 \\ 4 & 1 & 1 \end{vmatrix}>0$ 的充分必要条件为(　　).

A. $|a|>1$　　B. $|a|<1$

C. $|a|\geqslant 1$　　D. $|a|\leqslant 1$

(2) 一个值不为零的 n 阶行列式经过若干次对换、倍乘、倍加后,行列式(　　).

A. 保持不变　　B. 保持不为零

C. 保持相同的正负号　　D. 可以变为任何值

(3) 若 $D=\begin{vmatrix} 1 & 0 & 2 \\ x & 3 & 1 \\ 4 & x & 5 \end{vmatrix}$ 中的代数余子式 $A_{12}=-1$,则 $A_{21}=$(　　).

A. 2　　B. 1

C. 0　　D. -1

(4) 行列式 $D=\begin{vmatrix} 1 & 2 & 3 & \cdots & n \\ -1 & 0 & 3 & \cdots & n \\ -1 & -2 & 0 & \cdots & n \\ \vdots & \vdots & \vdots & & \vdots \\ -1 & -2 & -3 & \cdots & 0 \end{vmatrix}=$(　　).

A. 0　　B. 1

C. n　　D. $n!$

(5) 行列式 $D\neq 0$ 的充分条件为(　　).

A. D 的所有元素非零

B. D 至少有 n 个元素非零

C. D 的任意两行元素不成比例

D. 以 D 为系数行列式的线性方程组有唯一解

2. 填空题

(1) $\begin{vmatrix} 0 & 1 & 0 & \cdots & 0 \\ 0 & 0 & 2 & \cdots & 0 \\ \vdots & \vdots & \vdots & & \vdots \\ 0 & 0 & 0 & \cdots & n-1 \\ n & 0 & 0 & \cdots & 0 \end{vmatrix}=$________.

(2) 设 $D=\begin{vmatrix} a_{11} & a_{12} & a_{13} \\ a_{21} & a_{22} & a_{23} \\ a_{31} & a_{32} & a_{33} \end{vmatrix}=k\neq 0, D_1=\begin{vmatrix} 3a_{11} & 4a_{11}-a_{12} & -a_{13} \\ 3a_{21} & 4a_{21}-a_{22} & -a_{23} \\ 3a_{31} & 4a_{31}-a_{32} & -a_{33} \end{vmatrix}$,则 $D_1=$________.

(3) $\begin{vmatrix} 1 & 2 & 0 & 0 \\ 3 & 4 & 0 & 0 \\ 0 & 0 & -1 & 3 \\ 0 & 0 & 5 & 1 \end{vmatrix}=$________.

(4) 设 $D=\begin{vmatrix} 1 & -1 & 0 & 0 \\ -2 & 1 & -1 & 1 \\ 3 & -2 & 2 & -1 \\ 0 & 0 & 3 & 4 \end{vmatrix}$,$A_{ij}$表示行列式中第 i 行第 j 列元素的代数余子式,则 $A_{11}+A_{12}=$________.

(5) 已知齐次线性方程组$\begin{cases} x_1+\lambda x_2+\lambda^2 x_3=0, \\ x_1-x_2+x_3=0, \\ 2x_1+4x_2+8x_3=0 \end{cases}$只有零解,则 λ 的取值为________.

3. 计算下列行列式:

(1) $\begin{vmatrix} b+c & c+a & a+b \\ a & b & c \\ a^2 & b^2 & c^2 \end{vmatrix}$;

(2) $D=\begin{vmatrix} a & b & c & d \\ a & a+b & a+b+c & a+b+c+d \\ a & 2a+b & 3a+2b+c & 4a+3b+2c+d \\ a & 3a+b & 6a+3b+c & 10a+6b+3c+d \end{vmatrix}$.

4. 证明下列恒等式:

(1) $\begin{vmatrix} a_1+b_1x & a_1x+b_1 & c_1 \\ a_2+b_2x & a_2x+b_2 & c_2 \\ a_3+b_3x & a_3x+b_3 & c_3 \end{vmatrix}=(1-x^2)\begin{vmatrix} a_1 & b_1 & c_1 \\ a_2 & b_2 & c_2 \\ a_3 & b_3 & c_3 \end{vmatrix}$;

(2) $\begin{vmatrix} 1 & 1 & 1 \\ a & b & c \\ a^3 & b^3 & c^3 \end{vmatrix} = (a+b+c)(b-a)(c-a)(c-b)$.

5. 已知五阶行列式 $D_5 = \begin{vmatrix} 1 & 2 & 3 & 4 & 5 \\ 2 & 2 & 2 & 1 & 1 \\ 3 & 1 & 2 & 4 & 5 \\ 1 & 1 & 1 & 2 & 2 \\ 4 & 3 & 1 & 5 & 0 \end{vmatrix} = 27$,试求 $A_{41}+A_{42}+A_{43}$ 和 $A_{44}+A_{45}$.

6. 设行列式 $D = \begin{vmatrix} 3 & 0 & 4 & 0 \\ 2 & 2 & 2 & 2 \\ 0 & -7 & 0 & 0 \\ 5 & 3 & -2 & 2 \end{vmatrix}$,求第 4 行各元素余子式之和.

7. 设 $f(x) = \begin{vmatrix} x-a_{11} & -a_{12} & -a_{13} & -a_{14} \\ -a_{21} & x-a_{22} & -a_{23} & -a_{24} \\ -a_{31} & -a_{32} & x-a_{33} & -a_{34} \\ -a_{41} & -a_{42} & -a_{43} & x-a_{44} \end{vmatrix}$,求

(1) x^4 的系数;(2) x^3 的系数;(3) 常数项.

8. 求方程 $f(x) = \begin{vmatrix} 1 & 1 & 1 & 1 \\ 1 & 2 & 3 & x \\ 1 & 4 & 9 & x^2 \\ 1 & 8 & 27 & x^3 \end{vmatrix} = 0$ 的全部实根.

(B)

1. 单项选择题

(1) n 阶行列式 $\begin{vmatrix} 1 & 0 & \cdots & 0 \\ 0 & 2 & \cdots & 0 \\ \vdots & \vdots & & \vdots \\ 0 & 0 & \cdots & n \end{vmatrix}$ 的主对角线上每个元素与其代数余子式乘积之和为(　　).

A. $n!$　　　　B. $\dfrac{n(1+n)}{2}$

C. $n \cdot n!$　　　　D. $\dfrac{n^2(1+n)}{2}$

(2) 如果 $n(n\geqslant 2)$ 阶行列式中每个元素都是 1 或 -1，那么该行列式为(　　).

A. 偶数　　B. 奇数

C. 1　　D. -1

(3) 行列式 $\begin{vmatrix} 1 & -1 & 1 & x-1 \\ 1 & -1 & x+1 & -1 \\ 1 & x-1 & 1 & -1 \\ x+1 & -1 & 1 & -1 \end{vmatrix}=$(　　).

A. x^4　　B. x

C. 1　　D. 0

(4) 行列式 $\begin{vmatrix} -1 & 0 & x & 1 \\ 1 & 1 & -1 & -1 \\ 1 & -1 & 1 & -1 \\ 1 & -1 & -1 & 1 \end{vmatrix}$ 中 x 的系数是(　　).

A. -2^2　　B. -1

C. 1　　D. 2^2

(5) 设 $n(n\geqslant 3)$ 阶行列式 $\begin{vmatrix} 1 & x & x & \cdots & x \\ x & 1 & x & \cdots & x \\ x & x & 1 & \cdots & x \\ \vdots & \vdots & \vdots & & \vdots \\ x & x & x & \cdots & 1 \end{vmatrix}=0$，则 $x=$(　　).

A. 1 或 $\dfrac{1}{1-n}$　　B. $\dfrac{1}{1-n}$

C. $\dfrac{1}{n-1}$　　D. 1

2. 填空题

(1) $D_n=\begin{vmatrix} 0 & 1 & 1 & \cdots & 1 & 1 \\ 1 & 0 & 1 & \cdots & 1 & 1 \\ 1 & 1 & 0 & \cdots & 1 & 1 \\ \vdots & \vdots & \vdots & & \vdots & \vdots \\ 1 & 1 & 1 & \cdots & 0 & 1 \\ 1 & 1 & 1 & \cdots & 1 & 0 \end{vmatrix}=$________.

（2）$D_n=\begin{vmatrix} a & b & 0 & \cdots & 0 & 0 \\ 0 & a & b & \cdots & 0 & 0 \\ 0 & 0 & a & \cdots & 0 & 0 \\ \vdots & \vdots & \vdots & & \vdots & \vdots \\ 0 & 0 & 0 & \cdots & a & b \\ b & 0 & 0 & \cdots & 0 & a \end{vmatrix}=$________.

（3）$\begin{vmatrix} a_{11} & a_{12} & a_{13} & a_{14} & a_{15} \\ a_{21} & a_{22} & a_{23} & a_{24} & a_{25} \\ a_{31} & a_{32} & 0 & 0 & 0 \\ a_{41} & a_{42} & 0 & 0 & 0 \\ a_{51} & a_{52} & 0 & 0 & 0 \end{vmatrix}=$________.

（4）$D_n=\begin{vmatrix} 2 & 1 & 0 & \cdots & 0 & 0 \\ 1 & 2 & 1 & \cdots & 0 & 0 \\ 0 & 1 & 2 & \cdots & 0 & 0 \\ \vdots & \vdots & \vdots & & \vdots & \vdots \\ 0 & 0 & 0 & \cdots & 2 & 1 \\ 0 & 0 & 0 & \cdots & 1 & 2 \end{vmatrix}=$________.

（5）设 $a_1,a_2,\cdots,a_n$ 为互不相等的常数，则线性方程组

$$\begin{cases} x_1+a_1x_2+a_1^2x_3+\cdots+a_1^{n-1}x_n=1, \\ x_1+a_2x_2+a_2^2x_3+\cdots+a_2^{n-1}x_n=1, \\ \cdots\cdots\cdots\cdots \\ x_1+a_nx_2+a_n^2x_3+\cdots+a_n^{n-1}x_n=1 \end{cases}$$

的解为________.

3. 计算下列行列式：

（1）$\begin{vmatrix} a_1 & 0 & 0 & b_1 \\ b_2 & a_2 & 0 & 0 \\ 0 & b_3 & a_3 & 0 \\ 0 & 0 & b_4 & a_4 \end{vmatrix}$；（2）$\begin{vmatrix} x+1 & x & x & \cdots & x \\ x & x+2 & x & \cdots & x \\ x & x & x+3 & \cdots & x \\ \vdots & \vdots & \vdots & & \vdots \\ x & x & x & \cdots & x+n \end{vmatrix}$.

4. 证明下列恒等式：

$$(1)\ \begin{vmatrix} 1+x_1^2 & x_1x_2 & \cdots & x_1x_n \\ x_2x_1 & 1+x_2^2 & \cdots & x_2x_n \\ \vdots & \vdots & & \vdots \\ x_nx_1 & x_nx_2 & \cdots & 1+x_n^2 \end{vmatrix} = 1+x_1^2+x_2^2+\cdots+x_n^2.$$

$$(2)\ \begin{vmatrix} 1+\alpha_1 & 1 & \cdots & 1 \\ 1 & 1+\alpha_2 & \cdots & 1 \\ \vdots & \vdots & & \vdots \\ 1 & 1 & \cdots & 1+\alpha_n \end{vmatrix} = \left(1+\sum_{i=1}^{n}\frac{1}{a_i}\right)\prod_{i=1}^{n}\alpha_i$$（其中 $\alpha_1\alpha_2\cdots\alpha_n\neq 0$）.

$$(3)\ \begin{vmatrix} 1 & 2 & 3 & 4 & \cdots & n \\ 1 & 1 & 2 & 3 & \cdots & n-1 \\ 1 & x & 1 & 2 & \cdots & n-2 \\ 1 & x & x & 1 & \cdots & n-3 \\ \vdots & \vdots & \vdots & \vdots & & \vdots \\ 1 & x & x & x & \cdots & 2 \\ 1 & x & x & x & \cdots & 1 \end{vmatrix} = (-1)^{n+1}x^{n-2}.$$

5. 求三次多项式 $f(x)=a_0+a_1x+a_2x^2+a_3x^3$，使得

$$f(-1)=0, f(1)=4, f(2)=3, f(3)=16.$$

6. 在平面上给出不共线的三个点 (x_1,y_1)，(x_2,y_2)，(x_3,y_3)，且 x_1，x_2，x_3 互不相同，求通过这三点的一条抛物线，使其对称轴平行于 y 轴.

7. 一个一元二次函数可由其图像上的 3 个横坐标互不相同的点所唯一确定，试证之.

8. 用行列式表示三点 (x_1,y_1)，(x_2,y_2)，(x_3,y_3) 位于一直线上的充分必要条件.

9. 现有一堤坝发生管涌，江水不断地涌出，假定每分钟流出的水量相同.现有四台水泵，预计 30 分钟可以抽完；如果再增加四台水泵，预计 12 分钟可以抽完.为保证安全，需在 8 分钟之内抽完水，问至少需要多少台水泵？

10. 已知平面上三条不同直线的方程分别为

$$l_1: ax+2by+3c=0,\ l_2: bx+2cy+3a=0,$$
$$l_3: cx+2ay+3b=0.$$

试证：这三条直线相交于一点的充分必要条件为 $a+b+c=0$.

习题答案与提示

总练习题 1

矩阵是线性代数的主要研究对象,它在数学的其他分支以及自然科学、现代经济学、管理学和工程技术领域等方面具有广泛的应用,许多实际问题可以用矩阵表达并用有关理论解决.在本课程中,矩阵是研究线性变换、向量的线性相关性及线性方程组求解等问题的有力工具,在线性代数中具有重要地位.

本章主要介绍矩阵的概念、性质和运算.

第2章

矩阵

2.1 矩阵的概念

矩阵是从解决实际问题的过程中抽象出来的数学概念,是数字的矩形阵列.在给出矩阵定义之前,先看几个例子.

2.1.1 引例

引例1 某企业生产 A,B,C,D 四种产品,各种产品的季度产值(单位:万元)如下表:

季度	季度产值/万元			
	A	*B*	*C*	*D*
1	80	75	75	78
2	98	70	85	84
3	90	75	90	90
4	88	70	82	80

上述表格可列成一个数表

$$\begin{pmatrix} 80 & 75 & 75 & 78 \\ 98 & 70 & 85 & 84 \\ 90 & 75 & 90 & 90 \\ 88 & 70 & 82 & 80 \end{pmatrix},$$

它具体描述了这家企业各种产品季度的产值,同时也揭示了产值随季度变化的规律.

引例 2　某航空公司在 A,B,C,D 四城市之间开辟了若干航线,若从 A 到 B 有航班,则用带箭头的线连接 A 与 B,图 2.1 表示了四城市间的航班图.

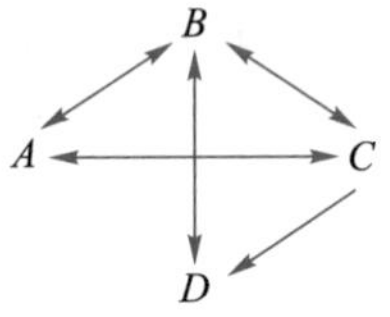

图 2.1

四城市间的航班情况用表格表示如下:

发站	到站			
	A	B	C	D
A		√	√	
B	√		√	√
C	√	√		√
D		√		

其中√表示有航班.为了便于研究,记√处为 1,空白处为 0,则得到

发站	到站			
	A	B	C	D
A	0	1	1	0
B	1	0	1	1
C	1	1	0	1
D	0	1	0	0

上述表格同样可列成一个数表

$$\begin{pmatrix} 0 & 1 & 1 & 0 \\ 1 & 0 & 1 & 1 \\ 1 & 1 & 0 & 1 \\ 0 & 1 & 0 & 0 \end{pmatrix},$$

该数表反映了四城市间的航班情况.

引例 3 在平面解析几何中,如果把直角坐标系绕着原点按逆时针方向转过角度 θ,那么平面点的坐标有如下变换公式:

$$\begin{cases} x' = x\cos\theta + y\sin\theta, \\ y' = -x\sin\theta + y\cos\theta, \end{cases}$$

在这里,由 (x,y) 到 (x',y') 的坐标变换完全取决于系数表

$$\begin{pmatrix} \cos\theta & \sin\theta \\ -\sin\theta & \cos\theta \end{pmatrix}.$$

引例 4 线性方程组

$$\begin{cases} a_{11}x_1 + a_{12}x_2 + \cdots + a_{1n}x_n = b_1, \\ a_{21}x_1 + a_{22}x_2 + \cdots + a_{2n}x_n = b_2, \\ \cdots\cdots\cdots\cdots \\ a_{n1}x_1 + a_{n2}x_2 + \cdots + a_{nn}x_n = b_n \end{cases} \tag{2.1}$$

的系数 $a_{ij}(i,j=1,2,\cdots,n)$ 及其右端 $b_j(j=1,2,\cdots,n)$ 按原位置构成如下数表:

$$\begin{pmatrix} a_{11} & a_{12} & \cdots & a_{1n} & b_1 \\ a_{21} & a_{22} & \cdots & a_{2n} & b_2 \\ \vdots & \vdots & & \vdots & \vdots \\ a_{n1} & a_{n2} & \cdots & a_{nn} & b_n \end{pmatrix},$$

这个数表与线性方程组(2.1)一一对应,要研究线性方程组(2.1)解的情况,只要研究上述数表即可.

从上述四个例子中可以看出,我们可以把实际问题中的"一堆数"用一个数表或一个数的阵列表示出来,这就是矩阵.

2.1.2 矩阵的概念

定义 2.1 由 $m\times n$ 个数 $a_{ij}(i=1,2,\cdots,m;j=1,2,\cdots,n)$ 排成的 m 行 n 列的矩形数表

$$\begin{pmatrix} a_{11} & a_{12} & \cdots & a_{1n} \\ a_{21} & a_{22} & \cdots & a_{2n} \\ \vdots & \vdots & & \vdots \\ a_{m1} & a_{m2} & \cdots & a_{mn} \end{pmatrix}$$

称为 m 行 n 列的**矩阵**(matrix),简称 $m\times n$ 矩阵,矩阵第 i 行第 j 列的数 a_{ij} 称为矩阵的 (i,j) **元素**.

矩阵通常用大写字母 $\boldsymbol{A},\boldsymbol{B},\boldsymbol{C}$ 等表示,有时也记为

$$A=(a_{ij})\text{或}A=(a_{ij})_{m\times n}.$$

当 $m=n$ 时,称 $A_{n\times n}$ 为 n **阶方阵**,并将 $A_{n\times n}$ 简记为 A_n(一阶方阵等同于构成它的元素).

只有一行的矩阵,即 $m=1$,称为**行矩阵**,也称为**行向量**,记为

$$A=(a_1,a_2,\cdots,a_n),$$

只有一列的矩阵,即 $n=1$,称为**列矩阵**,也称为**列向量**,记为

$$A=\begin{pmatrix}a_1\\a_2\\\vdots\\a_n\end{pmatrix},$$

元素都是零的矩阵称为**零矩阵**,记作 $O_{m\times n}$ 或 O.

元素都是复数的矩阵称为**复矩阵**,元素都是实数的矩阵称为**实矩阵**.本书中的矩阵如无特别说明,均指实矩阵.

当两个矩阵具有相同的行数和相同的列数时,称它们为**同型矩阵**.

如果 $A=(a_{ij})$ 与 $B=(b_{ij})$ 是同型矩阵,并且它们的对应元素相等,即

$$a_{ij}=b_{ij}(i=1,2,\cdots,m;j=1,2,\cdots,n),$$

那么称矩阵 A 与 B **相等**,记作 $A=B$.

注意,不同型的零矩阵是不相等的.

2.1.3 几种常用的特殊矩阵

1. 对角矩阵

如果 n 阶方阵 $A=(a_{ij})$ 的主对角线以外的元素全为零,即

$$A=\begin{pmatrix}a_{11}&0&\cdots&0\\0&a_{22}&\cdots&0\\\vdots&\vdots&&\vdots\\0&0&\cdots&a_{nn}\end{pmatrix},\tag{2.2}$$

那么称 A 为**对角矩阵**(diagonal matrix),常简记为 $A=\mathrm{diag}(a_{11},a_{22},\cdots,a_{nn})$.

由于对角矩阵主对角线两侧的元素均为零,通常这些零可以省略.(2.2)可简写为

$$A=\begin{pmatrix}a_{11}&&&\\&a_{22}&&\\&&\ddots&\\&&&a_{nn}\end{pmatrix}.$$

2. 数量矩阵

若 n 阶对角矩阵 $\boldsymbol{\Lambda}$ 的主对角线上的元素全相同,即

$$\boldsymbol{\Lambda}=\begin{pmatrix} k & & & \\ & k & & \\ & & \ddots & \\ & & & k \end{pmatrix},$$

则称 $\boldsymbol{\Lambda}$ 为**数量矩阵**(scalar matrix),记作 $\boldsymbol{K}_n$ 或 $\boldsymbol{K}$.显然数量矩阵是特殊的对角矩阵.

3. 单位矩阵

n 阶对角矩阵的主对角线上的元素全为 1 的矩阵称为 n **阶单位矩阵**(identity matrix),记作 $\boldsymbol{E}_n$ 或 $\boldsymbol{E}$.即

$$\boldsymbol{E}=\begin{pmatrix} 1 & & & \\ & 1 & & \\ & & \ddots & \\ & & & 1 \end{pmatrix}.$$

4. 上(下)三角形矩阵

如果 n 阶方阵 $\boldsymbol{A}=(a_{ij})$ 的主对角线以下元素全为零,即

$$\boldsymbol{A}=\begin{pmatrix} a_{11} & a_{12} & \cdots & a_{1n} \\ & a_{22} & \cdots & a_{2n} \\ & & \ddots & \vdots \\ & & & a_{nn} \end{pmatrix},$$

那么称 $\boldsymbol{A}$ 为上三角形矩阵(upper triangular matrix).

如果 n 阶方阵 $\boldsymbol{A}=(a_{ij})$ 的主对角线以上元素全为零,即

$$\boldsymbol{A}=\begin{pmatrix} a_{11} & & & \\ a_{21} & a_{22} & & \\ \vdots & \vdots & \ddots & \\ a_{n1} & a_{n2} & \cdots & a_{nn} \end{pmatrix},$$

那么称 $\boldsymbol{A}$ 为下三角形矩阵(lower triangular matrix).

上(下)三角形矩阵统称为**三角形矩阵**.

5. 对称矩阵与反称矩阵

设 n 阶方阵 $\boldsymbol{A}=(a_{ij})$,如果

$$a_{ij}=a_{ji}(i,j=1,2,\cdots,n),$$

那么称 $\boldsymbol{A}$ 为**对称矩阵**.

例如

$$A=\begin{pmatrix}1&2&1\\2&0&3\\1&3&4\end{pmatrix}$$

是一个三阶对称矩阵.

设 n 阶方阵 $A=(a_{ij})$,如果

$$a_{ij}=-a_{ji}(i,j=1,2,\cdots,n),$$

那么称 A 为**反称矩阵**.

因为 $a_{ii}=-a_{ii}$,所以 $a_{ii}=0(i=1,2,\cdots,n)$,因此反称矩阵主对角线上的元素全为零.

例如

$$A=\begin{pmatrix}0&2&1\\-2&0&-3\\-1&3&0\end{pmatrix}$$

是一个三阶反称矩阵.

习题 2-1

1. 单项选择题

(1) 下列说法不正确的是(　　).

A. 矩阵是个数表　　B. 不同型的零矩阵是不相等的

C. 单位矩阵都相等　　D. 对角矩阵是方阵

(2) 下列矩阵为对称矩阵的是(　　).

A. $\begin{pmatrix}3&2&0\\2&0&1\end{pmatrix}$　　B. $\begin{pmatrix}0&-1&2\\1&0&-3\\-2&3&0\end{pmatrix}$

C. $\begin{pmatrix}3&-1&6\\1&4&-7\\-6&7&5\end{pmatrix}$　　D. $\begin{pmatrix}3&-1&6\\-1&4&7\\6&7&5\end{pmatrix}$

2. 填空题

(1) 下列矩阵中,对角矩阵是________,三角形矩阵是________,数量矩阵是________,单位矩阵是________.

$$A=\begin{pmatrix}2&-1\\0&3\end{pmatrix};\ B=\begin{pmatrix}1&0&0\\2&3&0\\0&-1&0\end{pmatrix};\ C=\begin{pmatrix}6&0&0\\0&6&0\\0&0&6\end{pmatrix};\ D=\begin{pmatrix}1&0&0\\0&1&0\\0&0&1\end{pmatrix};$$

$$E=\begin{pmatrix}1&0&0\\0&2&0\\0&0&3\end{pmatrix}.$$

(2) 设 $\boldsymbol{A}=\begin{pmatrix}1&0&0\\0&b&0\\1&0&c\end{pmatrix}$，$\boldsymbol{B}=\begin{pmatrix}1&0&0\\0&1&0\\1&0&2\end{pmatrix}$，且 $\boldsymbol{A}=\boldsymbol{B}$，则 $b=$________，$c=$________.

3. 某钢材厂生产 A,B,C,D 四种钢材，其价格（单位：万元/t）分别为 3,4,5,6，年产量（单位：10^4 t）分别为 60,100,120,60. 四种钢材都销往甲、乙、丙三地，四种钢材在三地的年销售量（单位：10^4 t）分别为 15,20,50,25；25,50,30,5；20,30,40,30.

(1) 写出该厂生产四种钢材的产量及价格矩阵；

(2) 写出甲、乙、丙三地四种钢材的年销售量矩阵.

4. 如图 2.2 所示，连线上面的数字表示连线两端点间的距离 .

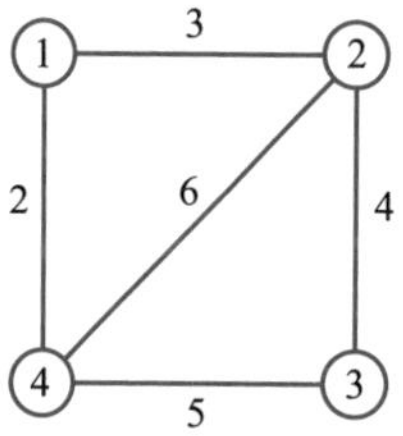

图 2.2

(1) 若两点间没有连线，则两点间的距离用 ∞ 表示，写出图中各点间的距离矩阵；

(2) 若从点 $i(i=1,2,3,4)$ 到点 $j(j=1,2,3,4)$ 有连线用“1”表示，没有连线用“0”表示，写出图中各点间的连线情况的矩阵.

习题答案与提示 2-1

2.2 矩阵的运算

2.2.1 矩阵的线性运算

矩阵的线性运算包括矩阵的加法与数乘两种运算.

1. 矩阵的加法

定义 2.2 设矩阵 $\boldsymbol{A}=(a_{ij})_{m\times n}$，$\boldsymbol{B}=(b_{ij})_{m\times n}$，矩阵 $\boldsymbol{A}$ 与 $\boldsymbol{B}$ 的和记作 $\boldsymbol{A}+\boldsymbol{B}$，规定

$$\boldsymbol{A}+\boldsymbol{B}=(a_{ij}+b_{ij})_{m\times n}=\begin{pmatrix} a_{11}+b_{11} & a_{12}+b_{12} & \cdots & a_{1n}+b_{1n} \\ a_{21}+b_{21} & a_{22}+b_{22} & \cdots & a_{2n}+b_{2n} \\ \vdots & \vdots & & \vdots \\ a_{m1}+b_{m1} & a_{m2}+b_{m2} & \cdots & a_{mn}+b_{mn} \end{pmatrix}.$$

注意：只有同型矩阵才能相加，两个同型矩阵的和，即为两个矩阵对应位置元素相加得到的矩阵.

显然，矩阵的加法满足下列规律（设 $\boldsymbol{A},\boldsymbol{B},\boldsymbol{C}$ 为同型矩阵）：

（1）交换律：$\boldsymbol{A}+\boldsymbol{B}=\boldsymbol{B}+\boldsymbol{A}$；

（2）结合律：$(\boldsymbol{A}+\boldsymbol{B})+\boldsymbol{C}=\boldsymbol{A}+(\boldsymbol{B}+\boldsymbol{C})$；

（3）设 $\boldsymbol{O}$ 是与 $\boldsymbol{A}$ 同型的零矩阵，则 $\boldsymbol{A}+\boldsymbol{O}=\boldsymbol{O}+\boldsymbol{A}=\boldsymbol{A}$，

称矩阵

$$\begin{pmatrix} -a_{11} & -a_{12} & \cdots & -a_{1n} \\ -a_{21} & -a_{22} & \cdots & -a_{2n} \\ \vdots & \vdots & & \vdots \\ -a_{m1} & -a_{m2} & \cdots & -a_{mn} \end{pmatrix}$$

为矩阵 $\boldsymbol{A}=(a_{ij})$ 的**负矩阵**，并记作 $-\boldsymbol{A}$，并有

（4）$\boldsymbol{A}+(-\boldsymbol{A})=\boldsymbol{O}$.

规定矩阵的减法为

$$\boldsymbol{A}-\boldsymbol{B}=\boldsymbol{A}+(-\boldsymbol{B}),$$

称 $\boldsymbol{A}-\boldsymbol{B}$ 为 $\boldsymbol{A}$ 与 $\boldsymbol{B}$ 的差，据此，若 $\boldsymbol{A}+\boldsymbol{B}=\boldsymbol{C}$，在等式两边同时加 $-\boldsymbol{B}$，则有 $\boldsymbol{A}=\boldsymbol{C}-\boldsymbol{B}$，这就是我们熟悉的移项规则.

例 2.2.1 设 $\boldsymbol{A}=\begin{pmatrix} 4 & 0 & 5 \\ -1 & 3 & 2 \end{pmatrix}$，$\boldsymbol{B}=\begin{pmatrix} 1 & 1 & 1 \\ 3 & 5 & 7 \end{pmatrix}$，求 $\boldsymbol{A}+\boldsymbol{B}$ 与 $\boldsymbol{A}-\boldsymbol{B}$.

解 $\boldsymbol{A}+\boldsymbol{B}=\begin{pmatrix} 4 & 0 & 5 \\ -1 & 3 & 2 \end{pmatrix}+\begin{pmatrix} 1 & 1 & 1 \\ 3 & 5 & 7 \end{pmatrix}=\begin{pmatrix} 5 & 1 & 6 \\ 2 & 8 & 9 \end{pmatrix}$，

$$\boldsymbol{A}-\boldsymbol{B}=\begin{pmatrix} 4 & 0 & 5 \\ -1 & 3 & 2 \end{pmatrix}-\begin{pmatrix} 1 & 1 & 1 \\ 3 & 5 & 7 \end{pmatrix}=\begin{pmatrix} 3 & -1 & 4 \\ -4 & -2 & -5 \end{pmatrix}.$$

2. 矩阵的数乘

定义 2.3 $\boldsymbol{A}=(a_{ij})_{m\times n}$，设 k 是一个数，数 k 与矩阵 $\boldsymbol{A}$ 的乘积（简称数乘）记作 $k\boldsymbol{A}$ 或 $\boldsymbol{A}k$，规定

$$kA=Ak=(ka_{ij})_{m\times n}=\begin{pmatrix} ka_{11} & ka_{12} & \cdots & ka_{1n} \\ ka_{21} & ka_{22} & \cdots & ka_{2n} \\ \vdots & \vdots & & \vdots \\ ka_{m1} & ka_{m2} & \cdots & ka_{mn} \end{pmatrix}.$$

注意：数 k 乘矩阵 $\boldsymbol{A}$，就是把数 k 乘矩阵 $\boldsymbol{A}$ 的每一个元素.

显然，矩阵的数乘满足分配律与结合律（设 $\boldsymbol{A},\boldsymbol{B}$ 都是 $m\times n$ 矩阵，k,l 为数）

$$k(\boldsymbol{A}+\boldsymbol{B})=k\boldsymbol{A}+k\boldsymbol{B},\ (k+l)\boldsymbol{A}=k\boldsymbol{A}+l\boldsymbol{A},\ (kl)\boldsymbol{A}=k(l\boldsymbol{A}).$$

例 2.2.2 设 $4\boldsymbol{A}-\boldsymbol{X}=\boldsymbol{B}$，求矩阵 $\boldsymbol{X}$，其中

$$\boldsymbol{A}=\begin{pmatrix} 2 & 1 & 4 \\ -3 & 0 & 2 \end{pmatrix},\quad \boldsymbol{B}=\begin{pmatrix} 3 & -5 & 1 \\ 2 & 1 & 3 \end{pmatrix}.$$

解法 1（移项法）

$$\boldsymbol{X}=4\boldsymbol{A}-\boldsymbol{B}=\begin{pmatrix} 8 & 4 & 16 \\ -12 & 0 & 8 \end{pmatrix}-\begin{pmatrix} 3 & -5 & 1 \\ 2 & 1 & 3 \end{pmatrix}=\begin{pmatrix} 5 & 9 & 15 \\ -14 & -1 & 5 \end{pmatrix}.$$

解法 2（待定系数法）

设

$$\boldsymbol{X}=\begin{pmatrix} x_{11} & x_{12} & x_{13} \\ x_{21} & x_{22} & x_{23} \end{pmatrix},$$

于是

$$4\boldsymbol{A}-\boldsymbol{X}=\begin{pmatrix} 8-x_{11} & 4-x_{12} & 16-x_{13} \\ -12-x_{21} & -x_{22} & 8-x_{23} \end{pmatrix}=\begin{pmatrix} 3 & -5 & 1 \\ 2 & 1 & 3 \end{pmatrix},$$

利用矩阵相等有

$$\begin{aligned} &8-x_{11}=3, \qquad &4-x_{12}=-5, \qquad &16-x_{13}=1, \\ &-12-x_{21}=2, \qquad &-x_{22}=1, \qquad &8-x_{23}=3, \end{aligned}$$

所以

$$\boldsymbol{X}=\begin{pmatrix} 5 & 9 & 15 \\ -14 & -1 & 5 \end{pmatrix}.$$

2.2.2 矩阵的乘法

矩阵的乘法运算是矩阵最重要的运算之一，也是从实际需要中产生的.

先看一个例子.

例 2.2.3 设某地区有甲、乙、丙三个工厂，每个工厂都生产Ⅰ，Ⅱ，

Ⅲ,Ⅳ4 种产品.已知每个工厂的年产量(单位:个)如下表所示:

工厂	年产量/个			
	Ⅰ	Ⅱ	Ⅲ	Ⅳ
甲	20	30	10	45
乙	15	10	70	20
丙	20	15	35	25

每种产品的单价(单位:元)和单位利润(单位:元)如下表所示:

产品	项目	
	单价/元	单位利润/元
Ⅰ	100	20
Ⅱ	150	45
Ⅲ	300	120
Ⅳ	200	60

求各工厂的总收入与总利润.

解 甲厂总收入:$20\times100+30\times150+10\times300+45\times200=18\ 500$,

甲厂总利润:$20\times20+30\times45+10\times120+45\times60=5\ 650$,

乙厂总收入:$15\times100+10\times150+70\times300+20\times200=28\ 000$,

乙厂总利润:$15\times20+10\times45+70\times120+20\times60=10\ 350$,

丙厂总收入:$20\times100+15\times150+35\times300+25\times200=19\ 750$,

丙厂总利润:$20\times20+15\times45+35\times120+25\times60=6\ 775$.

各工厂的总收入与总利润可列表如下:

工厂	项目	
	总收入/元	总利润/元
甲	18 500	5 650
乙	28 000	10 350
丙	19 750	6 775

例 2.2.3 的三个数表可分别用 $\boldsymbol{A}=(a_{ij})_{3\times4}$,$\boldsymbol{B}=(b_{ij})_{4\times2}$,$\boldsymbol{C}=(c_{ij})_{3\times2}$三个矩阵表示,设

$$\boldsymbol{C}=\begin{pmatrix}18\ 500 & 5\ 650\\ 28\ 000 & 10\ 350\\ 19\ 750 & 6\ 775\end{pmatrix},\ \boldsymbol{A}=\begin{pmatrix}20 & 30 & 10 & 45\\ 15 & 10 & 70 & 20\\ 20 & 15 & 35 & 25\end{pmatrix},\ \boldsymbol{B}=\begin{pmatrix}100 & 20\\ 150 & 45\\ 300 & 120\\ 200 & 60\end{pmatrix},$$

观察矩阵 $\boldsymbol{C}$ 与矩阵 $\boldsymbol{A}$,$\boldsymbol{B}$ 之间的关系,可知:

$c_{11}=18\ 500=20\times100+30\times150+10\times300+45\times200=a_{11}b_{11}+a_{12}b_{21}+a_{13}b_{31}+a_{14}b_{41}$,

$c_{12}=5\ 650=20\times20+30\times45+10\times120+45\times60=a_{11}b_{12}+a_{12}b_{22}+a_{13}b_{32}+a_{14}b_{42}$,

$c_{21}=28\ 000=15\times100+10\times150+70\times300+20\times200=a_{21}b_{11}+a_{22}b_{21}+a_{23}b_{31}+a_{24}b_{41}$,

$c_{22}=10\ 350=15\times20+10\times45+70\times120+20\times60=a_{21}b_{12}+a_{22}b_{22}+a_{23}b_{32}+a_{24}b_{42}$,

$c_{31}=19\ 750=20\times100+15\times150+35\times300+25\times200=a_{31}b_{11}+a_{32}b_{21}+a_{33}b_{31}+a_{34}b_{41}$,

$c_{32}=6\ 775=20\times20+15\times45+35\times120+25\times60=a_{31}b_{12}+a_{32}b_{22}+a_{33}b_{32}+a_{34}b_{42}$,

即矩阵 $\boldsymbol{C}$ 的第 i 行第 j 列元素 C_{ij}是矩阵 $\boldsymbol{A}$ 的第 i 行各元素与矩阵 $\boldsymbol{B}$ 的第 j 列对应元素乘积之和,我们把矩阵 $\boldsymbol{C}$ 称为矩阵 $\boldsymbol{A}$ 与矩阵 $\boldsymbol{B}$ 的乘积.受此启发,可以给出矩阵乘法的定义.

定义 2.4 设矩阵 $\boldsymbol{A}=(a_{ij})_{m\times n}$,$\boldsymbol{B}=(b_{ij})_{n\times p}$,规定 $\boldsymbol{A}$ 与 $\boldsymbol{B}$ 的乘积

$$\boldsymbol{AB}=(c_{ij})_{m\times p},$$

其中

$$c_{ij}=a_{i1}b_{1j}+a_{i2}b_{2j}+\cdots+a_{in}b_{nj}=\sum_{k=1}^{n}a_{ik}b_{kj}(i=1,2,\cdots,m;j=1,2,\cdots,p).$$

注意:矩阵 $\boldsymbol{C}=\boldsymbol{AB}$ 的第 i 行第 j 列元素等于左边矩阵 $\boldsymbol{A}$ 的第 i 行与右边矩阵 $\boldsymbol{B}$ 的第 j 列的对应元素乘积之和.显然要使两个矩阵 $\boldsymbol{A}$ 与 $\boldsymbol{B}$ 的乘积 $\boldsymbol{AB}$ 有意义(或者说可乘),要求左边矩阵 $\boldsymbol{A}$ 的列数等于右边矩阵 $\boldsymbol{B}$ 的行数,否则 $\boldsymbol{A}$ 与 $\boldsymbol{B}$ 不可乘.

例 2.2.4 设 $\boldsymbol{A}=\begin{pmatrix}4 & -1 & 2 & 1\\ 1 & 1 & 0 & 3\\ 0 & 3 & 1 & 4\end{pmatrix}$,$\boldsymbol{B}=\begin{pmatrix}1 & 2\\ 0 & 1\\ 3 & 0\\ -1 & 2\end{pmatrix}$,求 $\boldsymbol{AB}$.

解 因为 $\boldsymbol{A}$ 的列数等于 $\boldsymbol{B}$ 的行数,所以 $\boldsymbol{A}$ 与 $\boldsymbol{B}$ 可乘,其乘积矩阵

$$\boldsymbol{AB}=(c_{ij})_{3\times2},$$

即

$$\begin{pmatrix}4 & -1 & 2 & 1\\ 1 & 1 & 0 & 3\\ 0 & 3 & 1 & 4\end{pmatrix}\begin{pmatrix}1 & 2\\ 0 & 1\\ 3 & 0\\ -1 & 2\end{pmatrix}=\begin{pmatrix}9 & 9\\ -2 & 9\\ -1 & 11\end{pmatrix}.$$

例 2.2.5 设 n 个未知量, m 个方程的线性方程组

$$\begin{cases} a_{11}x_1+a_{12}x_2+\cdots+a_{1n}x_n=b_1, \\ a_{21}x_1+a_{22}x_2+\cdots+a_{2n}x_n=b_2, \\ \cdots\cdots\cdots\cdots \\ a_{m1}x_1+a_{m2}x_2+\cdots+a_{mn}x_n=b_m, \end{cases} \tag{2.3}$$

令

$$\boldsymbol{A}=\begin{pmatrix} a_{11} & a_{12} & \cdots & a_{1n} \\ a_{21} & a_{22} & \cdots & a_{2n} \\ \vdots & \vdots & & \vdots \\ a_{m1} & a_{m2} & \cdots & a_{mn} \end{pmatrix}, \boldsymbol{x}=\begin{pmatrix} x_1 \\ x_2 \\ \vdots \\ x_n \end{pmatrix}, \boldsymbol{b}=\begin{pmatrix} b_1 \\ b_2 \\ \vdots \\ b_m \end{pmatrix},$$

试用 $\boldsymbol{A}, \boldsymbol{x}, \boldsymbol{b}$ 表示上述线性方程组.

解 根据矩阵乘法的定义,

$$\boldsymbol{Ax}=\begin{pmatrix} a_{11}x_1+a_{12}x_2+\cdots+a_{1n}x_n \\ a_{21}x_1+a_{22}x_2+\cdots+a_{2n}x_n \\ \vdots \\ a_{m1}x_1+a_{m2}x_2+\cdots+a_{mn}x_n \end{pmatrix},$$

则方程组(2.3)可表示为

$$\boldsymbol{Ax}=\boldsymbol{b},$$

称其为线性方程组(2.3)的**矩阵形式**,并称 $\boldsymbol{A}$ 为(2.3)的**系数矩阵**.

例 2.2.6 设 $\boldsymbol{A}=\begin{pmatrix} 1 & -1 \\ 0 & 0 \end{pmatrix}, \boldsymbol{B}=\begin{pmatrix} 1 & 2 \\ 1 & 2 \end{pmatrix}$,求 $\boldsymbol{AB}$ 与 $\boldsymbol{BA}$.

解

$$\boldsymbol{AB}=\begin{pmatrix} 1 & -1 \\ 0 & 0 \end{pmatrix}\begin{pmatrix} 1 & 2 \\ 1 & 2 \end{pmatrix}=\begin{pmatrix} 0 & 0 \\ 0 & 0 \end{pmatrix},$$

$$\boldsymbol{BA}=\begin{pmatrix} 1 & 2 \\ 1 & 2 \end{pmatrix}\begin{pmatrix} 1 & -1 \\ 0 & 0 \end{pmatrix}=\begin{pmatrix} 1 & -1 \\ 1 & -1 \end{pmatrix}.$$

矩阵乘法不同于数的乘法,它有三个重要结论:

(1) **矩阵乘法不满足交换律.**

矩阵的乘法一般不满足交换律,如例 2.2.6, $\boldsymbol{AB}\neq\boldsymbol{BA}$,但对于单位矩阵 $\boldsymbol{E}$,容易证明

$$\boldsymbol{E}_m\boldsymbol{A}_{m\times n}=\boldsymbol{A}_{m\times n}, \boldsymbol{A}_{m\times n}\boldsymbol{E}_n=\boldsymbol{A}_{m\times n},$$

或简写成 $\boldsymbol{EA}=\boldsymbol{AE}=\boldsymbol{A}$,可见单位矩阵在矩阵乘法中的作用类似于数 1 在数的乘法中的作用.

更进一步有：

设 $\boldsymbol{B}$ 是一个 n 阶矩阵，则 $\boldsymbol{B}$ 是一个数量矩阵的充分必要条件是 $\boldsymbol{B}$ 与任何 n 阶矩阵可交换（证明留给读者）.

（2）**矩阵乘法不满足零因子律**.

由 $\boldsymbol{AB}=\boldsymbol{O}$，一般不能推出 $\boldsymbol{A}=\boldsymbol{O}$ 或 $\boldsymbol{B}=\boldsymbol{O}$. 等价地说，若 $\boldsymbol{A}\neq\boldsymbol{O}$ 且 $\boldsymbol{B}\neq\boldsymbol{O}$ 仍有可能使 $\boldsymbol{AB}=\boldsymbol{O}$. 请读者举例说明.

（3）**矩阵乘法不满足消去律**.

如果 $\boldsymbol{BA}=\boldsymbol{CA}$，且 $\boldsymbol{A}\neq\boldsymbol{O}$，不一定能推出 $\boldsymbol{B}=\boldsymbol{C}$.

例如

$$\boldsymbol{A}=\begin{pmatrix}-1&1\\1&-1\end{pmatrix},\boldsymbol{B}=\begin{pmatrix}1&-1\\2&3\end{pmatrix},\boldsymbol{C}=\begin{pmatrix}2&0\\4&5\end{pmatrix},$$

则 $\boldsymbol{BA}=\boldsymbol{CA}=\begin{pmatrix}-2&2\\1&-1\end{pmatrix}$，$\boldsymbol{A}\neq\boldsymbol{O}$，但 $\boldsymbol{B}\neq\boldsymbol{C}$.

矩阵乘法不满足交换律、零因子律和消去律，是矩阵乘法区别于数的乘法的重要特点，但是矩阵乘法与数的乘法也有相同或相似的运算律，矩阵乘法满足下列运算律（假设运算都是可行的）：

（1）**结合律**：$(\boldsymbol{AB})\boldsymbol{C}=\boldsymbol{A}(\boldsymbol{BC})$；

（2）**左分配律**：$\boldsymbol{A}(\boldsymbol{B}+\boldsymbol{C})=\boldsymbol{AB}+\boldsymbol{AC}$；**右分配律**：$(\boldsymbol{B}+\boldsymbol{C})\boldsymbol{A}=\boldsymbol{BA}+\boldsymbol{CA}$；

（3）**数乘结合律**：$k(\boldsymbol{AB})=(k\boldsymbol{A})\boldsymbol{B}=\boldsymbol{A}(k\boldsymbol{B})$，$k$ 是一个数.

这些运算律都可以通过比较等式两端的矩阵而得到证明. 这里只证明 $(\boldsymbol{AB})\boldsymbol{C}=\boldsymbol{A}(\boldsymbol{BC})$，其他可类似证明.

证明 等式左端有意义时，要求 $\boldsymbol{A}$ 的列数等于 $\boldsymbol{B}$ 的行数，$\boldsymbol{B}$ 的列数等于 $\boldsymbol{C}$ 的行数. 不妨设 $\boldsymbol{A}=(a_{ij})_{m\times n}$，$\boldsymbol{B}=(b_{ij})_{n\times p}$，$\boldsymbol{C}=(c_{ij})_{p\times q}$. 这时等式右端也是有意义的，等式两端的乘积矩阵都是 $m\times q$ 矩阵.

$(\boldsymbol{AB})\boldsymbol{C}$ 的第 i 行第 j 列元素为

$$\begin{aligned}[(\boldsymbol{AB})\boldsymbol{C}]_{ij}&=\sum_{k=1}^{p}(\boldsymbol{AB})_{ik}c_{kj}=\sum_{k=1}^{p}\left(\sum_{l=1}^{n}a_{il}b_{lk}\right)c_{kj}\\&=\sum_{k=1}^{p}\left(\sum_{l=1}^{n}a_{il}b_{lk}c_{kj}\right)=\sum_{l=1}^{n}\left(\sum_{k=1}^{p}a_{il}b_{lk}c_{kj}\right)\\&=\sum_{l=1}^{n}a_{il}\left(\sum_{k=1}^{p}b_{lk}c_{kj}\right)=\sum_{l=1}^{n}a_{il}(\boldsymbol{BC})_{lj}\\&=[\boldsymbol{A}(\boldsymbol{BC})]_{ij}.\end{aligned}$$

证毕

2.2.3 方阵的幂

利用矩阵的乘法可以定义 n 阶方阵 $\boldsymbol{A}$ 的乘幂.

定义 2.5 设 $\boldsymbol{A}$ 为 n 阶方阵，k 个 $\boldsymbol{A}$ 的连乘积称为方阵 $\boldsymbol{A}$ 的 k 次幂(power)，记作 $\boldsymbol{A}^k$，即

$$\boldsymbol{A}^k=\underbrace{\boldsymbol{A}\boldsymbol{A}\cdots\boldsymbol{A}}_{k个}.$$

规定 $\boldsymbol{A}^0=\boldsymbol{E}$，$\boldsymbol{E}$ 为与 $\boldsymbol{A}$ 同阶的单位矩阵. 由于矩阵乘法满足结合律，于是有

$$\boldsymbol{A}^k\boldsymbol{A}^l=\boldsymbol{A}^{k+l},(\boldsymbol{A}^k)^l=\boldsymbol{A}^{kl}，其中 k,l 都是非负整数.$$

例 2.2.7 计算$\begin{pmatrix}4&-1\\5&-2\end{pmatrix}^5$.

解 $$\begin{pmatrix}4&-1\\5&-2\end{pmatrix}^5=\begin{pmatrix}4&-1\\5&-2\end{pmatrix}^2\begin{pmatrix}4&-1\\5&-2\end{pmatrix}^2\begin{pmatrix}4&-1\\5&-2\end{pmatrix}$$
$$=\begin{pmatrix}11&-2\\10&-1\end{pmatrix}\begin{pmatrix}11&-2\\10&-1\end{pmatrix}\begin{pmatrix}4&-1\\5&-2\end{pmatrix}$$
$$=\begin{pmatrix}101&-20\\100&-19\end{pmatrix}\begin{pmatrix}4&-1\\5&-2\end{pmatrix}=\begin{pmatrix}304&-61\\305&-62\end{pmatrix}.$$

例 2.2.8 设

$$\boldsymbol{A}=\begin{pmatrix}1&-1&2\\2&-2&4\\3&-3&6\end{pmatrix},$$

求 $\boldsymbol{A}^n$.

解法 1 数学归纳法

$$\boldsymbol{A}^2=\begin{pmatrix}1&-1&2\\2&-2&4\\3&-3&6\end{pmatrix}\begin{pmatrix}1&-1&2\\2&-2&4\\3&-3&6\end{pmatrix}=\begin{pmatrix}5&-5&10\\10&-10&20\\15&-15&30\end{pmatrix}=5\boldsymbol{A},$$
$$\boldsymbol{A}^3=\boldsymbol{A}^2\cdot\boldsymbol{A}=5\boldsymbol{A}^2=5^2\boldsymbol{A},$$

设 $\boldsymbol{A}^{n-1}=5^{n-2}\boldsymbol{A}$，则

$$\boldsymbol{A}^n=\boldsymbol{A}^{n-1}\cdot\boldsymbol{A}=5^{n-2}\boldsymbol{A}\cdot\boldsymbol{A}=5^{n-2}\boldsymbol{A}^2=5^{n-1}\boldsymbol{A}$$
$$=\begin{pmatrix}5^{n-1}&-5^{n-1}&2\cdot5^{n-1}\\2\cdot5^{n-1}&-2\cdot5^{n-1}&4\cdot5^{n-1}\\3\cdot5^{n-1}&-3\cdot5^{n-1}&6\cdot5^{n-1}\end{pmatrix}.$$

解法 2 注意到 $\boldsymbol{A}=\begin{pmatrix}1\\2\\3\end{pmatrix}(1,-1,2)$，则

$$\boldsymbol{A}^n=\begin{pmatrix}1\\2\\3\end{pmatrix}(1,-1,2)\begin{pmatrix}1\\2\\3\end{pmatrix}(1,-1,2)\cdots\begin{pmatrix}1\\2\\3\end{pmatrix}(1,-1,2),$$

而$(1,-1,2)\begin{pmatrix}1\\2\\3\end{pmatrix}=5$,因此

$$\boldsymbol{A}^n=\begin{pmatrix}1\\2\\3\end{pmatrix}5^{n-1}(1,-1,2)=5^{n-1}\boldsymbol{A}.$$

因为矩阵乘法不满足交换律,所以对于两个 n 阶方阵 $\boldsymbol{A}$ 与 $\boldsymbol{B}$,一般情况下,$(\boldsymbol{AB})^k\neq\boldsymbol{A}^k\boldsymbol{B}^k$;当 $\boldsymbol{AB}$ 可交换时,$(\boldsymbol{AB})^k=\boldsymbol{A}^k\boldsymbol{B}^k=\boldsymbol{B}^k\boldsymbol{A}^k$,但其逆不真.

另外,一般情况下

$$(\boldsymbol{A}+\boldsymbol{B})(\boldsymbol{A}-\boldsymbol{B})=\boldsymbol{A}^2-\boldsymbol{AB}+\boldsymbol{BA}-\boldsymbol{B}^2(\neq\boldsymbol{A}^2-\boldsymbol{B}^2),$$

$$(\boldsymbol{A}-\boldsymbol{B})(\boldsymbol{A}+\boldsymbol{B})=\boldsymbol{A}^2-\boldsymbol{BA}+\boldsymbol{AB}-\boldsymbol{B}^2(\neq(\boldsymbol{A}+\boldsymbol{B})(\boldsymbol{A}-\boldsymbol{B})),$$

$$(\boldsymbol{A}+\boldsymbol{B})^2=(\boldsymbol{A}+\boldsymbol{B})(\boldsymbol{A}+\boldsymbol{B})=\boldsymbol{A}^2+\boldsymbol{AB}+\boldsymbol{BA}+\boldsymbol{B}^2(\neq\boldsymbol{A}^2+2\boldsymbol{AB}+\boldsymbol{B}^2).$$

思考:设 $\boldsymbol{A},\boldsymbol{B}$ 为 n 阶矩阵,则下列各式成立的充分必要条件是什么?

(1) $(\boldsymbol{AB})^k=\boldsymbol{A}^k\boldsymbol{B}^k=\boldsymbol{B}^k\boldsymbol{A}^k$,$k$ 为正整数;

(2) $(\boldsymbol{A}+\boldsymbol{B})(\boldsymbol{A}-\boldsymbol{B})=\boldsymbol{A}^2-\boldsymbol{B}^2$;

(3) $(\boldsymbol{A}+\boldsymbol{B})(\boldsymbol{A}-\boldsymbol{B})=(\boldsymbol{A}-\boldsymbol{B})(\boldsymbol{A}+\boldsymbol{B})$;

(4) $(\boldsymbol{A}+\boldsymbol{B})^2=\boldsymbol{A}^2+2\boldsymbol{AB}+\boldsymbol{B}^2$.

2.2.4 矩阵的转置

定义 2.6 把 $m\times n$ 矩阵

$$\boldsymbol{A}=\begin{pmatrix}a_{11}&a_{12}&\cdots&a_{1n}\\a_{21}&a_{22}&\cdots&a_{2n}\\\vdots&\vdots&&\vdots\\a_{m1}&a_{m2}&\cdots&a_{mn}\end{pmatrix}$$

的行列互换得到一个 $n\times m$ 矩阵,称之为 $\boldsymbol{A}$ 的**转置矩阵**(transposed matrix),简称 $\boldsymbol{A}$ 的转置,记作 $\boldsymbol{A}^{\mathrm{T}}$,即

$$\boldsymbol{A}^{\mathrm{T}}=\begin{pmatrix}a_{11}&a_{21}&\cdots&a_{m1}\\a_{12}&a_{22}&\cdots&a_{m2}\\\vdots&\vdots&&\vdots\\a_{1n}&a_{2n}&\cdots&a_{mn}\end{pmatrix}.$$

显然,$\boldsymbol{A}^{\mathrm{T}}$ 的(i,j)元素就是 $\boldsymbol{A}$ 的(j,i)元素,矩阵的转置也是一种运算,且矩阵的转置满足以下运算规律:

(1) $(\boldsymbol{A}^{\mathrm{T}})^{\mathrm{T}}=\boldsymbol{A}$; (2) $(\boldsymbol{A}+\boldsymbol{B})^{\mathrm{T}}=\boldsymbol{A}^{\mathrm{T}}+\boldsymbol{B}^{\mathrm{T}}$;

(3) $(k\boldsymbol{A})^{\mathrm{T}}=k\boldsymbol{A}^{\mathrm{T}}$($k$ 为数); (4) $(\boldsymbol{A}\boldsymbol{B})^{\mathrm{T}}=\boldsymbol{B}^{\mathrm{T}}\boldsymbol{A}^{\mathrm{T}}$.

利用转置矩阵的定义,很容易验证(1)(2)(3)成立,下面仅证明(4).

证明 设

$$\boldsymbol{A}=\begin{pmatrix} a_{11} & a_{12} & \cdots & a_{1n} \\ a_{21} & a_{22} & \cdots & a_{2n} \\ \vdots & \vdots & & \vdots \\ a_{m1} & a_{m2} & \cdots & a_{mn} \end{pmatrix},\quad \boldsymbol{B}=\begin{pmatrix} b_{11} & b_{12} & \cdots & b_{1p} \\ b_{21} & b_{22} & \cdots & b_{2p} \\ \vdots & \vdots & & \vdots \\ b_{n1} & b_{n2} & \cdots & b_{np} \end{pmatrix},$$

首先$(\boldsymbol{A}\boldsymbol{B})^{\mathrm{T}}$与$\boldsymbol{B}^{\mathrm{T}}\boldsymbol{A}^{\mathrm{T}}$都是 $p\times m$ 矩阵.其次考察对应的元素:$(\boldsymbol{A}\boldsymbol{B})^{\mathrm{T}}$中第 i 行第 j 列的元素恰好是 $\boldsymbol{A}\boldsymbol{B}$ 中第 j 行第 i 列的元素,即$\sum\limits_{k=1}^{n} a_{jk}b_{ki}$.而$\boldsymbol{B}^{\mathrm{T}}\boldsymbol{A}^{\mathrm{T}}$中第 i 行第 j 列的元素正好是 $\boldsymbol{B}$ 的第 i 列的元素与 $\boldsymbol{A}$ 的第 j 行对应的元素相乘再相加的结果,即$\sum\limits_{k=1}^{n} b_{ki}a_{jk}$.

显然$\sum\limits_{k=1}^{n} a_{jk}b_{ki}=\sum\limits_{k=1}^{n} b_{ki}a_{jk}$,所以$(\boldsymbol{A}\boldsymbol{B})^{\mathrm{T}}=\boldsymbol{B}^{\mathrm{T}}\boldsymbol{A}^{\mathrm{T}}$. 证毕

由数学归纳法可将(4)推广为

$$(\boldsymbol{A}_1\boldsymbol{A}_2\cdots\boldsymbol{A}_k)^{\mathrm{T}}=\boldsymbol{A}_k^{\mathrm{T}}\cdots\boldsymbol{A}_2^{\mathrm{T}}\boldsymbol{A}_1^{\mathrm{T}}.$$

例 2.2.9 已知 $\boldsymbol{A}=\begin{pmatrix} 1 & 2 \\ 3 & 5 \\ 4 & 6 \end{pmatrix}$,$\boldsymbol{B}=\begin{pmatrix} 3 & 1 \\ 2 & 4 \end{pmatrix}$,求$(\boldsymbol{A}\boldsymbol{B})^{\mathrm{T}}$.

解法 1

因为 $\boldsymbol{A}\boldsymbol{B}=\begin{pmatrix} 7 & 9 \\ 19 & 23 \\ 24 & 28 \end{pmatrix}$,所以$(\boldsymbol{A}\boldsymbol{B})^{\mathrm{T}}=\begin{pmatrix} 7 & 19 & 24 \\ 9 & 23 & 28 \end{pmatrix}$.

解法 2

$$(\boldsymbol{A}\boldsymbol{B})^{\mathrm{T}}=\boldsymbol{B}^{\mathrm{T}}\boldsymbol{A}^{\mathrm{T}}=\begin{pmatrix} 3 & 2 \\ 1 & 4 \end{pmatrix}\begin{pmatrix} 1 & 3 & 4 \\ 2 & 5 & 6 \end{pmatrix}=\begin{pmatrix} 7 & 19 & 24 \\ 9 & 23 & 28 \end{pmatrix}.$$

由对称矩阵与反称矩阵的定义,不难证明:

定理 2.1 **n 阶矩阵 $\boldsymbol{A}$ 为对称矩阵的充分必要条件是 $\boldsymbol{A}^{\mathrm{T}}=\boldsymbol{A}$;$\boldsymbol{A}$ 为反称矩阵的充分必要条件是 $\boldsymbol{A}^{\mathrm{T}}=-\boldsymbol{A}$.**

例 2.2.10 设 $\boldsymbol{A}$ 是 n 阶反称矩阵,$\boldsymbol{B}$ 是 n 阶对称矩阵,则 $\boldsymbol{A}\boldsymbol{B}+\boldsymbol{B}\boldsymbol{A}$ 是

n 阶反称矩阵.

证明 因为

$$(\boldsymbol{AB}+\boldsymbol{BA})^{\mathrm{T}}=(\boldsymbol{AB})^{\mathrm{T}}+(\boldsymbol{BA})^{\mathrm{T}}=\boldsymbol{B}^{\mathrm{T}}\boldsymbol{A}^{\mathrm{T}}+\boldsymbol{A}^{\mathrm{T}}\boldsymbol{B}^{\mathrm{T}}$$
$$=\boldsymbol{B}(-\boldsymbol{A})+(-\boldsymbol{A})\boldsymbol{B}=-(\boldsymbol{AB}+\boldsymbol{BA}),$$

所以 $\boldsymbol{AB}+\boldsymbol{BA}$ 是 n 阶反称矩阵. 证毕

必须注意,对称矩阵的乘积不一定是对称矩阵.容易证明:若 $\boldsymbol{A}$ 与 $\boldsymbol{B}$ 均为对称矩阵,则 $\boldsymbol{AB}$ 是对称矩阵的充分必要条件是 $\boldsymbol{AB}$ 可交换.

2.2.5 方阵的多项式

在初等数学中,实数 x 的 n 次多项式 $f(x)=a_0+a_1x+\cdots+a_nx^n$ 为 x 的各次幂的线性组合,对于 n 阶方阵 $\boldsymbol{A}$,根据 $\boldsymbol{A}$ 的幂及单位矩阵的概念,类似于 x 的 n 次多项式,我们可定义方阵 $\boldsymbol{A}$ 的 n 次多项式.

定义 2.7 设 $f(x)=a_0+a_1x+\cdots+a_nx^n$,$\boldsymbol{A}$ 为方阵,$\boldsymbol{E}$ 为与 $\boldsymbol{A}$ 同阶的单位矩阵,称

$$f(\boldsymbol{A})=a_0\boldsymbol{E}+a_1\boldsymbol{A}+\cdots+a_n\boldsymbol{A}^n$$

为**方阵 $\boldsymbol{A}$ 的多项式**(polynomial of matrix)(注意常数项 a_0 应改写为 $a_0\boldsymbol{E}$).

由定义容易证明:若 $f(x)$,$g(x)$ 为多项式,$\boldsymbol{A}$ 为方阵,则

$$f(\boldsymbol{A})g(\boldsymbol{A})=g(\boldsymbol{A})f(\boldsymbol{A}),$$

对于方阵 $\boldsymbol{A},\boldsymbol{B}$,当 $\boldsymbol{A}$ 与 $\boldsymbol{B}$ 不可交换时,一般 $f(\boldsymbol{A})g(\boldsymbol{B})\neq g(\boldsymbol{B})f(\boldsymbol{A})$.

例如,$(\boldsymbol{A}^2+\boldsymbol{A}-2\boldsymbol{E})(\boldsymbol{A}-\boldsymbol{E})=(\boldsymbol{A}-\boldsymbol{E})(\boldsymbol{A}^2+\boldsymbol{A}-2\boldsymbol{E})=\boldsymbol{A}^3-3\boldsymbol{A}+2\boldsymbol{E}$,而$(\boldsymbol{A}^2+\boldsymbol{A}-2\boldsymbol{E})(\boldsymbol{B}-\boldsymbol{E})\neq(\boldsymbol{B}-\boldsymbol{E})(\boldsymbol{A}^2+\boldsymbol{A}-2\boldsymbol{E})$.

例 2.2.11 设 $\boldsymbol{A}$ 是方阵,$\boldsymbol{E}$ 是与 $\boldsymbol{A}$ 同阶的单位矩阵,则

$$\boldsymbol{A}^n-\boldsymbol{E}=(\boldsymbol{A}-\boldsymbol{E})(\boldsymbol{A}^{n-1}+\boldsymbol{A}^{n-2}+\cdots+\boldsymbol{A}+\boldsymbol{E}).$$

证明 令 $f(x)=x^n-1$,则 $f(\boldsymbol{A})=\boldsymbol{A}^n-\boldsymbol{E}$.

因为 $f(x)=(x-1)(x^{n-1}+x^{n-2}+\cdots+x+1)$,所以

$$\boldsymbol{A}^n-\boldsymbol{E}=(\boldsymbol{A}-\boldsymbol{E})(\boldsymbol{A}^{n-1}+\boldsymbol{A}^{n-2}+\cdots+\boldsymbol{A}+\boldsymbol{E}).$$ 证毕

由于数量矩阵 $k\boldsymbol{E}$ 与任意方阵可交换,下式可按二项式定理展开:

$$(\boldsymbol{A}+k\boldsymbol{E})^n=\boldsymbol{A}^n+\mathrm{C}_n^1k\boldsymbol{A}^{n-1}+\mathrm{C}_n^2k^2\boldsymbol{A}^{n-2}+\cdots+\mathrm{C}_n^{n-1}k^{n-1}\boldsymbol{A}+k^n\boldsymbol{E}.$$

更一般地有,设 $\boldsymbol{A},\boldsymbol{B}$ 为同阶方阵,若 $\boldsymbol{AB}=\boldsymbol{BA}$,则

$$(\boldsymbol{A}+\boldsymbol{B})^n=\sum_{k=0}^{n}\mathrm{C}_n^k\boldsymbol{A}^{n-k}\boldsymbol{B}^k.$$

上述结论实际上是二项式定理在矩阵中的推广,其证明方法与二项式定理的证明完全相同,此结论也称为二项式定理.

例 2.2.12 已知 $\boldsymbol{A}=\begin{pmatrix}\lambda & 1 & 0\\ 0 & \lambda & 1\\ 0 & 0 & \lambda\end{pmatrix}$,求 $\boldsymbol{A}^n$.

解 因为 $\boldsymbol{A}=\lambda\boldsymbol{E}+\boldsymbol{J}$,其中 $\boldsymbol{J}=\begin{pmatrix}0 & 1 & 0\\ 0 & 0 & 1\\ 0 & 0 & 0\end{pmatrix}$,而

$$\boldsymbol{J}^2=\begin{pmatrix}0 & 1 & 0\\ 0 & 0 & 1\\ 0 & 0 & 0\end{pmatrix}\begin{pmatrix}0 & 1 & 0\\ 0 & 0 & 1\\ 0 & 0 & 0\end{pmatrix}=\begin{pmatrix}0 & 0 & 1\\ 0 & 0 & 0\\ 0 & 0 & 0\end{pmatrix},$$

$$\boldsymbol{J}^3=\boldsymbol{J}^2\cdot\boldsymbol{J}=\begin{pmatrix}0 & 0 & 1\\ 0 & 0 & 0\\ 0 & 0 & 0\end{pmatrix}\begin{pmatrix}0 & 1 & 0\\ 0 & 0 & 1\\ 0 & 0 & 0\end{pmatrix}=\begin{pmatrix}0 & 0 & 0\\ 0 & 0 & 0\\ 0 & 0 & 0\end{pmatrix},$$

于是有 $\boldsymbol{J}^4=\boldsymbol{J}^5=\cdots=\boldsymbol{O}$.所以

$$\begin{aligned}\boldsymbol{A}^n&=(\lambda\boldsymbol{E}+\boldsymbol{J})^n=\lambda^n\boldsymbol{E}+\mathrm{C}_n^1\lambda^{n-1}\boldsymbol{J}+\mathrm{C}_n^2\lambda^{n-2}\boldsymbol{J}^2\\&=\begin{pmatrix}\lambda^n & \mathrm{C}_n^1\lambda^{n-1} & \mathrm{C}_n^2\lambda^{n-2}\\ 0 & \lambda^n & \mathrm{C}_n^1\lambda^{n-1}\\ 0 & 0 & \lambda^n\end{pmatrix}.\end{aligned}$$

本例也可直接作乘法得

$$\boldsymbol{A}^2=\begin{pmatrix}\lambda^2 & 2\lambda & 1\\ & \lambda^2 & 2\lambda\\ & & \lambda^2\end{pmatrix},\boldsymbol{A}^3=\begin{pmatrix}\lambda^3 & 3\lambda^2 & 3\lambda\\ & \lambda^3 & 3\lambda^2\\ & & \lambda^3\end{pmatrix},$$

然后用数学归纳法求出 $\boldsymbol{A}^n$ 的表达式.

2.2.6 方阵的行列式

定义 2.8 由 n 阶方阵 $\boldsymbol{A}$ 的元素所构成的行列式(各元素的位置保持不变),称为**方阵 $\boldsymbol{A}$ 的行列式**(determinant of matrix),记作 $|\boldsymbol{A}|$ 或 $\det\boldsymbol{A}$.

应该注意,方阵与行列式是两个不同的概念,n 阶方阵是 n^2 个数按一定方式排成的数表,而 n 阶行列式则是这些数(也就是数表 $\boldsymbol{A}$)按一定的运算法则所确定的一个数.

方阵的行列式具有以下性质(设 $\boldsymbol{A},\boldsymbol{B}$ 为 n 阶方阵,λ 为常数):

(1) $|\boldsymbol{A}^{\mathrm{T}}|=|\boldsymbol{A}|$;

(2) $|\lambda\boldsymbol{A}|=\lambda^n|\boldsymbol{A}|$;

(3) $|\boldsymbol{A}\boldsymbol{B}|=|\boldsymbol{A}||\boldsymbol{B}|$.

由性质(3)可知,对于 n 阶方阵 $\boldsymbol{A},\boldsymbol{B}$,一般 $\boldsymbol{AB}\neq\boldsymbol{BA}$,但总有 $|\boldsymbol{AB}|=|\boldsymbol{BA}|$.特别 $\boldsymbol{A}=\boldsymbol{B}$ 时,有 $|\boldsymbol{A}^2|=|\boldsymbol{A}|^2$,一般地,$|\boldsymbol{A}^k|=|\boldsymbol{A}|^k$($k$ 为正整数).

性质(3)的证明

例 2.2.13

设

$$\boldsymbol{A}=\begin{pmatrix} a & -b & -c & -d \\ b & a & -d & c \\ c & d & a & -b \\ d & -c & b & a \end{pmatrix},$$

求 $|\boldsymbol{A}|^2$ 及 $|\boldsymbol{A}|$.

解 因为 $|\boldsymbol{A}^{\mathrm{T}}|=|\boldsymbol{A}|$,所以

$$\begin{aligned}|\boldsymbol{A}|^2&=|\boldsymbol{A}|\cdot|\boldsymbol{A}^{\mathrm{T}}|=|\boldsymbol{AA}^{\mathrm{T}}|\\&=\begin{vmatrix} a^2+b^2+c^2+d^2 & 0 & 0 & 0 \\ 0 & a^2+b^2+c^2+d^2 & 0 & 0 \\ 0 & 0 & a^2+b^2+c^2+d^2 & 0 \\ 0 & 0 & 0 & a^2+b^2+c^2+d^2 \end{vmatrix}\\&=(a^2+b^2+c^2+d^2)^4.\end{aligned}$$

因此,$|\boldsymbol{A}|=\pm(a^2+b^2+c^2+d^2)^2$.但 $\boldsymbol{A}$ 的主对角元全是 a,行列式 $|\boldsymbol{A}|$ 中的 a^4 项的符号应为"+",故

$$|\boldsymbol{A}|=(a^2+b^2+c^2+d^2)^2.$$

2.2.7 共轭矩阵

定义 2.9 设 $\boldsymbol{A}=(a_{ij})$ 为复矩阵,用 $\overline{a}_{ij}$ 表示 a_{ij} 的共轭复数,记

$$\overline{\boldsymbol{A}}=(\overline{a}_{ij}),$$

称 $\overline{\boldsymbol{A}}$ 为 $\boldsymbol{A}$ 的**共轭矩阵**(conjugate matrix).

共轭矩阵满足下列运算规律(假设运算是可行的):

(1) $\overline{\boldsymbol{A}+\boldsymbol{B}}=\overline{\boldsymbol{A}}+\overline{\boldsymbol{B}}$;

(2) $\overline{k\boldsymbol{A}}=\overline{k}\,\overline{\boldsymbol{A}}$($k$ 为复数);

(3) $\overline{\boldsymbol{AB}}=\overline{\boldsymbol{A}}\,\overline{\boldsymbol{B}}$;

(4) $\overline{\boldsymbol{A}^{\mathrm{T}}}=\overline{\boldsymbol{A}}^{\mathrm{T}}$.

例 2.2.14　设

$$A=\begin{pmatrix}2+\mathrm{i} & 1-\mathrm{i}\\ -1+2\mathrm{i} & 1\end{pmatrix},$$

求 $\overline{A},\overline{A^{\mathrm{T}}}$.

解　$\overline{A}=\begin{pmatrix}2-\mathrm{i} & 1+\mathrm{i}\\ -1-2\mathrm{i} & 1\end{pmatrix},\overline{A^{\mathrm{T}}}=\overline{A}^{\mathrm{T}}=\begin{pmatrix}2-\mathrm{i} & -1-2\mathrm{i}\\ 1+\mathrm{i} & 1\end{pmatrix}$.

2.2.8　方阵的迹

定义 2.10　设 n 阶方阵 $A=(a_{ij})$,A 的主对线元素之和称为方阵 A 的迹(trace),记作 $\mathrm{tr}(A)$,即

$$\mathrm{tr}(A)=a_{11}+a_{22}+\cdots+a_{nn}.$$

例如,例 2.2.14 中,$\mathrm{tr}(A)=3+\mathrm{i}$,$\mathrm{tr}(\overline{A})=3-\mathrm{i}$.

不难证明,方阵的迹具有如下性质(A,B 为 n 阶方阵,k 为常数):

(1) $\mathrm{tr}(A+B)=\mathrm{tr}(A)+\mathrm{tr}(B)$;

(2) $\mathrm{tr}(kA)=k\cdot\mathrm{tr}(A)$;

(3) $\mathrm{tr}(AB)=\mathrm{tr}(BA)$.

习题 2-2

1. 单项选择题

(1) 设 A 是 $m\times n$ 矩阵,B 是 $s\times n$ 矩阵,C 是 $m\times s$ 矩阵,则下列运算有意义的是(　　).

A. AB　　　　B. BC

C. CB　　　　D. BA

(2) 设矩阵 $A=(1,2,3)$,$B=\begin{pmatrix}1\\0\\2\end{pmatrix}$,则 $AB=$(　　).

A. $\begin{pmatrix}1&2&3\\0&0&0\\2&4&6\end{pmatrix}$　　　　B. $\begin{pmatrix}1\\0\\6\end{pmatrix}$

C. $(1\quad 0\quad 6)$　　　　D. 7

(3) 设 A,B,C 都是 n 阶矩阵,下列各式恒成立的是(　　).

A. $AB=BA$　　　　B. $A^2-E=(A-E)(A+E)$

C. $(ABC)^{\mathrm{T}}=A^{\mathrm{T}}B^{\mathrm{T}}C^{\mathrm{T}}$　　　　D. $(A+B)^2=A^2+2AB+B^2$

(4) 设 $\boldsymbol{A},\boldsymbol{B}$ 为 n 阶对称矩阵,k 为正整数,下列说法错误的是(　　).

A. $\boldsymbol{A}+\boldsymbol{B}$ 为对称矩阵　　B. $k\boldsymbol{A}$ 为对称矩阵

C. $\boldsymbol{AB}$ 为对称矩阵　　D. $\boldsymbol{A}^{\mathrm{T}}$ 为对称矩阵

(5) 设 $\boldsymbol{A},\boldsymbol{B}$ 都是 n 阶矩阵,下列说法正确的是(　　).

A. $|\boldsymbol{A}^k|=|\boldsymbol{A}|^k$　　B. $|-\boldsymbol{A}|=-|\boldsymbol{A}|$

C. $|\boldsymbol{A}+\boldsymbol{B}|=|\boldsymbol{A}|+|\boldsymbol{B}|$　　D. $|\lambda\boldsymbol{A}|=|\lambda||\boldsymbol{A}|$

(6) 下列说法正确的是(　　).

A. 如果 $\boldsymbol{AB}=\boldsymbol{O}$,那么 $\boldsymbol{A}=\boldsymbol{O}$ 或 $\boldsymbol{B}=\boldsymbol{O}$

B. 如果 $\boldsymbol{A}^2=\boldsymbol{O}$,那么 $\boldsymbol{A}=\boldsymbol{O}$

C. 如果 $\boldsymbol{AB}=\boldsymbol{AC}$,且 $\boldsymbol{A}\neq\boldsymbol{O}$,那么 $\boldsymbol{B}=\boldsymbol{C}$

D. 如果 $\boldsymbol{AB}=\boldsymbol{BA}$,那么 $(\boldsymbol{AB})^k=\boldsymbol{A}^k\boldsymbol{B}^k$

2. 填空题

(1) 已知矩阵 $\boldsymbol{A}=\begin{pmatrix}1\\2\\3\end{pmatrix}$,则 $\boldsymbol{A}^{\mathrm{T}}\boldsymbol{A}=$________,$\boldsymbol{AA}^{\mathrm{T}}=$________.

(2) 已知矩阵 $\boldsymbol{A}=\begin{pmatrix}2&-1\\4&3\end{pmatrix}$,$\boldsymbol{B}=\begin{pmatrix}-1&1\\2&4\end{pmatrix}$,$\boldsymbol{C}=\begin{pmatrix}1&4\\-2&-1\end{pmatrix}$,则 $3\boldsymbol{A}+2\boldsymbol{B}-4\boldsymbol{C}=$________,$\boldsymbol{AB}=$________,$\boldsymbol{BA}=$________,$(\boldsymbol{AB})\boldsymbol{C}=$________,$\boldsymbol{A}(\boldsymbol{BC})=$________.

(3) 已知 $\boldsymbol{A},\boldsymbol{B}$ 均为三阶方阵,且 $|\boldsymbol{A}|=3$,$|\boldsymbol{B}|=-2$,则 $|-\boldsymbol{AB}^{\mathrm{T}}|=$________.

3. 计算

(1) $\begin{pmatrix}2&1&4&0\\1&-1&3&4\end{pmatrix}\begin{pmatrix}1&1\\0&2\\1&1\\4&-2\end{pmatrix}$;　　(2) $\begin{pmatrix}1&1\\0&1\end{pmatrix}^n$;

(3) $(x_1,x_2,x_3)\begin{pmatrix}a_{11}&a_{12}&a_{13}\\a_{21}&a_{22}&a_{23}\\a_{31}&a_{32}&a_{33}\end{pmatrix}\begin{pmatrix}x_1\\x_2\\x_3\end{pmatrix}$,其中 $a_{12}=a_{21}$,$a_{13}=a_{31}$,$a_{23}=a_{32}$.

4. 设 $\boldsymbol{A}=\begin{pmatrix}2&1&0\\1&1&2\\-1&2&1\end{pmatrix}$,已知 $f(x)=x^2-3x+7$,求 $f(\boldsymbol{A})$.

5. 设矩阵 $\boldsymbol{A}$ 与 $\boldsymbol{P}$ 是 n 阶矩阵，且 $\boldsymbol{A}$ 为对称矩阵，证明：$\boldsymbol{P}^{\mathrm{T}}\boldsymbol{A}\boldsymbol{P}$ 也是对称矩阵.

习题答案与提示 2-2

2.3　可逆矩阵

2.3.1　可逆矩阵的概念

在 2.2 节中，我们看到，仿照数的运算，我们利用矩阵加法实现了矩阵的减法运算，同样仿照数的运算，我们可以利用矩阵乘法来达到矩阵"相除"的目的.

在数的运算中，对于数 $a\neq 0$，总存在唯一一个数 a^{-1}，使得

$$a\cdot a^{-1}=a^{-1}\cdot a=1.$$

数的逆在解方程中起着重要作用，例如，解一元线性方程

$$ax=b,$$

当 $a\neq 0$ 时，其解为 $x=a^{-1}b$.

对于矩阵，是否也存在类似的运算？在回答这个问题之前，我们先引入可逆矩阵的概念.

定义 2.11　设 $\boldsymbol{A}$ 为 n 阶方阵，如果存在 n 阶方阵 $\boldsymbol{B}$，使得

$$\boldsymbol{AB}=\boldsymbol{BA}=\boldsymbol{E},\tag{2.4}$$

那么称 $\boldsymbol{A}$ 为**可逆矩阵**（简称 $\boldsymbol{A}$ 可逆），并称 $\boldsymbol{B}$ 为 $\boldsymbol{A}$ 的**逆矩阵**（inverse matrix）.

如果不存在满足(2.4)的矩阵 $\boldsymbol{B}$，那么称矩阵 $\boldsymbol{A}$ 是不可逆的.

例如

$$\boldsymbol{A}=\begin{pmatrix}1&1\\0&1\end{pmatrix},\boldsymbol{B}=\begin{pmatrix}1&-1\\0&1\end{pmatrix},$$

有 $\boldsymbol{AB}=\begin{pmatrix}1&1\\0&1\end{pmatrix}\begin{pmatrix}1&-1\\0&1\end{pmatrix}=\begin{pmatrix}1&0\\0&1\end{pmatrix},\boldsymbol{BA}=\begin{pmatrix}1&-1\\0&1\end{pmatrix}\begin{pmatrix}1&1\\0&1\end{pmatrix}=\begin{pmatrix}1&0\\0&1\end{pmatrix}$，

即 $\boldsymbol{AB}=\boldsymbol{BA}=\boldsymbol{E}$，故 $\boldsymbol{B}$ 为 $\boldsymbol{A}$ 的逆矩阵.

显然，零矩阵是不可逆的，即零矩阵不存在逆矩阵.

又如矩阵 $\boldsymbol{A}=\begin{pmatrix}1&0\\0&0\end{pmatrix}$ 也是不可逆的. 因为 $\boldsymbol{A}\begin{pmatrix}a&b\\c&d\end{pmatrix}=\begin{pmatrix}1&0\\0&0\end{pmatrix}\begin{pmatrix}a&b\\c&d\end{pmatrix}=\begin{pmatrix}a&b\\0&0\end{pmatrix}\neq\begin{pmatrix}1&0\\0&1\end{pmatrix}=\boldsymbol{E}$.

思考：如果矩阵 $\boldsymbol{A}$ 可逆，那么 $\boldsymbol{A}$ 的逆矩阵唯一吗？

答案是肯定的.事实上，设 $\boldsymbol{A}$ 有两个逆矩阵 $\boldsymbol{B},\boldsymbol{C}$，则有

$$\boldsymbol{AB}=\boldsymbol{BA}=\boldsymbol{E},$$
$$\boldsymbol{AC}=\boldsymbol{CA}=\boldsymbol{E},$$

而 $\boldsymbol{B}=\boldsymbol{BE}=\boldsymbol{B}(\boldsymbol{AC})=(\boldsymbol{BA})\boldsymbol{C}=\boldsymbol{EC}=\boldsymbol{C}$，所以 $\boldsymbol{A}$ 的逆矩阵是唯一的.记 $\boldsymbol{A}$ 的逆矩阵为 $\boldsymbol{A}^{-1}$.

若 $\boldsymbol{A}=\mathrm{diag}(5,2,3)$，则 $\boldsymbol{A}^{-1}=\mathrm{diag}\left(\frac{1}{5},\frac{1}{2},\frac{1}{3}\right)$.

由定义可知，可逆矩阵及其逆矩阵是同阶方阵.因为式(2.4)中，$\boldsymbol{A}$ 与 $\boldsymbol{B}$ 的地位是平等的，所以 $\boldsymbol{A}$ 也是 $\boldsymbol{B}$ 的逆矩阵.

将式(2.4)从右往左看可认为单位矩阵 $\boldsymbol{E}$ 可分解为 $\boldsymbol{AA}^{-1}$或 $\boldsymbol{A}^{-1}\boldsymbol{A}$，称此为单位矩阵的可分解性.

2.3.2 矩阵可逆的条件

下面解决的问题是：在什么条件下矩阵 $\boldsymbol{A}$ 是可逆的？如果 $\boldsymbol{A}$ 可逆，怎样求 $\boldsymbol{A}^{-1}$？为此，先引入伴随矩阵的概念.

定义 2.12 设 n 阶方阵 $\boldsymbol{A}=(a_{ij})(i,j=1,2,\cdots,n)$，元素 a_{ij}在 $|\boldsymbol{A}|$中的代数余子式为 A_{ij}，称矩阵

$$\boldsymbol{A}^*=\begin{pmatrix} A_{11} & A_{21} & \cdots & A_{n1}\\ A_{12} & A_{22} & \cdots & A_{n2}\\ \vdots & \vdots & & \vdots\\ A_{1n} & A_{2n} & \cdots & A_{nn}\end{pmatrix}$$

为 $\boldsymbol{A}$ 的**伴随矩阵**(adjoint matrix).

例如

$$\boldsymbol{A}=\begin{pmatrix}3 & 2\\ 4 & 5\end{pmatrix},\ \boldsymbol{A}^*=\begin{pmatrix}A_{11} & A_{21}\\ A_{12} & A_{22}\end{pmatrix}=\begin{pmatrix}5 & -2\\ -4 & 3\end{pmatrix}.$$

由矩阵乘积的定义与行列式按行(列)展开公式及其推论可得

$$\boldsymbol{AA}^*=\boldsymbol{A}^*\boldsymbol{A}=\begin{pmatrix}|\boldsymbol{A}| & 0 & \cdots & 0\\ 0 & |\boldsymbol{A}| & \cdots & 0\\ \vdots & \vdots & & \vdots\\ 0 & 0 & \cdots & |\boldsymbol{A}|\end{pmatrix}=|\boldsymbol{A}|\boldsymbol{E}.$$

如果 $|\boldsymbol{A}|\neq 0$，那么

$$\boldsymbol{A}\left(\frac{1}{|\boldsymbol{A}|}\boldsymbol{A}^*\right)=\left(\frac{1}{|\boldsymbol{A}|}\boldsymbol{A}^*\right)\boldsymbol{A}=\boldsymbol{E}. \tag{2.5}$$

从而有

定理 2.2 **n 阶方阵 $\boldsymbol{A}$ 可逆的充分必要条件是 $\boldsymbol{A}$ 的行列式 $|\boldsymbol{A}|\neq 0$，且当 $\boldsymbol{A}$ 可逆时，有 $\boldsymbol{A}^{-1}=\dfrac{1}{|\boldsymbol{A}|}\boldsymbol{A}^{*}$.**

证明 必要性：若 $\boldsymbol{A}$ 可逆，则存在 $\boldsymbol{A}^{-1}$ 使

$$\boldsymbol{A}\boldsymbol{A}^{-1}=\boldsymbol{A}^{-1}\boldsymbol{A}=\boldsymbol{E},$$

因而

$$|\boldsymbol{A}\boldsymbol{A}^{-1}|=|\boldsymbol{A}^{-1}\boldsymbol{A}|=|\boldsymbol{E}|=1$$

从而

$$|\boldsymbol{A}||\boldsymbol{A}^{-1}|=1,$$

所以

$$|\boldsymbol{A}|\neq 0.$$

充分性：若 $|\boldsymbol{A}|\neq 0$，则由式(2.5)可知 $\boldsymbol{A}$ 可逆，且 $\boldsymbol{A}^{-1}=\dfrac{1}{|\boldsymbol{A}|}\boldsymbol{A}^{*}$.

证毕

由定理 2.2 可知，对角矩阵和上（下）三角形矩阵可逆的充分必要条件是它们的主对角元 $a_{11},a_{22},\cdots,a_{nn}$ 全不为零.

定理 2.2 不仅给出了 $|\boldsymbol{A}|\neq 0$ 是 $\boldsymbol{A}$ 的逆矩阵存在的充分必要条件，还给出了求逆矩阵的一种方法

$$\boldsymbol{A}^{-1}=\frac{1}{|\boldsymbol{A}|}\boldsymbol{A}^{*},$$

称这种方法为**伴随矩阵法**.

例 2.3.1 判断方阵

$$\boldsymbol{A}=\begin{pmatrix}1&2&3\\2&2&1\\3&4&3\end{pmatrix},\quad \boldsymbol{B}=\begin{pmatrix}2&3&-1\\-1&3&-3\\1&15&-11\end{pmatrix}$$

是否可逆？若可逆，求其逆矩阵，并验算.

解 由于 $|\boldsymbol{A}|=2$，$|\boldsymbol{B}|=0$. 因此 $\boldsymbol{A}$ 可逆，$\boldsymbol{B}$ 不可逆.

$\boldsymbol{A}$ 的各元素的代数余子式分别为

$$\begin{aligned}&A_{11}=2, &&A_{21}=6, &&A_{31}=-4,\\&A_{12}=-3, &&A_{22}=-6, &&A_{32}=5,\\&A_{13}=2, &&A_{23}=2, &&A_{33}=-2,\end{aligned}$$

所以

$$A^{-1}=\frac{1}{2}\begin{pmatrix}2&6&-4\\-3&-6&5\\2&2&-2\end{pmatrix}=\begin{pmatrix}1&3&-2\\-\frac{3}{2}&-3&\frac{5}{2}\\1&1&-1\end{pmatrix}.$$

易验证

$$AA^{-1}=\begin{pmatrix}1&2&3\\2&2&1\\3&4&3\end{pmatrix}\begin{pmatrix}1&3&-2\\-\frac{3}{2}&-3&\frac{5}{2}\\1&1&-1\end{pmatrix}=\begin{pmatrix}1&0&0\\0&1&0\\0&0&1\end{pmatrix}=E.$$

通常，伴随矩阵法只用于求阶数较低的或特殊矩阵的逆矩阵.对于阶数较高的矩阵，通常用初等变换法求逆矩阵（见 2.4 节）.另外，也常把可逆矩阵称为**非奇异矩阵**（nonsingular matrix），而把不可逆矩阵称为**奇异矩阵**（singular matrix）.

例 2.3.2 若矩阵 $A=\begin{pmatrix}a&b\\c&d\end{pmatrix}$ 可逆，求 A^{-1}.

解 $|A|=ad-bc\neq 0$，$A^{-1}=\dfrac{1}{ad-bc}\begin{pmatrix}d&-b\\-c&a\end{pmatrix}$.

例 2.3.3 设 $A=(a_{ij})_{n\times n}$ 为非零实矩阵，证明：若 $A^*=A^{\mathrm{T}}$，则 A 可逆.

证明 欲证 A 可逆，只要证 $|A|\neq 0$.

由 $A^*=A^{\mathrm{T}}$ 可知，$a_{ij}=A_{ij}(i,j=1,2,\cdots,n)$，即 A 的元素 a_{ij} 等于其自身的代数余子式 A_{ij}. 因为 A 为非零矩阵，从而 A 中至少有一个元素不为 0，不妨设 $a_{ik}\neq 0$.将行列式 $|A|$ 按第 i 行展开得

$$|A|=\sum_{j=1}^{n}a_{ij}A_{ij}=\sum_{j=1}^{n}a_{ij}^2=a_{ik}^2+\sum_{j\neq k}a_{ij}^2\neq 0,$$

所以 A 可逆. 证毕

推论 2.1 **n 阶方阵 A 可逆的充分必要条件是存在 n 阶方阵 B，使 $AB=E$（或者 $BA=E$）. 并且若 $AB=E$（或者 $BA=E$），则 $B=A^{-1}$.**

证明 必要性：若 A 可逆，由可逆矩阵的定义，存在 n 阶方阵 B，使 $AB=E$ 或者 $BA=E$.

充分性：若 $AB=E$，则

$$|AB|=|A||B|=1,$$

从而 $|A|\neq 0$，所以 A 可逆且

$$B=EB=(A^{-1}A)B=A^{-1}(AB)=A^{-1}E=A^{-1}.$$

类似地可证明，当 $BA=E$ 时结论也成立. 证毕

由以上推论可知：对于 n 阶方阵 $\boldsymbol{A},\boldsymbol{B}$，只要证明 $\boldsymbol{AB}=\boldsymbol{E}$（或 $\boldsymbol{BA}=\boldsymbol{E}$），则 $\boldsymbol{A},\boldsymbol{B}$ 都可逆且互为逆矩阵.

例 2.3.4 已知 n 阶方阵 $\boldsymbol{A}$ 满足 $\boldsymbol{A}^2-3\boldsymbol{A}-2\boldsymbol{E}=\boldsymbol{O}$，证明 $\boldsymbol{A}$ 可逆，并求 $\boldsymbol{A}^{-1}$.

证明 因为 $\boldsymbol{A}(\boldsymbol{A}-3\boldsymbol{E})=2\boldsymbol{E}$，即 $\boldsymbol{A}\left(\dfrac{\boldsymbol{A}}{2}-\dfrac{3}{2}\boldsymbol{E}\right)=\boldsymbol{E}$，由推论 2.1 知 $\boldsymbol{A}$ 可逆，且

$$\boldsymbol{A}^{-1}=\frac{1}{2}\boldsymbol{A}-\frac{3}{2}\boldsymbol{E}.$$

证毕

2.3.3 逆矩阵的运算性质

本段讨论可逆矩阵 $\boldsymbol{A}$ 关于行列式、逆、数乘、乘积、加法、乘幂及转置等运算的求逆性质.

性质 2.1 若 $\boldsymbol{A}$ 可逆，则 $|\boldsymbol{A}^{-1}|=|\boldsymbol{A}|^{-1}$.

性质 2.2 若 $\boldsymbol{A}$ 可逆，则 $\boldsymbol{A}^{-1}$ 也可逆，且 $(\boldsymbol{A}^{-1})^{-1}=\boldsymbol{A}$.

证明 由 $\boldsymbol{AA}^{-1}=\boldsymbol{E}$ 及推论 2.1 即得 $(\boldsymbol{A}^{-1})^{-1}=\boldsymbol{A}$. 证毕

性质 2.3 若 $\boldsymbol{A}$ 可逆，数 $\lambda\neq 0$，则 $\lambda\boldsymbol{A}$ 可逆，且 $(\lambda\boldsymbol{A})^{-1}=\dfrac{1}{\lambda}\boldsymbol{A}^{-1}$.

证明 由 $\left(\dfrac{1}{\lambda}\boldsymbol{A}^{-1}\right)(\lambda\boldsymbol{A})=\boldsymbol{A}^{-1}\boldsymbol{A}=\boldsymbol{E}$ 及推论 2.1 知结论成立. 证毕

性质 2.4 设 $\boldsymbol{A},\boldsymbol{B}$ 都是 n 阶可逆矩阵，则 $\boldsymbol{AB}$ 可逆，且 $(\boldsymbol{AB})^{-1}=\boldsymbol{B}^{-1}\boldsymbol{A}^{-1}$.

证明 由于 $(\boldsymbol{AB})(\boldsymbol{B}^{-1}\boldsymbol{A}^{-1})=\boldsymbol{A}(\boldsymbol{BB}^{-1})\boldsymbol{A}^{-1}=\boldsymbol{AEA}^{-1}=\boldsymbol{AA}^{-1}=\boldsymbol{E}$ 及推论 2.1 知结论成立. 证毕

显然，性质 2.4 可推广到有限个 n 阶可逆方阵的乘积，例如

$$(\boldsymbol{ABC})^{-1}=\boldsymbol{C}^{-1}\boldsymbol{B}^{-1}\boldsymbol{A}^{-1},\quad(\boldsymbol{A}_1\boldsymbol{A}_2\cdots\boldsymbol{A}_m)^{-1}=\boldsymbol{A}_m^{-1}\boldsymbol{A}_{m-1}^{-1}\cdots\boldsymbol{A}_2^{-1}\boldsymbol{A}_1^{-1}.$$

必须注意，若 $\boldsymbol{A},\boldsymbol{B}$ 皆可逆，则 $\boldsymbol{A}+\boldsymbol{B}$ 不一定可逆，即使 $\boldsymbol{A}+\boldsymbol{B}$ 可逆，一般地，

$$(\boldsymbol{A}+\boldsymbol{B})^{-1}\neq\boldsymbol{A}^{-1}+\boldsymbol{B}^{-1}.$$

例如，对角矩阵 $\boldsymbol{A}=\mathrm{diag}(2,-1)$，$\boldsymbol{B}=\boldsymbol{E}_2$，$\boldsymbol{C}=\mathrm{diag}(1,2)$ 均可逆，但 $\boldsymbol{A}+\boldsymbol{B}=\mathrm{diag}(3,0)$ 不可逆，而 $\boldsymbol{A}+\boldsymbol{C}=\mathrm{diag}(3,1)$ 可逆，其逆

$$(\boldsymbol{A}+\boldsymbol{C})^{-1}=\mathrm{diag}\left(\frac{1}{3},1\right)\neq\boldsymbol{A}^{-1}+\boldsymbol{C}^{-1}=\mathrm{diag}\left(\frac{3}{2},-\frac{1}{2}\right).$$

性质 2.5 若 A 可逆，则 A^{T} 可逆，且 $(A^{\mathrm{T}})^{-1}=(A^{-1})^{\mathrm{T}}$.

证明 因为 $|A^{\mathrm{T}}|=|A|\neq 0$，所以 A^{T} 可逆. 又因为

$$A^{\mathrm{T}}(A^{-1})^{\mathrm{T}}=(A^{-1}A)^{\mathrm{T}}=E^{\mathrm{T}}=E,$$

所以 $(A^{\mathrm{T}})^{-1}=(A^{-1})^{\mathrm{T}}$. 证毕

性质 2.6 若矩阵 A 可逆，定义 $A^{-m}=(A^{-1})^{m}$，其中 m 为任意正整数，则

$$A^{k}A^{l}=A^{k+l},\ (A^{k})^{l}=A^{kl},$$

其中 k,l 为任意整数.

本性质说明了 2.2 节中关于方阵乘幂运算的两个性质，对可逆方阵来讲可推广到任何整数次幂. 我们把证明留给读者.

例 2.3.5 证明：设 A 可逆，若 A 是反称矩阵，则 A^{-1} 也是反称矩阵.

证明 因为 $(A^{-1})^{\mathrm{T}}=(A^{\mathrm{T}})^{-1}=(-A)^{-1}=-A^{-1}$，所以 A^{-1} 为反称矩阵.

证毕

例 2.3.6 设 n 阶方阵 $A,B,A+B$ 均可逆，证明 $A^{-1}+B^{-1}$ 可逆，且

$$(A^{-1}+B^{-1})^{-1}=A(A+B)^{-1}B=B(B+A)^{-1}A.$$

证明 将 $A^{-1}+B^{-1}$ 表示成已知的可逆矩阵的乘积

$$\begin{aligned}A^{-1}+B^{-1}&=A^{-1}(E+AB^{-1})=A^{-1}(BB^{-1}+AB^{-1})=A^{-1}(B+A)B^{-1}\\&=A^{-1}(A+B)B^{-1},\end{aligned}$$

由性质 2.4 可知，$A^{-1}+B^{-1}$ 可逆，且

$$(A^{-1}+B^{-1})^{-1}=[A^{-1}(A+B)B^{-1}]^{-1}=B(A+B)^{-1}A=B(B+A)^{-1}A.$$

同理可证另一个等式也成立. 证毕

例 2.3.7 设 A,B 均为 n 阶可逆矩阵，证明：

(1) $(AB)^{*}=B^{*}A^{*}$； (2) $(A^{*})^{*}=|A|^{n-2}A$.

证明 (1) 由性质 2.4 可知 AB 可逆. 根据定理 2.2 有

$$(AB)^{-1}=\frac{1}{|AB|}(AB)^{*},$$

所以

$$\begin{aligned}(AB)^{*}&=|AB|(AB)^{-1}=|A|\,|B|B^{-1}A^{-1}\\&=|B|B^{-1}|A|A^{-1}=\left(|B|\frac{B^{*}}{|B|}\right)\left(|A|\frac{A^{*}}{|A|}\right)=B^{*}A^{*}.\end{aligned}$$

(2) 由 $A^{*}A=|A|E$ 知

$$(A^{*})^{*}(A^{*})=|A^{*}|E, \tag{2.6}$$

而 $A^{*}=|A|A^{-1}$，所以 $|A^{*}|=|A|^{n}|A^{-1}|=|A|^{n-1}$.

将 A^{*}，$|A^{*}|$ 的表达式代入式(2.6)得 $(A^{*})^{*}|A|A^{-1}=|A|^{n-1}E$，

从而有$(A^*)^*=|A|^{n-2}A$.　　证毕

注:证明例 2.3.7 的关键是利用了恒等式:$AA^*=A^*A=|A|E$,这个等式在涉及伴随矩阵的证明题中有重要作用.

2.3.4 矩阵方程

含有未知矩阵的方程称为**矩阵方程**. 如与线性方程组(2.3)相对应的矩阵方程为$Ax=b$. 若A可逆,用A^{-1}左乘上式两端可得$x=A^{-1}b$.即如果线性方程组的未知数个数与方程个数相同且系数矩阵可逆,那么可以用逆矩阵求方程组的解.

例 2.3.8　解线性方程组

$$\begin{cases}x_1+2x_2+3x_3=1,\\2x_1+2x_2+x_3=1,\\3x_1+4x_2+3x_3=2.\end{cases}$$

解　记

$$A=\begin{pmatrix}1&2&3\\2&2&1\\3&4&3\end{pmatrix},\quad b=\begin{pmatrix}1\\1\\2\end{pmatrix},\quad x=\begin{pmatrix}x_1\\x_2\\x_3\end{pmatrix},$$

则原方程组化为矩阵方程

$$Ax=b,$$

由例 2.3.1 可知

$$A^{-1}=\begin{pmatrix}1&3&-2\\-\frac{3}{2}&-3&\frac{5}{2}\\1&1&-1\end{pmatrix},$$

因而

$$x=A^{-1}b=\begin{pmatrix}1&3&-2\\-\frac{3}{2}&-3&\frac{5}{2}\\1&1&-1\end{pmatrix}\begin{pmatrix}1\\1\\2\end{pmatrix}=\begin{pmatrix}0\\\frac{1}{2}\\0\end{pmatrix},$$

即方程组的解为

$$x_1=0,\quad x_2=\frac{1}{2},\quad x_3=0$$

常见的矩阵方程主要有三种基本形式

$$AX=C,XB=C,AXB=C,$$

若 A,B 均为方阵且都可逆,利用矩阵乘法的运算规律和逆矩阵的性质,通过在方程两边左乘或右乘相应矩阵的逆矩阵,可求出其解分别为

$$X=A^{-1}C, X=CB^{-1}, X=A^{-1}CB^{-1}.$$

其他形式的矩阵方程,可通过矩阵的有关运算性质转化为上述三种基本形式后进行求解.

因为矩阵乘法一般不满足交换律,所以以上各式中矩阵相乘的"左""右"位置不能随便改变.

例 2.3.9 设矩阵

$$A=\begin{pmatrix}1&2&3\\2&2&1\\3&4&3\end{pmatrix},\quad B=\begin{pmatrix}3&2\\4&5\end{pmatrix},\quad C=\begin{pmatrix}1&2\\0&1\\1&0\end{pmatrix},$$

且 $AXB=C$,求矩阵 X.

解 由例 2.3.1 可知 A 可逆,又因为 $|B|=7\neq 0$,所以 B 可逆,且 $B^{-1}=\begin{pmatrix}5&-2\\-4&3\end{pmatrix}\times\frac{1}{7}$.用 A^{-1}左乘、B^{-1}右乘 $AXB=C$,则 $X=A^{-1}CB^{-1}$.由矩阵的乘法知

$$X=\begin{pmatrix}1&3&-2\\-\frac{3}{2}&-3&\frac{5}{2}\\1&1&-1\end{pmatrix}\begin{pmatrix}1&2\\0&1\\1&0\end{pmatrix}\begin{pmatrix}5&-2\\-4&3\end{pmatrix}\times\frac{1}{7}=\frac{1}{7}\begin{pmatrix}-25&17\\29&-20\\-12&9\end{pmatrix}.$$

例 2.3.10 设 $A=\begin{pmatrix}1&0&1\\0&2&0\\1&0&1\end{pmatrix}$,且 $X=AX-A^2+E$,求 X.

解 将题中所给方程变形得

$$(A-E)X=A^2-E,$$

即 $(A-E)X=(A-E)(A+E)$,因为

$$A-E=\begin{pmatrix}0&0&1\\0&1&0\\1&0&0\end{pmatrix}$$

可逆,所以

$$X=(A-E)^{-1}(A-E)(A+E)=A+E=\begin{pmatrix}2&0&1\\0&3&0\\1&0&2\end{pmatrix}.$$

习题 2-3

1. 单项选择题

(1) 设 n 阶方阵 $\boldsymbol{A}$ 满足 $\boldsymbol{A}^2-\boldsymbol{E}=\boldsymbol{O}$, $\boldsymbol{E}$ 是 n 阶单位矩阵,则必有(　　).

A. $\boldsymbol{A}=\boldsymbol{E}$　　B. $\boldsymbol{A}=-\boldsymbol{E}$

C. $|\boldsymbol{A}|=-1$　　D. $\boldsymbol{A}^{-1}=\boldsymbol{A}$

(2) 设 $\boldsymbol{A}=\begin{pmatrix}-3 & 7\\ 1 & -2\end{pmatrix}$,则 $\boldsymbol{A}$ 的伴随矩阵 $\boldsymbol{A}^*=$(　　).

A. $\begin{pmatrix}-2 & -7\\ -1 & -3\end{pmatrix}$　　B. $\begin{pmatrix}2 & 7\\ 1 & 3\end{pmatrix}$

C. $\begin{pmatrix}2 & -7\\ -1 & 3\end{pmatrix}$　　D. $\begin{pmatrix}-3 & -7\\ -1 & -2\end{pmatrix}$

(3) 设 $\boldsymbol{A},\boldsymbol{B},\boldsymbol{C},\boldsymbol{E}$ 为 n 阶矩阵, $\boldsymbol{E}$ 为单位矩阵,若 $\boldsymbol{ABC}=\boldsymbol{E}$,则下列正确的是(　　).

A. $\boldsymbol{BAC}=\boldsymbol{E}$　　B. $\boldsymbol{ACB}=\boldsymbol{E}$

C. $\boldsymbol{CAB}=\boldsymbol{E}$　　D. $\boldsymbol{CBA}=\boldsymbol{E}$

(4) 设 $\boldsymbol{A},\boldsymbol{B}$ 为 n 阶可逆矩阵,下列各式不正确的是(　　).

A. $(\boldsymbol{A}+\boldsymbol{B})^{\mathrm{T}}=\boldsymbol{A}^{\mathrm{T}}+\boldsymbol{B}^{\mathrm{T}}$　　B. $(\boldsymbol{A}+\boldsymbol{B})^{-1}=\boldsymbol{A}^{-1}+\boldsymbol{B}^{-1}$

C. $(\boldsymbol{AB})^{\mathrm{T}}=\boldsymbol{B}^{\mathrm{T}}\boldsymbol{A}^{\mathrm{T}}$　　D. $(\boldsymbol{AB})^{-1}=\boldsymbol{B}^{-1}\boldsymbol{A}^{-1}$

(5) 设 $\boldsymbol{A},\boldsymbol{B}$ 为 n 阶可逆矩阵,下列选项正确的是(　　).

A. 若 $\boldsymbol{AB}=\boldsymbol{O}$, $\boldsymbol{A}\neq\boldsymbol{O}$,则 $\boldsymbol{B}=\boldsymbol{O}$

B. $(\boldsymbol{A}+\boldsymbol{B})^2=\boldsymbol{A}^2+2\boldsymbol{AB}+\boldsymbol{B}^2$

C. 若 $\boldsymbol{AC}=\boldsymbol{BC}$, $\boldsymbol{C}$ 可逆,则 $\boldsymbol{A}=\boldsymbol{B}$

D. 若 $\boldsymbol{A}^2=\boldsymbol{E}$,则 $\boldsymbol{A}=\pm\boldsymbol{E}$

2. 填空题

(1) 已知矩阵 $\boldsymbol{A}=\begin{pmatrix}1 & 0 & 0\\ 0 & 2 & 0\\ 0 & 0 & 3\end{pmatrix}$,则 $\boldsymbol{A}^{-1}=$________.

(2) 设 $\boldsymbol{A}$ 为四阶矩阵,且 $|\boldsymbol{A}|=-2$,则 $|-\boldsymbol{A}^{-1}|=$______, $|\boldsymbol{A}^*|=$______.

(3) 设 $\boldsymbol{A}^*$ 为 n 阶矩阵 $\boldsymbol{A}$ 的伴随矩阵,则 $\boldsymbol{AA}^*=\boldsymbol{A}^*\boldsymbol{A}=$________.

(4) 设 $\boldsymbol{A}$ 为 n 阶可逆矩阵,则 n 阶单位矩阵 $\boldsymbol{E}$ 可分解为________(用 $\boldsymbol{A}$ 与 $\boldsymbol{A}^{-1}$ 表示).

(5) 设 $\boldsymbol{A}=\begin{pmatrix}1 & 0 & 0\\ 1 & 1 & 0\\ 1 & 0 & 1\end{pmatrix}$,则 $\boldsymbol{A}^{-1}=$______.

3. 解下列矩阵方程：

(1) $\begin{pmatrix}2&5\\1&3\end{pmatrix}X=\begin{pmatrix}4&-6\\2&1\end{pmatrix}$；(2) $\begin{pmatrix}1&-1\\0&2\end{pmatrix}X\begin{pmatrix}1&1\\2&3\end{pmatrix}=\begin{pmatrix}1&3\\2&4\end{pmatrix}$.

4. 利用逆矩阵求解下列线性方程组：

$$\begin{cases}x_1+2x_2+3x_3=1,\\2x_1+2x_2+5x_3=2,\\3x_1+5x_2+x_3=3.\end{cases}$$

习题答案与提示 2-3

5. 设方阵 $\boldsymbol{A}$ 满足 $\boldsymbol{A}^2-\boldsymbol{A}-2\boldsymbol{E}=\boldsymbol{O}$，证明 $\boldsymbol{A}$ 与 $\boldsymbol{A}+2\boldsymbol{E}$ 都可逆，并求 $\boldsymbol{A}^{-1}$ 与 $(\boldsymbol{A}+2\boldsymbol{E})^{-1}$.

2.4　初等变换与初等矩阵

2.3 节给出了用伴随矩阵求逆矩阵的一种方法，这需要计算一个 n 阶行列式和 n^2 个 $n-1$ 阶行列式，还要做 n^2 次除法，对于阶数较低的矩阵可用这种方法求逆矩阵，但要求出阶数较高矩阵的逆矩阵，这种方法的计算量往往非常大，或者很难计算，这时常采用初等变换求逆矩阵.本节将介绍初等变换、初等矩阵的概念及利用初等变换求逆矩阵的方法.

2.4.1　矩阵的初等变换

定义 2.13　对矩阵的行施行下列三种操作（或变换）之一，称为对矩阵施行了一次**初等行变换**（elementary row transformation of matrix）.

（1）**对换变换**　对换矩阵两行的位置（对调 i,j 两行，记作 $r_i\leftrightarrow r_j$）；

（2）**倍乘变换**　用非零数 k 乘矩阵的某行（第 i 行乘 k，记作 $r_i\times k$）；

（3）**倍加变换**　把矩阵某行每一个元素的 k 倍加到另一行对应元素上（第 j 行的 k 倍加到第 i 行上，记作 r_i+kr_j）.

类似地可定义矩阵的**初等列变换**（elementary column transformation of matrix），即把定义中的“行”换成“列”，所用记号则把“r”换成“c”.初等行变换与初等列变换统称为矩阵的**初等变换**（elementary transformation of matrix）.

初等变换的逆变换仍是初等变换且变换类型相同．下面以初等行变换为例说明：

(1) 若 $\boldsymbol{A}\xrightarrow{r_i\leftrightarrow r_j}\boldsymbol{B}$，则 $\boldsymbol{B}\xrightarrow{r_i\leftrightarrow r_j}\boldsymbol{A}$；

(2) 若 $\boldsymbol{A}\xrightarrow{r_i\times k}\boldsymbol{B}$，则 $\boldsymbol{B}\xrightarrow{r_i\times\frac{1}{k}}\boldsymbol{A}$；

(3) 若 $\boldsymbol{A}\xrightarrow{r_i+kr_j}\boldsymbol{B}$，则 $\boldsymbol{B}\xrightarrow{r_i+(-k)r_j}\boldsymbol{A}$.

定义 2.14 如果矩阵 $\boldsymbol{A}$ 经过有限次初等变换变成矩阵 $\boldsymbol{B}$，那么称矩阵 $\boldsymbol{A}$ 与 $\boldsymbol{B}$ **等价**(equivalence).

等价是矩阵之间的一种关系，不难证明它具有下列性质：

(1) 自反性：$\boldsymbol{A}$ 等价于 $\boldsymbol{A}$；

(2) 对称性：若 $\boldsymbol{A}$ 等价于 $\boldsymbol{B}$，则 $\boldsymbol{B}$ 等价于 $\boldsymbol{A}$；

(3) 传递性：若 $\boldsymbol{A}$ 等价于 $\boldsymbol{B}$，$\boldsymbol{B}$ 等价于 $\boldsymbol{C}$，则 $\boldsymbol{A}$ 等价于 $\boldsymbol{C}$.

利用矩阵的初等变换可以化简矩阵，即可将矩阵变成与之等价的简单形式的矩阵，如下面介绍的**行阶梯形矩阵**、**行最简形矩阵**及**标准形矩阵**.

例 2.4.1 设矩阵

$$\boldsymbol{A}=\begin{pmatrix}3&2&9&6\\-1&-3&4&-7\\1&4&-7&3\\1&4&-7&3\end{pmatrix}.$$

(1) 对矩阵 $\boldsymbol{A}$ 施行初等行变换，使之变成形如 $\begin{pmatrix}*&*&*&*\\0&*&*&*\\0&0&0&*\\0&0&0&0\end{pmatrix}$ 的矩阵 $\boldsymbol{B}$.

(2) 对矩阵 $\boldsymbol{B}$ 施行初等行变换，使之变成形如 $\begin{pmatrix}1&0&*&0\\0&1&*&0\\0&0&0&1\\0&0&0&0\end{pmatrix}$ 的矩阵 $\boldsymbol{C}$.

(3) 对矩阵 $\boldsymbol{C}$ 施行初等列变换，使之变成矩阵 $\boldsymbol{D}=\begin{pmatrix}1&0&0&0\\0&1&0&0\\0&0&1&0\\0&0&0&0\end{pmatrix}$.

解 (1) 对 $\boldsymbol{A}$ 施行初等行变换，则

$$\boldsymbol{A}=\begin{pmatrix}3&2&9&6\\-1&-3&4&-7\\1&4&-7&3\\1&4&-7&3\end{pmatrix}\xrightarrow{r_1\leftrightarrow r_3}\begin{pmatrix}1&4&-7&3\\-1&-3&4&-7\\3&2&9&6\\1&4&-7&3\end{pmatrix}$$

$$\xrightarrow[r_4-r_1]{\substack{r_2+r_1\\r_3-3r_1}}\begin{pmatrix}1&4&-7&3\\0&1&-3&-4\\0&-10&30&-3\\0&0&0&0\end{pmatrix}\xrightarrow{r_3+10r_2}\begin{pmatrix}1&4&-7&3\\0&1&-3&-4\\0&0&0&-43\\0&0&0&0\end{pmatrix}\xlongequal{\text{记作}}\boldsymbol{B}.$$

(2) 对 $\boldsymbol{B}$ 施行初等行变换,则

$$\boldsymbol{B}\xrightarrow{r_3\times\left(-\frac{1}{43}\right)}\begin{pmatrix}1&4&-7&3\\0&1&-3&-4\\0&0&0&1\\0&0&0&0\end{pmatrix}\xrightarrow[r_2+4r_3]{r_1-3r_3}\begin{pmatrix}1&4&-7&0\\0&1&-3&0\\0&0&0&1\\0&0&0&0\end{pmatrix}$$

$$\xrightarrow{r_1-4r_2}\begin{pmatrix}1&0&5&0\\0&1&-3&0\\0&0&0&1\\0&0&0&0\end{pmatrix}\xlongequal{\text{记作}}\boldsymbol{C}.$$

(3) 对 $\boldsymbol{C}$ 施行初等列变换,则

$$\boldsymbol{C}\xrightarrow{c_3\leftrightarrow c_4}\begin{pmatrix}1&0&0&5\\0&1&0&-3\\0&0&1&0\\0&0&0&0\end{pmatrix}\xrightarrow[c_4+3c_2]{c_4-5c_1}\begin{pmatrix}1&0&0&0\\0&1&0&0\\0&0&1&0\\0&0&0&0\end{pmatrix}\xlongequal{\text{记作}}\boldsymbol{D}.$$

从本例可以看到,对矩阵 $\boldsymbol{A}$ 经过初等变换后得到的矩阵 $\boldsymbol{B},\boldsymbol{C},\boldsymbol{D}$ 越来越"简单",即其元素逐渐变成了 0 或 1.那么一般矩阵经过初等变换后能变成怎样的"简单矩阵"? 如何描述这种"简单矩阵"的差异? 为此,引入下面的定义.

定义 2.15 满足下列条件的矩阵称为**行阶梯形矩阵**(row echelon matrix):

(1) 元素全为 0 的行(如果存在的话)都位于矩阵的最下方;

(2) 每行左起第一个非零元素的下方元素全为 0.

满足下列条件的行阶梯形矩阵称为**行最简形矩阵**(reduced row echelon matrix):

(3) 所有非零行的第一个非零元素都是 1,且其所在列的其余元素都是零.

满足下列条件(4)的行最简形矩阵称为**标准形矩阵**(normal form matrix),简称**标准形**.

例如,

$$\begin{pmatrix}2&1&5\\0&3&-1\end{pmatrix},\begin{pmatrix}3&2&1&4\\0&0&-1&2\\0&0&0&0\end{pmatrix},\begin{pmatrix}1&2&3\\0&5&6\\0&0&7\end{pmatrix}$$

为行阶梯形矩阵.

$$\begin{pmatrix}1&0&5\\0&1&-1\end{pmatrix},\begin{pmatrix}1&2&0&4\\0&0&1&2\\0&0&0&0\end{pmatrix},\begin{pmatrix}0&1&0\\0&0&1\\0&0&0\end{pmatrix}$$

为行最简形矩阵.

$$\begin{pmatrix}1&0&0\\0&1&0\end{pmatrix},\begin{pmatrix}1&0&0&0\\0&1&0&0\\0&0&0&0\end{pmatrix},\begin{pmatrix}1&0&0\\0&1&0\\0&0&1\end{pmatrix}$$

为标准形矩阵.

行阶梯形矩阵的特点是可以画出一条阶梯线,使阶梯线下方全为0,每个台阶只有一行,而台阶数即为非零行的行数.

标准形矩阵的特点是其右上角是一个单位矩阵,而其余元素全为0.

在例2.4.1中,对矩阵 $\boldsymbol{A}$ 首先施行初等行变换化为行阶梯形矩阵 $\boldsymbol{B}$,再对 $\boldsymbol{B}$ 施行初等行变换化为行最简形矩阵 $\boldsymbol{C}$,最后再对 $\boldsymbol{C}$ 施行初等列变换化为标准形矩阵 $\boldsymbol{D}$.称 $\boldsymbol{D}$ 为矩阵 $\boldsymbol{A}$ 的**等价标准形**.

一般地,**对任何矩阵 $\boldsymbol{A}$,总可经过有限次初等行变换将 $\boldsymbol{A}$ 化为与之等价的行阶梯形矩阵或行最简形矩阵,也可经过有限次初等变换(包括初等行变换和初等列变换)将 $\boldsymbol{A}$ 化为 $\boldsymbol{A}$ 的等价标准形:**

$$\begin{pmatrix}1&0&\cdots&0&0&\cdots&0\\0&1&\cdots&0&0&\cdots&0\\\vdots&\vdots&&\vdots&\vdots&&\vdots\\0&0&\cdots&1&0&\cdots&0\\0&0&\cdots&0&0&\cdots&0\\\vdots&\vdots&&\vdots&\vdots&&\vdots\\0&0&\cdots&0&0&\cdots&0\end{pmatrix},$$

其左上角是一个 r 阶的单位矩阵,而 r 就是行阶梯形矩阵中非零行的行数,在研究矩阵秩时它将起到重要的作用.显然,对于行最简形矩阵只需

作适当的初等列变换,就能化为等价标准形.等价标准形也可记为

$$\begin{pmatrix} \boldsymbol{E}_r & \boldsymbol{O} \\ \boldsymbol{O} & \boldsymbol{O} \end{pmatrix},$$

其中 $\boldsymbol{E}_r$ 为 r 阶单位矩阵,$\boldsymbol{O}$ 为零矩阵.

思考:(1) 一个矩阵的行阶梯形矩阵、行最简形矩阵、标准形矩阵是否唯一?

(2) 一个可逆矩阵的等价标准形是什么?

例 2.4.2 用初等变换将矩阵 $\boldsymbol{A}$ 化为行阶梯形矩阵、行最简形矩阵及标准形矩阵,其中

$$\boldsymbol{A}=\begin{pmatrix} 2 & 1 & 2 & 3 \\ 4 & 1 & 3 & 5 \\ 2 & 0 & 1 & 2 \end{pmatrix}.$$

解 $$\boldsymbol{A}\xrightarrow[r_3-r_1]{r_2-2r_1}\begin{pmatrix} 2 & 1 & 2 & 3 \\ 0 & -1 & -1 & -1 \\ 0 & -1 & -1 & -1 \end{pmatrix}\xrightarrow{r_3-r_2}\underset{\text{行阶梯形矩阵}}{\begin{pmatrix} 2 & 1 & 2 & 3 \\ 0 & -1 & -1 & -1 \\ 0 & 0 & 0 & 0 \end{pmatrix}}$$

$$\xrightarrow{r_1+r_2}\begin{pmatrix} 2 & 0 & 1 & 2 \\ 0 & -1 & -1 & -1 \\ 0 & 0 & 0 & 0 \end{pmatrix}\xrightarrow[(-1)\times r_2]{\frac{1}{2}\times r_1}\underset{\text{行最简形矩阵}}{\begin{pmatrix} 1 & 0 & \frac{1}{2} & 1 \\ 0 & 1 & 1 & 1 \\ 0 & 0 & 0 & 0 \end{pmatrix}}$$

$$\xrightarrow[c_4-c_1]{c_3-\frac{1}{2}c_1}\begin{pmatrix} 1 & 0 & 0 & 0 \\ 0 & 1 & 1 & 1 \\ 0 & 0 & 0 & 0 \end{pmatrix}\xrightarrow[c_4-c_2]{c_3-c_2}\underset{\text{标准形矩阵}}{\begin{pmatrix} 1 & 0 & 0 & 0 \\ 0 & 1 & 0 & 0 \\ 0 & 0 & 0 & 0 \end{pmatrix}}=\begin{pmatrix} \boldsymbol{E}_2 & \boldsymbol{O} \\ \boldsymbol{O} & \boldsymbol{O} \end{pmatrix}.$$

矩阵的初等变换建立了矩阵之间的等价关系,这种关系如何通过等式来刻画?初等矩阵便是解决这个问题的桥梁.

定义 2.16 对单位矩阵施行一次初等变换所得到的矩阵称为**初等矩阵**(elementary matrix).

对应于三种初等行、列变换相应地有三种形式的初等矩阵.

(1) **初等对换矩阵** 对换单位矩阵第 i 行与第 j 行的对应元素所得到的初等矩阵称为**初等对换矩阵**,记作 $\boldsymbol{E}(i,j)$,即

$$
\boldsymbol{E}(i,j)=\begin{pmatrix}
1 &&&&&& \\
& \ddots &&&&& \\
&& 0 & \cdots & 1 && \\
&& \vdots && \vdots && \\
&& 1 & \cdots & 0 && \\
&&&&& \ddots & \\
&&&&&& 1
\end{pmatrix}
\begin{matrix} \\ \\ \leftarrow \text{第 } i \text{ 行} \\ \\ \leftarrow \text{第 } j \text{ 行} \\ \\ \\ \end{matrix}
$$

$$\uparrow \qquad \uparrow$$

$$\text{第 } i \text{ 列} \quad \text{第 } j \text{ 列}$$

$\boldsymbol{E}(i,j)$也可看作是对换单位矩阵的第 i 列与第 j 列对应元素所得到的矩阵.

(2) **初等倍乘矩阵**　用非零数 k 乘单位矩阵的第 i 行所得到的初等矩阵称为**初等倍乘矩阵**,记作 $\boldsymbol{E}(i(k))$,即

$$
\boldsymbol{E}(i(k))=\begin{pmatrix}
1 &&&&&& \\
& \ddots &&&&& \\
&& 1 &&&& \\
&&& k &&& \\
&&&& 1 && \\
&&&&& \ddots & \\
&&&&&& 1
\end{pmatrix}
\begin{matrix} \\ \\ \\ \leftarrow \text{第 } i \text{ 行} \\ \\ \\ \\ \end{matrix}
$$

$$\uparrow$$

$$\text{第 } i \text{ 列}$$

$\boldsymbol{E}(i(k))$也可看作是用非零数 k 乘单位矩阵的第 i 列所得到的矩阵.

(3) **初等倍加矩阵**　将单位矩阵第 i 行的各元素的 k 倍加到第 j 行对应元素上所得到的矩阵称为**初等倍加矩阵**,记作 $\boldsymbol{E}(i(k),j)$,即

$$
\boldsymbol{E}(i(k),j)=\begin{pmatrix}
1 &&&&&& \\
& \ddots &&&&& \\
&& 1 &&&& \\
&& \vdots & \ddots &&& \\
&& k & \cdots & 1 && \\
&&&&& \ddots & \\
&&&&&& 1
\end{pmatrix}
\begin{matrix} \\ \\ \leftarrow \text{第 } i \text{ 行} \\ \\ \leftarrow \text{第 } j \text{ 行} \\ \\ \\ \end{matrix}
$$

$$\uparrow \qquad \uparrow$$

$$\text{第 } i \text{ 列} \quad \text{第 } j \text{ 列}$$

$\boldsymbol{E}(i(k),j)$也可看作是将单位矩阵的第 j 列的各元素的 k 倍加到第 i 列对应元素上所得的矩阵 .

思考:(1) 三种类型的初等矩阵的行列式分别等于多少?

(2) 三种类型的初等矩阵可逆吗? 其逆矩阵还是初等矩阵吗?

事实上,因为 $|\boldsymbol{E}(i,j)|=-1$,$|\boldsymbol{E}(i(k))|=k$,$|\boldsymbol{E}(i(k),j)|=1$,所以初等矩阵都是可逆矩阵,显然其逆矩阵仍然是同类型的初等矩阵,且有

$$\boldsymbol{E}^{-1}(i(k))=\boldsymbol{E}\left(i\left(\frac{1}{k}\right)\right),$$

$$\boldsymbol{E}^{-1}(i(k),j)=\boldsymbol{E}(i(-k),j),$$

$$\boldsymbol{E}^{-1}(i,j)=\boldsymbol{E}(i,j).$$

下面讨论初等矩阵在矩阵的初等变换中的作用,先看一个例子.

例 2.4.3 设 $\boldsymbol{A}=(a_{ij})_{3\times3}$,$\boldsymbol{B}=(b_{ij})_{3\times2}$,$\boldsymbol{C}=(c_{ij})_{3\times3}$,计算 $\boldsymbol{E}(2(k))\boldsymbol{A}$,$\boldsymbol{E}(3(k),1)\boldsymbol{B}$,$\boldsymbol{CE}(2,3)$.

解 $$\boldsymbol{E}(2(k))\boldsymbol{A}=\begin{pmatrix}1&0&0\\0&k&0\\0&0&1\end{pmatrix}\begin{pmatrix}a_{11}&a_{12}&a_{13}\\a_{21}&a_{22}&a_{23}\\a_{31}&a_{32}&a_{33}\end{pmatrix}=\begin{pmatrix}a_{11}&a_{12}&a_{13}\\ka_{21}&ka_{22}&ka_{23}\\a_{31}&a_{32}&a_{33}\end{pmatrix}\xlongequal{\text{记作}}\boldsymbol{M},$$

$$\boldsymbol{E}(3(k),1)\boldsymbol{B}=\begin{pmatrix}1&0&k\\0&1&0\\0&0&1\end{pmatrix}\begin{pmatrix}b_{11}&b_{12}\\b_{21}&b_{22}\\b_{31}&b_{32}\end{pmatrix}=\begin{pmatrix}b_{11}+kb_{31}&b_{12}+kb_{32}\\b_{21}&b_{22}\\b_{31}&b_{32}\end{pmatrix}\xlongequal{\text{记作}}\boldsymbol{N},$$

$$\boldsymbol{CE}(2,3)=\begin{pmatrix}c_{11}&c_{12}&c_{13}\\c_{21}&c_{22}&c_{23}\\c_{31}&c_{32}&c_{33}\end{pmatrix}\begin{pmatrix}1&0&0\\0&0&1\\0&1&0\end{pmatrix}=\begin{pmatrix}c_{11}&c_{13}&c_{12}\\c_{21}&c_{23}&c_{22}\\c_{31}&c_{33}&c_{32}\end{pmatrix}\xlongequal{\text{记作}}\boldsymbol{G},$$

请读者观察,矩阵 $\boldsymbol{M}$ 与 $\boldsymbol{A}$ 的关系:

$$\boldsymbol{E}(2(k))\boldsymbol{A}=\boldsymbol{M},\boldsymbol{A}\xrightarrow{r_2\times k}\boldsymbol{M},\boldsymbol{E}\xrightarrow{r_2\times k}\boldsymbol{E}(2(k)),$$

即初等矩阵 $\boldsymbol{E}(2(k))$左乘 $\boldsymbol{A}$ 的结果,相当于对 $\boldsymbol{A}$ 施行了一次初等行变换,这种初等行变换与初等矩阵 $\boldsymbol{E}(2(k))$对应的初等行变换相同.从这里可看出,初等矩阵 $\boldsymbol{E}(2(k))$将 $\boldsymbol{A}\xrightarrow{r_2\times k}\boldsymbol{M}$ 中的"→"变成了"=".而"="号就可以参加运算了.

再观察矩阵 $\boldsymbol{N}$ 与 $\boldsymbol{B}$ 的关系:

$$\boldsymbol{E}(3(k),1)\boldsymbol{B}=\boldsymbol{N},\boldsymbol{B}\xrightarrow{r_1+r_3\times k}\boldsymbol{N},\boldsymbol{E}\xrightarrow{r_1+r_3\times k}\boldsymbol{E}(3(k),1),$$

即初等矩阵 $\boldsymbol{E}(3(k),1)$ 左乘 $\boldsymbol{B}$ 的结果，相当于对 $\boldsymbol{B}$ 施行了一次初等行变换，这种初等行变换与初等矩阵 $\boldsymbol{E}(3(k),1)$ 对应的初等行变换相同.

最后观察矩阵 $\boldsymbol{G}$ 与 $\boldsymbol{C}$ 的关系：

$$\boldsymbol{CE}(2,3)=\boldsymbol{G},\boldsymbol{C}\xrightarrow{c_2\leftrightarrow c_3}\boldsymbol{G},\boldsymbol{E}\xrightarrow{c_2\leftrightarrow c_3}\boldsymbol{E}(2,3),$$

即初等矩阵 $\boldsymbol{E}(2,3)$ 右乘矩阵 $\boldsymbol{C}$ 的结果，相当于对 $\boldsymbol{C}$ 施行了一次初等列变换，这种初等列变换与初等矩阵 $\boldsymbol{E}(2,3)$ 对应的初等列变换相同.

读者不难证明下面的一般结论：

定理 2.3　设 $\boldsymbol{A}$ 为 $m\times n$ 矩阵，则

(1) 对 $\boldsymbol{A}$ 施行一次初等行变换相当于对矩阵 $\boldsymbol{A}$ 左乘相应的 m 阶初等矩阵；

(2) 对 $\boldsymbol{A}$ 施行一次初等列变换相当于对矩阵 $\boldsymbol{A}$ 右乘相应的 n 阶初等矩阵.

定理 2.3 可具体描述为：

$\boldsymbol{E}(i,j)\boldsymbol{A}$ 表示将 $\boldsymbol{A}$ 的第 i 行与第 j 行对换位置；

$\boldsymbol{E}(i(k))\boldsymbol{A}$ 表示将 $\boldsymbol{A}$ 的第 i 行乘 k；

$\boldsymbol{E}(i(k),j)\boldsymbol{A}$ 表示将 $\boldsymbol{A}$ 的第 i 行乘 k 加到第 j 行；

$\boldsymbol{AE}(i,j)$ 表示将 $\boldsymbol{A}$ 的第 i 列与第 j 列对换位置；

$\boldsymbol{AE}(i(k))$ 表示将 $\boldsymbol{A}$ 的第 i 列乘 k；

$\boldsymbol{AE}(i(k),j)$ 表示将 $\boldsymbol{A}$ 的第 j 列乘 k 加到第 i 列.

例 2.4.4　利用初等矩阵，将例 2.4.1 中的初等变换过程用矩阵的乘法表示(即将"→"化为"=").

解

(1) $\boldsymbol{E}(2(10),3)\boldsymbol{E}(1(1),2)\boldsymbol{E}(1(-3),r_3)\boldsymbol{E}(1(-1),4)\boldsymbol{E}(1,3)\boldsymbol{A}=\boldsymbol{B}$；

(2) $\boldsymbol{E}(2(-4),1)\boldsymbol{E}(3(-3),1)\boldsymbol{E}(3(4),2)\boldsymbol{E}\left(3\left(-\dfrac{1}{43}\right)\right)\boldsymbol{B}=\boldsymbol{C}$；

(3) $\boldsymbol{CE}(3,4)\boldsymbol{E}(4(3),2)\boldsymbol{E}(4(-5),1)=\boldsymbol{D}$.

例 2.4.5　设初等矩阵

$$\boldsymbol{P}_1=\begin{pmatrix}0&0&1&0\\0&1&0&0\\1&0&0&0\\0&0&0&1\end{pmatrix},\quad \boldsymbol{P}_2=\begin{pmatrix}1&0&0&0\\0&1&0&0\\0&0&1&0\\c&0&0&1\end{pmatrix},\quad \boldsymbol{P}_3=\begin{pmatrix}1&&&\\&k&&\\&&1&\\&&&1\end{pmatrix},$$

求 $\boldsymbol{P}_1\boldsymbol{P}_2\boldsymbol{P}_3$ 及 $(\boldsymbol{P}_1\boldsymbol{P}_2\boldsymbol{P}_3)^{-1}$.

解　$\boldsymbol{P}_1=\boldsymbol{E}(1,3),\boldsymbol{P}_2=\boldsymbol{E}(1(c),4),\boldsymbol{P}_3=\boldsymbol{E}(2(k))$

$$P_1P_2=E(1,3)\begin{pmatrix}1&0&0&0\\0&1&0&0\\0&0&1&0\\c&0&0&1\end{pmatrix}=\begin{pmatrix}0&0&1&0\\0&1&0&0\\1&0&0&0\\c&0&0&1\end{pmatrix},$$

$$P_1P_2P_3=\begin{pmatrix}0&0&1&0\\0&1&0&0\\1&0&0&0\\c&0&0&1\end{pmatrix}E(2(k))=\begin{pmatrix}0&0&1&0\\0&k&0&0\\1&0&0&0\\c&0&0&1\end{pmatrix},$$

$$(P_1P_2P_3)^{-1}=P_3^{-1}P_2^{-1}P_1^{-1},P_3^{-1}=E\left(2\left(\frac{1}{k}\right)\right),P_2^{-1}=E(1(-c),4),P_1^{-1}=E(1,3),$$

$$P_3^{-1}P_2^{-1}=E\left(2\left(\frac{1}{k}\right)\right)\begin{pmatrix}1&0&0&0\\0&1&0&0\\0&0&1&0\\-c&0&0&1\end{pmatrix}=\begin{pmatrix}1&0&0&0\\0&\frac{1}{k}&0&0\\0&0&1&0\\-c&0&0&1\end{pmatrix},$$

$$(P_1P_2P_3)^{-1}=P_3^{-1}P_2^{-1}P_1^{-1}=\begin{pmatrix}1&0&0&0\\0&\frac{1}{k}&0&0\\0&0&1&0\\-c&0&0&1\end{pmatrix}E(1,3)=\begin{pmatrix}0&0&1&0\\0&\frac{1}{k}&0&0\\1&0&0&0\\0&0&-c&1\end{pmatrix}.$$

2.4.2 求逆矩阵的初等变换法

定理 2.4 可逆矩阵可以通过有限次初等行变换化为单位矩阵.

证明 设 A 为可逆矩阵,则 $|A|\neq 0$,因此 A 的第一列至少有一个非零的元素,对 A 进行初等行变换把它化成

$$B=\begin{pmatrix}1&*&\cdots&*\\0&&&\\\vdots&&A_1&\\0&&&\end{pmatrix},\tag{2.7}$$

这里 $*$ 代表一个确定的数,A_1 是 $n-1$ 阶方阵.显然 $|A_1|=|B|$,且与行列式 $|A|$ 至多相差一个非零因子,因此 $|A_1|\neq 0$.从而 A_1 的第一列也至少有一个非零元素,于是再进行初等行变换,由(2.7)又得到

$$\begin{pmatrix} 1 & 0 & * & \cdots & * \\ 0 & 1 & * & \cdots & * \\ 0 & 0 & & & \\ \vdots & \vdots & & \boldsymbol{A}_2 & \\ 0 & 0 & & & \end{pmatrix}, \tag{2.8}$$

这里 $\boldsymbol{A}_2$ 是 $n-2$ 阶方阵,如此继续下去,最终可以得到单位矩阵.　　证毕

将定理 2.4 用乘初等矩阵的形式来表达,即有

$$\boldsymbol{P}_m\boldsymbol{P}_{m-1}\cdots\boldsymbol{P}_2\boldsymbol{P}_1\boldsymbol{A}=\boldsymbol{E}, \tag{2.9}$$

其中 $\boldsymbol{P}_1,\boldsymbol{P}_2,\cdots,\boldsymbol{P}_m$ 是与上述初等行变换相应的初等矩阵.

以 $\boldsymbol{A}^{-1}$ 右乘式(2.9)两端得到

$$\boldsymbol{P}_m\boldsymbol{P}_{m-1}\cdots\boldsymbol{P}_2\boldsymbol{P}_1\boldsymbol{E}=\boldsymbol{A}^{-1}, \tag{2.10}$$

比较(2.9)与(2.10)可以看出:若对 $\boldsymbol{A}$ 进行 m 次初等行变换把可逆矩阵 $\boldsymbol{A}$ 化为单位矩阵 $\boldsymbol{E}$,那么用同样的 m 次初等行变换就把单位矩阵 $\boldsymbol{E}$ 化成了 $\boldsymbol{A}^{-1}$.从而我们获得了利用初等行变换求逆矩阵的方法

$$(\boldsymbol{A}\mid\boldsymbol{E})\xrightarrow{\text{初等行变换}}(\boldsymbol{E}\mid\boldsymbol{A}^{-1}),$$

其中$(\boldsymbol{A}\mid\boldsymbol{E})$、$(\boldsymbol{E}\mid\boldsymbol{A}^{-1})$都是 $n\times 2n$ 阶矩阵.

类似地,可得到用初等列变换求逆矩阵的方法,即

$$\begin{pmatrix}\boldsymbol{A}\\ \hline \boldsymbol{E}\end{pmatrix}\xrightarrow{\text{初等列变换}}\begin{pmatrix}\boldsymbol{E}\\ \hline \boldsymbol{A}^{-1}\end{pmatrix}.$$

例 2.4.6　用初等行变换求 $\boldsymbol{A}^{-1}$,其中 $\boldsymbol{A}=\begin{pmatrix}1&2&3\\2&2&1\\3&4&3\end{pmatrix}$.

解　$$(\boldsymbol{A}\mid\boldsymbol{E})=\left(\begin{array}{ccc:ccc}1&2&3&1&0&0\\2&2&1&0&1&0\\3&4&3&0&0&1\end{array}\right)\xrightarrow[r_3-3r_1]{r_2-2r_1}\left(\begin{array}{ccc:ccc}1&2&3&1&0&0\\0&-2&-5&-2&1&0\\0&-2&-6&-3&0&1\end{array}\right)$$

$$\xrightarrow[r_1+r_2]{r_3-r_2}\left(\begin{array}{ccc:ccc}1&0&-2&-1&1&0\\0&-2&-5&-2&1&0\\0&0&-1&-1&-1&1\end{array}\right)\xrightarrow[r_2-5r_3]{r_1-2r_3}\left(\begin{array}{ccc:ccc}1&0&0&1&3&-2\\0&-2&0&3&6&-5\\0&0&-1&-1&-1&1\end{array}\right)$$

$$\xrightarrow[r_3\times(-1)]{r_2\times\left(-\frac{1}{2}\right)}\left(\begin{array}{ccc:ccc}1&0&0&1&3&-2\\0&1&0&-\frac{3}{2}&-3&\frac{5}{2}\\0&0&1&1&1&-1\end{array}\right),$$

所以

$$A^{-1}=\begin{pmatrix}1 & 3 & -2\\ -\frac{3}{2} & -3 & \frac{5}{2}\\ 1 & 1 & -1\end{pmatrix}.$$

这与例 2.3.1 的结果一致.

必须注意,用初等行变换求逆矩阵时,只能作初等行变换,不能作初等列变换.如果作初等行变换时,中间矩阵的行列式为零,那么原矩阵的行列式为零,从而原矩阵不可逆.

例 2.4.7　设 $A=\begin{pmatrix}1 & -2 & -1 & -2\\ 4 & 1 & 2 & 1\\ 2 & 5 & 4 & -1\\ 1 & 1 & 1 & 1\end{pmatrix}$,用初等行变换法求 A^{-1}.

解　$$(A\mid E)=\left(\begin{array}{cccc:cccc}1 & -2 & -1 & -2 & 1 & 0 & 0 & 0\\ 4 & 1 & 2 & 1 & 0 & 1 & 0 & 0\\ 2 & 5 & 4 & -1 & 0 & 0 & 1 & 0\\ 1 & 1 & 1 & 1 & 0 & 0 & 0 & 1\end{array}\right)$$

$$\xrightarrow[r_4-r_1]{\substack{r_2-4r_1\\ r_3-2r_1}}\left(\begin{array}{cccc:cccc}1 & -2 & -1 & -2 & 1 & 0 & 0 & 0\\ 0 & 9 & 6 & 9 & -4 & 1 & 0 & 0\\ 0 & 9 & 6 & 3 & -2 & 0 & 1 & 0\\ 0 & 3 & 2 & 3 & -1 & 0 & 0 & 1\end{array}\right),$$

由于 $\begin{vmatrix}9 & 6 & 9\\ 9 & 6 & 3\\ 3 & 2 & 3\end{vmatrix}=0$,因而 $|A|=0$,所以 A^{-1}不存在.

读者可练习一下,用初等列变换求逆矩阵的方法.

由定理 2.4 可得以下推论:

推论 2.2　**A 可逆的充分必要条件是 A 与单位矩阵等价.**

推论 2.3　**A 可逆的充分必要条件是它能表示成若干个初等矩阵的乘积,即 $A=Q_1Q_2\cdots Q_m$,其中 $Q_1,Q_2,\cdots,Q_m$ 为初等矩阵.**

推论 2.4　**矩阵 A 与 B 等价的充分必要条件是存在可逆矩阵 P 和 Q,使 $A=PBQ$.**

习题 2-4

1. 单项选择题

(1) 设 B 为矩阵,下列说法错误的是(　　).

A. $\boldsymbol{E}(i,j)\boldsymbol{B}$ 表示将 $\boldsymbol{B}$ 的第 i 行与第 j 行交换

B. $\boldsymbol{E}(i(k),j)\boldsymbol{B}$ 表示将 $\boldsymbol{B}$ 的第 i 行乘 k 加到第 j 行

C. $\boldsymbol{E}(i(k),j)\boldsymbol{B}$ 表示将 $\boldsymbol{B}$ 的第 i 列乘 k 加到第 j 列

D. $\boldsymbol{B}\boldsymbol{E}(i(k),j)$ 表示将 $\boldsymbol{B}$ 的第 j 列乘 k 加到第 i 列

(2) 与矩阵 $\boldsymbol{A}=\begin{pmatrix}1&2&0\\2&4&0\\0&0&4\end{pmatrix}$ 等价的是(　　).

A. $\begin{pmatrix}1&0&0\\0&0&0\\0&0&0\end{pmatrix}$　　B. $\begin{pmatrix}1&0&0\\0&2&0\\0&0&0\end{pmatrix}$

C. $\begin{pmatrix}1&0&0\\0&2&0\\0&0&3\end{pmatrix}$　　D. $\begin{pmatrix}1&0&0\\0&2&0\\0&0&4\end{pmatrix}$

(3) 下列说法正确的是(　　).

A. 初等矩阵都是可逆矩阵

B. 初等矩阵相加仍是初等矩阵

C. 初等矩阵的行列式都等于 1

D. 初等矩阵相乘仍是初等矩阵

(4) 设 $\boldsymbol{A}$ 为三阶矩阵,将 $\boldsymbol{A}$ 的第一行与第二行交换得到矩阵 $\boldsymbol{B}$,再将矩阵 $\boldsymbol{B}$ 的第 2 行加到第 3 行上得到矩阵 $\boldsymbol{C}$,则 $\boldsymbol{C}=$(　　).

A. $\boldsymbol{A}\boldsymbol{E}(1,2)\boldsymbol{E}(2(1),3)$　　B. $\boldsymbol{E}(1,2)\boldsymbol{E}(2(1),3)\boldsymbol{A}$

C. $\boldsymbol{E}(2(1),3)\boldsymbol{E}(1,2)\boldsymbol{A}$　　D. $\boldsymbol{A}\boldsymbol{E}(2(1),3)\boldsymbol{E}(1,2)$

(5) 下列矩阵不是初等矩阵的是(　　).

A. $\begin{pmatrix}0&0&1\\0&1&0\\1&0&0\end{pmatrix}$　　B. $\begin{pmatrix}1&0&0\\0&1&2\\0&0&1\end{pmatrix}$

C. $\begin{pmatrix}3&1&2\\1&2&3\\2&3&1\end{pmatrix}$　　D. $\begin{pmatrix}1&0&0\\0&2&0\\0&0&1\end{pmatrix}$

2. 填空题

(1) 下列矩阵中,行阶梯形矩阵有______,行最简形矩阵有______.

A. $\begin{pmatrix}1&2&3&0\\2&3&1&2\\0&0&0&0\end{pmatrix}$ B. $\begin{pmatrix}1&2&3&0\\0&1&2&3\\0&0&0&0\end{pmatrix}$ C. $\begin{pmatrix}1&2&3&0\\0&0&2&3\\0&0&1&0\\0&0&0&0\end{pmatrix}$

D. $\begin{pmatrix}1&0&0&0\\0&1&0&0\\0&0&0&1\\0&0&0&0\end{pmatrix}$ E. $\begin{pmatrix}1&1&-1&1\\0&1&0&1\\0&1&-1&0\\0&1&0&1\\0&0&0&0\end{pmatrix}$ F. $\begin{pmatrix}1&2&0\\0&0&1\\0&0&0\\0&0&0\end{pmatrix}$

(2) 设 $\boldsymbol{A}=\begin{pmatrix}2&1&-3&0\\1&-2&1&3\\-1&3&2&1\end{pmatrix}$，则 $\boldsymbol{E}_3(2(3))\boldsymbol{A}=$ ________.

(3) 设 $\boldsymbol{A}=\begin{pmatrix}2&1&-3&0\\1&-2&1&3\\-1&3&2&1\end{pmatrix}$，则 $\boldsymbol{A}\boldsymbol{E}_4(1(2),2)=$ ________.

(4) n 阶单位矩阵的等价标准形为________ .

3. 求与矩阵 $\boldsymbol{A}=\begin{pmatrix}1&2&1&-2\\2&2&0&-2\\1&4&3&-4\end{pmatrix}$ 等价的行阶梯形矩阵、行最简形矩阵及其等价标准形.

4. 用初等变换法求矩阵 $\boldsymbol{A}=\begin{pmatrix}0&2&1\\-1&1&4\\2&-1&-3\end{pmatrix}$ 的逆矩阵.

习题答案与提示 2-4

5. 利用初等变换法求矩阵 $\boldsymbol{A}=\begin{pmatrix}1&1\\-3&-2\end{pmatrix}$ 的逆矩阵，并把 $\boldsymbol{A}$ 表示成初等矩阵的乘积.

2.5 矩阵的秩

学习了 2.4 节后不难发现，一个矩阵经过初等行变换后可以化为不同的行阶梯形矩阵,但行阶梯形矩阵中非零行的个数是不变的,这个不变量是矩阵的一个固有属性,也就是本节要讨论的“矩阵的秩”.矩阵的秩在线性方程组、二次型等理论研究中起着非常重要的作用.

本节首先利用行列式来定义矩阵的秩,然后给出利用初等变换求矩阵秩的方法.

2.5.1　矩阵的秩的概念

定义 2.17　在矩阵 $\boldsymbol{A}_{m\times n}$ 中,任取 r 行 r 列,$r\leqslant \min\{m,n\}$,位于这些行与列交叉处的元素按原来在矩阵中的相对位置构成的 r 阶行列式称为矩阵 $\boldsymbol{A}$ 的 r **阶子式**(subdeterminant).

易知,矩阵 $\boldsymbol{A}_{m\times n}$ 的 r 阶子式共有 $C_m^r C_n^r$ 个.

例如

$$\boldsymbol{A}=\begin{pmatrix}3 & 1 & 0 & 2\\ 1 & -1 & 2 & -1\\ 1 & 3 & -4 & 4\end{pmatrix}$$

在 $\boldsymbol{A}$ 中取第 1、第 2 行与第 1、第 2 列,位于这些行与列交叉处的元素构成的二阶行列式 $\begin{vmatrix}3 & 1\\ 1 & -1\end{vmatrix}=-4$ 就是 $\boldsymbol{A}$ 的一个二阶子式.

再如,在 $\boldsymbol{A}$ 中取第 1、第 2、第 3 行与任取三列(即去掉 $\boldsymbol{A}$ 的某一列)得到的四个三阶行列式

$$\begin{vmatrix}3 & 1 & 0\\ 1 & -1 & 2\\ 1 & 3 & -4\end{vmatrix},\quad \begin{vmatrix}3 & 1 & 2\\ 1 & -1 & -1\\ 1 & 3 & 4\end{vmatrix},\quad \begin{vmatrix}3 & 0 & 2\\ 1 & 2 & -1\\ 1 & -4 & 4\end{vmatrix},\quad \begin{vmatrix}1 & 0 & 2\\ -1 & 2 & -1\\ 3 & -4 & 4\end{vmatrix}$$

就是 $\boldsymbol{A}$ 的四个三阶子式,经过计算它们都等于零.

于是,我们看到对矩阵 $\boldsymbol{A}$,有的子式等于零,有的子式不等于零.而不等于零的子式的最高阶数为 2,这个数“2”就是本节要讨论的矩阵 $\boldsymbol{A}$ 的秩,即矩阵 $\boldsymbol{A}$ 的秩为 2.一般有

定义 2.18　矩阵 $\boldsymbol{A}$ 中非零子式的最高阶数称为**矩阵 $\boldsymbol{A}$ 的秩**(rank),记作 $R(\boldsymbol{A})$ 或 $r(\boldsymbol{A})$ 或 $\operatorname{rank}(\boldsymbol{A})$.

因为零矩阵的所有子式全为零,所以零矩阵的秩为零.

例 2.5.1　求矩阵 $\boldsymbol{B}=\begin{pmatrix}1 & 0 & 5 & 19\\ 0 & 1 & -3 & -4\\ 0 & 0 & 0 & 1\\ 0 & 0 & 0 & 0\end{pmatrix}$ 的秩.

解 $\boldsymbol{B}$ 是一个行阶梯形矩阵,其非零行有 3 行,可知 $\boldsymbol{B}$ 的所有四阶子式全为零,而以三个非零行的首非零元为对角元的三阶行列式

$$\begin{vmatrix} 1 & 0 & 19 \\ 0 & 1 & -4 \\ 0 & 0 & 1 \end{vmatrix} = 1 \neq 0,$$

因此 $R(\boldsymbol{B})=3$.

显然,矩阵的秩具有下列性质:

(1) $m\times n$ 矩阵 $\boldsymbol{A}$ 的秩 $R(\boldsymbol{A})=r(r\leqslant \min\{m,n\})$ 的充分必要条件是 $\boldsymbol{A}$ 至少有一个 r 阶子式不为零,而所有 $r+1$ 阶子式(如果存在的话)全为零;

(2) 若矩阵 $\boldsymbol{A}$ 中有某个 s 阶子式不为 0,则 $R(\boldsymbol{A})\geqslant s$;

(3) 若矩阵 $\boldsymbol{A}$ 中所有 k 阶子式全为 0,则 $R(\boldsymbol{A})<k$;

(4) 若 $\boldsymbol{A}$ 为 $m\times n$ 矩阵,则 $0\leqslant R(\boldsymbol{A})\leqslant \min\{m,n\}$;

(5) $R(\boldsymbol{A})=R(\boldsymbol{A}^{\mathrm{T}})$;

(6) 若 $\boldsymbol{A}$ 为 n 阶可逆矩阵,则 $R(\boldsymbol{A})=n$;

(7) 行阶梯形矩阵的秩等于它的非零行的行数.

设 $\boldsymbol{A}$ 为 $m\times n$ 矩阵,当 $R(\boldsymbol{A})=m$ 时,称 $\boldsymbol{A}$ 为**行满秩矩阵**;当 $R(\boldsymbol{A})=n$ 时,称 $\boldsymbol{A}$ 为**列满秩矩阵**;

若 $\boldsymbol{A}$ 为 n 阶方阵,且 $R(\boldsymbol{A})=n$,则称 $\boldsymbol{A}$ 为**满秩矩阵**,它既是行满秩矩阵也是列满秩矩阵;若 $R(\boldsymbol{A})<n$,则称 $\boldsymbol{A}$ 为**降秩矩阵**.显然,满秩矩阵、可逆矩阵及非奇异矩阵都是等价的概念.

进一步还可证明

定理 2.5 若矩阵 $\boldsymbol{A}$ 有一个 r 阶子式 D 不等于零,而所有含 D 的 $r+1$ 阶子式(如果存在的话)全为零,则 $R(\boldsymbol{A})=r$.

根据定理 2.5,在用定义法求秩时可省略很多子式的计算.

例 2.5.2 求矩阵 $\boldsymbol{A}=\begin{pmatrix} 2 & -3 & 8 & 2 \\ 2 & 12 & -2 & 12 \\ 1 & 3 & 1 & 4 \end{pmatrix}$ 的秩.

解 $\boldsymbol{A}$ 有一个二阶子式 $D=\begin{vmatrix} 2 & -3 \\ 2 & 12 \end{vmatrix}\neq 0$.而含有 D 的三阶子式只有两个且都等于零,即

$$\begin{vmatrix} 2 & -3 & 8 \\ 2 & 12 & -2 \\ 1 & 3 & 1 \end{vmatrix}=0,\quad \begin{vmatrix} 2 & -3 & 2 \\ 2 & 12 & 12 \\ 1 & 3 & 4 \end{vmatrix}=0,$$

所以 $R(\boldsymbol{A})=2$.

本例中，矩阵 $\boldsymbol{A}$ 的三阶子式共有 4 个，如果利用定义求矩阵的秩，就要计算 $\boldsymbol{A}$ 的 4 个三阶子式，而利用定理 2.5，只需计算两个，即可得结果.

从定义 2.18 可知，对于一般的矩阵，当行数与列数较多时，按秩的定义求矩阵的秩，其工作量是很大的，而对于行阶梯形矩阵，它的秩就等于非零行的行数，一看便知，无需计算.由前所述，任何矩阵 $\boldsymbol{A}$ 都可通过初等变换化为行阶梯形矩阵 $\boldsymbol{B}$，那么 $R(\boldsymbol{A})$ 与 $R(\boldsymbol{B})$ 有什么关系？如果初等变换不改变矩阵的秩，那么可用初等变换将矩阵化为行阶梯形矩阵的方法求秩.下面介绍利用初等变换求矩阵秩的方法.

2.5.2　用初等变换求矩阵的秩

定理 2.6　初等变换不改变矩阵的秩.

定理 2.6 说明"秩"为矩阵在初等变换中的一个不变量，另外我们获得了利用初等行变换求矩阵 $\boldsymbol{A}$ 的秩的简便方法：

$$\boldsymbol{A} \xrightarrow{\text{初等行变换}} \text{行阶梯形矩阵 } \boldsymbol{B},$$

$\boldsymbol{B}$ 的非零行（元素不全为零的行）的行数就是矩阵 $\boldsymbol{A}$ 的秩.当然，有时为方便起见，在对 $\boldsymbol{A}$ 进行初等行变换的同时，也可以进行初等列变换 .

定理 2.6 的证明

例 2.5.3　用初等变换求 $R(\boldsymbol{A})$，其中 $\boldsymbol{A}=\begin{pmatrix}3&1&0&2\\1&-1&2&-1\\1&3&-4&4\end{pmatrix}$.

解

$$\boldsymbol{A} \xrightarrow{r_1 \leftrightarrow r_2} \begin{pmatrix}1&-1&2&-1\\3&1&0&2\\1&3&-4&4\end{pmatrix} \xrightarrow[r_3-r_1]{r_2-3r_1} \begin{pmatrix}1&-1&2&-1\\0&4&-6&5\\0&4&-6&5\end{pmatrix}$$

$$\xrightarrow{r_3-r_2} \begin{pmatrix}1&-1&2&-1\\0&4&-6&5\\0&0&0&0\end{pmatrix},$$

所以 $R(\boldsymbol{A})=2$.

注：也可以同时进行初等行变换与初等列变换将 $\boldsymbol{A}$ 化成 $\boldsymbol{A}$ 的等价标准形

$$\begin{pmatrix} 1 & 0 & \cdots & 0 & 0 & \cdots & 0 \\ 0 & 1 & \cdots & 0 & 0 & \cdots & 0 \\ \vdots & \vdots & & \vdots & \vdots & & \vdots \\ 0 & 0 & \cdots & 1 & 0 & \cdots & 0 \\ 0 & 0 & \cdots & 0 & 0 & \cdots & 0 \\ \vdots & \vdots & & \vdots & \vdots & & \vdots \\ 0 & 0 & \cdots & 0 & 0 & \cdots & 0 \end{pmatrix},$$

主对角线上 1 的个数即为 $\boldsymbol{A}$ 的秩(1 的个数可以为零).

在具体解题时,应该针对题目的特点,灵活运用各种方法来求矩阵的秩.

由定理 2.6 可得

推论 2.5　若 $\boldsymbol{A}$ 等价于 $\boldsymbol{B}$,则 $R(\boldsymbol{A})=R(\boldsymbol{B})$,即等价矩阵具有相同的秩.

例 2.5.4　设 $\boldsymbol{A}$ 是一个 $m\times n$ 矩阵,$\boldsymbol{P}$ 是一个 m 阶可逆矩阵,$\boldsymbol{Q}$ 是一个 n 阶可逆矩阵,则

$$R(\boldsymbol{PA})=R(\boldsymbol{AQ})=R(\boldsymbol{PAQ})=R(\boldsymbol{A}),$$

即用一个矩阵 $\boldsymbol{A}$ 左乘或右乘一个可逆矩阵,不改变矩阵 $\boldsymbol{A}$ 的秩.

证明　因为 $\boldsymbol{P}$ 是可逆矩阵,根据推论 2.3,存在初等矩阵 $\boldsymbol{P}_1,\boldsymbol{P}_2,\cdots,\boldsymbol{P}_l$ 使 $\boldsymbol{P}=\boldsymbol{P}_1\boldsymbol{P}_2\cdots\boldsymbol{P}_l$,所以 $\boldsymbol{PA}=\boldsymbol{P}_1\boldsymbol{P}_2\cdots\boldsymbol{P}_l\boldsymbol{A}$ 相当于对 $\boldsymbol{A}$ 作一系列初等行变换,因为初等变换不改变矩阵的秩,所以 $R(\boldsymbol{PA})=R(\boldsymbol{P}_1\boldsymbol{P}_2\cdots\boldsymbol{P}_l\boldsymbol{A})=R(\boldsymbol{A})$.

用类似方法可以证明:$R(\boldsymbol{AQ})=R(\boldsymbol{A})$,$R(\boldsymbol{PAQ})=R(\boldsymbol{A})$,从而 $R(\boldsymbol{PA})=R(\boldsymbol{AQ})=R(\boldsymbol{PAQ})=R(\boldsymbol{A})$.　　证毕

习题 2-5

1. 单项选择题

(1) 设 n 阶矩阵 $\boldsymbol{A}$ 可逆,则下列不正确的是(　　).

A. $|\boldsymbol{A}|=0$　　B. $|\boldsymbol{A}|\neq 0$

C. $R(\boldsymbol{A})=n$　　D. 方程组 $\boldsymbol{AX}=\boldsymbol{0}$ 只有零解

(2) 设 n 阶方阵 $\boldsymbol{A}$ 奇异,则必有(　　).

A. $R(\boldsymbol{A})<n$　　B. $R(\boldsymbol{A})=n-1$

C. $\boldsymbol{A}=\boldsymbol{O}$　　D. 方程组 $\boldsymbol{AX}=\boldsymbol{0}$ 只有零解

(3) 设矩阵 $\boldsymbol{A}$ 的秩为 r,则 $\boldsymbol{A}$ 中(　　).

A. 所有 r 阶子式都不为 0　　B. 至少有一个 r 阶子式不为 0

C. 所有 $r-1$ 阶子式都不为 0　　D. 所有 $r-1$ 阶子式都为 0

(4) 设 $\boldsymbol{A},\boldsymbol{B}$ 均为三阶方阵，$\boldsymbol{A}$ 可逆，$R(\boldsymbol{B})=2$，则 $R(\boldsymbol{AB})=$ (　　).

A. 0　　B. 1

C. 2　　D. 3

(5) 矩阵 $\boldsymbol{A}=\begin{pmatrix}1&0&-1&0\\0&-2&3&4\\0&0&0&5\end{pmatrix}$ 的秩为(　　).

A. 1　　B. 2

C. 3　　D. 4

2. 填空题

(1) 设矩阵 $\boldsymbol{A}$ 的秩为 r，D 为 $\boldsymbol{A}$ 的一个 $r+1$ 阶子式，则 $D=$ ________.

(2) 设三阶方阵 $\boldsymbol{A}$ 的元素全为 1，则 $R(\boldsymbol{A})=$ ________.

(3) 设矩阵 $\boldsymbol{A}$ 的秩为 3，$\boldsymbol{A},\boldsymbol{B}$ 等价，则 $R(\boldsymbol{B})=$ ________.

(4) 设三阶方阵 $\boldsymbol{A}$ 的秩为 2，矩阵 $\boldsymbol{P}=\begin{pmatrix}0&1&0\\1&0&0\\0&0&1\end{pmatrix}$，$\boldsymbol{Q}=\begin{pmatrix}1&0&0\\0&1&0\\1&0&1\end{pmatrix}$，$\boldsymbol{B}=\boldsymbol{PAQ}$，则 $R(\boldsymbol{B})=$ ________.

(5) 若将所有 n 阶方阵按等价分类(即把彼此等价的(秩相同的)归成一类称为等价类)，可分成________个等价类，每一类的等价标准形是________.

3. 求下列矩阵的秩：

(1) $\begin{pmatrix}1&-2&3&-1\\2&-1&1&0\\1&-5&8&-3\end{pmatrix}$；　　(2) $\begin{pmatrix}0&2&-4\\-1&-4&5\\3&1&7\\0&5&-10\\2&2&0\end{pmatrix}$；

(3) $\begin{pmatrix}1&0&1&0&0\\1&1&0&0&0\\0&1&1&0&0\\0&0&1&1&0\\0&1&0&1&1\end{pmatrix}$.

习题答案与提示 2-5

2.6 分块矩阵及其运算

对于行数与列数较高的矩阵,为了简化计算,经常采用分块法,使矩阵的运算化成若干"小"矩阵间的运算,同时也使原矩阵的结构显得简单清晰,简化矩阵的运算.

本节将介绍分块矩阵的概念及分块矩阵的线性运算、乘法、转置、求逆、行列式等运算.

2.6.1 分块矩阵的概念

设两个矩阵 $\boldsymbol{A}=(a_{ij})_{m\times n}$,$\boldsymbol{B}=(b_{ij})_{n\times p}$ 相乘得矩阵 $\boldsymbol{C}=(c_{ij})_{m\times p}$,根据矩阵乘法的定义,矩阵 $\boldsymbol{C}$ 的元素为

$$c_{ij}=\sum_{k=1}^{n}a_{ik}b_{kj}. \tag{2.11}$$

如果将矩阵 $\boldsymbol{A}$ 的第 1 行、第 2 行……第 m 行分别记为 $\boldsymbol{\alpha}_1,\boldsymbol{\alpha}_2,\cdots,\boldsymbol{\alpha}_m$,即

$$\boldsymbol{\alpha}_1=(a_{11}\quad a_{12}\quad\cdots\quad a_{1n}),$$
$$\boldsymbol{\alpha}_2=(a_{21}\quad a_{22}\quad\cdots\quad a_{2n}),$$
$$\cdots$$
$$\boldsymbol{\alpha}_m=(a_{m1}\quad a_{m2}\quad\cdots\quad a_{mn}),$$

那么矩阵 $\boldsymbol{A}$ 可表示为

$$\boldsymbol{A}=\begin{pmatrix}\boldsymbol{\alpha}_1\\\boldsymbol{\alpha}_2\\\vdots\\\boldsymbol{\alpha}_m\end{pmatrix}.$$

如果将矩阵 $\boldsymbol{B}$ 的第 1 列、第 2 列……第 p 列分别记为 $\boldsymbol{\beta}_1,\boldsymbol{\beta}_2,\cdots,\boldsymbol{\beta}_p$,即

$$\boldsymbol{\beta}_1=\begin{pmatrix}b_{11}\\b_{21}\\\vdots\\b_{n1}\end{pmatrix},\boldsymbol{\beta}_2=\begin{pmatrix}b_{12}\\b_{22}\\\vdots\\b_{n2}\end{pmatrix},\cdots,\boldsymbol{\beta}_p=\begin{pmatrix}b_{1p}\\b_{2p}\\\vdots\\b_{np}\end{pmatrix},$$

那么矩阵 $\boldsymbol{B}$ 可表示为

$$\boldsymbol{B}=(\boldsymbol{\beta}_1 \quad \boldsymbol{\beta}_2 \quad \cdots \quad \boldsymbol{\beta}_p).$$

这时矩阵 $\boldsymbol{A}$ 与 $\boldsymbol{B}$ 的乘积可表示为

$$\boldsymbol{AB}=\begin{pmatrix}\boldsymbol{\alpha}_1\\ \boldsymbol{\alpha}_2\\ \vdots\\ \boldsymbol{\alpha}_m\end{pmatrix}(\boldsymbol{\beta}_1 \quad \boldsymbol{\beta}_2 \quad \cdots \quad \boldsymbol{\beta}_p)=\begin{pmatrix}\boldsymbol{\alpha}_1\boldsymbol{\beta}_1 & \boldsymbol{\alpha}_1\boldsymbol{\beta}_2 & \cdots & \boldsymbol{\alpha}_1\boldsymbol{\beta}_p\\ \boldsymbol{\alpha}_2\boldsymbol{\beta}_1 & \boldsymbol{\alpha}_2\boldsymbol{\beta}_2 & \cdots & \boldsymbol{\alpha}_2\boldsymbol{\beta}_p\\ \vdots & \vdots & & \vdots\\ \boldsymbol{\alpha}_m\boldsymbol{\beta}_1 & \boldsymbol{\alpha}_m\boldsymbol{\beta}_2 & \cdots & \boldsymbol{\alpha}_m\boldsymbol{\beta}_p\end{pmatrix}, \tag{2.12}$$

而这里的(i,j)元素即为

$$\boldsymbol{\alpha}_i\boldsymbol{\beta}_j=(a_{i1} \quad a_{i2} \quad \cdots \quad a_{in})\begin{pmatrix}b_{1j}\\ b_{2j}\\ \vdots\\ b_{nj}\end{pmatrix}=\sum_{k=1}^{n}a_{ik}b_{kj}=c_{ij},$$

与式(2.11)结果一致.虽然 $\boldsymbol{\alpha}_i,\boldsymbol{\beta}_j$ 代表一行或一列,但在式(2.12)中将它们看成一个普通的“数”,按照普通矩阵的乘法,将式(2.12)看作一列乘一行.

特别地,按照这个法则,矩阵 $\boldsymbol{A}$ 与 $n\times1$ 矩阵 $\boldsymbol{\beta}_j$($\boldsymbol{B}$ 的第 j 列)的乘积可写为

$$\boldsymbol{A\beta}_j=\begin{pmatrix}\boldsymbol{\alpha}_1\\ \boldsymbol{\alpha}_2\\ \vdots\\ \boldsymbol{\alpha}_m\end{pmatrix}\boldsymbol{\beta}_j=\begin{pmatrix}\boldsymbol{\alpha}_1\boldsymbol{\beta}_j\\ \boldsymbol{\alpha}_2\boldsymbol{\beta}_j\\ \vdots\\ \boldsymbol{\alpha}_m\boldsymbol{\beta}_j\end{pmatrix}, \tag{2.13}$$

$\boldsymbol{A}$ 与每个 $\boldsymbol{\beta}_j(1\leqslant j\leqslant p)$ 的乘积 $\boldsymbol{A\beta}_j$ 就是 $\boldsymbol{AB}$ 的第 j 列.因此矩阵 $\boldsymbol{A}$ 与 $\boldsymbol{B}$ 的乘积又可表示为

$$\boldsymbol{AB}=\boldsymbol{A}(\boldsymbol{\beta}_1 \quad \boldsymbol{\beta}_2 \quad \cdots \quad \boldsymbol{\beta}_p)=(\boldsymbol{A\beta}_1 \quad \boldsymbol{A\beta}_2 \quad \cdots \quad \boldsymbol{A\beta}_p), \tag{2.14}$$

同理,$\boldsymbol{AB}$ 的第 i 行可表示为 $\boldsymbol{A}$ 的第 i 行 $\boldsymbol{\alpha}_i$ 与 $\boldsymbol{B}$ 的乘积

$$\boldsymbol{\alpha}_i\boldsymbol{B}=\boldsymbol{\alpha}_i(\boldsymbol{\beta}_1 \quad \boldsymbol{\beta}_2 \quad \cdots \quad \boldsymbol{\beta}_p)=(\boldsymbol{\alpha}_i\boldsymbol{\beta}_1 \quad \boldsymbol{\alpha}_i\boldsymbol{\beta}_2 \quad \cdots \quad \boldsymbol{\alpha}_i\boldsymbol{\beta}_p),$$

因此,矩阵 $\boldsymbol{A}$ 与 $\boldsymbol{B}$ 的乘积还可表示为

$$\boldsymbol{AB}=\begin{pmatrix}\boldsymbol{\alpha}_1\\ \boldsymbol{\alpha}_2\\ \vdots\\ \boldsymbol{\alpha}_m\end{pmatrix}\boldsymbol{B}=\begin{pmatrix}\boldsymbol{\alpha}_1\boldsymbol{B}\\ \boldsymbol{\alpha}_2\boldsymbol{B}\\ \vdots\\ \boldsymbol{\alpha}_m\boldsymbol{B}\end{pmatrix}, \tag{2.15}$$

由此看来,矩阵的乘法法则不仅适用于以数为元素组成的矩阵,还适

用于以“小矩阵”为元素组成的“大矩阵”.我们可以将任意矩阵 $\boldsymbol{A}$ 的某些相邻的行和相邻的列归并为一组,从而将矩阵分成若干小的矩形区域,每个矩形区域成为一个“小矩阵”,称为 $\boldsymbol{A}$ 的一个“**子块**”.将 $\boldsymbol{A}$ 看成以“块”为元素的矩阵,称为“**分块矩阵**”.如果分块恰当,以“**子块**”为元素的“**分块矩阵**”还能像普通矩阵那样进行加法、乘法等运算.下面给出分块矩阵的一般定义.

定义 2.19 用贯穿矩阵 $\boldsymbol{A}$ 的若干条横线和纵线将 $\boldsymbol{A}$ 分割成若干个小矩阵,称为矩阵的分块,每一个小矩阵称为矩阵 $\boldsymbol{A}$ 的**子块**(submatrix),以这些子块为元素的矩阵称为**分块矩阵**(partitioned matrices).

矩阵 $\boldsymbol{A}$ 的子块的标记方法与一般矩阵元素的标记方法类似.

例如

$$\boldsymbol{A}=\begin{pmatrix} a_{11} & a_{12} & a_{13} & a_{14} \\ a_{21} & a_{22} & a_{23} & a_{24} \\ a_{31} & a_{32} & a_{33} & a_{34} \end{pmatrix},$$

矩阵 $\boldsymbol{A}$ 有多种分块的方式,可根据需要采取不同的分法.下面列举四种分块形式:

$$(1)\left(\begin{array}{cc:cc} a_{11} & a_{12} & a_{13} & a_{14} \\ a_{21} & a_{22} & a_{23} & a_{24} \\ a_{31} & a_{32} & a_{33} & a_{34} \end{array}\right);\qquad (2)\left(\begin{array}{cc:cc} a_{11} & a_{12} & a_{13} & a_{14} \\ a_{21} & a_{22} & a_{23} & a_{24} \\ \hdashline a_{31} & a_{32} & a_{33} & a_{34} \end{array}\right);$$

$$(3)\left(\begin{array}{c:cc:c} a_{11} & a_{12} & a_{13} & a_{14} \\ a_{21} & a_{22} & a_{23} & a_{24} \\ \hdashline a_{31} & a_{32} & a_{33} & a_{34} \end{array}\right);\qquad (4)\left(\begin{array}{cccc} a_{11} & a_{12} & a_{13} & a_{14} \\ \hdashline a_{21} & a_{22} & a_{23} & a_{24} \\ \hdashline a_{31} & a_{32} & a_{33} & a_{34} \end{array}\right).$$

分法(1)把矩阵 $\boldsymbol{A}$ 分成了两块,记为

$$\boldsymbol{A}=(\boldsymbol{A}_1,\boldsymbol{A}_2), \tag{2.16}$$

其中

$$\boldsymbol{A}_1=\begin{pmatrix} a_{11} & a_{12} \\ a_{21} & a_{22} \\ a_{31} & a_{32} \end{pmatrix},\boldsymbol{A}_2=\begin{pmatrix} a_{13} & a_{14} \\ a_{23} & a_{24} \\ a_{33} & a_{34} \end{pmatrix},$$

这种方法我们在利用初等变换求逆矩阵时已经用过.分法(2)可记为

$$\boldsymbol{A}=\begin{pmatrix} \boldsymbol{A}_{11} & \boldsymbol{A}_{12} \\ \boldsymbol{A}_{21} & \boldsymbol{A}_{22} \end{pmatrix}, \tag{2.17}$$

其中

$$\boldsymbol{A}_{11}=\begin{pmatrix} a_{11} & a_{12} \\ a_{21} & a_{22} \end{pmatrix}, \qquad \boldsymbol{A}_{12}=\begin{pmatrix} a_{13} & a_{14} \\ a_{23} & a_{24} \end{pmatrix},$$

$$\boldsymbol{A}_{21}=(a_{31} \quad a_{32}), \qquad \boldsymbol{A}_{22}=(a_{33} \quad a_{34}),$$

分法(3)与(4)读者可自行写出.

仍沿用矩阵中的名称,称式(2.17)中的矩阵 $\boldsymbol{A}$ 为两行两列的分块矩阵,简称为 2×2 的分块矩阵.同一个矩阵可表示成不同的分块矩阵,将矩阵分块有时可简化运算,更便于看清矩阵间的关系.

如果把分块矩阵的每一个子块当成矩阵的一个元素,那么可以按矩阵的运算法则建立分块矩阵对应的运算法则.下面讨论分块矩阵的运算.

2.6.2 分块矩阵的运算

1. 分块矩阵的线性运算

分块矩阵的线性运算包括分块矩阵的加法与数乘两种运算.

(1) 分块矩阵的加法

设矩阵 $\boldsymbol{A}$ 与 $\boldsymbol{B}$ 为同型矩阵,采用相同的分块法,将 $\boldsymbol{A},\boldsymbol{B}$ 分块为

$$\boldsymbol{A}=\begin{pmatrix} \boldsymbol{A}_{11} & \cdots & \boldsymbol{A}_{1s} \\ \vdots & & \vdots \\ \boldsymbol{A}_{r1} & \cdots & \boldsymbol{A}_{rs} \end{pmatrix}, \quad \boldsymbol{B}=\begin{pmatrix} \boldsymbol{B}_{11} & \cdots & \boldsymbol{B}_{1s} \\ \vdots & & \vdots \\ \boldsymbol{B}_{r1} & \cdots & \boldsymbol{B}_{rs} \end{pmatrix},$$

其中 $\boldsymbol{A}_{ij}$ 与 $\boldsymbol{B}_{ij}(i=1,2,\cdots,r;\ j=1,2,\cdots,s)$ 都是同型矩阵,则

$$\boldsymbol{A}+\boldsymbol{B}=\begin{pmatrix} \boldsymbol{A}_{11}+\boldsymbol{B}_{11} & \cdots & \boldsymbol{A}_{1s}+\boldsymbol{B}_{1s} \\ \vdots & & \vdots \\ \boldsymbol{A}_{r1}+\boldsymbol{B}_{r1} & \cdots & \boldsymbol{A}_{rs}+\boldsymbol{B}_{rs} \end{pmatrix}.$$

这就是说分块矩阵作加法时,必须将同型矩阵按同样的分法分成数目相同的同型子块.分块矩阵相加就是对应的子块相加,而每对子块之间的加法,则按普通矩阵的加法进行计算.

例 2.6.1 设

$$\boldsymbol{A}=\begin{pmatrix} a & 1 & 0 & 0 \\ 0 & a & 0 & 0 \\ 0 & 0 & b & 1 \\ 0 & 0 & 1 & b \end{pmatrix}, \qquad \boldsymbol{B}=\begin{pmatrix} a & 0 & 0 & 0 \\ 1 & a & 0 & 0 \\ 0 & 0 & b & 0 \\ 0 & 0 & 1 & b \end{pmatrix},$$

将矩阵 $\boldsymbol{A},\boldsymbol{B}$ 适当分块,求 $\boldsymbol{A}+\boldsymbol{B}$.

解 根据矩阵 $\boldsymbol{A},\boldsymbol{B}$ 的结构,将其分块为

$$\boldsymbol{A}=\begin{pmatrix} a & 1 & 0 & 0 \\ 0 & a & 0 & 0 \\ 0 & 0 & b & 1 \\ 0 & 0 & 1 & b \end{pmatrix}=\begin{pmatrix} \boldsymbol{A}_1 & \boldsymbol{O} \\ \boldsymbol{O} & \boldsymbol{A}_2 \end{pmatrix},\boldsymbol{B}=\begin{pmatrix} a & 0 & 0 & 0 \\ 1 & a & 0 & 0 \\ 0 & 0 & b & 0 \\ 0 & 0 & 1 & b \end{pmatrix}=\begin{pmatrix} \boldsymbol{B}_1 & \boldsymbol{O} \\ \boldsymbol{O} & \boldsymbol{B}_2 \end{pmatrix},$$

其中

$$\boldsymbol{A}_1=\begin{pmatrix} a & 1 \\ 0 & a \end{pmatrix},\quad \boldsymbol{A}_2=\begin{pmatrix} b & 1 \\ 1 & b \end{pmatrix},\quad \boldsymbol{B}_1=\begin{pmatrix} a & 0 \\ 1 & a \end{pmatrix},\quad \boldsymbol{B}_2=\begin{pmatrix} b & 0 \\ 1 & b \end{pmatrix},$$

则

$$\boldsymbol{A}+\boldsymbol{B}=\begin{pmatrix} \boldsymbol{A}_1 & \boldsymbol{O} \\ \boldsymbol{O} & \boldsymbol{A}_2 \end{pmatrix}+\begin{pmatrix} \boldsymbol{B}_1 & \boldsymbol{O} \\ \boldsymbol{O} & \boldsymbol{B}_2 \end{pmatrix}=\begin{pmatrix} \boldsymbol{A}_1+\boldsymbol{B}_1 & \boldsymbol{O} \\ \boldsymbol{O} & \boldsymbol{A}_2+\boldsymbol{B}_2 \end{pmatrix},$$

其中

$$\boldsymbol{A}_1+\boldsymbol{B}_1=\begin{pmatrix} a & 1 \\ 0 & a \end{pmatrix}+\begin{pmatrix} a & 0 \\ 1 & a \end{pmatrix}=\begin{pmatrix} 2a & 1 \\ 1 & 2a \end{pmatrix},$$

$$\boldsymbol{A}_2+\boldsymbol{B}_2=\begin{pmatrix} b & 1 \\ 1 & b \end{pmatrix}+\begin{pmatrix} b & 0 \\ 1 & b \end{pmatrix}=\begin{pmatrix} 2b & 1 \\ 2 & 2b \end{pmatrix},$$

从而

$$\boldsymbol{A}+\boldsymbol{B}=\begin{pmatrix} 2a & 1 & 0 & 0 \\ 1 & 2a & 0 & 0 \\ 0 & 0 & 2b & 1 \\ 0 & 0 & 2 & 2b \end{pmatrix}.$$

(2) 分块矩阵的数乘

设 $\boldsymbol{A}=\begin{pmatrix} \boldsymbol{A}_{11} & \cdots & \boldsymbol{A}_{1s} \\ \vdots & & \vdots \\ \boldsymbol{A}_{r1} & \cdots & \boldsymbol{A}_{rs} \end{pmatrix}$，$k$ 为数，则 $k\boldsymbol{A}=\begin{pmatrix} k\boldsymbol{A}_{11} & \cdots & k\boldsymbol{A}_{1s} \\ \vdots & & \vdots \\ k\boldsymbol{A}_{r1} & \cdots & k\boldsymbol{A}_{rs} \end{pmatrix}$.

这就是说分块矩阵的数乘就是用数遍乘各子块，而数乘子块则按普通矩阵的数乘运算进行.

2. 分块矩阵的乘法

思考：设 $\boldsymbol{A}$ 为 $m\times n$ 矩阵，$\boldsymbol{B}$ 为 $n\times p$ 矩阵，将矩阵 $\boldsymbol{A}$、$\boldsymbol{B}$ 怎样分块才能使 $\boldsymbol{A}$ 与 $\boldsymbol{B}$ 分块后能够像普通矩阵那样相乘？

在式(2.12)中，矩阵 $\boldsymbol{A}$、$\boldsymbol{B}$ 分块后分别为 $m\times 1$、$1\times p$ 矩阵，分块后 $\boldsymbol{A}$ 的列数与 $\boldsymbol{B}$ 的行数相等，因此表面上 $\boldsymbol{A}$ 与 $\boldsymbol{B}$ 能够相乘；再考察 $\boldsymbol{A}$、$\boldsymbol{B}$ 的子块 $\boldsymbol{\alpha}_i$，$\boldsymbol{\beta}_j$，由于子块 $\boldsymbol{\alpha}_i$，$\boldsymbol{\beta}_j$ 为矩阵，因此 $\boldsymbol{A}$、$\boldsymbol{B}$ 能够相乘还要保证其相应的子块 $\boldsymbol{\alpha}_i$ 与 $\boldsymbol{\beta}_j$ 能够相乘，即 $\boldsymbol{\alpha}_i$ 所含列数应与 $\boldsymbol{\beta}_j$ 所含行数相等，才能使 $\boldsymbol{\alpha}_i\boldsymbol{\beta}_j$

有意义.

一般情况下,将 $\boldsymbol{A},\boldsymbol{B}$ 分块,使 $\boldsymbol{A}$ 的列分块与 $\boldsymbol{B}$ 的行分块一致,即

$$\boldsymbol{A}=\begin{pmatrix}\boldsymbol{A}_{11} & \boldsymbol{A}_{12} & \cdots & \boldsymbol{A}_{1s}\\ \boldsymbol{A}_{21} & \boldsymbol{A}_{22} & \cdots & \boldsymbol{A}_{2s}\\ \vdots & \vdots & & \vdots\\ \boldsymbol{A}_{r1} & \boldsymbol{A}_{r2} & \cdots & \boldsymbol{A}_{rs}\end{pmatrix}_{r\times s},\boldsymbol{B}=\begin{pmatrix}\boldsymbol{B}_{11} & \boldsymbol{B}_{12} & \cdots & \boldsymbol{B}_{1t}\\ \boldsymbol{B}_{21} & \boldsymbol{B}_{22} & \cdots & \boldsymbol{B}_{2t}\\ \vdots & \vdots & & \vdots\\ \boldsymbol{B}_{s1} & \boldsymbol{B}_{s2} & \cdots & \boldsymbol{B}_{st}\end{pmatrix}_{s\times t}$$

其中,$\boldsymbol{A}_{i1},\boldsymbol{A}_{i2},\cdots,\boldsymbol{A}_{is}$ 所含的列数分别与 $\boldsymbol{B}_{1j},\boldsymbol{B}_{2j},\cdots,\boldsymbol{B}_{sj}$ 所含的行数相等,令

$$\boldsymbol{AB}=\begin{pmatrix}\boldsymbol{C}_{11} & \boldsymbol{C}_{12} & \cdots & \boldsymbol{C}_{1t}\\ \boldsymbol{C}_{21} & \boldsymbol{C}_{22} & \cdots & \boldsymbol{C}_{2t}\\ \vdots & \vdots & & \vdots\\ \boldsymbol{C}_{r1} & \boldsymbol{C}_{r2} & \cdots & \boldsymbol{C}_{rt}\end{pmatrix},$$

其中,$\boldsymbol{C}_{ij}=\boldsymbol{A}_{i1}\boldsymbol{B}_{1j}+\boldsymbol{A}_{i2}\boldsymbol{B}_{2j}+\cdots+\boldsymbol{A}_{is}\boldsymbol{B}_{sj}(i=1,2,\cdots,r;j=1,2,\cdots,t)$.

注:要使分块乘法能够进行,分块需使 $\boldsymbol{A}$ 的列分块与 $\boldsymbol{B}$ 的行分块一致,即

(1) 分块后 $\boldsymbol{A}$ 的列数(也称列组数)与 $\boldsymbol{B}$ 的行数(也称行组数)相等,以保证两个矩阵可乘;

(2) $\boldsymbol{A}$ 的每一列所包含的列数与 $\boldsymbol{B}$ 的相应行所含的行数相等,以保证相应的子块可乘。

例如,设 $\boldsymbol{A}$ 为 $m\times n$ 矩阵,$\boldsymbol{B}$ 为 $n\times p$ 矩阵,$\boldsymbol{AB}=\boldsymbol{C}$.可将 $\boldsymbol{A},\boldsymbol{B}$ 进行如下分块:

$$\boldsymbol{A}=\begin{pmatrix}\boldsymbol{A}_{11} & \boldsymbol{A}_{12} & \cdots & \boldsymbol{A}_{1s}\\ \boldsymbol{A}_{21} & \boldsymbol{A}_{22} & \cdots & \boldsymbol{A}_{2s}\\ \vdots & \vdots & & \vdots\\ \boldsymbol{A}_{r1} & \boldsymbol{A}_{r2} & \cdots & \boldsymbol{A}_{rs}\end{pmatrix}\begin{matrix}m_1\text{行}\\ m_2\text{行}\\ \vdots\\ m_r\text{行}\end{matrix},\boldsymbol{B}=\begin{pmatrix}\boldsymbol{B}_{11} & \boldsymbol{B}_{12} & \cdots & \boldsymbol{B}_{1t}\\ \boldsymbol{B}_{21} & \boldsymbol{B}_{22} & \cdots & \boldsymbol{B}_{2t}\\ \vdots & \vdots & & \vdots\\ \boldsymbol{B}_{s1} & \boldsymbol{B}_{s2} & \cdots & \boldsymbol{B}_{st}\end{pmatrix}\begin{matrix}p_1\text{行}\\ p_2\text{行}\\ \vdots\\ p_s\text{行}\end{matrix}$$

$$\begin{matrix}p_1\text{列} & p_2\text{列} & \cdots & p_s\text{列}\end{matrix}\qquad\qquad\begin{matrix}n_1\text{列} & n_2\text{列} & \cdots & n_t\text{列}\end{matrix}$$

对 $\boldsymbol{A}$ 来说,$p_1,p_2,\cdots,p_s$ 分别为 $\boldsymbol{A}$ 的第1列组、第2列组、……第 s 列组所含的列数,且 $p_1+p_2+\cdots+p_s=n$;$m_1,m_2,\cdots,m_r$ 分别为 $\boldsymbol{A}$ 的第1行组、第2行组、……第 r 行组所含的行数,且 $m_1+m_2+\cdots+m_r=m$.对 $\boldsymbol{B}$ 来说,$p_1,p_2,\cdots,p_s$ 分别为 $\boldsymbol{B}$ 的第1行组、第2行组、……第 s 行组所含的行数;$n_1,n_2,\cdots,n_t$ 分别为 $\boldsymbol{B}$ 的第1列组、第2列组、……第 t 列组所含的列数,且 $n_1+n_2+\cdots+n_t=p$.

总之,左矩阵 $\boldsymbol{A}$ 的列的分法与右矩阵 $\boldsymbol{B}$ 的行的分法要一致.两个分块矩阵相乘,就是以子块为元素按矩阵的乘法规则相乘.此时其相应的子

块是可乘的，并按普通矩阵的乘法规则相乘. 还要注意 $A_{ik}B_{kj}$ 是矩阵相乘，**一般不能交换次序.**

例 2.6.2 设

$$A=\begin{pmatrix}1&0&0&0&0\\0&1&0&0&0\\1&3&0&0&1\\2&1&0&1&0\\4&2&1&0&0\end{pmatrix},B=\begin{pmatrix}1&1&1&0\\2&2&0&1\\3&3&0&0\\4&4&0&0\\5&5&0&0\end{pmatrix},$$

求 AB.

解 把 A 与 B 分块成

$$A=\left(\begin{array}{cc:ccc}1&0&0&0&0\\0&1&0&0&0\\\hdashline 1&3&0&0&1\\2&1&0&1&0\\4&2&1&0&0\end{array}\right)=\begin{pmatrix}E_2&O\\A_{21}&A_{22}\end{pmatrix},\quad B=\left(\begin{array}{cc:cc}1&1&1&0\\2&2&0&1\\\hdashline 3&3&0&0\\4&4&0&0\\5&5&0&0\end{array}\right)=\begin{pmatrix}B_{11}&E_2\\B_{21}&O\end{pmatrix},$$

于是

$$AB=\begin{pmatrix}E_2&O\\A_{21}&A_{22}\end{pmatrix}\begin{pmatrix}B_{11}&E_2\\B_{21}&O\end{pmatrix}=\begin{pmatrix}B_{11}&E_2\\A_{21}B_{11}+A_{22}B_{21}&A_{21}\end{pmatrix},$$

又

$$A_{21}B_{11}+A_{22}B_{21}=\begin{pmatrix}7&7\\4&4\\8&8\end{pmatrix}+\begin{pmatrix}5&5\\4&4\\3&3\end{pmatrix}=\begin{pmatrix}12&12\\8&8\\11&11\end{pmatrix},$$

所以

$$AB=\begin{pmatrix}1&1&1&0\\2&2&0&1\\12&12&1&3\\8&8&2&1\\11&11&4&2\end{pmatrix}.$$

这与按普通矩阵乘法的结果是一致的.

3. 分块矩阵的转置

设

$$\boldsymbol{A}=\begin{pmatrix}\boldsymbol{A}_{11} & \boldsymbol{A}_{12} & \cdots & \boldsymbol{A}_{1r}\\ \boldsymbol{A}_{21} & \boldsymbol{A}_{22} & \cdots & \boldsymbol{A}_{2r}\\ \vdots & \vdots & & \vdots\\ \boldsymbol{A}_{s1} & \boldsymbol{A}_{s2} & \cdots & \boldsymbol{A}_{sr}\end{pmatrix},$$

则

$$\boldsymbol{A}^{\mathrm{T}}=\begin{pmatrix}\boldsymbol{A}_{11}^{\mathrm{T}} & \boldsymbol{A}_{21}^{\mathrm{T}} & \cdots & \boldsymbol{A}_{s1}^{\mathrm{T}}\\ \boldsymbol{A}_{12}^{\mathrm{T}} & \boldsymbol{A}_{22}^{\mathrm{T}} & \cdots & \boldsymbol{A}_{s2}^{\mathrm{T}}\\ \vdots & \vdots & & \vdots\\ \boldsymbol{A}_{1r}^{\mathrm{T}} & \boldsymbol{A}_{2r}^{\mathrm{T}} & \cdots & \boldsymbol{A}_{sr}^{\mathrm{T}}\end{pmatrix}.$$

这就是说,分块矩阵 $\boldsymbol{A}$ 的转置,不仅要把分块矩阵 $\boldsymbol{A}$ 的每一“行”变为同序号的“列”,还要把 $\boldsymbol{A}$ 的每个子块 $\boldsymbol{A}_{ij}$取转置.

例 2.6.3　将 $m\times n$ 矩阵 $\boldsymbol{A}$ 作列分块

$$\boldsymbol{A}=(\boldsymbol{\alpha}_1,\boldsymbol{\alpha}_2,\cdots,\boldsymbol{\alpha}_n),$$

求 $\boldsymbol{AA}^{\mathrm{T}},\boldsymbol{A}^{\mathrm{T}}\boldsymbol{A}$.

解　$$\boldsymbol{AA}^{\mathrm{T}}=(\boldsymbol{\alpha}_1,\boldsymbol{\alpha}_2,\cdots,\boldsymbol{\alpha}_n)\begin{pmatrix}\boldsymbol{\alpha}_1^{\mathrm{T}}\\ \boldsymbol{\alpha}_2^{\mathrm{T}}\\ \vdots\\ \boldsymbol{\alpha}_n^{\mathrm{T}}\end{pmatrix}=\boldsymbol{\alpha}_1\boldsymbol{\alpha}_1^{\mathrm{T}}+\boldsymbol{\alpha}_2\boldsymbol{\alpha}_2^{\mathrm{T}}+\cdots+\boldsymbol{\alpha}_n\boldsymbol{\alpha}_n^{\mathrm{T}},$$

$$\boldsymbol{A}^{\mathrm{T}}\boldsymbol{A}=\begin{pmatrix}\boldsymbol{\alpha}_1^{\mathrm{T}}\\ \boldsymbol{\alpha}_2^{\mathrm{T}}\\ \vdots\\ \boldsymbol{\alpha}_n^{\mathrm{T}}\end{pmatrix}(\boldsymbol{\alpha}_1,\boldsymbol{\alpha}_2,\cdots,\boldsymbol{\alpha}_n)=\begin{pmatrix}\boldsymbol{\alpha}_1^{\mathrm{T}}\boldsymbol{\alpha}_1 & \boldsymbol{\alpha}_1^{\mathrm{T}}\boldsymbol{\alpha}_2 & \cdots & \boldsymbol{\alpha}_1^{\mathrm{T}}\boldsymbol{\alpha}_n\\ \boldsymbol{\alpha}_2^{\mathrm{T}}\boldsymbol{\alpha}_1 & \boldsymbol{\alpha}_2^{\mathrm{T}}\boldsymbol{\alpha}_2 & \cdots & \boldsymbol{\alpha}_2^{\mathrm{T}}\boldsymbol{\alpha}_n\\ \vdots & \vdots & & \vdots\\ \boldsymbol{\alpha}_n^{\mathrm{T}}\boldsymbol{\alpha}_1 & \boldsymbol{\alpha}_n^{\mathrm{T}}\boldsymbol{\alpha}_2 & \cdots & \boldsymbol{\alpha}_n^{\mathrm{T}}\boldsymbol{\alpha}_n\end{pmatrix}.$$

4. 分块矩阵的逆矩阵

将 n 阶方阵 $\boldsymbol{A}$ 分块,

$$\boldsymbol{A}=\begin{pmatrix}b_{11} & \cdots & b_{1r} & 0 & \cdots & 0\\ \vdots & & \vdots & \vdots & & \vdots\\ b_{r1} & \cdots & b_{rr} & 0 & \cdots & 0\\ c_{11} & \cdots & c_{1r} & d_{11} & \cdots & d_{1s}\\ \vdots & & \vdots & \vdots & & \vdots\\ c_{s1} & \cdots & c_{sr} & d_{s1} & \cdots & d_{ss}\end{pmatrix}\xlongequal{\text{记作}}\begin{pmatrix}\boldsymbol{B} & \boldsymbol{O}\\ \boldsymbol{C} & \boldsymbol{D}\end{pmatrix},$$

其中

$$\boldsymbol{B}=\begin{pmatrix} b_{11} & \cdots & b_{1r} \\ \vdots & & \vdots \\ b_{r1} & \cdots & b_{rr} \end{pmatrix},\quad \boldsymbol{C}=\begin{pmatrix} c_{11} & \cdots & c_{1r} \\ \vdots & & \vdots \\ c_{s1} & \cdots & c_{sr} \end{pmatrix},\quad \boldsymbol{D}=\begin{pmatrix} d_{11} & \cdots & d_{1s} \\ \vdots & & \vdots \\ d_{s1} & \cdots & d_{ss} \end{pmatrix},$$

称$\begin{pmatrix} \boldsymbol{B} & \boldsymbol{O} \\ \boldsymbol{C} & \boldsymbol{D} \end{pmatrix}$为分块下三角形矩阵.类似地有分块上三角形矩阵$\begin{pmatrix} \boldsymbol{B} & \boldsymbol{C} \\ \boldsymbol{O} & \boldsymbol{D} \end{pmatrix}$,此时的子矩阵 $\boldsymbol{C}$ 应为 $r\times s$ 的矩阵.分块上三角形矩阵与分块下三角形矩阵,统称为分块三角形矩阵.

若 $\boldsymbol{B},\boldsymbol{D}$ 可逆,则分块三角形矩阵$\begin{pmatrix} \boldsymbol{B} & \boldsymbol{O} \\ \boldsymbol{C} & \boldsymbol{D} \end{pmatrix}$及$\begin{pmatrix} \boldsymbol{B} & \boldsymbol{C} \\ \boldsymbol{O} & \boldsymbol{D} \end{pmatrix}$可逆,且

$$\begin{pmatrix} \boldsymbol{B} & \boldsymbol{O} \\ \boldsymbol{C} & \boldsymbol{D} \end{pmatrix}^{-1}=\begin{pmatrix} \boldsymbol{B}^{-1} & \boldsymbol{O} \\ -\boldsymbol{D}^{-1}\boldsymbol{C}\boldsymbol{B}^{-1} & \boldsymbol{D}^{-1} \end{pmatrix},$$

$$\begin{pmatrix} \boldsymbol{B} & \boldsymbol{C} \\ \boldsymbol{O} & \boldsymbol{D} \end{pmatrix}^{-1}=\begin{pmatrix} \boldsymbol{B}^{-1} & -\boldsymbol{B}^{-1}\boldsymbol{C}\boldsymbol{D}^{-1} \\ \boldsymbol{O} & \boldsymbol{D}^{-1} \end{pmatrix},$$

特别地,有

$$\begin{pmatrix} \boldsymbol{B} & \boldsymbol{O} \\ \boldsymbol{O} & \boldsymbol{D} \end{pmatrix}=\begin{pmatrix} \boldsymbol{B}^{-1} & \boldsymbol{O} \\ \boldsymbol{O} & \boldsymbol{D}^{-1} \end{pmatrix}.$$

事实上,设 $\boldsymbol{A}=\begin{pmatrix} \boldsymbol{B} & \boldsymbol{O} \\ \boldsymbol{C} & \boldsymbol{D} \end{pmatrix}$,因为 $\boldsymbol{B},\boldsymbol{D}$ 可逆,则 $|\boldsymbol{A}|=|\boldsymbol{B}||\boldsymbol{D}|\neq 0$,所以 $\boldsymbol{A}$ 可逆.下边用待定系数法求 $\boldsymbol{A}$ 的逆矩阵.

设

$$\boldsymbol{A}^{-1}=\begin{pmatrix} \boldsymbol{X}_{11} & \boldsymbol{X}_{12} \\ \boldsymbol{X}_{21} & \boldsymbol{X}_{22} \end{pmatrix},$$

则

$$\begin{pmatrix} \boldsymbol{B} & \boldsymbol{O} \\ \boldsymbol{C} & \boldsymbol{D} \end{pmatrix}\begin{pmatrix} \boldsymbol{X}_{11} & \boldsymbol{X}_{12} \\ \boldsymbol{X}_{21} & \boldsymbol{X}_{22} \end{pmatrix}=\begin{pmatrix} \boldsymbol{E}_{r\times r} & \boldsymbol{O}_{r\times s} \\ \boldsymbol{O}_{s\times r} & \boldsymbol{E}_{s\times s} \end{pmatrix},$$

等号两边矩阵相等,其对应子块相等,

$$\begin{cases} \boldsymbol{B}\boldsymbol{X}_{11}=\boldsymbol{E}_{r\times r}, \\ \boldsymbol{B}\boldsymbol{X}_{12}=\boldsymbol{O}_{r\times s}, \\ \boldsymbol{C}\boldsymbol{X}_{11}+\boldsymbol{D}\boldsymbol{X}_{21}=\boldsymbol{O}_{s\times r}, \\ \boldsymbol{C}\boldsymbol{X}_{12}+\boldsymbol{D}\boldsymbol{X}_{22}=\boldsymbol{E}_{s\times s}, \end{cases}\Rightarrow\begin{cases} \boldsymbol{X}_{11}=\boldsymbol{B}^{-1}, \\ \boldsymbol{X}_{12}=\boldsymbol{O}_{r\times s}, \\ \boldsymbol{X}_{21}=-\boldsymbol{D}^{-1}\boldsymbol{C}\boldsymbol{B}^{-1}, \\ \boldsymbol{X}_{22}=\boldsymbol{D}^{-1}, \end{cases}$$

所以

$$\boldsymbol{A}^{-1}=\begin{pmatrix} \boldsymbol{B}^{-1} & \boldsymbol{O} \\ -\boldsymbol{D}^{-1}\boldsymbol{C}\boldsymbol{B}^{-1} & \boldsymbol{D}^{-1} \end{pmatrix},$$

同理可证另一等式.

例 2.6.4　求 $\boldsymbol{A}$ 的逆矩阵 $\boldsymbol{A}^{-1}$,其中

$$\boldsymbol{A}=\begin{pmatrix}4&1&0&0\\3&1&0&0\\-1&2&1&0\\1&1&0&1\end{pmatrix}.$$

解　将 $\boldsymbol{A}$ 分块为

$$\boldsymbol{A}=\left(\begin{array}{cc:cc}4&1&0&0\\3&1&0&0\\\hdashline -1&2&1&0\\1&1&0&1\end{array}\right),$$

令 $\boldsymbol{A}=\begin{pmatrix}\boldsymbol{B}&\boldsymbol{O}\\\boldsymbol{C}&\boldsymbol{D}\end{pmatrix}$,其中 $\boldsymbol{B}=\begin{pmatrix}4&1\\3&1\end{pmatrix}$, $\boldsymbol{C}=\begin{pmatrix}-1&2\\1&1\end{pmatrix}$, $\boldsymbol{D}=\begin{pmatrix}1&0\\0&1\end{pmatrix}$,则

$$\boldsymbol{A}^{-1}=\begin{pmatrix}\boldsymbol{B}^{-1}&\boldsymbol{O}\\-\boldsymbol{D}^{-1}\boldsymbol{C}\boldsymbol{B}^{-1}&\boldsymbol{D}^{-1}\end{pmatrix},$$

又

$$\boldsymbol{B}^{-1}=\begin{pmatrix}1&-1\\-3&4\end{pmatrix},\quad \boldsymbol{D}^{-1}=\begin{pmatrix}1&0\\0&1\end{pmatrix},$$

$$-\boldsymbol{D}^{-1}\boldsymbol{C}\boldsymbol{B}^{-1}=-\begin{pmatrix}1&0\\0&1\end{pmatrix}\begin{pmatrix}-1&2\\1&1\end{pmatrix}\begin{pmatrix}1&-1\\-3&4\end{pmatrix}=\begin{pmatrix}7&-9\\2&-3\end{pmatrix},$$

所以

$$\boldsymbol{A}^{-1}=\begin{pmatrix}1&-1&0&0\\-3&4&0&0\\7&-9&1&0\\2&-3&0&1\end{pmatrix}.$$

5. 分块对角矩阵

定义 2.20　形如 $\boldsymbol{A}=\begin{pmatrix}\boldsymbol{A}_1&\boldsymbol{O}&\cdots&\boldsymbol{O}\\\boldsymbol{O}&\boldsymbol{A}_2&\cdots&\boldsymbol{O}\\\vdots&\vdots&&\vdots\\\boldsymbol{O}&\boldsymbol{O}&\cdots&\boldsymbol{A}_r\end{pmatrix}$ 的分块矩阵称为**分块对角矩阵**(block diagonal matrix),$\boldsymbol{A}_i$ 为 $n_i(i=1,2,\cdots,r)$ 阶方阵($n_1+n_2+\cdots+n_r=n$为 $\boldsymbol{A}$ 的阶数).

设 $\boldsymbol{A},\boldsymbol{B}$ 为同型的 n 阶分块对角矩阵(子块 $\boldsymbol{A}_i,\boldsymbol{B}_i$ 为同阶方阵),即

$$A=\begin{pmatrix}A_1&&&\\&A_2&&\\&&\ddots&\\&&&A_r\end{pmatrix},B=\begin{pmatrix}B_1&&&\\&B_2&&\\&&\ddots&\\&&&B_r\end{pmatrix},$$

则有

$$A+B=\begin{pmatrix}A_1+B_1&&&\\&A_2+B_2&&\\&&\ddots&\\&&&A_r+B_r\end{pmatrix};kA=\begin{pmatrix}kA_1&&&\\&kA_2&&\\&&\ddots&\\&&&kA_r\end{pmatrix};$$

$$AB=\begin{pmatrix}A_1B_1&&&\\&A_2B_2&&\\&&\ddots&\\&&&A_rB_r\end{pmatrix};A^{\mathrm{T}}=\begin{pmatrix}A_1^{\mathrm{T}}&&&\\&A_2^{\mathrm{T}}&&\\&&\ddots&\\&&&A_r^{\mathrm{T}}\end{pmatrix}.$$

分块对角矩阵的行列式具有下述性质：

$$|A|=|A_1||A_2|\cdots|A_r|,$$

由此性质可知，若每一个 $A_i(i=1,2,\cdots,r)$ 可逆，则 A 也可逆，且

$$A^{-1}=\begin{pmatrix}A_1^{-1}&O&\cdots&O\\O&A_2^{-1}&\cdots&O\\\vdots&\vdots&&\vdots\\O&O&\cdots&A_r^{-1}\end{pmatrix},$$

但应注意，对 n 阶分块矩阵 $A=\begin{pmatrix}O&A_1\\A_2&O\end{pmatrix}$，当 A_1,A_2 可逆时，有

$$A^{-1}=\begin{pmatrix}O&A_2^{-1}\\A_1^{-1}&O\end{pmatrix}.$$

例 2.6.5 设

$$A=\begin{pmatrix}4&0&0&0\\0&0&0&1\\0&0&2&0\\0&1&0&0\end{pmatrix},$$

求 A^{-1}.

解 $\boldsymbol{A}=\left(\begin{array}{c:ccc}4 & 0 & 0 & 0\\ \hdashline 0 & 0 & 0 & 1\\ 0 & 0 & 2 & 0\\ 0 & 1 & 0 & 0\end{array}\right)=\begin{pmatrix}\boldsymbol{A}_{11} & \boldsymbol{O}\\ \boldsymbol{O} & \boldsymbol{A}_{22}\end{pmatrix}$；　$\boldsymbol{A}_{11}=(4)$，$\boldsymbol{A}_{11}^{-1}=\left(\dfrac{1}{4}\right)$，

$$\boldsymbol{A}_{22}=\begin{pmatrix}0 & 0 & 1\\ 0 & 2 & 0\\ 1 & 0 & 0\end{pmatrix},\ \boldsymbol{A}_{22}^{-1}=\begin{pmatrix}0 & 0 & 1\\ 0 & \dfrac{1}{2} & 0\\ 1 & 0 & 0\end{pmatrix},$$

所以

$$\boldsymbol{A}^{-1}=\begin{pmatrix}\dfrac{1}{4} & 0 & 0 & 0\\ 0 & 0 & 0 & 1\\ 0 & 0 & \dfrac{1}{2} & 0\\ 0 & 1 & 0 & 0\end{pmatrix}.$$

习题 2-6

1. 单项选择题

（1）下列各式正确的是（　　）.

A. $k\begin{pmatrix}\boldsymbol{A}_{11} & \boldsymbol{A}_{12}\\ \boldsymbol{A}_{21} & \boldsymbol{A}_{22}\end{pmatrix}=\begin{pmatrix}k\boldsymbol{A}_{11} & k\boldsymbol{A}_{12}\\ \boldsymbol{A}_{21} & \boldsymbol{A}_{22}\end{pmatrix}$

B. $\begin{pmatrix}\boldsymbol{A}_{11} & \boldsymbol{A}_{12}\\ \boldsymbol{A}_{21} & \boldsymbol{A}_{22}\end{pmatrix}^{\mathrm{T}}=\begin{pmatrix}\boldsymbol{A}_{11} & \boldsymbol{A}_{21}\\ \boldsymbol{A}_{12} & \boldsymbol{A}_{22}\end{pmatrix}$

C. $\begin{pmatrix}\boldsymbol{A}_{11} & \boldsymbol{A}_{12}\\ \boldsymbol{A}_{21} & \boldsymbol{A}_{22}\end{pmatrix}^{\mathrm{T}}=\begin{pmatrix}\boldsymbol{A}_{11}^{\mathrm{T}} & \boldsymbol{A}_{21}^{\mathrm{T}}\\ \boldsymbol{A}_{12}^{\mathrm{T}} & \boldsymbol{A}_{22}^{\mathrm{T}}\end{pmatrix}$

D. $k\begin{pmatrix}\boldsymbol{A}_{11} & \boldsymbol{A}_{12}\\ \boldsymbol{A}_{21} & \boldsymbol{A}_{22}\end{pmatrix}=\begin{pmatrix}k\boldsymbol{A}_{11} & \boldsymbol{A}_{12}\\ k\boldsymbol{A}_{21} & \boldsymbol{A}_{22}\end{pmatrix}$

（2）设矩阵 $\boldsymbol{A}=\begin{pmatrix}2 & 0 & 0\\ 0 & -1 & -1\\ 0 & 1 & 2\end{pmatrix}$，则 $\boldsymbol{A}^{-1}=$（　　）.

A. $\begin{pmatrix} \frac{1}{2} & 0 & 0 \\ 0 & -2 & -1 \\ 0 & 1 & 1 \end{pmatrix}$　　B. $\begin{pmatrix} \frac{1}{2} & 0 & 0 \\ 0 & 2 & 1 \\ 0 & -1 & -1 \end{pmatrix}$

C. $\begin{pmatrix} 2 & 1 & 0 \\ -1 & -1 & 0 \\ 0 & 0 & \frac{1}{2} \end{pmatrix}$　　D. $\begin{pmatrix} -2 & -1 & 0 \\ 1 & 1 & 0 \\ 0 & 0 & \frac{1}{2} \end{pmatrix}$

(3) 设 $\boldsymbol{A},\boldsymbol{B}$ 均为 n 阶可逆矩阵,则 $\left|-2\begin{pmatrix} \boldsymbol{A}^{\mathrm{T}} & \boldsymbol{O} \\ \boldsymbol{O} & \boldsymbol{B}^{-1} \end{pmatrix}\right| = ($　　$)$.

A. $(-2)^n|\boldsymbol{A}||\boldsymbol{B}|^{-1}$　　B. $-2|\boldsymbol{A}||\boldsymbol{B}|$

C. $(-2)^{2n}|\boldsymbol{A}||\boldsymbol{B}|$　　D. $(-2)^{2n}|\boldsymbol{A}||\boldsymbol{B}|^{-1}$

(4) 设 $\boldsymbol{A}=\begin{pmatrix} \boldsymbol{O} & \boldsymbol{B} \\ \boldsymbol{D} & \boldsymbol{O} \end{pmatrix}$,$\boldsymbol{B},\boldsymbol{D}$ 均为可逆矩阵,则 $\boldsymbol{A}^{-1}=($　　$)$.

A. $\begin{pmatrix} \boldsymbol{B}^{-1} & \boldsymbol{O} \\ \boldsymbol{O} & \boldsymbol{D}^{-1} \end{pmatrix}$　　B. $\begin{pmatrix} \boldsymbol{D}^{-1} & \boldsymbol{O} \\ \boldsymbol{O} & \boldsymbol{B}^{-1} \end{pmatrix}$

C. $\begin{pmatrix} \boldsymbol{O} & \boldsymbol{D}^{-1} \\ \boldsymbol{B}^{-1} & \boldsymbol{O} \end{pmatrix}$　　D. $\begin{pmatrix} \boldsymbol{O} & \boldsymbol{B}^{-1} \\ \boldsymbol{D}^{-1} & \boldsymbol{O} \end{pmatrix}$

2. 填空题

(1) 设 $\boldsymbol{A}$ 为 n 阶可逆矩阵,$\boldsymbol{B}$ 为 m 阶可逆矩阵,$\boldsymbol{C}=\begin{pmatrix} \boldsymbol{A} & \boldsymbol{O} \\ \boldsymbol{O} & \boldsymbol{B} \end{pmatrix}$,则 $|\boldsymbol{C}|=$________,$R(\boldsymbol{C})=$________.

(2) 设 $\boldsymbol{A}=\begin{pmatrix} \boldsymbol{B} & \boldsymbol{C} \\ \boldsymbol{D} & \boldsymbol{O} \end{pmatrix}$,$\boldsymbol{B},\boldsymbol{D}$ 均为可逆矩阵,则 $\boldsymbol{A}^{-1}=$________.

(3) 设 $\boldsymbol{A}=\begin{pmatrix} 0 & 0 & 1 & 0 & 0 \\ 0 & 2 & 0 & 0 & 0 \\ 3 & 0 & 0 & 0 & 0 \\ 0 & 0 & 0 & 4 & 1 \\ 0 & 0 & 0 & 6 & 2 \end{pmatrix}$,则 $\boldsymbol{A}^{-1}=$________.

(4) 设 $\boldsymbol{A}=\begin{pmatrix} 0 & 0 & 5 & 2 \\ 0 & 0 & 2 & 1 \\ 8 & 3 & 0 & 0 \\ 5 & 2 & 0 & 0 \end{pmatrix}$,则 $\boldsymbol{A}^{-1}=$________.

3. 用分块矩阵法求下列矩阵的乘积:

(1) $\begin{pmatrix} 1 & 2 & -1 & 0 \\ -1 & 0 & 1 & 0 \\ 0 & 0 & 0 & 1 \end{pmatrix}\begin{pmatrix} 2 & -1 & 0 \\ 1 & 1 & 0 \\ 3 & 2 & 0 \\ 0 & 0 & 2 \end{pmatrix}$;

(2) $\begin{pmatrix} -1 & 2 & 0 & 0 \\ 3 & 1 & 0 & 0 \\ 0 & 0 & 1 & 2 \\ 0 & 0 & -2 & 1 \end{pmatrix}\begin{pmatrix} 1 & 3 & 0 & 0 \\ 4 & -1 & 0 & 0 \\ 0 & 0 & 2 & 1 \\ 0 & 0 & 3 & 4 \end{pmatrix}$.

4. 用分块矩阵法求下列方阵的幂:

(1) $\begin{pmatrix} 1 & 0 & 0 & 0 \\ 0 & 1 & 0 & 0 \\ 0 & 0 & 0 & 1 \\ 0 & 0 & 1 & 0 \end{pmatrix}^3$;(2) $\begin{pmatrix} 0 & 1 & 0 & 0 \\ 1 & 0 & 0 & 0 \\ 0 & 0 & 1 & 2 \\ 0 & 0 & 0 & 1 \end{pmatrix}^{2n}$ (n 为正整数).

5. 用分块矩阵法求下列矩阵的逆矩阵:

(1) $\begin{pmatrix} 1 & 0 & 0 & 0 \\ 1 & 2 & 0 & 0 \\ 2 & 1 & 3 & 0 \\ 1 & 2 & 1 & 4 \end{pmatrix}$;(2) $\begin{pmatrix} 2 & 7 & 2 & -3 \\ 2 & 5 & 1 & -2 \\ 5 & 7 & 0 & 0 \\ 3 & 4 & 0 & 0 \end{pmatrix}$.

习题答案与
提示 2-6

本章基本要求

1. 理解矩阵的概念,了解单位矩阵、数量矩阵、对角矩阵、三角形矩阵、对称矩阵和反称矩阵以及它们的性质.

2. 掌握矩阵的线性运算、乘法、转置以及它们的运算规律,了解方阵的幂、方阵乘积的行列式的性质.

3. 理解逆矩阵的概念,掌握逆矩阵的性质以及矩阵可逆的充分必要条件,理解伴随矩阵的概念,会用伴随矩阵求逆.

4. 理解矩阵初等变换的概念,了解初等矩阵的性质和矩阵等价的概念.

5. 理解矩阵秩的概念,掌握用初等变换求矩阵的秩和逆矩阵的方法.

6. 了解分块矩阵及其运算.

历史探寻:矩阵

矩阵是数学中一个重要的概念,其发展历史可以追溯到古代,例如,我国现存最古老的数学书《九章算术》中,方程章的第一个问题是:“今有上禾三秉,中禾二秉,下禾一秉,实三十九斗;上禾二秉,中禾三秉,下禾一秉,实三十四斗;上禾一秉,中禾二秉,下禾三秉,实二十六斗.问上、中、下禾实一秉各几何?”为了使用加减消去法解方程组,古人把系数排成长方形的数表:

	左行	中行	右行
上禾	1	2	3
中禾	2	3	2
下禾	3	1	1
实	26	34	39

称这种矩形的数表为“方程”或“方阵”,这就是矩阵的雏形.现代意义上的矩阵概念是在 19 世纪中期逐渐形成的.19 世纪中叶,英国数学家西尔维斯特和凯莱独立地引入了矩阵符号的概念.他们将矩阵定义为一个矩形的数组,并开始研究矩阵的代数性质.矩阵加法、乘法和转置等基本运算法则在 19 世纪末 20 世纪初被逐渐确立,矩阵理论在 20 世纪中叶得到了广泛的发展和应用.经过两个多世纪的发展,矩阵由最初作为一种工具到现在已成为独立的一门数学分支——矩阵论.而矩阵论又可分为矩阵方程论、矩阵分解论和广义逆矩阵论等矩阵的现代理论,矩阵及其理论现已广泛地应用于现代科技的各个领域.

总练习题 2

(A)

1. 单项选择题

(1) 设 $\boldsymbol{A}$ 为 n 阶方阵,若 $\boldsymbol{A}^3=\boldsymbol{O}$,则必有(　　).

A. $\boldsymbol{A}=\boldsymbol{O}$　　B. $\boldsymbol{A}^2=\boldsymbol{O}$

C. $\boldsymbol{A}^{\mathrm{T}}=\boldsymbol{O}$　　D. $|\boldsymbol{A}|=0$

(2) 设 $f(x)$,$g(x)$ 为多项式,$\boldsymbol{A}$,$\boldsymbol{B}$ 为同阶方阵,则下列各式不正确的是(　　).

A. $f(\boldsymbol{A})g(\boldsymbol{A})=g(\boldsymbol{A})f(\boldsymbol{A})$

B. $f(\boldsymbol{A})g(\boldsymbol{B})=g(\boldsymbol{B})f(\boldsymbol{A})$

C. $(\boldsymbol{A}+k\boldsymbol{E})^n=\boldsymbol{A}^n+\mathrm{C}_n^1k\boldsymbol{A}^{n-1}+\mathrm{C}_n^2k^2\boldsymbol{A}^{n-2}+\cdots+\mathrm{C}_n^{n-1}k^{n-1}\boldsymbol{A}+k^n\boldsymbol{E}$

D. $\boldsymbol{A}^n-\boldsymbol{E}=(\boldsymbol{A}-\boldsymbol{E})(\boldsymbol{A}^{n-1}+\boldsymbol{A}^{n-2}+\cdots+\boldsymbol{A}+\boldsymbol{E})$

(3) 设 $\boldsymbol{A}$,$\boldsymbol{B}$ 均为 n 阶可逆矩阵,$\boldsymbol{A}^*$,$\boldsymbol{B}^*$ 分别为 $\boldsymbol{A}$,$\boldsymbol{B}$ 对应的伴随矩阵,分块矩阵 $\boldsymbol{C}=\begin{pmatrix}\boldsymbol{A} & \boldsymbol{O}\\ \boldsymbol{O} & \boldsymbol{B}\end{pmatrix}$,则 $\boldsymbol{C}$ 的伴随矩阵 $\boldsymbol{C}^*=$(　　).

A. $\begin{pmatrix}|\boldsymbol{A}|\boldsymbol{A}^* & \boldsymbol{O}\\ \boldsymbol{O} & |\boldsymbol{B}|\boldsymbol{B}^*\end{pmatrix}$　　B. $\begin{pmatrix}|\boldsymbol{B}|\boldsymbol{B}^* & \boldsymbol{O}\\ \boldsymbol{O} & |\boldsymbol{A}|\boldsymbol{A}^*\end{pmatrix}$

C. $\begin{pmatrix}|\boldsymbol{A}|\boldsymbol{B}^* & \boldsymbol{O}\\ \boldsymbol{O} & |\boldsymbol{B}|\boldsymbol{A}^*\end{pmatrix}$　　D. $\begin{pmatrix}|\boldsymbol{B}|\boldsymbol{A}^* & \boldsymbol{O}\\ \boldsymbol{O} & |\boldsymbol{A}|\boldsymbol{B}^*\end{pmatrix}$

(4) 设 $\boldsymbol{A}$ 是三阶矩阵,将 $\boldsymbol{A}$ 的第 2 列加到第 1 列得到矩阵 $\boldsymbol{B}$,再交换 $\boldsymbol{B}$ 的第 2 行和第 3 行得单位矩阵,记 $\boldsymbol{P}_1=\begin{pmatrix}1&0&0\\1&1&0\\0&0&1\end{pmatrix}$,$\boldsymbol{P}_2=\begin{pmatrix}1&0&0\\0&0&1\\0&1&0\end{pmatrix}$,则 $\boldsymbol{A}=$(　　).

A. $\boldsymbol{P}_1\boldsymbol{P}_2$　　B. $\boldsymbol{P}_1^{-1}\boldsymbol{P}_2$

C. $\boldsymbol{P}_2\boldsymbol{P}_1^{-1}$　　D. $\boldsymbol{P}_2\boldsymbol{P}_1$

(5) 设 $n(n\geqslant 3)$ 阶矩阵 $\boldsymbol{A}=\begin{pmatrix}1&a&a&\cdots&a\\a&1&a&\cdots&a\\a&a&1&\cdots&a\\\vdots&\vdots&\vdots&&\vdots\\a&a&a&\cdots&1\end{pmatrix}$,若 $\boldsymbol{A}$ 的秩为

$n-1$,则 $a=($　　$)$.

A. 1　　　　B. $\dfrac{1}{1-n}$

C. -1　　　　D. $\dfrac{1}{n-1}$

2. 填空题

(1) 已知矩阵 $\boldsymbol{A}=\boldsymbol{BC}$,$\boldsymbol{B}=\begin{pmatrix}1\\2\\1\end{pmatrix}$,$\boldsymbol{C}=(2,-1,2)$,则 $\boldsymbol{A}^{100}=$________.

(2) 设 $\boldsymbol{A}$ 为三阶方阵且 $|\boldsymbol{A}|=-2$,则 $|3\boldsymbol{A}^{\mathrm{T}}\boldsymbol{A}|=$________.

(3) 已知 $\boldsymbol{AB}-\boldsymbol{B}=\boldsymbol{A}$,其中 $\boldsymbol{B}=\begin{pmatrix}1&-2&0\\2&1&0\\0&0&2\end{pmatrix}$,则 $\boldsymbol{A}=$________.

(4) 设矩阵 $\boldsymbol{P}=\begin{pmatrix}1&2\\1&4\end{pmatrix}$,$\boldsymbol{\Lambda}=\begin{pmatrix}1&0\\0&2\end{pmatrix}$,$\boldsymbol{AP}=\boldsymbol{P\Lambda}$,则 $\boldsymbol{A}^n=$________.

(5) 当初等矩阵 $\boldsymbol{A}=$________,$\boldsymbol{B}=$________时,有 $\boldsymbol{A}\begin{pmatrix}2&1&0\\1&1&1\end{pmatrix}$,$\boldsymbol{B}=\begin{pmatrix}0&1&2\\1&2&3\end{pmatrix}$.

3. 已知 $\boldsymbol{A}=\begin{pmatrix}-1&1&2\\0&-1&1\\0&0&1\end{pmatrix}$,求 $(\boldsymbol{A}+3\boldsymbol{E})^{-1}(\boldsymbol{A}^2-9\boldsymbol{E})$.

4. 已知 $\boldsymbol{AP}=\boldsymbol{PB}$,$\boldsymbol{B}=\begin{pmatrix}1&0&0\\0&0&1\\0&1&0\end{pmatrix}$,$\boldsymbol{P}=\begin{pmatrix}1&0&0\\2&-1&0\\2&1&1\end{pmatrix}$,求 $\boldsymbol{A}$ 及 $\boldsymbol{A}^n$,n 为正整数.

5. 设 $\boldsymbol{A}^*=\begin{pmatrix}1&0&0&0\\0&1&0&0\\1&0&1&0\\0&-3&0&8\end{pmatrix}$且 $\boldsymbol{ABA}^{-1}=\boldsymbol{BA}^{-1}+3\boldsymbol{E}$,$\boldsymbol{E}$ 为四阶单位矩阵,求矩阵 $\boldsymbol{B}$.

6. 设 $\boldsymbol{A}$ 为 n 阶可逆矩阵,将 $\boldsymbol{A}$ 的第 i,j 行交换后得到矩阵 $\boldsymbol{B}$,
(1) 证明矩阵 $\boldsymbol{B}$ 可逆;(2) 求 $\boldsymbol{AB}^{-1}$.

7. 已知 $\boldsymbol{A}=\begin{pmatrix}1&a&a&a\\a&1&a&a\\a&a&1&a\\a&a&a&1\end{pmatrix}$,

(1) a 取何值时,矩阵 $\boldsymbol{A}$ 可逆?

(2) a 取何值时,矩阵 $\boldsymbol{A}$ 的秩为 3?

(3) a 取何值时,矩阵 $\boldsymbol{A}$ 的秩为 1?

8. 判断矩阵 $\boldsymbol{A}=\begin{pmatrix}1&2&0&0\\1&3&0&0\\1&0&2&3\\0&1&1&2\end{pmatrix}$ 是否可逆,若可逆,用分块矩阵法求 $\boldsymbol{A}^{-1}$.

(B)

1. 单项选择题

(1) 设 $\boldsymbol{A}$ 为 n 阶非零矩阵,$\boldsymbol{E}$ 为 n 阶单位矩阵,若 $\boldsymbol{A}^3=\boldsymbol{O}$,则(　　).

A. $\boldsymbol{E}-\boldsymbol{A}$ 不可逆,$\boldsymbol{E}+\boldsymbol{A}$ 不可逆　　B. $\boldsymbol{E}-\boldsymbol{A}$ 不可逆,$\boldsymbol{E}+\boldsymbol{A}$ 可逆

C. $\boldsymbol{E}-\boldsymbol{A}$ 可逆,$\boldsymbol{E}+\boldsymbol{A}$ 可逆　　D. $\boldsymbol{E}-\boldsymbol{A}$ 可逆,$\boldsymbol{E}+\boldsymbol{A}$ 不可逆

(2) 设 $\boldsymbol{A},\boldsymbol{B}$ 为二阶方阵,$\boldsymbol{A}^*,\boldsymbol{B}^*$ 依次为 $\boldsymbol{A},\boldsymbol{B}$ 的伴随矩阵,若 $|\boldsymbol{A}|=2,|\boldsymbol{B}|=3$,则分块矩阵 $\begin{pmatrix}\boldsymbol{O}&\boldsymbol{A}\\\boldsymbol{B}&\boldsymbol{O}\end{pmatrix}$ 的伴随矩阵为(　　).

A. $\begin{pmatrix}\boldsymbol{O}&3\boldsymbol{B}^*\\2\boldsymbol{A}^*&\boldsymbol{O}\end{pmatrix}$　　B. $\begin{pmatrix}\boldsymbol{O}&2\boldsymbol{B}^*\\3\boldsymbol{A}^*&\boldsymbol{O}\end{pmatrix}$

C. $\begin{pmatrix}\boldsymbol{O}&3\boldsymbol{A}^*\\2\boldsymbol{B}^*&\boldsymbol{O}\end{pmatrix}$　　D. $\begin{pmatrix}\boldsymbol{O}&2\boldsymbol{A}^*\\2\boldsymbol{B}^*&\boldsymbol{O}\end{pmatrix}$

(3) 若 $\boldsymbol{A}=\begin{pmatrix}a_{11}&a_{12}&a_{13}\\a_{21}&a_{22}&a_{23}\\a_{31}&a_{32}&a_{33}\end{pmatrix}$,$\boldsymbol{B}=\begin{pmatrix}a_{21}&a_{22}&a_{23}\\a_{11}&a_{12}&a_{13}\\a_{11}+a_{31}&a_{12}+a_{32}&a_{13}+a_{33}\end{pmatrix}$,$\boldsymbol{P}_1=\begin{pmatrix}0&1&0\\1&0&0\\0&0&1\end{pmatrix}$,$\boldsymbol{P}_2=\begin{pmatrix}1&0&0\\0&1&0\\1&0&1\end{pmatrix}$,则下列结果中正确的是(　　).

A. $\boldsymbol{A}\boldsymbol{P}_1\boldsymbol{P}_2=\boldsymbol{B}$　　B. $\boldsymbol{A}\boldsymbol{P}_2\boldsymbol{P}_1=\boldsymbol{B}$

C. $\boldsymbol{P}_1\boldsymbol{P}_2\boldsymbol{A}=\boldsymbol{B}$　　D. $\boldsymbol{P}_2\boldsymbol{P}_1\boldsymbol{A}=\boldsymbol{B}$

(4) 设 $\boldsymbol{A}$ 为 $m\times n$ 矩阵,$\boldsymbol{B}$ 为 $n\times m$ 矩阵,$\boldsymbol{E}$ 为 m 阶单位矩阵,若 $\boldsymbol{A}\boldsymbol{B}=\boldsymbol{E}$,则(　　).

A. $R(\boldsymbol{A})=m,R(\boldsymbol{B})=m$　　B. $R(\boldsymbol{A})=m,R(\boldsymbol{B})=n$

C. $R(\boldsymbol{A})=n,R(\boldsymbol{B})=m$　　D. $R(\boldsymbol{A})=n,R(\boldsymbol{B})=n$

（5）设矩阵 $\boldsymbol{A}=\begin{pmatrix} a_1 & b_1 & c_1 \\ a_2 & b_2 & c_2 \\ a_3 & b_3 & c_3 \end{pmatrix}$ 是满秩的，则直线 $l_1:\dfrac{x-a_3}{a_1-a_2}=\dfrac{y-b_3}{b_1-b_2}=\dfrac{z-c_3}{c_1-c_2}$ 与直线 $l_2:\dfrac{x-a_1}{a_2-a_3}=\dfrac{y-b_1}{b_2-b_3}=\dfrac{z-c_1}{c_2-c_3}$（　　）.

A. 相交于一点　　B. 重合

C. 平行但不重合　　D. 异面

2. 填空题

（1）设 $\boldsymbol{A}=\begin{pmatrix} 0 & -1 & 0 \\ 1 & 0 & 0 \\ 0 & 0 & -1 \end{pmatrix}$，$\boldsymbol{B}=\boldsymbol{P}^{-1}\boldsymbol{AP}$，其中 $\boldsymbol{P}$ 为三阶可逆矩阵，则 $\boldsymbol{B}^{2004}-2\boldsymbol{A}^2=$________.

（2）设矩阵 $\boldsymbol{A}$ 满足 $\boldsymbol{A}^2+\boldsymbol{A}-4\boldsymbol{E}=\boldsymbol{O}$，其中 $\boldsymbol{E}$ 为与 $\boldsymbol{A}$ 同阶的单位矩阵，则 $(\boldsymbol{A}-\boldsymbol{E})^{-1}=$________.

（3）设三阶矩阵 $\boldsymbol{A},\boldsymbol{B}$，满足 $\boldsymbol{A}^{-1}\boldsymbol{BA}=6\boldsymbol{A}+\boldsymbol{BA}$，且

$\boldsymbol{A}=\begin{pmatrix} \frac{1}{3} & 0 & 0 \\ 0 & \frac{1}{4} & 0 \\ 0 & 0 & \frac{1}{7} \end{pmatrix}$，则 $\boldsymbol{B}=$________.

（4）设 $\boldsymbol{A}=\begin{pmatrix} 0 & 1 & 0 & 0 \\ 0 & 0 & 1 & 0 \\ 0 & 0 & 0 & 1 \\ 0 & 0 & 0 & 0 \end{pmatrix}$，则 $\boldsymbol{A}^3$ 的秩为________.

（5）已知矩阵 $\boldsymbol{A}$ 可逆，且 $\boldsymbol{A}$ 的各行元素之和都是 2，则 $\boldsymbol{A}^{-1}$ 的各行元素之和为________.

3. 设 $\boldsymbol{A}=\begin{pmatrix} a & 1 & 0 \\ 1 & a & -1 \\ 0 & 1 & a \end{pmatrix}$ 且 $\boldsymbol{A}^3=\boldsymbol{O}$，

（1）求 a；（2）设 $\boldsymbol{X}-\boldsymbol{XA}^2-\boldsymbol{AX}+\boldsymbol{AXA}^2=\boldsymbol{E}$，求 $\boldsymbol{X}$.

4. 已知 $\boldsymbol{A},\boldsymbol{B}$ 为三阶矩阵，且满足 $2\boldsymbol{A}^{-1}\boldsymbol{B}=\boldsymbol{B}-4\boldsymbol{E}$，$\boldsymbol{E}$ 为三阶单位矩阵，

（1）证明 $\boldsymbol{A}-2\boldsymbol{E}$ 可逆并计算；（2）若 $\boldsymbol{B}=\begin{pmatrix} 1 & -2 & 0 \\ 1 & 2 & 0 \\ 0 & 0 & 2 \end{pmatrix}$，求矩阵 $\boldsymbol{A}$.

5. 设实方阵 $\boldsymbol{A}=(a_{ij})_{4\times4}$ 满足 $a_{ij}=A_{ij}(i,j=1,2,3,4)$，其中 A_{ij} 为 a_{ij} 的代数余子式，$a_{44}=-1$. 求

(1) $|\boldsymbol{A}|$；(2) 方程组 $\boldsymbol{Ax}=\begin{pmatrix}0\\0\\0\\1\end{pmatrix}$ 的解.

6. 设 $\boldsymbol{A}$ 为 n 阶矩阵，$\boldsymbol{A}^*$ 是 $\boldsymbol{A}$ 的伴随矩阵，证明：若 $\boldsymbol{A}$ 为奇数阶反称矩阵，则 $\boldsymbol{A}^*$ 为对称矩阵.

7. 设 $\boldsymbol{A}=\begin{pmatrix}1&1&-1\\-1&1&1\\1&-1&1\end{pmatrix}$，矩阵 $\boldsymbol{X}$ 满足 $\boldsymbol{A}^*\boldsymbol{X}=\boldsymbol{A}^{-1}+2\boldsymbol{X}$，$\boldsymbol{A}^*$ 为 $\boldsymbol{A}$ 的伴随矩阵，求矩阵 $\boldsymbol{X}$.

8. 某工厂检验室有甲、乙两种不同的化学原料，每克甲原料分别含 10% 的 X 与 20% 的 Y，每克乙原料分别含 10% 的 X 与 30% 的 Y，现在要用这两种原料分别配制 A，B 两种试剂，A 试剂需要 X，Y 各 2 g、5 g，B 试剂需要 X，Y 各 1 g、2 g，问配制 A，B 两种试剂分别需要甲、乙两种原料各多少克？

习题答案与提示
总练习题 2

向量是线性代数的基本概念之一,在线性代数中具有重要地位,为解决线性方程组、矩阵运算、线性变换等问题提供了有力工具.同时,向量在几何学、物理学、计算机科学、工程技术、经济管理等领域都具有广泛的应用.

本章首先介绍 n 维向量的概念,然后讨论向量间的线性关系,最后介绍向量空间的概念.

第3章

向量

3.1 n 维向量

3.1.1 n 维向量的概念

在解析几何中我们已经看到,有些事物的性质不能用一个数来刻画.例如,为了刻画一点在平面上的位置需要两个数,而刻画一点在空间中的位置需要三个数,也就是要知道它们的坐标.又如力学中的力、速度、加速度等,由于它们既有大小又有方向,用一个数不能刻画它们,在取定空间坐标系之后,它们可以用三个数来刻画.几何中向量的概念正是它们的抽象.但是,还有不少事物用三个数来刻画是远远不够的,例如一个 n 元方程 $a_1x_1+a_2x_2+\cdots+a_nx_n=b$ 需要 $n+1$ 元有序数组$(a_1,a_2,\cdots,a_n,b)$来表示,所谓方程之间的关系实际上就是代表它们的 $n+1$ 元有序数组之间的关系.研究人造卫星在太空运行时的状态,人们感兴趣的不仅仅是它的几何轨迹,还希望知道在某个时刻它处于什么位置,其表面温度、压力等物理参数情况,这时二维、三维向量就无法表达这么多信息.因此有必要将几何向量推广到 n 维向量.

定义 3.1 n 个数 $a_1,a_2,\cdots,a_n$ 组成的有序数组

$$(a_1, a_2, \cdots, a_n)$$

称为 n **维向量**(vector),记为 $\boldsymbol{\alpha}$,即 $\boldsymbol{\alpha}=(a_1,a_2,\cdots,a_n)$,其中 $a_i(i=1,2,\cdots,n)$称为向量 $\boldsymbol{\alpha}$ 的第 i 个**分量**(或**坐标**),n 称为向量 $\boldsymbol{\alpha}$ 的**维数**.分量是实数的向量称为**实向量**,分量是复数的向量称为**复向量**.n 维实向量的全体记为 $\mathbf{R}^n$.

本书如没有特别指明,所讨论的向量均为实向量.

根据定义 3.1,一个 n 元线性方程

$$a_1x_1+a_2x_2+\cdots+a_nx_n=b$$

与由系数 $a_1,a_2,\cdots,a_n$ 及方程右端 b 构成的 $n+1$ 维向量$(a_1,a_2,\cdots,a_n,b)$一一对应.又如线性方程组

$$\begin{cases}x_1-x_2+x_3=1,\\x_1+x_2-x_3=0,\\3x_1+x_2-x_3=1\end{cases}\tag{3.1}$$

与三个向量 $\boldsymbol{\alpha}_1=(1,-1,1,1)$,$\boldsymbol{\alpha}_2=(1,1,-1,0)$,$\boldsymbol{\alpha}_3=(3,1,-1,1)$构成的向量组一一对应.(3.1)中三个方程之间的关系就代表三个向量 $\boldsymbol{\alpha}_1,\boldsymbol{\alpha}_2,\boldsymbol{\alpha}_3$ 之间的关系,因此,对方程组的研究可以借助向量的研究来实现.

n 维向量是平面和空间解析几何中向量的推广,当 $n=2,3$ 时便是平面和空间向量.虽然 $n>3$ 时,已无法从几何上解释,但是平面和空间解析几何向量的许多概念、性质及运算法则都可相应地推广到 n 维向量.

我们常用希腊字母 $\boldsymbol{\alpha},\boldsymbol{\beta},\boldsymbol{\gamma},\cdots$或拉丁字母 $\boldsymbol{a},\boldsymbol{b},\boldsymbol{c},\cdots$表示向量.

根据需要,向量可以按行写成$(a_1,a_2,\cdots,a_n)$,称为**行向量**(row vector);也可以按列写成

$$\begin{pmatrix}a_1\\a_2\\\vdots\\a_n\end{pmatrix},$$

称为**列向量**(column vector).行向量与列向量没有本质区别,仅是写法上的不同.行向量可看作 $1\times n$ 的行矩阵,列向量可看作 $n\times 1$ 的列矩阵,因而

$$\begin{pmatrix}a_1\\a_2\\\vdots\\a_n\end{pmatrix}=(a_1,a_2,\cdots,a_n)^{\mathrm{T}}.$$

在进行向量的运算时,要注意行向量与列向量的区别.如无特别说明,本

书中的向量均指列向量.

定义 3.2 若两个 n 维向量 $\boldsymbol{\alpha}=(a_1,a_2,\cdots,a_n)$,$\boldsymbol{\beta}=(b_1,b_2,\cdots,b_n)$的对应分量相等,即 $a_i=b_i(i=1,2,\cdots,n)$,则称向量 $\boldsymbol{\alpha}$ 与 $\boldsymbol{\beta}$ **相等**,记为 $\boldsymbol{\alpha}=\boldsymbol{\beta}$.

每个分量都是零的向量称为**零向量**,记作 $\mathbf{0}$,即 $\mathbf{0}=(0,0,\cdots,0)$.

注意:维数不同的零向量是不相等的.

向量$(-a_1,-a_2,\cdots,-a_n)$称为向量 $\boldsymbol{\alpha}=(a_1,a_2,\cdots,a_n)$的**负向量**,记为$-\boldsymbol{\alpha}$,即$-\boldsymbol{\alpha}=(-a_1,-a_2,\cdots,-a_n)$.

引入向量后,矩阵 $\boldsymbol{A}=(a_{ij})_{m\times n}$既可表示为

$$\boldsymbol{A}=\begin{pmatrix}\boldsymbol{\alpha}_1\\ \boldsymbol{\alpha}_2\\ \vdots\\ \boldsymbol{\alpha}_m\end{pmatrix},$$

其中 $\boldsymbol{\alpha}_i=(a_{i1},a_{i2},\cdots,a_{in})$,$i=1,2,\cdots,m$,也可表示为

$$\boldsymbol{A}=(\boldsymbol{\beta}_1,\boldsymbol{\beta}_2,\cdots,\boldsymbol{\beta}_n),$$

其中 $\boldsymbol{\beta}_j=\begin{pmatrix}a_{1j}\\ a_{2j}\\ \vdots\\ a_{mj}\end{pmatrix}$,$j=1,2,\cdots,n$.这样的表示法与矩阵的分块表示是一致的.

3.1.2 向量的线性运算

向量的加法和数乘统称为**向量的线性运算**.由于向量是特殊的矩阵,因此有向量的线性运算如下.

定义 3.3 两个 n 维向量 $\boldsymbol{\alpha}=(a_1,a_2,\cdots,a_n)$,$\boldsymbol{\beta}=(b_1,b_2,\cdots,b_n)$的和,记作 $\boldsymbol{\alpha}+\boldsymbol{\beta}$,规定

$$\boldsymbol{\alpha}+\boldsymbol{\beta}=(a_1+b_1,a_2+b_2,\cdots,a_n+b_n).$$

利用负向量的概念,可定义向量的减法,即

$$\boldsymbol{\alpha}-\boldsymbol{\beta}=\boldsymbol{\alpha}+(-\boldsymbol{\beta})=(a_1-b_1,a_2-b_2,\cdots,a_n-b_n).$$

定义 3.4 实数 k 与向量 $\boldsymbol{\alpha}=(a_1,a_2,\cdots,a_n)$的积(简称数乘),记作$k\boldsymbol{\alpha}$,规定

$$k\boldsymbol{\alpha}=(ka_1,ka_2,\cdots,ka_n).$$

显然向量的加法与数乘等同于矩阵的加法与数乘.设 $\boldsymbol{\alpha},\boldsymbol{\beta},\boldsymbol{\gamma}$ 是 n 维向量,k,l 为实数.从上述定义可以证明,向量的线性运算满足下列运算规律:

(1) $\boldsymbol{\alpha}+\boldsymbol{\beta}=\boldsymbol{\beta}+\boldsymbol{\alpha}$(加法交换律);

(2) $(\boldsymbol{\alpha}+\boldsymbol{\beta})+\boldsymbol{\gamma}=\boldsymbol{\alpha}+(\boldsymbol{\beta}+\boldsymbol{\gamma})$（加法结合律）；

(3) $\boldsymbol{\alpha}+\mathbf{0}=\boldsymbol{\alpha}$；

(4) $\boldsymbol{\alpha}+(-\boldsymbol{\alpha})=\mathbf{0}$；

(5) $1\boldsymbol{\alpha}=\boldsymbol{\alpha}$；

(6) $k(\boldsymbol{\alpha}+\boldsymbol{\beta})=k\boldsymbol{\alpha}+k\boldsymbol{\beta}$（数乘分配律）；

(7) $(k+l)\boldsymbol{\alpha}=k\boldsymbol{\alpha}+l\boldsymbol{\alpha}$（数乘分配律）；

(8) $k(l\boldsymbol{\alpha})=(kl)\boldsymbol{\alpha}$（数乘结合律）.

由以上运算规律或定义可知：

(1) $0\boldsymbol{\alpha}=\mathbf{0}, k\mathbf{0}=\mathbf{0}, (-k)\boldsymbol{\alpha}=-(k\boldsymbol{\alpha})$；

(2) 若 $k\boldsymbol{\alpha}=\mathbf{0}$，则 $k=0$ 或 $\boldsymbol{\alpha}=\mathbf{0}$；

(3) 向量方程 $\boldsymbol{\alpha}+\boldsymbol{x}=\boldsymbol{\beta}$ 有唯一解 $\boldsymbol{x}=\boldsymbol{\beta}-\boldsymbol{\alpha}$.

例 3.1.1　设 $\boldsymbol{\alpha}=(-1,1,2)$，$-\boldsymbol{\alpha}=(1-a,2b+c,a-c)$，求 a,b,c.

解　因为

$$(1-a,2b+c,a-c)=-\boldsymbol{\alpha}=(1,-1,-2),$$

利用向量相等的定义，得

$$\begin{cases}1-a=1,\\2b+c=-1,\\a-c=-2,\end{cases}$$

从而 $a=0,b=-\dfrac{3}{2},c=2$.

例 3.1.2　已知 $\boldsymbol{\alpha}=(1,0,2,3)$，$\boldsymbol{\beta}=(-2,1,-2,0)$，求

(1) $\boldsymbol{\alpha}+2\boldsymbol{\beta}$；(2) 满足 $2\boldsymbol{\alpha}-\boldsymbol{\beta}+\boldsymbol{x}=\mathbf{0}$ 的向量 $\boldsymbol{x}$.

解　(1) $\boldsymbol{\alpha}+2\boldsymbol{\beta}=(1,0,2,3)+2(-2,1,-2,0)=(-3,2,-2,3)$.

(2) 由 $2\boldsymbol{\alpha}-\boldsymbol{\beta}+\boldsymbol{x}=\mathbf{0}$ 得

$$\boldsymbol{x}=-2\boldsymbol{\alpha}+\boldsymbol{\beta}=-2(1,0,2,3)+(-2,1,-2,0)=(-4,1,-6,-6).$$

最后强调指出，两个向量只有当它们的维数相同时，才能判断它们是否相等，才能对它们进行线性运算，对维数不同的向量不能进行比较或运算.

习题 3-1

1. 单项选择题

(1) 下列说法不正确的是(　　).

A. 向量 $\boldsymbol{\alpha}=(0,0)$ 与向量 $\boldsymbol{\beta}=(0,0,0)$ 相等

B. 向量是有序数组

C. 向量的维数等于所含分量个数

D. 向量加法满足交换律

(2) 设向量 $\boldsymbol{a}=(3,1,2)$, $\boldsymbol{b}=(0,0,1)$, $\boldsymbol{c}=(1,1,1)$, 向量方程 $\boldsymbol{a}+2\boldsymbol{b}+3\boldsymbol{c}+\boldsymbol{x}=\boldsymbol{0}$, 则 $\boldsymbol{x}=$(   ).

A. $(6,4,7)$　　B. $(4,2,4)$

C. $(-6,-4,-7)$　　D. $(7,6,5)$

2. 填空题

(1) 设 $\boldsymbol{a}=(3,1,2)$, $\boldsymbol{b}=(0,0,1)$, 则 $\boldsymbol{a}-\boldsymbol{b}=$________ .

(2) 设 $\boldsymbol{\alpha}=(1,0,-1,2)$, $\boldsymbol{\beta}=(3,2,4,-1)$, 则 $3\boldsymbol{\alpha}+2\boldsymbol{\beta}=$________.

3. 设 $3\boldsymbol{\alpha}+4\boldsymbol{\beta}=(2,1,1,2)$, $2\boldsymbol{\alpha}+3\boldsymbol{\beta}=(-1,2,3,1)$, 求 $\boldsymbol{\alpha}$ 与 $\boldsymbol{\beta}$.

4. 解向量方程 $3(\boldsymbol{\alpha}_1-\boldsymbol{x})+2(\boldsymbol{\alpha}_2+\boldsymbol{x})=5(\boldsymbol{\alpha}_3+\boldsymbol{x})$, 其中 $\boldsymbol{\alpha}_1=(2,5,1,3)$, $\boldsymbol{\alpha}_2=(10,1,5,10)$, $\boldsymbol{\alpha}_3=(4,1,-1,1)$.

习题答案与提示 3-1

3.2 线性组合与线性表示

为了研究向量与向量之间的关系,先给出向量组的概念.

若干个同维数的向量所组成的集合称为**向量组**.如一个 $m\times n$ 矩阵 $\boldsymbol{A}=(a_{ij})$ 有 n 个 m 维列向量

$$\boldsymbol{\alpha}_j=\begin{pmatrix}a_{1j}\\a_{2j}\\\vdots\\a_{mj}\end{pmatrix},\quad j=1,2,\cdots,n,$$

由它们组成的向量组 $\boldsymbol{\alpha}_1,\boldsymbol{\alpha}_2,\cdots,\boldsymbol{\alpha}_n$ 称为矩阵 $\boldsymbol{A}$ 的**列向量组**.

$m\times n$ 矩阵 $\boldsymbol{A}$ 又有 m 个 n 维行向量

$$\boldsymbol{\beta}_i=(a_{i1},a_{i2},\cdots,a_{in}),i=1,2,\cdots,m,$$

由它们组成的向量组 $\boldsymbol{\beta}_1,\boldsymbol{\beta}_2,\cdots,\boldsymbol{\beta}_m$ 称为矩阵 $\boldsymbol{A}$ 的**行向量组**.

本节主要研究向量组内向量之间的关系及向量组与向量组之间的关系.

3.2.1　向量的线性组合与线性表示

对于两个 n 维向量 $\boldsymbol{\alpha},\boldsymbol{\beta}$，若存在常数 k，使得

$$\boldsymbol{\alpha}=k\boldsymbol{\beta},$$

常称向量 $\boldsymbol{\alpha}$ 与 $\boldsymbol{\beta}$ 成比例，也称 $\boldsymbol{\alpha}$ 可由 $\boldsymbol{\beta}$ 线性表示.

例如，$\boldsymbol{\alpha}=(1,2,3)$，$\boldsymbol{\beta}=(2,4,6)$，则 $\boldsymbol{\alpha}=\dfrac{1}{2}\boldsymbol{\beta}$.

方程组(3.1)中的 3 个方程分别对应向量 $\boldsymbol{\alpha}_1=(1,-1,1,1)$，$\boldsymbol{\alpha}_2=(1,1,-1,0)$，$\boldsymbol{\alpha}_3=(3,1,-1,1)$.考察方程组(3.1)中 3 个方程间的关系：

第 3 个方程=第 1 个方程+2×第 2 个方程，

若用向量表示，则相应地有

$$\boldsymbol{\alpha}_3=\boldsymbol{\alpha}_1+2\boldsymbol{\alpha}_2,$$

因此方程间的关系其实就是其对应的向量间的关系，称向量 $\boldsymbol{\alpha}_3$ 可由向量 $\boldsymbol{\alpha}_1,\boldsymbol{\alpha}_2$ 线性表示或者说 $\boldsymbol{\alpha}_3$ 为 $\boldsymbol{\alpha}_1,\boldsymbol{\alpha}_2$ 的线性组合.

可将这个概念推广到有限多个 n 维向量，以便研究一般线性方程组间的关系.下面我们引入线性组合(或线性表示)的概念.

定义 3.5　设 $\boldsymbol{\alpha}_1,\boldsymbol{\alpha}_2,\cdots,\boldsymbol{\alpha}_m,\boldsymbol{\beta}$ 是 $m+1$ 个 n 维向量，若存在 m 个数 $k_1,k_2,\cdots,k_m$ 使

$$\boldsymbol{\beta}=k_1\boldsymbol{\alpha}_1+k_2\boldsymbol{\alpha}_2+\cdots+k_m\boldsymbol{\alpha}_m, \tag{3.2}$$

则称向量 $\boldsymbol{\beta}$ 是向量组 $\boldsymbol{\alpha}_1,\boldsymbol{\alpha}_2,\cdots,\boldsymbol{\alpha}_m$ 的一个**线性组合**(linear combination)或向量 $\boldsymbol{\beta}$ 可由向量组 $\boldsymbol{\alpha}_1,\boldsymbol{\alpha}_2,\cdots,\boldsymbol{\alpha}_m$ **线性表示**(linear representation).称 $k_1,k_2,\cdots,k_m$ 为组合系数或表示系数.

例如，设

$$\boldsymbol{\beta}=(5,-7,5),\boldsymbol{\alpha}_1=(1,-1,0),\boldsymbol{\alpha}_2=(0,2,1),\boldsymbol{\alpha}_3=(1,-1,2),$$

不难验证 $\boldsymbol{\beta}=2\boldsymbol{\alpha}_1-\boldsymbol{\alpha}_2+3\boldsymbol{\alpha}_3$，向量 $\boldsymbol{\beta}$ 就是向量组 $\boldsymbol{\alpha}_1,\boldsymbol{\alpha}_2,\boldsymbol{\alpha}_3$ 的一个线性组合，或者说向量 $\boldsymbol{\beta}$ 可由向量组 $\boldsymbol{\alpha}_1,\boldsymbol{\alpha}_2,\boldsymbol{\alpha}_3$ 线性表示，其中 2，-1，3 为组合系数.

由定义 3.5 可看出，零向量是任一向量组的线性组合(只要取系数全为零即可).又如任一 n 维向量 $\boldsymbol{\alpha}=(a_1,a_2,\cdots,a_n)^{\mathrm{T}}$ 都是 n 维向量

$$\boldsymbol{e}_1=\begin{pmatrix}1\\0\\\vdots\\0\end{pmatrix},\boldsymbol{e}_2=\begin{pmatrix}0\\1\\\vdots\\0\end{pmatrix},\cdots,\boldsymbol{e}_n=\begin{pmatrix}0\\0\\\vdots\\1\end{pmatrix} \tag{3.3}$$

的一个线性组合，显然

$$\boldsymbol{\alpha}=a_1\boldsymbol{e}_1+a_2\boldsymbol{e}_2+\cdots+a_n\boldsymbol{e}_n,$$

即 $\boldsymbol{\alpha}$ 可由 $\boldsymbol{e}_1,\boldsymbol{e}_2,\cdots,\boldsymbol{e}_n$ 线性表示，表示系数就是 $\boldsymbol{\alpha}$ 的分量 $a_1,a_2,\cdots,a_n$.

称式(3.3)的 n 个 n 维向量 $\boldsymbol{e}_1,\boldsymbol{e}_2,\cdots,\boldsymbol{e}_n$ 为 n **维单位向量组**,也称为 n **维基本向量组**.

例 3.2.1 已知向量组 $\boldsymbol{\alpha}_1=(1,1,1),\boldsymbol{\alpha}_2=(0,1,1),\boldsymbol{\alpha}_3=(0,0,1)$,问 $\boldsymbol{\beta}=(3,2,1)$ 能否由 $\boldsymbol{\alpha}_1,\boldsymbol{\alpha}_2,\boldsymbol{\alpha}_3$ 线性表示?若能表示,则求出相应的表示式.

解 设

$$\boldsymbol{\beta}=x_1\boldsymbol{\alpha}_1+x_2\boldsymbol{\alpha}_2+x_3\boldsymbol{\alpha}_3, \tag{3.4}$$

将 $\boldsymbol{\beta},\boldsymbol{\alpha}_1,\boldsymbol{\alpha}_2,\boldsymbol{\alpha}_3$ 代入上式并比较其两端的分量,可得

$$\begin{cases}x_1=3,\\x_1+x_2=2,\\x_1+x_2+x_3=1,\end{cases} \tag{3.5}$$

显然,式(3.4)成立的充分必要条件是式(3.5)有解.

因为式(3.5)的系数行列式

$$\begin{vmatrix}1&0&0\\1&1&0\\1&1&1\end{vmatrix}=1\neq 0,$$

所以方程组(3.5)存在唯一解,易得(3.5)的解为 $x_1=3,x_2=-1,x_3=-1$.所以 $\boldsymbol{\beta}=3\boldsymbol{\alpha}_1-\boldsymbol{\alpha}_2-\boldsymbol{\alpha}_3$.

例 3.2.2 设 $\boldsymbol{\alpha}=(2,-3,0),\boldsymbol{\beta}=(0,-1,2),\boldsymbol{\gamma}=(0,-7,-4)$,问 $\boldsymbol{\gamma}$ 能否由 $\boldsymbol{\alpha},\boldsymbol{\beta}$ 线性表示?

解 设 $\boldsymbol{\gamma}=k_1\boldsymbol{\alpha}+k_2\boldsymbol{\beta}$,于是得方程组

$$\begin{cases}2k_1=0,\\-3k_1-k_2=-7,\\2k_2=-4,\end{cases}$$

由第一个方程得 $k_1=0$,代入第二个方程得 $k_2=7$,但 k_2 不满足第三个方程,故方程组无解.所以 $\boldsymbol{\gamma}$ 不能由 $\boldsymbol{\alpha},\boldsymbol{\beta}$ 线性表示.

3.2.2 向量组的线性表示与等价

下面讨论两个向量组之间的线性表示及其关系.

定义 3.6 设有两个向量组

$$(\text{I})\ \boldsymbol{\alpha}_1,\boldsymbol{\alpha}_2,\cdots,\boldsymbol{\alpha}_r \text{ 与}(\text{II})\ \boldsymbol{\beta}_1,\boldsymbol{\beta}_2,\cdots,\boldsymbol{\beta}_s,$$

若向量组(I)的每个向量都能由向量组(II)线性表示,则称向量组(I)可由向量组(II)线性表示;若向量组(I)与向量组(II)可互相线性表

示,则称向量组(Ⅰ)与(Ⅱ)**等价**(equivalent).

例 3.2.3　验证向量组(Ⅰ):$\boldsymbol{\alpha}_1=(1,2,3)$,$\boldsymbol{\alpha}_2=(1,0,2)$与向量组(Ⅱ):$\boldsymbol{\beta}_1=(3,4,8)$,$\boldsymbol{\beta}_2=(2,2,5)$,$\boldsymbol{\beta}_3=(0,2,1)$等价.

证明　因为

$$\boldsymbol{\alpha}_1=\boldsymbol{\beta}_1-\boldsymbol{\beta}_2,\boldsymbol{\alpha}_2=2\boldsymbol{\beta}_2-\boldsymbol{\beta}_1;\boldsymbol{\beta}_1=2\boldsymbol{\alpha}_1+\boldsymbol{\alpha}_2,\boldsymbol{\beta}_2=\boldsymbol{\alpha}_1+\boldsymbol{\alpha}_2,\boldsymbol{\beta}_3=\boldsymbol{\alpha}_1-\boldsymbol{\alpha}_2,$$

所以这两个向量组等价.　　证毕

利用矩阵的乘法,可将向量组间的线性表示用矩阵形式表示.

例如,可将例 3.2.3 中的 $\boldsymbol{\alpha}_1=\boldsymbol{\beta}_1-\boldsymbol{\beta}_2$,$\boldsymbol{\alpha}_2=2\boldsymbol{\beta}_2-\boldsymbol{\beta}_1$ 写成矩阵形式

$$\begin{pmatrix}\boldsymbol{\alpha}_1\\\boldsymbol{\alpha}_2\end{pmatrix}=\begin{pmatrix}1&-1&0\\-1&2&0\end{pmatrix}\begin{pmatrix}\boldsymbol{\beta}_1\\\boldsymbol{\beta}_2\\\boldsymbol{\beta}_3\end{pmatrix}.$$

若将 $\boldsymbol{\alpha}_1,\boldsymbol{\alpha}_2,\boldsymbol{\beta}_1,\boldsymbol{\beta}_2,\boldsymbol{\beta}_3$ 看成列向量,则 $\boldsymbol{\alpha}_1=\boldsymbol{\beta}_1-\boldsymbol{\beta}_2$,$\boldsymbol{\alpha}_2=2\boldsymbol{\beta}_2-\boldsymbol{\beta}_1$ 又可写成

$$(\boldsymbol{\alpha}_1,\boldsymbol{\alpha}_2)=(\boldsymbol{\beta}_1,\boldsymbol{\beta}_2,\boldsymbol{\beta}_3)\begin{pmatrix}1&-1\\-1&2\\0&0\end{pmatrix}.$$

一般情况下,设向量组(Ⅰ)可由向量组(Ⅱ)线性表示为

$$\begin{cases}\boldsymbol{\alpha}_1=k_{11}\boldsymbol{\beta}_1+k_{21}\boldsymbol{\beta}_2+\cdots+k_{s1}\boldsymbol{\beta}_s,\\\boldsymbol{\alpha}_2=k_{12}\boldsymbol{\beta}_1+k_{22}\boldsymbol{\beta}_2+\cdots+k_{s2}\boldsymbol{\beta}_s,\\\qquad\cdots\cdots\cdots\cdots\\\boldsymbol{\alpha}_r=k_{1r}\boldsymbol{\beta}_1+k_{2r}\boldsymbol{\beta}_2+\cdots+k_{sr}\boldsymbol{\beta}_s,\end{cases}$$

根据分块矩阵的乘法有

$$(\boldsymbol{\alpha}_1,\boldsymbol{\alpha}_2,\cdots,\boldsymbol{\alpha}_r)=(\boldsymbol{\beta}_1,\boldsymbol{\beta}_2,\cdots,\boldsymbol{\beta}_s)\begin{pmatrix}k_{11}&k_{12}&\cdots&k_{1r}\\k_{21}&k_{22}&\cdots&k_{2r}\\\vdots&\vdots&&\vdots\\k_{s1}&k_{s2}&\cdots&k_{sr}\end{pmatrix},\tag{3.6}$$

设矩阵 $\boldsymbol{A}=(\boldsymbol{\alpha}_1,\boldsymbol{\alpha}_2,\cdots,\boldsymbol{\alpha}_r)$,$\boldsymbol{B}=(\boldsymbol{\beta}_1,\boldsymbol{\beta}_2,\cdots,\boldsymbol{\beta}_s)$,$\boldsymbol{K}=(k_{ij})_{s\times r}$,则式(3.6)可写成

$$\boldsymbol{A}=\boldsymbol{B}\boldsymbol{K}.\tag{3.7}$$

可见,若向量组(Ⅰ)可由向量组(Ⅱ)线性表示,则存在矩阵 $\boldsymbol{K}$,使式(3.7)成立;反之,若式(3.7)成立,则矩阵 $\boldsymbol{A}$ 的列向量组可由矩阵 $\boldsymbol{B}$ 的列向量组线性表示.这种表示法在一些问题的处理和论证上会带来方便.

思考:如果向量组 $\boldsymbol{\alpha}_1,\boldsymbol{\alpha}_2,\cdots,\boldsymbol{\alpha}_r$ 与 $\boldsymbol{\beta}_1,\boldsymbol{\beta}_2,\cdots,\boldsymbol{\beta}_s$ 为行向量组,相应的

结果如何?

综上所述,可以得到更一般的结论:

定理 3.1 设 $\boldsymbol{A}=\boldsymbol{BC}$,则矩阵 $\boldsymbol{A}$ 的列向量组可以由矩阵 $\boldsymbol{B}$ 的列向量组线性表示;矩阵 $\boldsymbol{A}$ 的行向量组可以由矩阵 $\boldsymbol{C}$ 的行向量组线性表示.

利用向量组等价的定义及定理 3.1,不难证明,等价向量组具有下列三个性质:

自反性:每一个向量组与其自身等价;

对称性:若向量组(Ⅰ)与向量组(Ⅱ)等价,则向量组(Ⅱ)与向量组(Ⅰ)等价;

传递性:若向量组(Ⅰ)与向量组(Ⅱ)等价,向量组(Ⅱ)与向量组(Ⅲ)等价,则向量组(Ⅰ)与向量组(Ⅲ)等价.

利用定理 3.1 还可证明矩阵的初等行变换在向量组等价及线性表示方面的重要结论:

定理 3.2 对矩阵 $\boldsymbol{A}$ 做初等行变换得矩阵 $\boldsymbol{B}$,则 $\boldsymbol{A}$ 的行向量组与 $\boldsymbol{B}$ 的行向量组等价.

证明 由题意可知存在初等矩阵 $\boldsymbol{P}_1,\boldsymbol{P}_2,\cdots,\boldsymbol{P}_s$ 使

$$\boldsymbol{P}_1\boldsymbol{P}_2\cdots\boldsymbol{P}_s\boldsymbol{A}=\boldsymbol{B},$$

令 $\boldsymbol{P}=\boldsymbol{P}_1\boldsymbol{P}_2\cdots\boldsymbol{P}_s$,则 $\boldsymbol{PA}=\boldsymbol{B}$,且 $\boldsymbol{P}$ 可逆.由定理 3.1,$\boldsymbol{B}$ 的行向量组可由 $\boldsymbol{A}$ 的行向量组线性表示,又 $\boldsymbol{A}=\boldsymbol{P}^{-1}\boldsymbol{B}$,则 $\boldsymbol{A}$ 的行向量组可由 $\boldsymbol{B}$ 的行向量组线性表示,从而 $\boldsymbol{A}$ 的行向量组与 $\boldsymbol{B}$ 的行向量组等价. 证毕

思考:若对矩阵 $\boldsymbol{A}$ 做初等行变换得矩阵 $\boldsymbol{B}$,则矩阵 $\boldsymbol{A}$ 的列向量组与 $\boldsymbol{B}$ 的列向量组有何关系?

事实上,有

定理 3.3 如果矩阵 $\boldsymbol{A}$ 经过初等行变换化成矩阵 $\boldsymbol{B}$,那么矩阵 $\boldsymbol{A}$ 的列向量组与矩阵 $\boldsymbol{B}$ 的列向量组具有相同的线性关系(线性相关性与线性组合).

定理 3.3 的证明

例 3.2.4 写出向量组 $\boldsymbol{\alpha}_1=(-1,-4,5)^{\mathrm{T}},\boldsymbol{\alpha}_2=(3,1,7)^{\mathrm{T}},\boldsymbol{\alpha}_3=(2,3,0)^{\mathrm{T}}$ 之间的线性关系,并判断它们的线性相关性.

解 以 $\boldsymbol{\alpha}_1,\boldsymbol{\alpha}_2,\boldsymbol{\alpha}_3$ 为列向量构造矩阵 $\boldsymbol{A}$,并对 $\boldsymbol{A}$ 进行初等行变换.

$$\boldsymbol{A}=(\boldsymbol{\alpha}_1,\boldsymbol{\alpha}_2,\boldsymbol{\alpha}_3)=\begin{pmatrix}-1&3&2\\-4&1&3\\5&7&0\end{pmatrix}\xrightarrow[r_3+5r_1]{r_2-4r_1}\begin{pmatrix}-1&3&2\\0&-11&-5\\0&22&10\end{pmatrix}$$

$$\xrightarrow{r_3+2r_2}\begin{pmatrix}-1&3&2\\0&-11&-5\\0&0&0\end{pmatrix}\xrightarrow{r_1+\frac{3}{11}r_2}\begin{pmatrix}-1&0&\frac{7}{11}\\0&-11&-5\\0&0&0\end{pmatrix}$$

$$\xrightarrow[r_2\times\left(-\frac{1}{11}\right)]{r_1\times(-1)}\begin{pmatrix}1&0&-\frac{7}{11}\\0&1&\frac{5}{11}\\0&0&0\end{pmatrix}.$$

根据定理 3.3,矩阵的初等行变换不会改变矩阵的列向量间的线性关系,所以 $\boldsymbol{\alpha}_3=-\frac{7}{11}\boldsymbol{\alpha}_1+\frac{5}{11}\boldsymbol{\alpha}_2$,从而 $\boldsymbol{\alpha}_1,\boldsymbol{\alpha}_2,\boldsymbol{\alpha}_3$ 线性相关.

上述三个定理为后续讨论向量组的线性相关性、求向量组的极大线性无关组以及求解线性方程组提供了一个行之有效的方法.

习题 3-2

1. 单项选择题

(1) 设 $\boldsymbol{\beta}$ 是向量组 $\boldsymbol{\alpha}_1=(1,0,0)$,$\boldsymbol{\alpha}_2=(0,1,0)$ 的线性组合,则 $\boldsymbol{\beta}$ 不可能为(　　).

A. $(0,3,1)$　　　　B. $(2,0,0)$

C. $(2,1,0)$　　　　D. $(0,3,0)$

(2) 下列说法不正确的是(　　).

A. 零向量可由任意同维数向量组线性表示

B. 任意 n 维向量可由 n 维单位向量组线性表示

C. 等价向量组可以互相线性表示

D. 等价向量组所含向量个数相等

(3) 将矩阵 $\boldsymbol{A}$ 经过初等行变换化成矩阵 $\boldsymbol{B}$,则下列说法不正确的是(　　).

A. 矩阵 $\boldsymbol{A}$ 的列向量组与矩阵 $\boldsymbol{B}$ 的列向量组等价

B. 矩阵 $\boldsymbol{A}$ 的行向量组与矩阵 $\boldsymbol{B}$ 的行向量组等价

C. 矩阵 $\boldsymbol{A}$ 的列向量组与矩阵 $\boldsymbol{B}$ 的列向量组具有相同的线性关系

D. 矩阵 $\boldsymbol{A}$ 的行向量组与矩阵 $\boldsymbol{B}$ 的行向量组不一定有相同的线性关系

(4) 设矩阵 $\boldsymbol{A}$、$\boldsymbol{B}$、$\boldsymbol{C}$ 满足 $\boldsymbol{A}=\boldsymbol{B}\boldsymbol{C}$,则下列说法正确的是(　　).

A. 矩阵 $\boldsymbol{A}$ 的列向量组可由矩阵 $\boldsymbol{B}$ 的列向量组线性表示

B. 矩阵 $\boldsymbol{C}$ 的行向量组可由矩阵 $\boldsymbol{A}$ 的行向量组线性表示

C. 矩阵 $\boldsymbol{A}$ 的列向量组可由矩阵 $\boldsymbol{C}$ 的列向量组线性表示

D. 矩阵 $\boldsymbol{A}$ 的行向量组可由矩阵 $\boldsymbol{B}$ 的行向量组线性表示

2. 填空题

(1) 向量 $\boldsymbol{\alpha}=\begin{pmatrix}-1\\2\\3\end{pmatrix}$ 可由单位向量组 $\boldsymbol{e}_1=\begin{pmatrix}1\\0\\0\end{pmatrix}$, $\boldsymbol{e}_2=\begin{pmatrix}0\\1\\0\end{pmatrix}$, $\boldsymbol{e}_1=\begin{pmatrix}0\\0\\1\end{pmatrix}$ 线性表示为________.

(2) 设列向量组(Ⅰ):$\boldsymbol{\alpha}_1,\boldsymbol{\alpha}_2,\boldsymbol{\alpha}_3$,向量组(Ⅱ):$\boldsymbol{\beta}_1=\boldsymbol{\alpha}_1-\boldsymbol{\alpha}_2$, $\boldsymbol{\beta}_2=\boldsymbol{\alpha}_2-\boldsymbol{\alpha}_3$, $\boldsymbol{\beta}_2=\boldsymbol{\alpha}_1+\alpha_3$,将向量组(Ⅱ)用向量组(Ⅰ)线性表示的矩阵形式为________.

3. 已知向量组 $\boldsymbol{\alpha}_1=(1,1,1)$, $\boldsymbol{\alpha}_2=(0,1,1)$, $\boldsymbol{\alpha}_3=(0,0,1)$, $\boldsymbol{\beta}=(1,2,3)$ 能否由 $\boldsymbol{\alpha}_1,\boldsymbol{\alpha}_2,\boldsymbol{\alpha}_3$ 线性表示? 若能表示,则求对应的表达式.(提示:此题可仿照例 3.2.1或例 3.2.4 的方法求解.)

习题答案与提示 3-2

3.3 线性相关与线性无关

3.3.1 线性相关与线性无关的定义

由例 3.2.1、例 3.2.2 可知,一组向量中并不总存在一个向量能由其余的向量线性表示,这是向量组的一种重要性质,我们把一组向量中是否存在一个向量能由其余的向量线性表示的这种性质,称为向量组的**线性相关性**.为了更好地理解这个概念,我们先讨论它在二维、三维实向量中的几何背景,然后给出一般的定义.

若平面向量 $\boldsymbol{a},\boldsymbol{b}$ 共线,则可以用向量运算描述为 $\boldsymbol{a}=k\boldsymbol{b}$ 或 $\boldsymbol{b}=l\boldsymbol{a}$.若空间向量 $\boldsymbol{a},\boldsymbol{b},\boldsymbol{c}$ 共面,则可以用向量运算描述为 $\boldsymbol{a}=k_1\boldsymbol{b}+k_2\boldsymbol{c}$ 或 $\boldsymbol{b}=l_1\boldsymbol{a}+l_2\boldsymbol{c}$ 或 $\boldsymbol{c}=m_1\boldsymbol{a}+m_2\boldsymbol{b}$.

在图 3.1 中,$\boldsymbol{c}=l_1\boldsymbol{a}+l_2\boldsymbol{b}$,在图 3.2 中,$\boldsymbol{a}=0\cdot\boldsymbol{b}+l_3\boldsymbol{c}$,在图 3.3 中,$\boldsymbol{\alpha}_1,\boldsymbol{\alpha}_2,\boldsymbol{\alpha}_3$ 不共面,其中任一个向量都不能由另外两个向量线性表示.

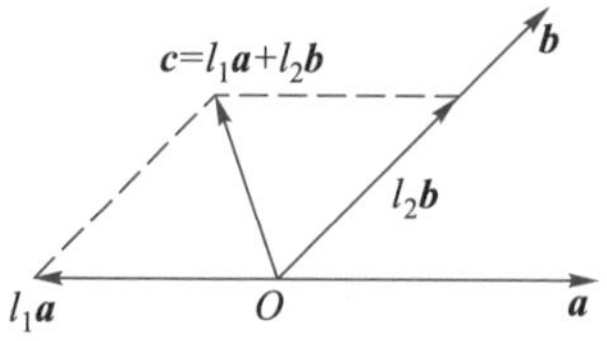

图 3.1

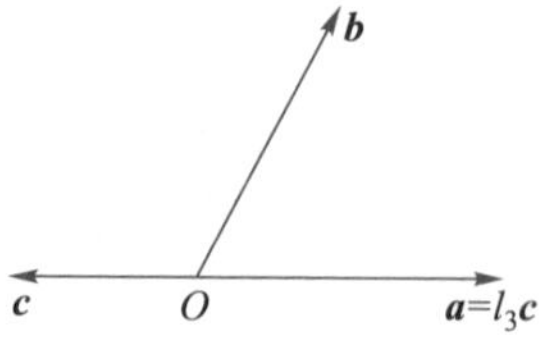

图 3.2

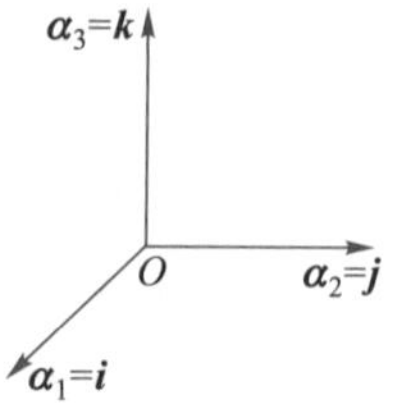

图 3.3

由此可见，平行的有向线段与共面的有向线段具有完全相似的代数特征，即**其中至少有一个向量可由其余向量线性表示**. 因此，n 维向量间的线性关系也可用这样的代数特征来描述.

定义 3.7　若向量组 $\boldsymbol{\alpha}_1,\boldsymbol{\alpha}_2,\cdots,\boldsymbol{\alpha}_m(m\geqslant 2)$ 中至少有一个向量可由其余 $m-1$ 个向量线性表示，则称向量组 $\boldsymbol{\alpha}_1,\boldsymbol{\alpha}_2,\cdots,\boldsymbol{\alpha}_m$ **线性相关**，否则称它们**线性无关**（即向量组中任何向量都不能由其余向量线性表示）.

例如　对三维向量组 $\boldsymbol{\alpha}_1=(1,2,3),\boldsymbol{\alpha}_2=(2,4,6),\boldsymbol{\alpha}_3=(3,1,-2)$，因为

$$\boldsymbol{\alpha}_2=2\boldsymbol{\alpha}_1+0\boldsymbol{\alpha}_3,$$

所以 $\boldsymbol{\alpha}_1,\boldsymbol{\alpha}_2,\boldsymbol{\alpha}_3$ 线性相关.

例 3.2.1 中的向量组 $\boldsymbol{\alpha}_1,\boldsymbol{\alpha}_2,\boldsymbol{\alpha}_3,\boldsymbol{\beta}$ 线性相关，图 3.1、图 3.2 中的向量组 $\boldsymbol{a},\boldsymbol{b},\boldsymbol{c}$ 线性相关，图 3.3 中的向量组 $\boldsymbol{\alpha}_1,\boldsymbol{\alpha}_2,\boldsymbol{\alpha}_3$ 线性无关.

因为 n 维单位向量组 $\boldsymbol{e}_1,\boldsymbol{e}_2,\cdots,\boldsymbol{e}_n$ 中任一向量都不能由其余向量线性表示，所以 n 维单位向量组线性无关.

下面我们进一步分析向量组线性相关的意义：

对几何上的二维或三维向量而言，向量组线性相关即为向量组共线或共面.

对两个 n 维向量 $\boldsymbol{\alpha},\boldsymbol{\beta}$ 而言，$\boldsymbol{\alpha},\boldsymbol{\beta}$ 线性相关意味着 $\boldsymbol{\beta}=k\boldsymbol{\alpha}$ 或 $\boldsymbol{\alpha}=l\boldsymbol{\beta}$（$k,l$ 为常数），即这两个向量为成比例的向量，或者说对应分量成比例.

方程组(3.1)与向量组 $\boldsymbol{\alpha}_1=(1,-1,1,1),\boldsymbol{\alpha}_2=(1,1,-1,0),\boldsymbol{\alpha}_3=(3,1,-1,1)$一一对应，因为 $\boldsymbol{\alpha}_3=\boldsymbol{\alpha}_1+2\boldsymbol{\alpha}_2$，所以 $\boldsymbol{\alpha}_3$ 对应的第 3 个方程为多余方程. 由定义 3.7 可知 $\boldsymbol{\alpha}_1,\boldsymbol{\alpha}_2,\boldsymbol{\alpha}_3$ 线性相关. 因此，从代数角度看，若向量组线性相关，则说明向量组中有“多余”向量，对应的方程组中有“多余”方程. 这也正是研究向量组线性相关性的意义所在.

3.3.2　判断向量组线性相关性的定理

定理 3.4　向量组 $\boldsymbol{\alpha}_1,\boldsymbol{\alpha}_2,\cdots,\boldsymbol{\alpha}_m(m\geqslant 2)$ 线性相关的充分必要条件是

存在不全为零的数 $k_1,k_2,\cdots,k_m$ **使** $k_1\boldsymbol{\alpha}_1+k_2\boldsymbol{\alpha}_2+\cdots+k_m\boldsymbol{\alpha}_m=\mathbf{0}$.

证明 必要性 设 $\boldsymbol{\alpha}_1,\boldsymbol{\alpha}_2,\cdots,\boldsymbol{\alpha}_m$ 线性相关,则 $\boldsymbol{\alpha}_1,\boldsymbol{\alpha}_2,\cdots,\boldsymbol{\alpha}_m$ 中至少有一个向量可由其余向量线性表示.不妨设

$$\boldsymbol{\alpha}_m=k_1\boldsymbol{\alpha}_1+k_2\boldsymbol{\alpha}_2+\cdots+k_{m-1}\boldsymbol{\alpha}_{m-1},$$

即

$$k_1\boldsymbol{\alpha}_1+k_2\boldsymbol{\alpha}_2+\cdots+k_{m-1}\boldsymbol{\alpha}_{m-1}-\boldsymbol{\alpha}_m=\mathbf{0},$$

因此存在不全为零的数 $k_1,k_2,\cdots,k_{m-1},-1$,使 $\boldsymbol{\alpha}_1,\boldsymbol{\alpha}_2,\cdots,\boldsymbol{\alpha}_m$ 的线性组合为零向量.

充分性 设存在不全为零的数 $k_1,k_2,\cdots,k_m$,使

$$k_1\boldsymbol{\alpha}_1+k_2\boldsymbol{\alpha}_2+\cdots+k_m\boldsymbol{\alpha}_m=\mathbf{0},$$

不妨设 $k_1\neq0$,则 $\boldsymbol{\alpha}_1=-\dfrac{1}{k_1}(k_2\boldsymbol{\alpha}_2+\cdots+k_m\boldsymbol{\alpha}_m)$,所以 $\boldsymbol{\alpha}_1,\boldsymbol{\alpha}_2,\cdots,\boldsymbol{\alpha}_m$ 线性相关.

证毕

注:(1) 定理 3.4 通常也认为是向量组线性相关的一个等价定义.

(2) 根据定理 3.4,可将向量组线性相关的概念推广到仅含一个向量的向量组.当向量组只含一个向量 $\boldsymbol{\alpha}$ 时,若 $\boldsymbol{\alpha}=\mathbf{0}$,则称 $\boldsymbol{\alpha}$ 线性相关;若 $\boldsymbol{\alpha}\neq\mathbf{0}$,则称 $\boldsymbol{\alpha}$ 线性无关.因此定理 3.4 对 $m=1$ 也成立.

(3) 根据定理 3.4,向量组 $\boldsymbol{\alpha}_1,\boldsymbol{\alpha}_2,\cdots,\boldsymbol{\alpha}_m$ 线性无关的充分必要条件是没有不全为零的数 $k_1,k_2,\cdots,k_m$,使 $k_1\boldsymbol{\alpha}_1+k_2\boldsymbol{\alpha}_2+\cdots+k_m\boldsymbol{\alpha}_m=\mathbf{0}$,也就是只有当 $k_1,k_2,\cdots,k_m$ 全为零时,等式 $k_1\boldsymbol{\alpha}_1+k_2\boldsymbol{\alpha}_2+\cdots+k_m\boldsymbol{\alpha}_m=\mathbf{0}$ 才成立,即若 $k_1\boldsymbol{\alpha}_1+k_2\boldsymbol{\alpha}_2+\cdots+k_m\boldsymbol{\alpha}_m=\mathbf{0}$,则 $k_1,k_2,\cdots,k_m$ 必须全为零.

例 3.3.1 判断下列向量组的线性相关性:

(1) $\boldsymbol{\beta}_1=(1,a,a^2)$,$\boldsymbol{\beta}_2=(1,b,b^2)$,$\boldsymbol{\beta}_3=(1,c,c^2)$ (a,b,c 互不相等);

(2) $\boldsymbol{\alpha}_1=(1,2,-1)$,$\boldsymbol{\alpha}_2=(2,-3,1)$,$\boldsymbol{\alpha}_3=(4,1,-1)$.

解 (1) 设有 k_1,k_2,k_3 使

$$k_1\boldsymbol{\beta}_1+k_2\boldsymbol{\beta}_2+k_3\boldsymbol{\beta}_3=\mathbf{0},$$

则 $k_1(1,a,a^2)+k_2(1,b,b^2)+k_3(1,c,c^2)=(0,0,0)$,即

$$(k_1+k_2+k_3,k_1a+k_2b+k_3c,k_1a^2+k_2b^2+k_3c^2)=(0,0,0),$$

于是有方程组

$$\begin{cases}k_1+k_2+k_3=0,\\k_1a+k_2b+k_3c=0,\\k_1a^2+k_2b^2+k_3c^2=0,\end{cases}$$

因为方程组的系数行列式

$$D=\begin{vmatrix}1&1&1\\a&b&c\\a^2&b^2&c^2\end{vmatrix}=(b-a)(c-a)(c-b)\neq0,$$

所以上述齐次方程组只有零解，因而 $\boldsymbol{\beta}_1,\boldsymbol{\beta}_2,\boldsymbol{\beta}_3$ 线性无关.

(2) 设有 k_1,k_2,k_3 使

$$k_1\boldsymbol{\alpha}_1+k_2\boldsymbol{\alpha}_2+k_3\boldsymbol{\alpha}_3=\boldsymbol{0},$$

则 $k_1(1,2,-1)+k_2(2,-3,1)+k_3(4,1,-1)=(0,0,0)$，即

$$(k_1+2k_2+4k_3,2k_1-3k_2+k_3,-k_1+k_2-k_3)=(0,0,0),$$

于是有方程组

$$\begin{cases}k_1+2k_2+4k_3=0,\\2k_1-3k_2+k_3=0,\\-k_1+k_2-k_3=0,\end{cases}$$

因为方程组的系数行列式

$$D=\begin{vmatrix}1&2&4\\2&-3&1\\-1&1&-1\end{vmatrix}=0,$$

所以上述方程组有非零解，因而 $\boldsymbol{\alpha}_1,\boldsymbol{\alpha}_2,\boldsymbol{\alpha}_3$ 线性相关.

例 3.3.2　在空间直角坐标系中，判断如下四点 A,B,C,D 是否共面：

(1) $A(1,1,1),B(1,2,3),C(1,4,9),D(1,8,27)$；

(2) $A(1,1,1),B(1,2,3),C(2,5,8),D(3,7,15)$.

解　(1) $\overrightarrow{AB}=(0,1,2),\overrightarrow{AC}=(0,3,8),\overrightarrow{AD}=(0,7,26)$,

A,B,C,D 共面 $\Leftrightarrow\overrightarrow{AB},\overrightarrow{AC},\overrightarrow{AD}$ 共面 $\Leftrightarrow\overrightarrow{AB},\overrightarrow{AC},\overrightarrow{AD}$ 线性相关 $\Leftrightarrow$ 方程组 $x_1\overrightarrow{AB}+x_2\overrightarrow{AC}+x_3\overrightarrow{AD}=\boldsymbol{0}$ 有非零解 (x_1,x_2,x_3).

此方程组即

$$\begin{cases}x_1+3x_2+7x_3=0,\\2x_1+8x_2+26x_3=0,\end{cases}$$

取 $x_3=1$，解方程组

$$\begin{cases}x_1+3x_2=-7,\\2x_1+8x_2=-26,\end{cases}$$

得 $x_1=11,x_2=-6$，所以 $11\overrightarrow{AB}-6\overrightarrow{AC}+\overrightarrow{AD}=\boldsymbol{0}$，说明向量 $\overrightarrow{AB},\overrightarrow{AC},\overrightarrow{AD}$ 线性相关，因此，A,B,C,D 共面.

(2) $\overrightarrow{AB}=(0,1,2),\overrightarrow{AC}=(1,4,7),\overrightarrow{AD}=(2,6,14)$,

解方程组

$$x_1\overrightarrow{AB}+x_2\overrightarrow{AC}+x_3\overrightarrow{AD}=\boldsymbol{0},$$

即

$$\begin{cases} x_2+2x_3=0, \\ x_1+4x_2+6x_3=0, \\ 2x_1+7x_2+14x_3=0, \end{cases}$$

因为其系数行列式

$$D=\begin{vmatrix} 0 & 1 & 2 \\ 1 & 4 & 6 \\ 2 & 7 & 14 \end{vmatrix}=-4\neq 0.$$

所以方程组仅有零解.说明$\overrightarrow{AB},\overrightarrow{AC},\overrightarrow{AD}$线性无关,从而 A,B,C,D 不共面.

定理 3.5　若向量组的一部分向量线性相关,则整个向量组也线性相关.

证明　设有向量组 $\boldsymbol{\alpha}_1,\boldsymbol{\alpha}_2,\cdots,\boldsymbol{\alpha}_m$,不妨假设前 s 个向量 $\boldsymbol{\alpha}_1,\boldsymbol{\alpha}_2,\cdots,\boldsymbol{\alpha}_s$ 线性相关,则存在不全为零的数 $k_1,k_2,\cdots,k_s$ 使

$$k_1\boldsymbol{\alpha}_1+k_2\boldsymbol{\alpha}_2+\cdots+k_s\boldsymbol{\alpha}_s=\mathbf{0},$$

于是

$$k_1\boldsymbol{\alpha}_1+k_2\boldsymbol{\alpha}_2+\cdots+k_s\boldsymbol{\alpha}_s+0\boldsymbol{\alpha}_{s+1}+\cdots+0\boldsymbol{\alpha}_m=\mathbf{0},$$

而 $k_1,k_2,\cdots,k_s,0,\cdots,0$ 不全为零,所以 $\boldsymbol{\alpha}_1,\boldsymbol{\alpha}_2,\cdots,\boldsymbol{\alpha}_m$ 线性相关.　　证毕

由于单独一个零向量线性相关,因而有

推论 3.1　含有零向量的向量组线性相关.

对定理 3.5,我们换个说法有

推论 3.2　若向量组线性无关,则它的任意部分向量组也线性无关.

定理 3.5 及推论 3.2 可通俗地描述为“部分相关⇒整体相关”“整体无关⇒部分无关”.

定理 3.6　设有两个向量组

$$\boldsymbol{\alpha}_i=(a_{i1},a_{i2},\cdots,a_{im})\ (i=1,2,\cdots,r),$$
$$\boldsymbol{\beta}_i=(a_{i1},a_{i2},\cdots,a_{im},a_{i,m+1})\ (i=1,2,\cdots,r),$$

即 $\boldsymbol{\beta}_i$ 是由 $\boldsymbol{\alpha}_i$ 添加一个分量而得,若向量组 $\boldsymbol{\alpha}_1,\boldsymbol{\alpha}_2,\cdots,\boldsymbol{\alpha}_r$ 线性无关,则其接长向量组 $\boldsymbol{\beta}_1,\boldsymbol{\beta}_2,\cdots,\boldsymbol{\beta}_r$ 也线性无关.

证明　用反证法证明,假设 $\boldsymbol{\beta}_1,\boldsymbol{\beta}_2,\cdots,\boldsymbol{\beta}_r$ 线性相关,则存在不全为零的数 $k_1,k_2,\cdots,k_r$ 使

$$k_1\boldsymbol{\beta}_1+k_2\boldsymbol{\beta}_2+\cdots+k_r\boldsymbol{\beta}_r=\mathbf{0},$$

即

$$\begin{cases} k_1a_{11}+k_2a_{21}+\cdots+k_ra_{r1}=0, \\ k_1a_{12}+k_2a_{22}+\cdots+k_ra_{r2}=0, \\ \cdots\cdots\cdots\cdots \\ k_1a_{1m}+k_2a_{2m}+\cdots+k_ra_{rm}=0, \\ k_1a_{1,m+1}+k_2a_{2,m+1}+\cdots+k_ra_{r,m+1}=0, \end{cases}$$

上式前 m 个方程表示 $k_1\boldsymbol{\alpha}_1+k_2\boldsymbol{\alpha}_2+\cdots+k_r\boldsymbol{\alpha}_r=\mathbf{0}$，即 $\boldsymbol{\alpha}_1,\boldsymbol{\alpha}_2,\cdots,\boldsymbol{\alpha}_r$ 线性相关，与已知条件矛盾，因而 $\boldsymbol{\beta}_1,\boldsymbol{\beta}_2,\cdots,\boldsymbol{\beta}_r$ 线性无关. 证毕

定理 3.6 也可等价地描述为

推论 3.3　如果向量组 $\boldsymbol{\beta}_1,\boldsymbol{\beta}_2,\cdots,\boldsymbol{\beta}_r$ 线性相关，那么其截短向量组 $\boldsymbol{\alpha}_1,\boldsymbol{\alpha}_2,\cdots,\boldsymbol{\alpha}_r$ 必线性相关.

由定理 3.6 的证明过程可知，若向量组

$$\boldsymbol{\beta}_i=(a_{i1},a_{i2},\cdots,a_{im},a_{i,m+1},a_{i,m+2})\quad(i=1,2,\cdots,r),$$

则当 $\boldsymbol{\alpha}_1,\boldsymbol{\alpha}_2,\cdots,\boldsymbol{\alpha}_r$ 线性无关时，$\boldsymbol{\beta}_1,\boldsymbol{\beta}_2,\cdots,\boldsymbol{\beta}_r$ 也线性无关.一般有

推论 3.4　若 n 维向量组 $\boldsymbol{\alpha}_1,\boldsymbol{\alpha}_2,\cdots,\boldsymbol{\alpha}_m$ 线性无关，则在每一个向量上添加 r 个分量得到的 $n+r$ 维向量组 $\boldsymbol{\beta}_1,\boldsymbol{\beta}_2,\cdots,\boldsymbol{\beta}_m$ 也线性无关.

定理 3.6 及推论 3.3、推论 3.4 可通俗地描述为“短无关⇒接长无关”“长相关⇒截短相关”.

例 3.3.3　判断下列向量组的线性相关性：

(1) $\boldsymbol{\alpha}_1=(1,2,3)$，　$\boldsymbol{\alpha}_2=(0,0,0)$，　$\boldsymbol{\alpha}_3=(4,5,6)$；

(2) $\boldsymbol{\beta}_1=(1,2,3)$，　$\boldsymbol{\beta}_2=(2,4,6)$，　$\boldsymbol{\beta}_3=(7,8,9)$；

(3) $\boldsymbol{\gamma}_1=(1,2)$，　$\boldsymbol{\gamma}_2=(2,4)$，　$\boldsymbol{\gamma}_3=(7,8)$.

解　(1) 因为向量组 $\boldsymbol{\alpha}_1,\boldsymbol{\alpha}_2,\boldsymbol{\alpha}_3$ 中含有零向量，根据推论 3.1，$\boldsymbol{\alpha}_1,\boldsymbol{\alpha}_2,\boldsymbol{\alpha}_3$ 线性相关；

(2) 因为 $\boldsymbol{\beta}_1,\boldsymbol{\beta}_2$ 对应分量成比例，所以 $\boldsymbol{\beta}_1,\boldsymbol{\beta}_2$ 线性相关，根据定理 3.5，$\boldsymbol{\beta}_1,\boldsymbol{\beta}_2,\boldsymbol{\beta}_3$ 线性相关；

(3) 因为 $\boldsymbol{\beta}_1,\boldsymbol{\beta}_2,\boldsymbol{\beta}_3$ 线性相关，所以根据推论 3.3，其截短向量组 $\boldsymbol{\gamma}_1,\boldsymbol{\gamma}_2,\boldsymbol{\gamma}_3$ 线性相关.

在空间直角坐标系中，任取一点 $A(a_x,a_y,a_z)$，点 A 对应唯一向量 $\overrightarrow{OA}=(a_x,a_y,a_z)$，$a_x,a_y,a_z$ 可看作向量 $\overrightarrow{OA}$ 在三个坐标轴上的投影，$\overrightarrow{OA}$ 还可唯一表示为

$$\overrightarrow{OA}=a_x\boldsymbol{i}+a_y\boldsymbol{j}+a_z\boldsymbol{k},$$

其中 $\boldsymbol{i},\boldsymbol{j},\boldsymbol{k}$ 分别为 x,y,z 方向的单位向量.显然 $\boldsymbol{i},\boldsymbol{j},\boldsymbol{k}$ 线性无关，而 $\overrightarrow{OA},\boldsymbol{i},\boldsymbol{j},\boldsymbol{k}$ 线性相关.此结论的意义在于三维空间中任一向量都可由 $\boldsymbol{i},\boldsymbol{j},\boldsymbol{k}$ 线性表

示，且表示式唯一，这为向量的代数运算带来极大方便.对于一般的 n 维向量，是否也有类似的结论？下面的定理 3.7 给出了肯定的回答.

定理 3.7 设向量组 $\boldsymbol{\alpha}_1,\boldsymbol{\alpha}_2,\cdots,\boldsymbol{\alpha}_m$ 线性无关，而 $\boldsymbol{\alpha}_1,\boldsymbol{\alpha}_2,\cdots,\boldsymbol{\alpha}_m,\boldsymbol{\beta}$ 线性相关，则 $\boldsymbol{\beta}$ 能由 $\boldsymbol{\alpha}_1,\boldsymbol{\alpha}_2,\cdots,\boldsymbol{\alpha}_m$ 线性表示，且表示式唯一.

证明 首先证明 $\boldsymbol{\beta}$ 可由 $\boldsymbol{\alpha}_1,\boldsymbol{\alpha}_2,\cdots,\boldsymbol{\alpha}_m$ 线性表示.因为 $\boldsymbol{\alpha}_1,\boldsymbol{\alpha}_2,\cdots,\boldsymbol{\alpha}_m,\boldsymbol{\beta}$ 线性相关，由定理 3.4 知，存在不全为零的数 $k_1,k_2,\cdots,k_m,k$ 使

$$k_1\boldsymbol{\alpha}_1+k_2\boldsymbol{\alpha}_2+\cdots+k_m\boldsymbol{\alpha}_m+k\boldsymbol{\beta}=\mathbf{0},$$

要证 $\boldsymbol{\beta}$ 能由 $\boldsymbol{\alpha}_1,\boldsymbol{\alpha}_2,\cdots,\boldsymbol{\alpha}_m$ 线性表示，只需证明 $k\neq0$. 用反证法证明，假设 $k=0$，则 $k_1,k_2,\cdots,k_m$ 不全为零，且

$$k_1\boldsymbol{\alpha}_1+k_2\boldsymbol{\alpha}_2+\cdots+k_m\boldsymbol{\alpha}_m=\mathbf{0},$$

与 $\boldsymbol{\alpha}_1,\boldsymbol{\alpha}_2,\cdots,\boldsymbol{\alpha}_m$ 线性无关矛盾，因此 $k\neq0$，所以 $\boldsymbol{\beta}=-\dfrac{k_1}{k}\boldsymbol{\alpha}_1-\dfrac{k_2}{k}\boldsymbol{\alpha}_2-\cdots-\dfrac{k_m}{k}\boldsymbol{\alpha}_m$，即 $\boldsymbol{\beta}$ 可由 $\boldsymbol{\alpha}_1,\boldsymbol{\alpha}_2,\cdots,\boldsymbol{\alpha}_m$ 线性表示.

再证表示式唯一.设 $\boldsymbol{\beta}$ 有两个表示式

$$\boldsymbol{\beta}=\lambda_1\boldsymbol{\alpha}_1+\lambda_2\boldsymbol{\alpha}_2+\cdots+\lambda_m\boldsymbol{\alpha}_m,\ \boldsymbol{\beta}=\mu_1\boldsymbol{\alpha}_1+\mu_2\boldsymbol{\alpha}_2+\cdots+\mu_m\boldsymbol{\alpha}_m,$$

两式相减，即得

$$(\lambda_1-\mu_1)\boldsymbol{\alpha}_1+(\lambda_2-\mu_2)\boldsymbol{\alpha}_2+\cdots+(\lambda_m-\mu_m)\boldsymbol{\alpha}_m=\mathbf{0},$$

因为 $\boldsymbol{\alpha}_1,\boldsymbol{\alpha}_2,\cdots,\boldsymbol{\alpha}_m$ 线性无关，所以 $\lambda_i-\mu_i=0(i=1,2,\cdots,m)$，即

$$\lambda_i=\mu_i\quad(i=1,2,\cdots,m).$$

证毕

思考：在定理 3.7 中，若向量组中含有更多向量甚至无穷多个向量，那么能否在向量组中找到一组线性无关的向量，使向量组中任一向量都可由这组线性无关的向量线性表示？这个问题将在 3.4 节、3.5 节得到解决.

定理 3.8 如果向量组 $\boldsymbol{\alpha}_1,\boldsymbol{\alpha}_2,\cdots,\boldsymbol{\alpha}_r$ 可以由向量组 $\boldsymbol{\beta}_1,\boldsymbol{\beta}_2,\cdots,\boldsymbol{\beta}_s$ 线性表示，且 $r>s$，那么向量组 $\boldsymbol{\alpha}_1,\boldsymbol{\alpha}_2,\cdots,\boldsymbol{\alpha}_r$ 线性相关.

证明 因为向量组 $\boldsymbol{\alpha}_1,\boldsymbol{\alpha}_2,\cdots,\boldsymbol{\alpha}_r$ 可以由向量组 $\boldsymbol{\beta}_1,\boldsymbol{\beta}_2,\cdots,\boldsymbol{\beta}_s$ 线性表示，所以存在矩阵 $\boldsymbol{K}=(k_{ij})_{s\times r}$，使

$$(\boldsymbol{\alpha}_1,\boldsymbol{\alpha}_2,\cdots,\boldsymbol{\alpha}_r)=(\boldsymbol{\beta}_1,\boldsymbol{\beta}_2,\cdots,\boldsymbol{\beta}_s)\begin{pmatrix}k_{11}&k_{12}&\cdots&k_{1r}\\k_{21}&k_{22}&\cdots&k_{2r}\\\vdots&\vdots&&\vdots\\k_{s1}&k_{s2}&\cdots&k_{sr}\end{pmatrix},\tag{3.8}$$

欲证向量组 $\boldsymbol{\alpha}_1,\boldsymbol{\alpha}_2,\cdots,\boldsymbol{\alpha}_r$ 线性相关，只需证存在不全为零的数 x_1，

$x_2,\cdots,x_r$ 使

$$x_1\boldsymbol{\alpha}_1+x_2\boldsymbol{\alpha}_2+\cdots+x_r\boldsymbol{\alpha}_r=\boldsymbol{0},$$

即

$$(\boldsymbol{\alpha}_1,\boldsymbol{\alpha}_2,\cdots,\boldsymbol{\alpha}_r)\begin{pmatrix}x_1\\x_2\\\vdots\\x_r\end{pmatrix}=\boldsymbol{0},\tag{3.9}$$

将式(3.8)代入式(3.9)得

$$(\boldsymbol{\beta}_1,\boldsymbol{\beta}_2,\cdots,\boldsymbol{\beta}_s)\begin{pmatrix}k_{11}&k_{12}&\cdots&k_{1r}\\k_{21}&k_{22}&\cdots&k_{2r}\\\vdots&\vdots&&\vdots\\k_{s1}&k_{s2}&\cdots&k_{sr}\end{pmatrix}\begin{pmatrix}x_1\\x_2\\\vdots\\x_r\end{pmatrix}=\boldsymbol{0},\tag{3.10}$$

如果存在不全为零的数 $x_1,x_2,\cdots,x_r$ 使

$$\begin{pmatrix}k_{11}&k_{12}&\cdots&k_{1r}\\k_{21}&k_{22}&\cdots&k_{2r}\\\vdots&\vdots&&\vdots\\k_{s1}&k_{s2}&\cdots&k_{sr}\end{pmatrix}\begin{pmatrix}x_1\\x_2\\\vdots\\x_r\end{pmatrix}=\boldsymbol{0},\tag{3.11}$$

即齐次线性方程组(3.11)有非零解,那么可得结论.因为 $s<r$,所以(3.11)有非零解(可参照第 4 章推论 4.3). 证毕

定理 3.8 的几何意义是明显的,在三维向量的情形,如果 $s=2$,那么可以由向量 $\boldsymbol{\beta}_1,\boldsymbol{\beta}_2$ 线性表出的向量当然都在由 $\boldsymbol{\beta}_1,\boldsymbol{\beta}_2$ 所确定的平面上,因而这些向量是共面的.如果 $r>2$,那么由于这些向量共面,因而它们线性相关.

由定理 3.8 可得

推论 3.5 任意 $n+1$ 个 n 维向量必线性相关.

事实上,每个 n 维向量都可以被 n 维单位向量组 $\boldsymbol{e}_1,\boldsymbol{e}_2,\cdots,\boldsymbol{e}_n$ 线性表示,由于 $n+1>n$,因而任意 $n+1$ 个 n 维向量必线性相关.

更一般地有

推论 3.6 当 $m>n$ 时,m 个 n 维向量组 $\boldsymbol{\alpha}_1,\boldsymbol{\alpha}_2,\cdots,\boldsymbol{\alpha}_m$ 必线性相关.

由定理 3.8 可得其等价命题

推论 3.7 设有两个 n 维向量组

$$(\mathrm{A}):\boldsymbol{\alpha}_1,\boldsymbol{\alpha}_2,\cdots,\boldsymbol{\alpha}_r \qquad (\mathrm{B}):\boldsymbol{\beta}_1,\boldsymbol{\beta}_2,\cdots,\boldsymbol{\beta}_s$$

若向量组(A)可由向量组(B)线性表示,且向量组(A)线性无关,则 $r\leqslant s$.

进而有

推论 3.8 两个等价的线性无关向量组所含向量的个数相等.

证明 设 $\boldsymbol{\alpha}_1,\boldsymbol{\alpha}_2,\cdots,\boldsymbol{\alpha}_r$和 $\boldsymbol{\beta}_1,\boldsymbol{\beta}_2,\cdots,\boldsymbol{\beta}_s$是两个等价的线性无关向量组,则由推论 3.7,有 $r\leqslant s$ 且 $s\leqslant r$,故 $r=s$. 证毕

思考:推论 3.8 的逆命题成立吗? 即“若两个线性无关的向量组所含向量的个数相等,则这两个向量组等价”是否成立? 答案是不一定,请读者举例说明.

习题 3-3

1. 单项选择题

(1) 下列说法错误的是(　　).

A. 包含零向量的向量组必线性相关

B. 线性无关向量组的任意部分组也线性无关

C. 线性相关向量组的任意部分组也线性相关

D. 线性无关向量组各个向量都添加相同个数的分量后所得向量组也线性无关

(2) 设 $\boldsymbol{\alpha}_1,\boldsymbol{\alpha}_2,\cdots,\boldsymbol{\alpha}_m$ 均为 n 维向量,下列说法正确的是(　　).

A. 若 $\boldsymbol{\alpha}_1,\boldsymbol{\alpha}_2,\cdots,\boldsymbol{\alpha}_m$ 线性相关,$\boldsymbol{\alpha}_m$ 不能由 $\boldsymbol{\alpha}_1,\boldsymbol{\alpha}_2,\cdots,\boldsymbol{\alpha}_{m-1}$线性表示,则 $\boldsymbol{\alpha}_1,\boldsymbol{\alpha}_2,\cdots,\boldsymbol{\alpha}_{m-1}$线性相关

B. 若 $\boldsymbol{\alpha}_m$ 不能由 $\boldsymbol{\alpha}_1,\boldsymbol{\alpha}_2,\cdots,\boldsymbol{\alpha}_{m-1}$线性表示,则 $\boldsymbol{\alpha}_1,\boldsymbol{\alpha}_2,\cdots,\boldsymbol{\alpha}_m$ 线性无关

C. 若向量组 $\boldsymbol{\alpha}_1,\boldsymbol{\alpha}_2,\cdots,\boldsymbol{\alpha}_m$ 中任意 $m-1$ 个向量都线性无关,则 $\boldsymbol{\alpha}_1,\boldsymbol{\alpha}_2,\cdots,\boldsymbol{\alpha}_m$ 线性无关

D. 零向量不能由 $\boldsymbol{\alpha}_1,\boldsymbol{\alpha}_2,\cdots,\boldsymbol{\alpha}_m$ 线性表示

(3) n 维向量组 $\boldsymbol{\alpha}_1,\boldsymbol{\alpha}_2,\cdots,\boldsymbol{\alpha}_m$ 线性无关的充分必要条件是(　　).

A. 存在一组全为零的数 $k_1,k_2,\cdots,k_m$,使 $k_1\boldsymbol{\alpha}_1+k_2\boldsymbol{\alpha}_2+\cdots+k_m\boldsymbol{\alpha}_m=\mathbf{0}$

B. 向量组 $\boldsymbol{\alpha}_1,\boldsymbol{\alpha}_2,\cdots,\boldsymbol{\alpha}_m$ 中任意一个向量都不能由其余向量线性表示

C. 向量组 $\boldsymbol{\alpha}_1,\boldsymbol{\alpha}_2,\cdots,\boldsymbol{\alpha}_m$ 中任意两个向量都线性无关

D. 存在不全为零的数 $k_1,k_2,\cdots,k_m$,使 $k_1\boldsymbol{\alpha}_1+k_2\boldsymbol{\alpha}_2+\cdots+k_m\boldsymbol{\alpha}_m=\mathbf{0}$

(4) 设向量组 $\boldsymbol{\alpha}_1,\boldsymbol{\alpha}_2,\cdots,\boldsymbol{\alpha}_r$ 可由向量组 $\boldsymbol{\beta}_1,\boldsymbol{\beta}_2,\cdots,\boldsymbol{\beta}_s$ 线性表示,则下列说法正确的是(　　)

A. $\boldsymbol{\alpha}_1,\boldsymbol{\alpha}_2,\cdots,\boldsymbol{\alpha}_r$ 线性无关,则 $r\leqslant s$

B. $\boldsymbol{\alpha}_1,\boldsymbol{\alpha}_2,\cdots,\boldsymbol{\alpha}_r$ 线性相关,则 $r\geqslant s$

C. $\boldsymbol{\beta}_1,\boldsymbol{\beta}_2,\cdots,\boldsymbol{\beta}_s$ 线性无关,则 $r\leqslant s$

D. $\boldsymbol{\beta}_1,\boldsymbol{\beta}_2,\cdots,\boldsymbol{\beta}_s$ 线性相关,则 $r\geqslant s$

(5) 向量组Ⅰ:$\boldsymbol{\alpha}_1,\boldsymbol{\alpha}_2,\cdots,\boldsymbol{\alpha}_r$ 可由向量组Ⅱ:$\boldsymbol{\beta}_1,\boldsymbol{\beta}_2,\cdots,\boldsymbol{\beta}_s$ 线性表示,

则(　　).

A. 当 $r<s$ 时,向量组Ⅱ必线性相关

B. 当 $r>s$ 时,向量组Ⅱ必线性相关

C. 当 $r<s$ 时,向量组Ⅰ必线性相关

D. 当 $r>s$ 时,向量组Ⅰ必线性相关

2. 填空题

(1) 设向量组 $\boldsymbol{\alpha}_1=(1,2,3),\boldsymbol{\alpha}_2=(2,1,6),\boldsymbol{\alpha}_3=(3,4,a)$ 线性相关,则 $a=$(　　).

(2) 设向量组 $\boldsymbol{\alpha}=\begin{pmatrix} t \\ -\frac{1}{2} \\ -\frac{1}{2} \end{pmatrix},\boldsymbol{\beta}=\begin{pmatrix} -\frac{1}{2} \\ t \\ -\frac{1}{2} \end{pmatrix},\gamma=\begin{pmatrix} -\frac{1}{2} \\ -\frac{1}{2} \\ t \end{pmatrix}$ 线性无关,则 t 的取值范围为________.

3. 若向量组 $\boldsymbol{\alpha}_1,\boldsymbol{\alpha}_2,\boldsymbol{\alpha}_3$ 线性无关,证明:向量组 $\boldsymbol{\alpha}_1+\boldsymbol{\alpha}_2,\boldsymbol{\alpha}_2+\boldsymbol{\alpha}_3,\boldsymbol{\alpha}_3+\boldsymbol{\alpha}_1$ 也线性无关.

4. 设向量 $\boldsymbol{\beta}$ 可由向量组 $\boldsymbol{\alpha}_1,\boldsymbol{\alpha}_2,\cdots,\boldsymbol{\alpha}_m$ 线性表示,且表示式唯一,证明:向量组 $\boldsymbol{\alpha}_1,\boldsymbol{\alpha}_2,\cdots,\boldsymbol{\alpha}_m$ 线性无关.

习题答案与提示 3-3

3.4　向量组的秩

我们在 3.3 节中看到,向量组 $\boldsymbol{\alpha}_1=(1,2,3),\boldsymbol{\alpha}_2=(2,4,6),\boldsymbol{\alpha}_3=(3,1,-2)$ 线性相关,而 $\boldsymbol{\alpha}_1,\boldsymbol{\alpha}_3$ 线性无关,且向量组中任意向量都可以由 $\boldsymbol{\alpha}_1,\boldsymbol{\alpha}_3$ 线性表示.同样,$\boldsymbol{\alpha}_2,\boldsymbol{\alpha}_3$ 也具有这样的性质.我们还看到,n 维单位向量组 $\boldsymbol{e}_1,\boldsymbol{e}_2,\cdots,\boldsymbol{e}_n$ 线性无关,且任意的 n 维实向量都可以由单位向量组 $\boldsymbol{e}_1,\boldsymbol{e}_2,\cdots,\boldsymbol{e}_n$ 线性表示.受此启发,那么对于一般的向量组,是否也能从中选出线性无关的部分向量组,使向量组的任意向量都可以由这个"部分向量组"线性表示?即以"部分代整体",而不必考虑其他"多余"的向量.本节首先介绍向量组的极大线性无关组的概念,在此基础上给出向量组秩的定义,进而讨论向量组秩的性质及向量组的秩与矩阵秩之间的关系.

3.4.1 向量组的极大线性无关组

定义 3.8 设向量组(A)：$\boldsymbol{\alpha}_1,\boldsymbol{\alpha}_2,\cdots,\boldsymbol{\alpha}_m$，如果能从向量组(A)中选出 r 个向量，不妨设为 $\boldsymbol{\alpha}_1,\boldsymbol{\alpha}_2,\cdots,\boldsymbol{\alpha}_r$ 满足：

(1) $\boldsymbol{\alpha}_1,\boldsymbol{\alpha}_2,\cdots,\boldsymbol{\alpha}_r$ 线性无关；

(2) (A)中任一向量 $\boldsymbol{\alpha}_i(i=1,2,\cdots,m)$ 可由 $\boldsymbol{\alpha}_1,\boldsymbol{\alpha}_2,\cdots,\boldsymbol{\alpha}_r$ 线性表示，那么称 $\boldsymbol{\alpha}_1,\boldsymbol{\alpha}_2,\cdots,\boldsymbol{\alpha}_r$ 为向量组(A)的一个**极大线性无关组**，简称**极大无关组**.

例 3.4.1 求 $\mathbf{R}^n$ 的一个极大线性无关组.

解 由于 n 维单位向量组 $\boldsymbol{e}_1=(1,0,\cdots,0),\boldsymbol{e}_2=(0,1,0,\cdots,0),\cdots,\boldsymbol{e}_n=(0,0,\cdots,0,1)$ 线性无关，而 $\mathbf{R}^n$ 中任一 n 维向量 $\boldsymbol{\alpha}=(x_1,x_2,\cdots,x_n)$ 都可由 $\boldsymbol{e}_1,\boldsymbol{e}_2,\cdots,\boldsymbol{e}_n$ 线性表示，即

$$\boldsymbol{\alpha}=x_1\boldsymbol{e}_1+x_2\boldsymbol{e}_2+\cdots+x_n\boldsymbol{e}_n,$$

从而 $\boldsymbol{e}_1,\boldsymbol{e}_2,\cdots,\boldsymbol{e}_n$ 为 $\mathbf{R}^n$ 的一个极大无关组.

实际上，$\mathbf{R}^n$ 中任一含 n 个线性无关的向量的向量组都是 $\mathbf{R}^n$ 的一个极大无关组.

思考：定义 3.8 中的第(2)条能否等价地描述为

(2)′ 在向量组(A)中任取向量 $\boldsymbol{\beta}\neq\boldsymbol{\alpha}_i(i=1,2,\cdots,r)$，则 $\boldsymbol{\beta},\boldsymbol{\alpha}_1,\boldsymbol{\alpha}_2,\cdots,\boldsymbol{\alpha}_r$ 线性相关.

事实上，如果向量 $\boldsymbol{\beta}$ 存在，那么答案是肯定的.因此，向量组的极大无关组就是向量组内所含向量个数最多的线性无关向量组.

显然，一个线性无关组的极大无关组就是它本身.而仅含零向量的向量组不存在极大无关组.

例 3.4.2 求向量组 $\boldsymbol{\alpha}_1=(1,0,0),\boldsymbol{\alpha}_2=(0,1,0),\boldsymbol{\alpha}_3=(1,2,0)$ 的一个极大无关组.

解 因为 $\boldsymbol{\alpha}_3=\boldsymbol{\alpha}_1+2\boldsymbol{\alpha}_2$，所以 $\boldsymbol{\alpha}_1,\boldsymbol{\alpha}_2,\boldsymbol{\alpha}_3$ 线性相关，而 $\boldsymbol{\alpha}_1,\boldsymbol{\alpha}_2$ 线性无关.因而 $\boldsymbol{\alpha}_1,\boldsymbol{\alpha}_2$ 为 $\boldsymbol{\alpha}_1,\boldsymbol{\alpha}_2,\boldsymbol{\alpha}_3$ 的一个极大无关组.

不难验证，$\boldsymbol{\alpha}_2,\boldsymbol{\alpha}_3$ 和 $\boldsymbol{\alpha}_1,\boldsymbol{\alpha}_3$ 也是向量组 $\boldsymbol{\alpha}_1,\boldsymbol{\alpha}_2,\boldsymbol{\alpha}_3$ 的极大无关组.

由上两例可以看出，向量组的极大无关组不一定唯一，但每个极大无关组所含向量的个数相同，这种现象并非偶然，通过下面几个结论我们将证实这一点.

由定义 3.8 可知，向量组(A)的任一向量都可由其极大无关组 $\boldsymbol{\alpha}_1,\boldsymbol{\alpha}_2,\cdots,\boldsymbol{\alpha}_r$ 线性表示，显然，$\boldsymbol{\alpha}_1,\boldsymbol{\alpha}_2,\cdots,\boldsymbol{\alpha}_r$ 可由(A)线性表示，由此得到

定理 3.9 向量组与它的任一极大无关组等价.

根据等价关系的传递性，有

推论 3.9　向量组的任意两个极大无关组是等价的.

推论 3.10　两个向量组等价当且仅当它们的极大无关组等价.

再由推论 3.8 及推论 3.9,可得

推论 3.11　向量组的任意两个极大无关组所含向量的个数相同.

此推论表明:向量组的极大无关组所含向量的个数与极大无关组的选择无关,它是向量组本身的一种属性,我们用向量组的“秩”来表征这一特征属性.

3.4.2　向量组的秩

定义 3.9　向量组的极大线性无关组所含向量的个数称为这个向量组的**秩**(rank of a vector set).向量组 $\boldsymbol{\alpha}_1,\boldsymbol{\alpha}_2,\cdots,\boldsymbol{\alpha}_m$ 的秩记为 $R(\boldsymbol{\alpha}_1,\boldsymbol{\alpha}_2,\cdots,\boldsymbol{\alpha}_m)$.

规定:由零向量组成的向量组的秩为 0.

显然,$0\leqslant R(\boldsymbol{\alpha}_1,\boldsymbol{\alpha}_2,\cdots,\boldsymbol{\alpha}_m)\leqslant m$.

根据定义 3.9,例 3.4.2 中向量组 $\boldsymbol{\alpha}_1,\boldsymbol{\alpha}_2,\boldsymbol{\alpha}_3$ 的秩为 2,即

$$R(\boldsymbol{\alpha}_1,\boldsymbol{\alpha}_2,\boldsymbol{\alpha}_3)=2,$$

n 维单位向量组 $\boldsymbol{e}_1,\boldsymbol{e}_2,\cdots,\boldsymbol{e}_n$ 的秩为 n,即 $R(\boldsymbol{e}_1,\boldsymbol{e}_2,\cdots,\boldsymbol{e}_n)=n$.

因为线性无关的向量组就是它本身的极大无关组,所以有

推论 3.12　向量组 $\boldsymbol{\alpha}_1,\boldsymbol{\alpha}_2,\cdots,\boldsymbol{\alpha}_m$ 线性无关的充分必要条件是 $R(\boldsymbol{\alpha}_1,\boldsymbol{\alpha}_2,\cdots,\boldsymbol{\alpha}_m)=m$.向量组 $\boldsymbol{\alpha}_1,\boldsymbol{\alpha}_2,\cdots,\boldsymbol{\alpha}_m$ 线性相关的充分必要条件是 $R(\boldsymbol{\alpha}_1,\boldsymbol{\alpha}_2,\cdots,\boldsymbol{\alpha}_m)<m$.

因此,向量组的秩是刻画向量组线性相关性的一个重要指标.由推论 3.9 可知,任意两个等价的向量组的极大无关组等价,又根据推论 3.8,两个等价的线性无关向量组所含向量的个数相等,所以有

推论 3.13　等价的向量组必有相同的秩.

在例 3.2.3 中,向量组(Ⅰ)与向量组(Ⅱ)等价,因为 $R(\text{Ⅰ})=R(\boldsymbol{\alpha}_1,\boldsymbol{\alpha}_2)=2$,所以 $R(\text{Ⅱ})=R(\boldsymbol{\beta}_1,\boldsymbol{\beta}_2,\boldsymbol{\beta}_3)=2$.

例 3.4.3　证明向量组 $\boldsymbol{\alpha},\boldsymbol{\beta},\boldsymbol{\gamma}$ 线性无关的充分必要条件是向量组 $\boldsymbol{\alpha}+\boldsymbol{\beta},\boldsymbol{\beta}+\boldsymbol{\gamma},\boldsymbol{\gamma}+\boldsymbol{\alpha}$ 线性无关.

证明　设 $\boldsymbol{\xi}=\boldsymbol{\alpha}+\boldsymbol{\beta},\boldsymbol{\eta}=\boldsymbol{\beta}+\boldsymbol{\gamma},\boldsymbol{\zeta}=\boldsymbol{\gamma}+\boldsymbol{\alpha}$,则 $\boldsymbol{\alpha}=\frac{1}{2}(\boldsymbol{\xi}-\boldsymbol{\eta}+\boldsymbol{\zeta}),\boldsymbol{\beta}=\frac{1}{2}(\boldsymbol{\xi}+\boldsymbol{\eta}-\boldsymbol{\zeta}),\boldsymbol{\gamma}=\frac{1}{2}(-\boldsymbol{\xi}+\boldsymbol{\eta}+\boldsymbol{\zeta})$,由定义 3.6,向量组 $\boldsymbol{\alpha},\boldsymbol{\beta},\boldsymbol{\gamma}$ 与 $\boldsymbol{\xi},\boldsymbol{\eta},\boldsymbol{\zeta}$ 等价,从而有相同的秩.所以,$\boldsymbol{\alpha},\boldsymbol{\beta},\boldsymbol{\gamma}$ 线性无关 $\Leftrightarrow R(\boldsymbol{\alpha},\boldsymbol{\beta},\boldsymbol{\gamma})=3\Leftrightarrow R(\boldsymbol{\xi},\boldsymbol{\eta},\boldsymbol{\zeta})=3\Leftrightarrow R(\boldsymbol{\alpha}+\boldsymbol{\beta},\boldsymbol{\beta}+\boldsymbol{\gamma},\boldsymbol{\gamma}+\boldsymbol{\alpha})=3\Leftrightarrow\boldsymbol{\alpha}+\boldsymbol{\beta},\boldsymbol{\beta}+\boldsymbol{\gamma},\boldsymbol{\gamma}+\boldsymbol{\alpha}$ 线性无关.　证毕

综合极大无关组的定义 3.8 及向量组秩的定义 3.9,向量组的秩的定义也可等价地表述为:若向量组中存在 r 个线性无关的向量,且任何 $r+1$ 个向量(如果存在的话)都线性相关,就称数 r 为向量组的秩.

将此定义与刻画矩阵秩的定理 2.5 进行比较,从表面上看它们是类似的.另外,矩阵可看作是由行向量组或列向量组构成的,那么矩阵的秩与其行向量组的秩及列向量组的秩有什么关系? 下面通过讨论矩阵的秩与其行向量组的秩及列向量组的秩之间的关系,给出求向量组秩的一种方法.

3.4.3 向量组的秩与矩阵秩之间的关系

定义 3.10 矩阵的行向量组的秩称为矩阵的**行秩**,矩阵的列向量组的秩称为矩阵的**列秩**.

考察行阶梯形矩阵 $\boldsymbol{A}=\begin{pmatrix}1&1&3&1\\0&2&-1&4\\0&0&0&5\\0&0&0&0\end{pmatrix}$的秩、行秩和列秩.

显然 $R(\boldsymbol{A})=3$.

$\boldsymbol{A}$ 的行向量组为

$$\boldsymbol{\alpha}_1=(1,1,3,1),\boldsymbol{\alpha}_2=(0,2,-1,4),\boldsymbol{\alpha}_3=(0,0,0,5),\boldsymbol{\alpha}_4=(0,0,0,0)$$

且$R(\boldsymbol{\alpha}_1,\boldsymbol{\alpha}_2,\boldsymbol{\alpha}_3,\boldsymbol{\alpha}_4)=3$,即 $\boldsymbol{A}$ 的行秩等于 3.

$\boldsymbol{A}$ 的列向量组为

$$\boldsymbol{\beta}_1=(1,0,0,0)^{\mathrm{T}},\boldsymbol{\beta}_2=(1,2,0,0)^{\mathrm{T}},\boldsymbol{\beta}_3=(3,-1,0,0)^{\mathrm{T}},\boldsymbol{\beta}_4=(1,4,5,0)^{\mathrm{T}}$$

且 $R(\boldsymbol{\beta}_1,\boldsymbol{\beta}_2,\boldsymbol{\beta}_3,\boldsymbol{\beta}_4)=3$,即 $\boldsymbol{A}$ 的列秩也等于 3.

由此可知,行阶梯形矩阵 $\boldsymbol{A}$ 的行秩等于列秩,且均等于矩阵的秩.那么,对一般的矩阵来说,是否有此结论? 下面我们将证明对任何矩阵其行秩等于其列秩,并且等于矩阵的秩,即三秩相等.

定理 3.10 行阶梯形矩阵的秩等于其行秩.

证明 任取一个秩为 r 的 $m\times n$ 的行阶梯形矩阵 $\boldsymbol{B}$,为讨论方便,不妨设

$$\boldsymbol{B}=\begin{pmatrix}b_{11}&b_{12}&\cdots&b_{1r}&\cdots&b_{1n}\\0&b_{22}&\cdots&b_{2r}&\cdots&b_{2n}\\\vdots&\vdots&&\vdots&&\vdots\\0&0&\cdots&b_{rr}&\cdots&b_{rn}\\0&0&\cdots&0&\cdots&0\\\vdots&\vdots&&\vdots&&\vdots\\0&0&\cdots&0&\cdots&0\end{pmatrix},$$

其中 $b_{11},b_{22},\cdots,b_{rr}$不为零.

令

$$\begin{aligned}&\boldsymbol{\alpha}_1=(b_{11},b_{12},\cdots,b_{1n}),\\&\boldsymbol{\alpha}_2=(0,b_{22},\cdots,b_{2n}),\\&\qquad\cdots\\&\boldsymbol{\alpha}_r=(0,\cdots,0,b_{rr},\cdots,b_{rn}),\\&\boldsymbol{\alpha}_{r+1}=\cdots=\boldsymbol{\alpha}_m=(0,0,\cdots,0),\end{aligned}$$

即 $\boldsymbol{B}$ 的行向量组为 $\boldsymbol{\alpha}_1,\boldsymbol{\alpha}_2,\cdots,\boldsymbol{\alpha}_m$，显然 $\boldsymbol{\alpha}_1,\boldsymbol{\alpha}_2,\cdots,\boldsymbol{\alpha}_r$ 线性无关，且 $\boldsymbol{\alpha}_1,\boldsymbol{\alpha}_2,\cdots,\boldsymbol{\alpha}_m$ 中任意 $r+1$ 个向量，至少有一个为零向量，从而任意 $r+1$ 个向量线性相关.所以 $\boldsymbol{\alpha}_1,\boldsymbol{\alpha}_2,\cdots,\boldsymbol{\alpha}_r$ 为 $\boldsymbol{\alpha}_1,\boldsymbol{\alpha}_2,\cdots,\boldsymbol{\alpha}_m$ 的极大无关组，由此得 $\boldsymbol{B}$ 的行向量组的秩也为 r，即 $\boldsymbol{B}$ 的行秩为 r.　　证毕

定理 3.11　矩阵的初等行变换不改变其行向量组的秩.

证明　将矩阵 $\boldsymbol{A}$ 通过初等行变换化为矩阵 $\boldsymbol{B}$.由定理 3.2 可知，$\boldsymbol{A}$ 的行向量组与 $\boldsymbol{B}$ 的行向量组等价，再根据推论 3.13，等价的向量组具有相同的秩，从而 $\boldsymbol{A}$ 的行秩与 $\boldsymbol{B}$ 的行秩相等.　　证毕

下面给出矩阵的秩与向量组的秩之间的关系.

定理 3.12　矩阵的秩等于其行秩，也等于其列秩.

证明　对矩阵 $\boldsymbol{A}$ 作初等行变换化为行阶梯形矩阵 $\boldsymbol{B}$，则

$$R(\boldsymbol{A})=R(\boldsymbol{B})=\boldsymbol{B}\text{ 的行秩}=\boldsymbol{A}\text{ 的行秩},$$

上述第一个等式成立的依据是定理 2.6（初等变换不改变矩阵的秩），第二个等式成立的依据是定理 3.10，第三个等式成立的依据是定理 3.11.又

$$R(\boldsymbol{A})=R(\boldsymbol{A}^{\mathrm{T}})=\boldsymbol{A}^{\mathrm{T}}\text{ 的行秩}=\boldsymbol{A}\text{ 的列秩}.$$

故三秩相等.　　证毕

由三秩相等定理 3.12 可得到一个求向量组的秩及判别向量组线性相关性的行之有效的方法，即将向量组按列（行）排成一个矩阵，然后求矩阵的秩 γ，即为向量组的秩；当 $\gamma<$列（行）向量个数时，向量组线性相关；当 $\gamma=$列（行）向量个数时，向量组线性无关.

例 3.4.4　求向量组

$$\boldsymbol{\alpha}_1=(1,4,1,0),\qquad \boldsymbol{\alpha}_2=(2,1,-1,-3),$$
$$\boldsymbol{\alpha}_3=(1,0,-3,-1),\qquad \boldsymbol{\alpha}_4=(0,2,-6,3)$$

的秩，并判断向量组的线性相关性.

解　以 $\boldsymbol{\alpha}_1,\boldsymbol{\alpha}_2,\boldsymbol{\alpha}_3,\boldsymbol{\alpha}_4$ 为行向量构成矩阵 $\boldsymbol{A}$

$$A=\begin{pmatrix}\boldsymbol{\alpha}_1\\\boldsymbol{\alpha}_2\\\boldsymbol{\alpha}_3\\\boldsymbol{\alpha}_4\end{pmatrix}=\begin{pmatrix}1&4&1&0\\2&1&-1&-3\\1&0&-3&-1\\0&2&-6&3\end{pmatrix},$$

$\boldsymbol{A}$ 的四阶子式只有一个 $D_4=|\boldsymbol{A}|=0$，$\boldsymbol{A}$ 有一个三阶子式

$$D_3=\begin{vmatrix}1&4&1\\2&1&-1\\1&0&-3\end{vmatrix}=16\neq 0,$$

所以 $R(\boldsymbol{A})=3$，从而 $R(\boldsymbol{\alpha}_1,\boldsymbol{\alpha}_2,\boldsymbol{\alpha}_3,\boldsymbol{\alpha}_4)=3$. 因为 $R(\boldsymbol{\alpha}_1,\boldsymbol{\alpha}_2,\boldsymbol{\alpha}_3,\boldsymbol{\alpha}_4)=3<4$，所以向量组线性相关.

例 3.4.5 求上例中的向量组的一个极大无关组.

解 利用定理 3.3，矩阵的初等行变换不会改变矩阵列向量组间的线性关系.

以 $\boldsymbol{\alpha}_1,\boldsymbol{\alpha}_2,\boldsymbol{\alpha}_3,\boldsymbol{\alpha}_4$ 为列向量构成矩阵 $\boldsymbol{B}$，并作初等行变换

$$\boldsymbol{B}=\begin{pmatrix}1&2&1&0\\4&1&0&2\\1&-1&-3&-6\\0&-3&-1&3\end{pmatrix}\xrightarrow[r_3-r_1]{r_2-4r_1}\begin{pmatrix}1&2&1&0\\0&-7&-4&2\\0&-3&-4&-6\\0&-3&-1&3\end{pmatrix}$$

$$\xrightarrow{r_4-r_3}\begin{pmatrix}1&2&1&0\\0&-7&-4&2\\0&-3&-4&-6\\0&0&3&9\end{pmatrix}\xrightarrow[r_4\times\frac{1}{3}]{r_3-\frac{3}{7}r_2}\begin{pmatrix}1&2&1&0\\0&-7&-4&2\\0&0&-\frac{16}{7}&-\frac{48}{7}\\0&0&1&3\end{pmatrix}$$

$$\xrightarrow{r_3\times\left(-\frac{7}{16}\right)}\begin{pmatrix}1&2&1&0\\0&-7&-4&2\\0&0&1&3\\0&0&1&3\end{pmatrix}\xrightarrow[r_4-r_3]{\substack{r_1-r_3\\r_2+4r_3}}\begin{pmatrix}1&2&0&-3\\0&-7&0&14\\0&0&1&3\\0&0&0&0\end{pmatrix}$$

$$\xrightarrow[r_2\times\left(-\frac{1}{7}\right)]{r_1+\frac{2}{7}r_2}\begin{pmatrix}1&0&0&1\\0&1&0&-2\\0&0&1&3\\0&0&0&0\end{pmatrix}\overset{\text{记作}}{=\!=}\boldsymbol{C},$$

所以 $\boldsymbol{\alpha}_4=\boldsymbol{\alpha}_1-2\boldsymbol{\alpha}_2+3\boldsymbol{\alpha}_3$，又 $\boldsymbol{C}$ 的左上角的三阶子式非零，从而 $\boldsymbol{C}$ 的前 3 列线性无关，所以 $\boldsymbol{B}$ 的前 3 列 $\boldsymbol{\alpha}_1,\boldsymbol{\alpha}_2,\boldsymbol{\alpha}_3$ 线性无关. 因此 $R(\boldsymbol{\alpha}_1,\boldsymbol{\alpha}_2,\boldsymbol{\alpha}_3,\boldsymbol{\alpha}_4)=3$，且 $\boldsymbol{\alpha}_1,\boldsymbol{\alpha}_2,\boldsymbol{\alpha}_3$ 为 $\boldsymbol{\alpha}_1,\boldsymbol{\alpha}_2,\boldsymbol{\alpha}_3,\boldsymbol{\alpha}_4$ 的一个极大无关组.

例 3.4.6 已知向量组 $\boldsymbol{\alpha}_1=(1,2,-1,1)$，$\boldsymbol{\alpha}_2=(2,0,t,0)$，$\boldsymbol{\alpha}_3=(0,-4,5,-2)$，$\boldsymbol{\alpha}_4=(3,-2,t+4,-1)$的秩为 2，确定 t 的值.

解 考察矩阵

$$\boldsymbol{A}=\begin{pmatrix}\boldsymbol{\alpha}_1\\\boldsymbol{\alpha}_2\\\boldsymbol{\alpha}_3\\\boldsymbol{\alpha}_4\end{pmatrix}=\begin{pmatrix}1&2&-1&1\\2&0&t&0\\0&-4&5&-2\\3&-2&t+4&-1\end{pmatrix},$$

由已知条件知 $R(\boldsymbol{A})=2$，从而 $\boldsymbol{A}$ 的所有三阶子式为 0.选取含参数 t 的一个三阶子式 $D_3=\begin{vmatrix}1&2&-1\\2&0&t\\0&-4&5\end{vmatrix}$，由 $D_3=-12+4t=0$，得 $t=3$.

例 3.4.7 设 $\boldsymbol{A},\boldsymbol{B}$ 均为 $m\times n$ 矩阵，则

$$R(\boldsymbol{A}+\boldsymbol{B})\leqslant R(\boldsymbol{A})+R(\boldsymbol{B}).$$

证明 设 $R(\boldsymbol{A})=r$，$R(\boldsymbol{B})=s$，将 $\boldsymbol{A},\boldsymbol{B}$ 按列分块，令

$$\boldsymbol{A}=(\boldsymbol{\alpha}_1,\boldsymbol{\alpha}_2,\cdots,\boldsymbol{\alpha}_n),\boldsymbol{B}=(\boldsymbol{\beta}_1,\boldsymbol{\beta}_2,\cdots,\boldsymbol{\beta}_n),$$

则 $\boldsymbol{A}+\boldsymbol{B}=(\boldsymbol{\alpha}_1+\boldsymbol{\beta}_1,\boldsymbol{\alpha}_2+\boldsymbol{\beta}_2,\cdots,\boldsymbol{\alpha}_n+\boldsymbol{\beta}_n)$，不妨设 $\boldsymbol{A},\boldsymbol{B}$ 的列向量组的极大无关组分别为 $\boldsymbol{\alpha}_1,\boldsymbol{\alpha}_2,\cdots,\boldsymbol{\alpha}_r$ 和 $\boldsymbol{\beta}_1,\boldsymbol{\beta}_2,\cdots,\boldsymbol{\beta}_s$，则 $\boldsymbol{A}+\boldsymbol{B}$ 的列向量组可由向量组 $\boldsymbol{\alpha}_1,\boldsymbol{\alpha}_2,\cdots,\boldsymbol{\alpha}_r,\boldsymbol{\beta}_1,\boldsymbol{\beta}_2,\cdots,\boldsymbol{\beta}_s$ 线性表示，因此

$$\begin{aligned}R(\boldsymbol{A}+\boldsymbol{B})&=R(\boldsymbol{\alpha}_1+\boldsymbol{\beta}_1,\boldsymbol{\alpha}_2+\boldsymbol{\beta}_2,\cdots,\boldsymbol{\alpha}_n+\boldsymbol{\beta}_n)\\&\leqslant R(\boldsymbol{\alpha}_1,\boldsymbol{\alpha}_2,\cdots,\boldsymbol{\alpha}_r,\boldsymbol{\beta}_1,\boldsymbol{\beta}_2,\cdots,\boldsymbol{\beta}_s)\\&\leqslant r+s\\&=R(\boldsymbol{A})+R(\boldsymbol{B}).\end{aligned}$$

证毕

注：证明中的第一个不等式利用了习题 3-4 第 4 题的结论.

习题 3-4

1. 单项选择题

(1) 下列说法不正确的是( ).

A. 任意向量组的极大无关组都唯一

B. 向量组的任意两个极大无关组等价

C. 向量组的极大无关组所含向量的个数相等

D. 向量组的秩等于其极大无关组所含向量的个数

(2) 设向量组 $\boldsymbol{\alpha}_1,\boldsymbol{\alpha}_2,\cdots,\boldsymbol{\alpha}_m$ 的秩为 r，则( ).

A. 向量组中任何 r 个向量线性无关

B. 向量组中任何 $r+1$ 个向量线性相关

C. 向量组中任何 $r-1$ 个向量线性无关

D. 向量组中任何 r 个向量均为极大无关组

(3) 下列说法不正确的是(　　).

A. 行阶梯形矩阵的秩等于其行秩

B. 初等变换不改变矩阵的秩

C. 矩阵的秩等于其行秩也等于其列秩

D. 若矩阵 $\boldsymbol{A}$ 可逆,则 $R(\boldsymbol{AB})$ 与 $R(\boldsymbol{B})$ 不一定相等

(4) 向量组 $\boldsymbol{\alpha}_1,\boldsymbol{\alpha}_2,\cdots,\boldsymbol{\alpha}_r$ 线性相关的充分必要条件是(　　).

A. $R(\boldsymbol{\alpha}_1,\boldsymbol{\alpha}_2,\cdots,\boldsymbol{\alpha}_r)=r$　　B. $R(\boldsymbol{\alpha}_1,\boldsymbol{\alpha}_2,\cdots,\boldsymbol{\alpha}_r)<r$

C. $R(\boldsymbol{\alpha}_1,\boldsymbol{\alpha}_2,\cdots,\boldsymbol{\alpha}_r)>r$　　D. $R(\boldsymbol{\alpha}_1,\boldsymbol{\alpha}_2,\cdots,\boldsymbol{\alpha}_r)\leqslant r$.

2. 填空题

(1) 向量组 $\boldsymbol{\alpha}_1=(1,0,0),\boldsymbol{\alpha}_2=(0,1,0),\boldsymbol{\alpha}_3=(1,2,0),\boldsymbol{\alpha}_4=(0,0,2)$ 的秩是________.

(2) 设向量组 $\boldsymbol{\alpha}_1=(1,1,2,-2),\boldsymbol{\alpha}_2=(1,3,-x,-2x),\boldsymbol{\alpha}_3=(1,-1,6,0)$ 秩为 2,则 $x=$________.

(3) 向量组(Ⅰ)与向量组(Ⅱ)等价是这两个向量组的秩 $R(\text{Ⅰ})=R(\text{Ⅱ})$ 的________条件.

3. 求下列向量组的秩,并求一个极大无关组:

(1) $\boldsymbol{\alpha}_1=(1,1,0),\boldsymbol{\alpha}_2=(0,2,0),\boldsymbol{\alpha}_3=(0,0,3)$;

(2) $\boldsymbol{\alpha}_1=(1,2,1,3),\boldsymbol{\alpha}_2=(4,-1,-5,-6),\boldsymbol{\alpha}_3=(1,-3,-4,-7)$.

4. 证明:若向量组 $\boldsymbol{\alpha}_1,\boldsymbol{\alpha}_2,\cdots,\boldsymbol{\alpha}_r$ 可由向量组 $\boldsymbol{\beta}_1,\boldsymbol{\beta}_2,\cdots,\boldsymbol{\beta}_s$ 线性表示,则 $R(\boldsymbol{\alpha}_1,\boldsymbol{\alpha}_2,\cdots,\boldsymbol{\alpha}_r)\leqslant R(\boldsymbol{\beta}_1,\boldsymbol{\beta}_2,\cdots,\boldsymbol{\beta}_s)$.

习题答案与提示 3-4

3.5 向量空间

为了更深刻地理解线性方程组解的结构,本节讨论向量空间及其性质.

3.5.1 向量空间的概念

定义 3.11 设 V 为 n 维向量组成的非空集合,如果 V 对向量的加法和数乘两种运算封闭,即对任意的 $\boldsymbol{\alpha},\boldsymbol{\beta}\in V$,有 $\boldsymbol{\alpha}+\boldsymbol{\beta}\in V$;对任意的 $\boldsymbol{\alpha}\in V$, $k\in\mathbf{R}$,有 $k\boldsymbol{\alpha}\in V$.那么就称集合 V 为实数域上的**向量空间**,简称向量空间(vector space).

例如,n 维实向量的全体 $\mathbf{R}^n$ 构成一个向量空间.特别地,当 $n=1$ 时,即将实数看作向量,则全体实数 $\mathbf{R}$ 是一个向量空间;当 $n=2$ 时,即过原点的平面 $\mathbf{R}^2$ 是一个向量空间;当 $n=3$ 时,即几何空间 $\mathbf{R}^3$ 是一个向量空间;当 $n>3$ 时,$\mathbf{R}^n$ 没有直观的几何意义,它是解析几何中空间概念的推广.

例 3.5.1 判断下列集合是否为向量空间:

(1) $V_1=\{\boldsymbol{x}=(0,x_2,\cdots,x_n)\mid x_2,\cdots,x_n\in\mathbf{R}\}$;

(2) $V_2=\{\boldsymbol{x}=(1,x_2,\cdots,x_n)\mid x_2,\cdots,x_n\in\mathbf{R}\}$.

解 (1) 任取 $\boldsymbol{\alpha}=(0,a_2,\cdots,a_n)\in V_1,\boldsymbol{\beta}=(0,b_2,\cdots,b_n)\in V_1,k\in\mathbf{R}$, $a_i,b_i\in\mathbf{R}$,所以 $a_i+b_i\in\mathbf{R},ka_i\in\mathbf{R},i=2,3,\cdots,n$,因此

$$\boldsymbol{\alpha}+\boldsymbol{\beta}=(0,a_2+b_2,\cdots,a_n+b_n)\in V_1,k\boldsymbol{\alpha}\in V_1,$$

所以 V_1 为向量空间.

(2) 任取 $\boldsymbol{\alpha}=(1,a_2,\cdots,a_n)\in V_2,\boldsymbol{\beta}=(1,b_2,\cdots,b_n)\in V_2$,则有 $\boldsymbol{\alpha}+\boldsymbol{\beta}=(2,a_2+b_2,\cdots,a_n+b_n)\notin V_2$,所以 V_2 不是向量空间.

由向量空间的定义可知,向量空间是一个特殊的向量集合或向量组,这里的特殊指在此集合上能进行加法和数乘两种运算.

3.5.2 向量空间的基与维数

我们在 3.4 节阐明了向量组的极大线性无关组不一定唯一,但极大线性无关组所含向量的个数是唯一确定的,这个数称为向量组的秩.向量空间也是一个向量组,它的极大线性无关组在这里称为向量空间的**基**,而其秩称为向量空间的**维数**.具体地说,就是

定义 3.12 设 V 为向量空间,如果 V 中的向量组 $\boldsymbol{\alpha}_1,\boldsymbol{\alpha}_2,\cdots,\boldsymbol{\alpha}_r$ 满足

(1) $\boldsymbol{\alpha}_1,\boldsymbol{\alpha}_2,\cdots,\boldsymbol{\alpha}_r$ 线性无关;

(2) V 中任一向量都可由 $\boldsymbol{\alpha}_1,\boldsymbol{\alpha}_2,\cdots,\boldsymbol{\alpha}_r$ 线性表示,

那么称向量组 $\boldsymbol{\alpha}_1,\boldsymbol{\alpha}_2,\cdots,\boldsymbol{\alpha}_r$ 为向量空间 V 的一组**基**(base),基中所含向量的个数 r 称为向量空间 V 的**维数**(dimension),记为 $\dim(V)=r$,并称 V 为 r 维向量空间.

注:(1) 由于一个向量组的极大线性无关组不唯一,因而向量空间的基也不唯一.但同一向量空间的不同基是等价的,即可以互相线性表示.

(2) 向量空间 V 的维数与其中每个向量的维数可以不相同.

(3) 只含零向量的向量空间 $\{\mathbf{0}\}$ 没有基,规定其维数为 0.

例 3.5.2 证明 n 维实向量构成的向量空间 $\mathbf{R}^n$ 的维数为 n.

证明 由于 n 维单位向量 $\boldsymbol{e}_1=(1,0,\cdots,0),\boldsymbol{e}_2=(0,1,\cdots,0),\cdots,\boldsymbol{e}_n=(0,0,\cdots,1)$ 线性无关,且任一 n 维向量 $\boldsymbol{\alpha}=(a_1,a_2,\cdots,a_n)$ 可表示为 $\boldsymbol{\alpha}=a_1\boldsymbol{e}_1+a_2\boldsymbol{e}_2+\cdots+a_n\boldsymbol{e}_n$,因而 $\boldsymbol{e}_1,\boldsymbol{e}_2,\cdots,\boldsymbol{e}_n$ 为 $\mathbf{R}^n$ 的一组基,其维数为 n. 证毕

注:称 $\boldsymbol{e}_1,\boldsymbol{e}_2,\cdots,\boldsymbol{e}_n$ 为 $\mathbf{R}^n$ 中的标准基.

例 3.5.3 证明集合 $V_1=\{\boldsymbol{x}=(0,x_2,\cdots,x_n)\mid x_2,\cdots,x_n\in\mathbf{R}\}$ 是一个 $n-1$ 维的向量空间.

证明 在例 3.5.1 中已证明 V_1 是向量空间,下面证明 $\dim(V_1)=n-1$.

设 $\boldsymbol{\varepsilon}_1=(0,1,0,\cdots,0),\boldsymbol{\varepsilon}_2=(0,0,1,\cdots,0),\cdots,\boldsymbol{\varepsilon}_{n-1}=(0,0,0,\cdots,1)$.

显然 $\boldsymbol{\varepsilon}_1,\boldsymbol{\varepsilon}_2,\cdots,\boldsymbol{\varepsilon}_{n-1}$ 线性无关,且对任意 $\boldsymbol{\alpha}=(0,a_2,\cdots,a_n)\in V_1$,有

$$\boldsymbol{\alpha}=a_2\boldsymbol{\varepsilon}_1+a_3\boldsymbol{\varepsilon}_2+\cdots+a_n\boldsymbol{\varepsilon}_{n-1},$$

因而 $\boldsymbol{\varepsilon}_1,\boldsymbol{\varepsilon}_2,\cdots,\boldsymbol{\varepsilon}_{n-1}$ 为 V_1 的一组基,所以 V_1 是一个 $n-1$ 维的向量空间.

证毕

例 3.5.4 设 $\boldsymbol{\alpha}_1,\boldsymbol{\alpha}_2,\cdots,\boldsymbol{\alpha}_m$ 是 m 个已知的 n 维向量,证明集合

$$V=\{\boldsymbol{x}=k_1\boldsymbol{\alpha}_1+k_2\boldsymbol{\alpha}_2+\cdots+k_m\boldsymbol{\alpha}_m\mid k_1,k_2,\cdots,k_m\in\mathbf{R}\}$$

是一个向量空间,且 V 的维数等于向量组 $\boldsymbol{\alpha}_1,\boldsymbol{\alpha}_2,\cdots,\boldsymbol{\alpha}_m$ 的秩.

证明 首先证明 V 是一个向量空间.

任取 $\boldsymbol{\alpha},\boldsymbol{\beta}\in V$,则存在 $k_1,k_2,\cdots,k_m\in\mathbf{R}$ 及 $l_1,l_2,\cdots,l_m\in\mathbf{R}$,使 $\boldsymbol{\alpha}=k_1\boldsymbol{\alpha}_1+k_2\boldsymbol{\alpha}_2+\cdots+k_m\boldsymbol{\alpha}_m\in V,\boldsymbol{\beta}=l_1\boldsymbol{\alpha}_1+l_2\boldsymbol{\alpha}_2+\cdots+l_m\boldsymbol{\alpha}_m\in V$,则 $\boldsymbol{\alpha}+\boldsymbol{\beta}=(k_1+l_1)\boldsymbol{\alpha}_1+(k_2+l_2)\boldsymbol{\alpha}_2+\cdots+(k_m+l_m)\boldsymbol{\alpha}_m\in V$.

任取 $\lambda\in\mathbf{R}$,则 $\lambda\boldsymbol{\alpha}=(\lambda k_1)\boldsymbol{\alpha}_1+(\lambda k_2)\boldsymbol{\alpha}_2+\cdots+(\lambda k_m)\boldsymbol{\alpha}_m\in V$,即 V 对加法、数乘两种运算封闭,所以 V 为向量空间.

其次证明 $\dim(V)=R(\boldsymbol{\alpha}_1,\boldsymbol{\alpha}_2,\cdots,\boldsymbol{\alpha}_m)$.

显然 V 与向量组 $\boldsymbol{\alpha}_1,\boldsymbol{\alpha}_2,\cdots,\boldsymbol{\alpha}_m$ 等价,而等价的向量组具有相同的秩,所以 $\dim(V)=R(\boldsymbol{\alpha}_1,\boldsymbol{\alpha}_2,\cdots,\boldsymbol{\alpha}_m)$. 证毕

称向量空间 $V=\{\boldsymbol{x}\mid\boldsymbol{x}=k_1\boldsymbol{\alpha}_1+k_2\boldsymbol{\alpha}_2+\cdots+k_m\boldsymbol{\alpha}_m,k_1,k_2,\cdots,k_m\in\mathbf{R}\}$ 为**由向量组 $\boldsymbol{\alpha}_1,\boldsymbol{\alpha}_2,\cdots,\boldsymbol{\alpha}_m$ 生成的向量空间**,记为 $L(\boldsymbol{\alpha}_1,\boldsymbol{\alpha}_2,\cdots,\boldsymbol{\alpha}_m)$ 或 $\mathrm{span}(\boldsymbol{\alpha}_1,\boldsymbol{\alpha}_2,\cdots,\boldsymbol{\alpha}_m)$.

例 3.5.5 证明由等价的向量组生成的向量空间必相等.

证明 设向量组 $\boldsymbol{\alpha}_1,\boldsymbol{\alpha}_2,\cdots,\boldsymbol{\alpha}_r$ 与向量组 $\boldsymbol{\beta}_1,\boldsymbol{\beta}_2,\cdots,\boldsymbol{\beta}_s$ 等价,对任意的 $\boldsymbol{\alpha}\in L(\boldsymbol{\alpha}_1,\boldsymbol{\alpha}_2,\cdots,\boldsymbol{\alpha}_r)$ 都可由 $\boldsymbol{\alpha}_1,\boldsymbol{\alpha}_2,\cdots,\boldsymbol{\alpha}_r$ 线性表示,而向量组 $\boldsymbol{\alpha}_1$,

$\boldsymbol{\alpha}_2,\cdots,\boldsymbol{\alpha}_r$ 又可由向量组 $\boldsymbol{\beta}_1,\boldsymbol{\beta}_2,\cdots,\boldsymbol{\beta}_s$ 线性表示,所以 $\boldsymbol{\alpha}$ 可由 $\boldsymbol{\beta}_1,\boldsymbol{\beta}_2,\cdots,\boldsymbol{\beta}_s$ 线性表示,即有 $\boldsymbol{\alpha}\in L(\boldsymbol{\beta}_1,\boldsymbol{\beta}_2,\cdots,\boldsymbol{\beta}_s)$,由 $\boldsymbol{\alpha}$ 的任意性,得 $L(\boldsymbol{\alpha}_1,\boldsymbol{\alpha}_2,\cdots,\boldsymbol{\alpha}_r)\subseteq L(\boldsymbol{\beta}_1,\boldsymbol{\beta}_2,\cdots,\boldsymbol{\beta}_s)$.同理,可证 $L(\boldsymbol{\beta}_1,\boldsymbol{\beta}_2,\cdots,\boldsymbol{\beta}_s)\subseteq L(\boldsymbol{\alpha}_1,\boldsymbol{\alpha}_2,\cdots,\boldsymbol{\alpha}_r)$.于是 $L(\boldsymbol{\alpha}_1,\boldsymbol{\alpha}_2,\cdots,\boldsymbol{\alpha}_r)=L(\boldsymbol{\beta}_1,\boldsymbol{\beta}_2,\cdots,\boldsymbol{\beta}_s)$. 证毕

定义 3.13 设有向量空间 V_1 和 V_2,若 $V_1\subset V_2$,则称 V_1 是 V_2 的**子空间**(subspace).

任何由 n 维实向量所组成的向量空间都是 $\mathbf{R}^n$ 的子空间.$\mathbf{R}^n$ 和 $\{\mathbf{0}\}$ 称为 $\mathbf{R}^n$ 的**平凡子空间**(trivial subspace),其他子空间称为 $\mathbf{R}^n$ 的**非平凡子空间**(non-trivial subspace).

例 3.5.1 中的向量空间 V_1 及例 3.5.4 中的向量空间 V 均为向量空间 $\mathbf{R}^n$ 的子空间.

由子空间的定义可知,若 V_1 为 V_2 的子空间,则

(1) $\dim(V_1)\leqslant\dim(V_2)$;

(2) 若 $\dim(V_1)=\dim(V_2)$,则 $V_1=V_2$.

*3.5.3 基变换与坐标变换

为了讨论方便,本段中的向量如无特别说明均指列向量.

我们知道,在三维向量空间 $\mathbf{R}^3$ 中的任一向量 $\boldsymbol{\alpha}=(a_x,a_y,a_z)^{\mathrm{T}}$ 都可由其标准基 $\boldsymbol{e}_1,\boldsymbol{e}_2,\boldsymbol{e}_3$ 唯一线性表示为 $\boldsymbol{\alpha}=a_x\boldsymbol{e}_1+a_y\boldsymbol{e}_2+a_z\boldsymbol{e}_3$,其中,$a_x,a_y,a_z$ 称为 $\boldsymbol{\alpha}$ 的坐标,下面我们将这一结论推广到 r 维向量空间中去.

定义 3.14 设 $\boldsymbol{\alpha}_1,\boldsymbol{\alpha}_2,\cdots,\boldsymbol{\alpha}_r$ 是 r 维向量空间 V 的一组基,则 V 中任一向量 $\boldsymbol{\alpha}$ 可由 $\boldsymbol{\alpha}_1,\boldsymbol{\alpha}_2,\cdots,\boldsymbol{\alpha}_r$ 唯一线性表示,即存在 $x_1,x_2,\cdots,x_r\in\mathbf{R}$ 使

$$\boldsymbol{\alpha}=x_1\boldsymbol{\alpha}_1+x_2\boldsymbol{\alpha}_2+\cdots+x_r\boldsymbol{\alpha}_r,$$

称有序数 $x_1,x_2,\cdots,x_r$ 为向量 $\boldsymbol{\alpha}$ 在基 $\boldsymbol{\alpha}_1,\boldsymbol{\alpha}_2,\cdots,\boldsymbol{\alpha}_r$ 下的**坐标**(coordinate),记作 $(x_1,x_2,\cdots,x_r)^{\mathrm{T}}$ 或 $(x_1,x_2,\cdots,x_r)$.

由定义 3.14 可知,V 中向量 $\boldsymbol{\alpha}$ 与其坐标 $(x_1,x_2,\cdots,x_r)^{\mathrm{T}}$ 一一对应.

例 3.5.6 在向量空间 $\mathbf{R}^3$ 中,设向量 $\boldsymbol{\alpha}=(5,2,-2)^{\mathrm{T}}$.

(1) 求 $\boldsymbol{\alpha}$ 在 $\mathbf{R}^3$ 的标准基 $\boldsymbol{e}_1,\boldsymbol{e}_2,\boldsymbol{e}_3$ 下的坐标;

(2) 求 $\boldsymbol{\alpha}$ 在基 $\boldsymbol{\alpha}_1=(1,0,0)^{\mathrm{T}},\boldsymbol{\alpha}_2=(1,1,0)^{\mathrm{T}},\boldsymbol{\alpha}_3=(1,1,1)^{\mathrm{T}}$ 下的坐标.

解 (1) 因为 $\boldsymbol{\alpha}=5\boldsymbol{e}_1+2\boldsymbol{e}_2-2\boldsymbol{e}_3$,所以 $\boldsymbol{\alpha}$ 在 $\boldsymbol{e}_1,\boldsymbol{e}_2,\boldsymbol{e}_3$ 下的坐标为 $(5,2,-2)^{\mathrm{T}}$.

(2) 设 $\boldsymbol{\alpha}$ 在 $\boldsymbol{\alpha}_1,\boldsymbol{\alpha}_2,\boldsymbol{\alpha}_3$ 下的坐标为 $(x_1,x_2,x_3)^{\mathrm{T}}$,则

$$\boldsymbol{\alpha}=x_1\boldsymbol{\alpha}_1+x_2\boldsymbol{\alpha}_2+x_3\boldsymbol{\alpha}_3=(\boldsymbol{\alpha}_1,\boldsymbol{\alpha}_2,\boldsymbol{\alpha}_3)\begin{pmatrix}x_1\\x_2\\x_3\end{pmatrix},$$

即

$$\begin{pmatrix}5\\2\\-2\end{pmatrix}=\begin{pmatrix}1&1&1\\0&1&1\\0&0&1\end{pmatrix}\begin{pmatrix}x_1\\x_2\\x_3\end{pmatrix},$$

解得 $x_1=3,x_2=4,x_3=-2$.

从上述例子可以看出同一个向量在不同基下的坐标是不同的,那么同一向量在不同基下的坐标之间有什么关系呢?也就是说,随着基的改变,向量的坐标将如何改变呢?首先来看一个简单的例子:

平面解析几何中的直角坐标系有时需要作旋转(图 3.4(a)(b)),这实际上是坐标向量(基)$\boldsymbol{\varepsilon}_1,\boldsymbol{\varepsilon}_2$ 绕原点旋转,设坐标轴逆时针旋转角度 θ,那么不难看出,新坐标向量(基)$\boldsymbol{\eta}_1,\boldsymbol{\eta}_2$ 与原坐标向量 $\boldsymbol{\varepsilon}_1,\boldsymbol{\varepsilon}_2$ 之间的关系为

$$\begin{cases}\boldsymbol{\eta}_1=\boldsymbol{\varepsilon}_1\cos\theta+\boldsymbol{\varepsilon}_2\sin\theta,\\\boldsymbol{\eta}_2=-\boldsymbol{\varepsilon}_1\sin\theta+\boldsymbol{\varepsilon}_2\cos\theta,\end{cases}\tag{3.12}$$

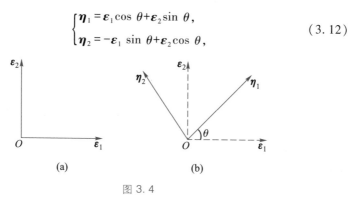

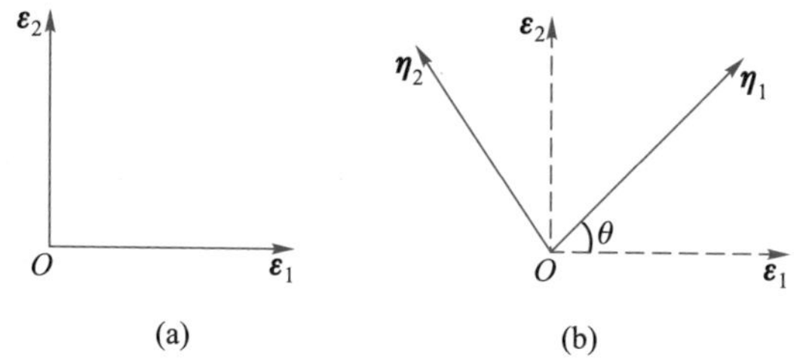

图 3.4

或者写为

$$(\boldsymbol{\eta}_1,\boldsymbol{\eta}_2)=(\boldsymbol{\varepsilon}_1,\boldsymbol{\varepsilon}_2)\begin{pmatrix}\cos\theta&-\sin\theta\\\sin\theta&\cos\theta\end{pmatrix},$$

若向量 $\boldsymbol{\xi}$ 在原坐标系和新坐标系下的坐标分别为 $(x_1,x_2)^{\mathrm{T}}$ 和 $(x_1',x_2')^{\mathrm{T}}$,即

$$\boldsymbol{\xi}=x_1\boldsymbol{\varepsilon}_1+x_2\boldsymbol{\varepsilon}_2=x_1'\boldsymbol{\eta}_1+x_2'\boldsymbol{\eta}_2,$$

将(3.12)式代入,有

$$\boldsymbol{\xi}=x_1'(\boldsymbol{\varepsilon}_1\cos\theta+\boldsymbol{\varepsilon}_2\sin\theta)+x_2'(-\boldsymbol{\varepsilon}_1\sin\theta+\boldsymbol{\varepsilon}_2\cos\theta)$$

$$= (x_1'\cos\theta - x_2'\sin\theta)\boldsymbol{\varepsilon}_1 + (x_1'\sin\theta + x_2'\cos\theta)\boldsymbol{\varepsilon}_2,$$

由 $\boldsymbol{\xi}$ 在 $\boldsymbol{\varepsilon}_1,\boldsymbol{\varepsilon}_2$ 下坐标的唯一性，得到

$$\begin{cases} x_1 = x_1'\cos\theta - x_2'\sin\theta, \\ x_2 = x_1'\sin\theta + x_2'\cos\theta, \end{cases}$$

或者写为

$$\begin{pmatrix} x_1 \\ x_2 \end{pmatrix} = \begin{pmatrix} \cos\theta & -\sin\theta \\ \sin\theta & \cos\theta \end{pmatrix} \begin{pmatrix} x_1' \\ x_2' \end{pmatrix}.$$

由此可看出，矩阵$\begin{pmatrix} \cos\theta & -\sin\theta \\ \sin\theta & \cos\theta \end{pmatrix}$不仅反映了新旧基 $\boldsymbol{\eta}_1,\boldsymbol{\eta}_2$ 与 $\boldsymbol{\varepsilon}_1,\boldsymbol{\varepsilon}_2$ 之间的关系，也反映了向量 $\boldsymbol{\xi}$ 在新旧基下的坐标关系，称之为基的过渡矩阵.

对于一般情况，设 $\boldsymbol{\alpha}_1,\boldsymbol{\alpha}_2,\cdots,\boldsymbol{\alpha}_n$ 与 $\boldsymbol{\beta}_1,\boldsymbol{\beta}_2,\cdots,\boldsymbol{\beta}_n$ 是 n 维向量空间 $\mathbf{R}^n$ 的两组基，且

$$\begin{cases} \boldsymbol{\beta}_1 = c_{11}\boldsymbol{\alpha}_1 + c_{12}\boldsymbol{\alpha}_2 + \cdots + c_{1n}\boldsymbol{\alpha}_n, \\ \boldsymbol{\beta}_2 = c_{21}\boldsymbol{\alpha}_1 + c_{22}\boldsymbol{\alpha}_2 + \cdots + c_{2n}\boldsymbol{\alpha}_n, \\ \cdots\cdots\cdots\cdots \\ \boldsymbol{\beta}_n = c_{n1}\boldsymbol{\alpha}_1 + c_{n2}\boldsymbol{\alpha}_2 + \cdots + c_{nn}\boldsymbol{\alpha}_n, \end{cases} \tag{3.13}$$

或者写为

$$(\boldsymbol{\beta}_1,\boldsymbol{\beta}_2,\cdots,\boldsymbol{\beta}_n) = (\boldsymbol{\alpha}_1,\boldsymbol{\alpha}_2,\cdots,\boldsymbol{\alpha}_n)\begin{pmatrix} c_{11} & c_{21} & \cdots & c_{n1} \\ c_{12} & c_{22} & \cdots & c_{n2} \\ \vdots & \vdots & & \vdots \\ c_{1n} & c_{2n} & \cdots & c_{nn} \end{pmatrix}, \tag{3.14}$$

若记 $\boldsymbol{C} = (c_{ij})_{n\times n}$，则上式可写作

$$(\boldsymbol{\beta}_1,\boldsymbol{\beta}_2,\cdots,\boldsymbol{\beta}_n) = (\boldsymbol{\alpha}_1,\boldsymbol{\alpha}_2,\cdots,\boldsymbol{\alpha}_n)\boldsymbol{C}, \tag{3.15}$$

称矩阵 $\boldsymbol{C}$ 为由基 $\boldsymbol{\alpha}_1,\boldsymbol{\alpha}_2,\cdots,\boldsymbol{\alpha}_n$ 到基 $\boldsymbol{\beta}_1,\boldsymbol{\beta}_2,\cdots,\boldsymbol{\beta}_n$ 的过渡矩阵（transition matrix）.

式(3.13)或(3.14)或(3.15)称为基变换公式.

不难看出：

(1) 过渡矩阵 $\boldsymbol{C}$ 的第 j 列 $(c_{j1},c_{j2},\cdots,c_{jn})^{\mathrm{T}}$ 恰为 $\boldsymbol{\beta}_j$ 在基 $\boldsymbol{\alpha}_1,\boldsymbol{\alpha}_2,\cdots,\boldsymbol{\alpha}_n$ 下的坐标；

(2) 由定义可知，向量空间 $\mathbf{R}^n$ 中任意两个基之间的过渡矩阵是可逆的.

下面建立一个向量在不同基下坐标之间的关系.

定理 3.13 设 $\boldsymbol{\alpha}_1,\boldsymbol{\alpha}_2,\cdots,\boldsymbol{\alpha}_n$ 和 $\boldsymbol{\beta}_1,\boldsymbol{\beta}_2,\cdots,\boldsymbol{\beta}_n$ 分别是 $\mathbf{R}^n$ 中的两组基,由基 $\boldsymbol{\alpha}_1,\boldsymbol{\alpha}_2,\cdots,\boldsymbol{\alpha}_n$ 到基 $\boldsymbol{\beta}_1,\boldsymbol{\beta}_2,\cdots,\boldsymbol{\beta}_n$ 的过渡矩阵 $\boldsymbol{C}=(c_{ij})_{n\times n}$,即

$$(\boldsymbol{\beta}_1,\boldsymbol{\beta}_2,\cdots,\boldsymbol{\beta}_n)=(\boldsymbol{\alpha}_1,\boldsymbol{\alpha}_2,\cdots,\boldsymbol{\alpha}_n)\boldsymbol{C},$$

若向量 $\boldsymbol{\alpha}$ 在两组基下的坐标分别为

$$\boldsymbol{x}=\begin{pmatrix}x_1\\x_2\\\vdots\\x_n\end{pmatrix},\boldsymbol{x}'=\begin{pmatrix}x_1'\\x_2'\\\vdots\\x_n'\end{pmatrix},$$

则

$$\boldsymbol{x}=\boldsymbol{C}\boldsymbol{x}',\tag{3.16}$$

或者等价地有

$$\boldsymbol{x}'=\boldsymbol{C}^{-1}\boldsymbol{x},\tag{3.17}$$

式(3.16)或式(3.17)称为坐标变换公式.

证明 因为$(\boldsymbol{\beta}_1,\boldsymbol{\beta}_2,\cdots,\boldsymbol{\beta}_n)=(\boldsymbol{\alpha}_1,\boldsymbol{\alpha}_2,\cdots,\boldsymbol{\alpha}_n)\boldsymbol{C}$

$$\boldsymbol{\alpha}=x_1\boldsymbol{\alpha}_1+x_2\boldsymbol{\alpha}_2+\cdots+x_n\boldsymbol{\alpha}_n=x_1'\boldsymbol{\beta}_1+x_2'\boldsymbol{\beta}_2+\cdots+x_n'\boldsymbol{\beta}_n,$$

所以

$$(\boldsymbol{\alpha}_1,\boldsymbol{\alpha}_2,\cdots,\boldsymbol{\alpha}_n)\begin{pmatrix}x_1\\x_2\\\vdots\\x_n\end{pmatrix}=(\boldsymbol{\beta}_1,\boldsymbol{\beta}_2,\cdots,\boldsymbol{\beta}_n)\begin{pmatrix}x_1'\\x_2'\\\vdots\\x_n'\end{pmatrix}=(\boldsymbol{\alpha}_1,\boldsymbol{\alpha}_2,\cdots,\boldsymbol{\alpha}_n)\boldsymbol{C}\begin{pmatrix}x_1'\\x_2'\\\vdots\\x_n'\end{pmatrix},$$

因为 $\boldsymbol{\alpha}$ 在基 $\boldsymbol{\alpha}_1,\boldsymbol{\alpha}_2,\cdots,\boldsymbol{\alpha}_n$ 下的坐标是唯一确定的,因而

$$\begin{pmatrix}x_1\\x_2\\\vdots\\x_n\end{pmatrix}=\boldsymbol{C}\begin{pmatrix}x_1'\\x_2'\\\vdots\\x_n'\end{pmatrix},$$

所以

$$\begin{pmatrix}x_1'\\x_2'\\\vdots\\x_n'\end{pmatrix}=\boldsymbol{C}^{-1}\begin{pmatrix}x_1\\x_2\\\vdots\\x_n\end{pmatrix}.$$

证毕

例 3.5.7 给定 $\mathbf{R}^3$ 中的两组基

(1) $\boldsymbol{\alpha}_1=(1,1,1)^{\mathrm{T}},\boldsymbol{\alpha}_2=(0,1,1)^{\mathrm{T}},\boldsymbol{\alpha}_3=(0,0,1)^{\mathrm{T}}$,

(2) $\boldsymbol{\beta}_1=(1,0,1)^{\mathrm{T}},\boldsymbol{\beta}_2=(0,1,-1)^{\mathrm{T}},\boldsymbol{\beta}_3=(1,2,0)^{\mathrm{T}}$,

求 $\boldsymbol{\alpha}_1,\boldsymbol{\alpha}_2,\boldsymbol{\alpha}_3$ 到 $\boldsymbol{\beta}_1,\boldsymbol{\beta}_2,\boldsymbol{\beta}_3$ 的过渡矩阵 $\boldsymbol{C}$ 及坐标变换公式.

解 $(\boldsymbol{\beta}_1,\boldsymbol{\beta}_2,\boldsymbol{\beta}_3)=(\boldsymbol{\alpha}_1,\boldsymbol{\alpha}_2,\boldsymbol{\alpha}_3)\boldsymbol{C}$,则 $\boldsymbol{C}=(\boldsymbol{\alpha}_1,\boldsymbol{\alpha}_2,\boldsymbol{\alpha}_3)^{-1}(\boldsymbol{\beta}_1,\boldsymbol{\beta}_2,\boldsymbol{\beta}_3)$. 令 $\boldsymbol{B}=(\boldsymbol{\beta}_1,\boldsymbol{\beta}_2,\boldsymbol{\beta}_3)$,$\boldsymbol{A}=(\boldsymbol{\alpha}_1,\boldsymbol{\alpha}_2,\boldsymbol{\alpha}_3)$,则 $\boldsymbol{C}=\boldsymbol{A}^{-1}\boldsymbol{B}$.

下面用矩阵的初等行变换求 $\boldsymbol{A}^{-1}\boldsymbol{B}$.

由上章可知,存在初等矩阵 $\boldsymbol{P}_1,\boldsymbol{P}_2,\cdots,\boldsymbol{P}_l$ 使

$$\boldsymbol{P}_1\boldsymbol{P}_2\cdots\boldsymbol{P}_l\boldsymbol{A}=\boldsymbol{E}, \tag{3.18}$$

从而

$$\boldsymbol{P}_1\boldsymbol{P}_2\cdots\boldsymbol{P}_l=\boldsymbol{A}^{-1},$$

两边右乘 $\boldsymbol{B}$,则

$$\boldsymbol{P}_1\boldsymbol{P}_2\cdots\boldsymbol{P}_l\boldsymbol{B}=\boldsymbol{A}^{-1}\boldsymbol{B}, \tag{3.19}$$

将式(3.18)与式(3.19)合起来,有

$$\boldsymbol{P}_1\boldsymbol{P}_2\cdots\boldsymbol{P}_l(\boldsymbol{A}\mid\boldsymbol{B})=(\boldsymbol{E}\mid\boldsymbol{A}^{-1}\boldsymbol{B}),$$

即

$$(\boldsymbol{A}\mid\boldsymbol{B})\xrightarrow{\text{初等行变换}}(\boldsymbol{E}\mid\boldsymbol{A}^{-1}\boldsymbol{B})=(\boldsymbol{E}\mid\boldsymbol{C}),$$

$$(\boldsymbol{A}\mid\boldsymbol{B})=\left(\begin{array}{ccc:ccc}1&0&0&1&0&1\\1&1&0&0&1&2\\1&1&1&1&-1&0\end{array}\right)\xrightarrow{\text{初等行变换}}\left(\begin{array}{ccc:ccc}1&0&0&1&0&1\\0&1&0&-1&1&1\\0&0&1&1&-2&-2\end{array}\right),$$

过渡矩阵

$$\boldsymbol{C}=\begin{pmatrix}1&0&1\\-1&1&1\\1&-2&-2\end{pmatrix},$$

设 $\mathbf{R}^3$ 中向量 $\boldsymbol{\alpha}$ 在基 $\boldsymbol{\alpha}_1,\boldsymbol{\alpha}_2,\boldsymbol{\alpha}_3$ 下的坐标为 $(x_1,x_2,x_3)^{\mathrm{T}}$,在基 $\boldsymbol{\beta}_1,\boldsymbol{\beta}_2,\boldsymbol{\beta}_3$ 下的坐标为 $(x_1',x_2',x_3')^{\mathrm{T}}$,则坐标变换公式为

$$\begin{pmatrix}x_1\\x_2\\x_3\end{pmatrix}=\begin{pmatrix}1&0&1\\-1&1&1\\1&-2&-2\end{pmatrix}\begin{pmatrix}x_1'\\x_2'\\x_3'\end{pmatrix}.$$

习题 3-5

1. 单项选择题

(1) 下列集合是向量空间的是(　　).

A. $V=\{(x_1,x_2,\cdots,x_{n-1},0)\mid x_1,x_2,\cdots,x_{n-1}\in\mathbf{R}\}$

B. $V=\{(x_1,x_2,\cdots,x_n)\mid x_1+x_2+\cdots+x_n=1\}$

C. $V=\{(x_1,x_2,\cdots,x_{n-1},1)\mid x_1,x_2,\cdots,x_{n-1}\in\mathbf{R}\}$

D. $V=\{(x,y,z)\mid x+2y+z=1,x,y,z\in\mathbf{R}\}$

(2) 设 $\boldsymbol{\alpha}_1,\boldsymbol{\alpha}_2,\boldsymbol{\alpha}_3,\boldsymbol{\alpha}_4$ 是四维向量空间中的四个向量,则向量组 $\boldsymbol{\alpha}_1,\boldsymbol{\alpha}_2,\boldsymbol{\alpha}_3,\boldsymbol{\alpha}_4$ 的秩(　　).

A. 小于等于 4　　B. 小于 4

C. 大于 4　　D. 大于等于 4

(3) 下列说法不正确的是(　　).

A. 同一向量空间的基是等价的

B. 向量空间的维数不超过其所含向量的维数

C. 等价的向量组生成的向量空间相等

D. 向量空间是一个向量集合,反之亦然

2. 填空题

(1) 由向量组 $\boldsymbol{\alpha}_1=(1,1,2,1),\boldsymbol{\alpha}_2=(1,0,0,2),\boldsymbol{\alpha}_3=(1,-4,-8,6)$ 生成的向量空间的维数=________.

(2) 设 $\boldsymbol{\alpha}_1=(1,-1,1),\boldsymbol{\alpha}_2=(1,-2,2),\boldsymbol{\alpha}_3=(1,t,5)$ 是三维向量空间的一组基,则 t________.

(3) 设向量空间 V 的基包含 r 个向量,则 V 的维数等于________.

3. 证明:$\boldsymbol{\alpha}_1=(1,1,0)^{\mathrm{T}},\boldsymbol{\alpha}_2=(1,0,1)^{\mathrm{T}},\boldsymbol{\alpha}_3=(0,1,1)^{\mathrm{T}}$ 是向量空间 $\mathbf{R}^3$ 的一组基,并求向量 $u=(2,0,0)^{\mathrm{T}}$ 在上述基下的坐标.

4. 求向量空间 $\mathbf{R}^3$ 的基 $\boldsymbol{\alpha}_1=(1,1,0)^{\mathrm{T}},\boldsymbol{\alpha}_2=(0,1,1)^{\mathrm{T}},\boldsymbol{\alpha}_3=(0,0,1)^{\mathrm{T}}$ 到基 $\boldsymbol{\beta}_1=(1,-1,-1)^{\mathrm{T}},\boldsymbol{\beta}_2=(1,1,-1)^{\mathrm{T}},\boldsymbol{\beta}_3=(-1,1,0)^{\mathrm{T}}$ 的过渡矩阵 $\boldsymbol{C}$ 和坐标变换公式.

习题答案与提示 3-5

本章基本要求

1. 理解 n 维向量、向量的线性组合与线性表示的概念.

2. 理解向量组线性相关与线性无关的概念,掌握向量组线性相关和线性无关的有关性质及判别法.

3. 理解向量组的极大线性无关组和向量组的秩的概念,会求向量组的极大线性无关组及秩.

4. 理解向量组等价的概念，理解向量组的秩与矩阵的秩的关系.
5. 了解 n 维向量空间、子空间、基、维数、坐标等概念.
6. 了解基变换和坐标变换公式，会求过渡矩阵.

历史探寻:向量

向量的概念可以追溯到古希腊时期的几何学,但直到 18 世纪和 19 世纪,向量的概念才开始得到明确的发展和定义.在古希腊几何学中,人们已经开始研究空间中的方向和大小.例如,欧几里得的《几何原本》中讨论了线段和几何图形的概念;17 世纪末 18 世纪初,笛卡儿引入了坐标几何学,将几何问题转化为代数问题.他使用坐标来表示点的位置,并引入了向量的概念,用于表示方向和大小;19 世纪初,爱尔兰数学家哈密顿(W.R.Hamilton,1805—1865)引入了四元数的概念,这是一种具有四个分量的扩展数;19 世纪中叶,柯西和格拉斯曼(H.G.Grassmann,1809—1877)等数学家开始将向量的概念从几何学中解放出来,发展了向量代数的基础.柯西引入了向量的加法和数量乘法的定义,而格拉斯曼则进一步推广了向量的概念,引入了外积和内积等运算;19 世纪末 20 世纪初,吉布斯(J.W.Gibbs,1839—1903)和赫维赛德(O.Heaviside,1850—1925)等科学家发展了矢量分析,将向量与物理学的概念相结合,引入了向量的梯度、散度和旋度等运算,使得向量成为了分析学和物理学中重要的工具;20 世纪,线性代数的发展进一步推动了向量的研究.阿廷(E.Artin,1898—1962)、巴拿赫(S.Banach,1892—1945)和外尔(H.Weyl,1885—1955)等数学家提出了向量空间的概念,并研究了向量的线性组合、线性变换和内积空间等性质.

随着科学和工程的发展,向量在各个应用领域得到广泛应用.向量在物理学中的应用使得我们对物理现象的理解更加深入,为物理学的发展做出了重要贡献.向量在计算机科学中的应用使得计算机技术能够更好地处理和分析复杂的信息,在计算机图形学、机器学习和数据分析等领域中向量可以表示图像、文本和数据集等信息,帮助解决复杂的计算和模式识别问题.

总之,向量的发展经历了从几何概念到抽象代数的演进,影响了数学、物理、计算机科学等多个领域,并为这些领域的理论和应用研究提供了重要的工具和方法.

总练习题 3

(A)

1. 单项选择题

(1) 设 $\boldsymbol{A},\boldsymbol{B}$ 分别为 $m\times n$ 和 $m\times k$ 矩阵,向量组(Ⅰ)是由 $\boldsymbol{A}$ 的列向量构成的向量组,向量组(Ⅱ)是由 $(\boldsymbol{A},\boldsymbol{B})$ 的列向量构成的向量组,则必有(　　).

A. 若(Ⅰ)线性无关,则(Ⅱ)线性无关

B. 若(Ⅰ)线性无关,则(Ⅱ)线性相关

C. 若(Ⅱ)线性无关,则(Ⅰ)线性无关

D. 若(Ⅱ)线性无关,则(Ⅰ)线性相关

(2) 设 $\boldsymbol{\alpha}_1,\boldsymbol{\alpha}_2,\boldsymbol{\alpha}_3,\boldsymbol{\alpha}_4$ 是一个四维向量组,若 $\boldsymbol{\alpha}_4$ 可以表示为 $\boldsymbol{\alpha}_1,\boldsymbol{\alpha}_2,\boldsymbol{\alpha}_3$ 的线性组合,且表示法唯一,则向量组 $\boldsymbol{\alpha}_1,\boldsymbol{\alpha}_2,\boldsymbol{\alpha}_3,\boldsymbol{\alpha}_4$ 的秩为(　　).

A. 1　　B. 2

C. 3　　D. 4

(3) 设向量组 $\boldsymbol{\alpha},\boldsymbol{\beta},\boldsymbol{\gamma}$ 及数 k,l,m 满足:$k\boldsymbol{\alpha}+l\boldsymbol{\beta}+m\boldsymbol{\gamma}=\boldsymbol{0}$,且 $km\neq 0$,则(　　).

A. $\boldsymbol{\alpha},\boldsymbol{\beta}$ 与 $\boldsymbol{\beta},\boldsymbol{\gamma}$ 等价　　B. $\boldsymbol{\alpha},\boldsymbol{\beta}$ 与 $\boldsymbol{\alpha},\boldsymbol{\gamma}$ 等价

C. $\boldsymbol{\alpha},\boldsymbol{\gamma}$ 与 $\boldsymbol{\beta},\boldsymbol{\gamma}$ 等价　　D. $\boldsymbol{\alpha}$ 与 $\boldsymbol{\gamma}$ 等价

(4) 向量组 $\boldsymbol{\alpha}_1,\boldsymbol{\alpha}_2,\cdots,\boldsymbol{\alpha}_r$ 线性相关且秩为 s,则(　　).

A. $r=s$　　B. $r\leqslant s$

C. $r\geqslant s$　　D. $r>s$

(5) 若向量组 $\boldsymbol{\alpha}_1=(1,1,1,1)^{\mathrm{T}}$, $\boldsymbol{\alpha}_2=(0,1,-1,2)^{\mathrm{T}}$, $\boldsymbol{\alpha}_3=(2,3,2+t,4)^{\mathrm{T}}$,$\boldsymbol{\alpha}_4=(3,1,5,9)^{\mathrm{T}}$ 不是四维向量空间 $\mathbf{R}^4$ 的一个基,则 $t=$(　　).

A. -2　　B. -1

C. 0　　D. 1

2. 填空题

(1) 若 $\boldsymbol{\beta}=(0,k,k^2)^{\mathrm{T}}$ 能由 $\boldsymbol{\alpha}_1=(1+k,1,1)^{\mathrm{T}}$,$\boldsymbol{\alpha}_2=(1,1+k,1)^{\mathrm{T}}$,$\boldsymbol{\alpha}_3=(1,1,1+k)^{\mathrm{T}}$ 唯一线性表示,则 k________.

(2) 若向量组 $\boldsymbol{\alpha}_1=(1,1,2,1)^{\mathrm{T}}$, $\boldsymbol{\alpha}_2=(1,0,0,2)^{\mathrm{T}}$, $\boldsymbol{\alpha}_3=(-1,-4,-8,k)^{\mathrm{T}}$ 线性相关,则 $k=$________.

(3) 设 $\boldsymbol{\alpha}=(1,0,-1,2)^{\mathrm{T}}$, $\boldsymbol{\beta}=(0,1,0,2)$, 矩阵 $\boldsymbol{A}=\boldsymbol{\alpha\beta}$, 则 $R(\boldsymbol{A})=$ ________.

(4) 由向量组 $\boldsymbol{\alpha}_1=(1,3,1,-1)^{\mathrm{T}}$, $\boldsymbol{\alpha}_2=(2,-1,-1,4)^{\mathrm{T}}$, $\boldsymbol{\alpha}_3=(5,1,-1,7)^{\mathrm{T}}$, $\boldsymbol{\alpha}_4=(2,6,2,-3)^{\mathrm{T}}$ 生成的向量空间的维数是________.

(5) 设 $\boldsymbol{\alpha}_1,\boldsymbol{\alpha}_2,\boldsymbol{\alpha}_3$ 是向量空间 $\mathbf{R}^3$ 的一组基,且向量组 $\boldsymbol{\beta}_1=\boldsymbol{\alpha}_1-\boldsymbol{\alpha}_2$, $\boldsymbol{\beta}_2=\boldsymbol{\alpha}_2-\boldsymbol{\alpha}_3$, $\boldsymbol{\beta}_3=\boldsymbol{\alpha}_3-\boldsymbol{\alpha}_1$, 则向量组 $\boldsymbol{\beta}_1,\boldsymbol{\beta}_2,\boldsymbol{\beta}_3$ 的秩是________.

3. 设 $\boldsymbol{\alpha}_1,\boldsymbol{\alpha}_2,\boldsymbol{\alpha}_3$ 线性无关,试证明:

(1) $\boldsymbol{\beta}_1=\boldsymbol{\alpha}_1+\boldsymbol{\alpha}_2-2\boldsymbol{\alpha}_3$, $\boldsymbol{\beta}_2=\boldsymbol{\alpha}_1-\boldsymbol{\alpha}_2-\boldsymbol{\alpha}_3$, $\boldsymbol{\beta}_3=\boldsymbol{\alpha}_1+\boldsymbol{\alpha}_2$ 线性无关;

(2) $\boldsymbol{\beta}_1=2\boldsymbol{\alpha}_1+\boldsymbol{\alpha}_2+3\boldsymbol{\alpha}_3$, $\boldsymbol{\beta}_2=\boldsymbol{\alpha}_1+\boldsymbol{\alpha}_3$, $\boldsymbol{\beta}_3=\boldsymbol{\alpha}_2+\boldsymbol{\alpha}_3$ 线性相关.

4. 求下列向量组的秩及一个极大无关组:

(1) $\boldsymbol{\alpha}_1=(1,2,-1,4)$, $\boldsymbol{\alpha}_2=(9,100,10,4)$, $\boldsymbol{\alpha}_3=(-2,-4,2,-8)$;

(2) $\boldsymbol{\alpha}_1=(1,1,1)$, $\boldsymbol{\alpha}_2=(1,2,3)$, $\boldsymbol{\alpha}_3=(1,4,9)$;

(3) $\boldsymbol{\alpha}_1=(1,1,2,2)$, $\boldsymbol{\alpha}_2=(0,2,1,5)$, $\boldsymbol{\alpha}_3=(1,1,0,4)$.

5. 设向量组 Ⅰ: $\boldsymbol{\alpha}_1=(1,1,1,3)$, $\boldsymbol{\alpha}_2=(-1,-3,5,1)$, $\boldsymbol{\alpha}_3=(3,2,-1,t+2)$, $\boldsymbol{\alpha}_4=(-2,-6,10,t)$,

(1) 当 t 为何值时,向量组 Ⅰ 线性无关?

(2) 当 t 为何值时,向量组 Ⅰ 线性相关?求向量组 Ⅰ 的秩及一个极大线性无关组.

6. 设 $\boldsymbol{\alpha}_1,\boldsymbol{\alpha}_2,\boldsymbol{\alpha}_3$ 是某向量组的极大线性无关组, $\boldsymbol{\beta}_1=\boldsymbol{\alpha}_1+\boldsymbol{\alpha}_2+\boldsymbol{\alpha}_3$, $\boldsymbol{\beta}_2=\boldsymbol{\alpha}_1+\boldsymbol{\alpha}_2+2\boldsymbol{\alpha}_3$, $\boldsymbol{\beta}_3=\boldsymbol{\alpha}_1+2\boldsymbol{\alpha}_2+3\boldsymbol{\alpha}_3$, 证明: $\boldsymbol{\beta}_1,\boldsymbol{\beta}_2,\boldsymbol{\beta}_3$ 也是该向量组的极大线性无关组.

7. 证明: $\boldsymbol{\alpha}_1=(1,2,-1,-2)$, $\boldsymbol{\alpha}_2=(2,3,0,-1)$, $\boldsymbol{\alpha}_3=(1,3,-1,0)$, $\boldsymbol{\alpha}_4=(1,2,1,4)$ 是 $\mathbf{R}^4$ 的一组基. 并求向量 $\boldsymbol{\beta}=(7,14,-1,2)$ 在基 $\boldsymbol{\alpha}_1,\boldsymbol{\alpha}_2,\boldsymbol{\alpha}_3,\boldsymbol{\alpha}_4$ 下的坐标.

(B)

1. 单项选择题

(1) 设 $\boldsymbol{\alpha}_1=\begin{pmatrix}0\\0\\c_1\end{pmatrix}$, $\boldsymbol{\alpha}_2=\begin{pmatrix}0\\1\\c_2\end{pmatrix}$, $\boldsymbol{\alpha}_3=\begin{pmatrix}1\\-1\\c_3\end{pmatrix}$, $\boldsymbol{\alpha}_4=\begin{pmatrix}-1\\1\\c_4\end{pmatrix}$, c_1,c_2,c_3,c_4 为任意常数,则下列向量组线性相关的是(　　).

A. $\boldsymbol{\alpha}_1,\boldsymbol{\alpha}_2,\boldsymbol{\alpha}_3$　　B. $\boldsymbol{\alpha}_1,\boldsymbol{\alpha}_2,\boldsymbol{\alpha}_4$

C. $\boldsymbol{\alpha}_1,\boldsymbol{\alpha}_3,\boldsymbol{\alpha}_4$　　D. $\boldsymbol{\alpha}_2,\boldsymbol{\alpha}_3,\boldsymbol{\alpha}_4$

(2) 设 $\boldsymbol{\alpha}_1,\boldsymbol{\alpha}_2,\boldsymbol{\alpha}_3$ 为三维列向量, k,l 为任意常数,则向量组 $\boldsymbol{\alpha}_1+k\boldsymbol{\alpha}_3$, $\boldsymbol{\alpha}_2+l\boldsymbol{\alpha}_3$ 线性无关是向量组 $\boldsymbol{\alpha}_1,\boldsymbol{\alpha}_2,\boldsymbol{\alpha}_3$ 线性无关的(　　).

A. 必要非充分条件　　B. 充分非必要条件

C. 充分且必要条件　　D. 既非充分又非必要条件

(3) 设 $\boldsymbol{\alpha}$ 为 n 维单位列向量,$\boldsymbol{E}$ 为 n 阶单位矩阵,则(　　).

A. $\boldsymbol{E}-\boldsymbol{\alpha}\boldsymbol{\alpha}^{\mathrm{T}}$ 不可逆　　B. $\boldsymbol{E}+\boldsymbol{\alpha}\boldsymbol{\alpha}^{\mathrm{T}}$ 不可逆

C. $\boldsymbol{E}+2\boldsymbol{\alpha}\boldsymbol{\alpha}^{\mathrm{T}}$ 不可逆　　D. $\boldsymbol{E}-2\boldsymbol{\alpha}\boldsymbol{\alpha}^{\mathrm{T}}$ 不可逆

(4) 设 $\boldsymbol{A},\boldsymbol{B},\boldsymbol{C}$ 为 n 阶矩阵,若 $\boldsymbol{AB}=\boldsymbol{C}$,且 $\boldsymbol{B}$ 可逆,则(　　).

A. 矩阵 $\boldsymbol{C}$ 的行向量组与 $\boldsymbol{A}$ 的行向量组等价

B. 矩阵 $\boldsymbol{C}$ 的列向量组与 $\boldsymbol{A}$ 的列向量组等价

C. 矩阵 $\boldsymbol{C}$ 的行向量组与 $\boldsymbol{B}$ 的行向量组等价

D. 矩阵 $\boldsymbol{C}$ 的列向量组与 $\boldsymbol{B}$ 的列向量组等价

(5) 设 n 阶矩阵 $\boldsymbol{A}$ 的秩 $r<n$,则在 $\boldsymbol{A}$ 的 n 个行向量中(　　).

A. 必有 r 个行向量线性无关

B. 任意 r 个行向量构成极大无关组

C. 任意 r 个行向量必线性无关

D. 任一行向量均可由其他 r 个行向量线性表示

2. 填空题

(1) 设 $\boldsymbol{\alpha}$ 为三维列向量,若 $\boldsymbol{\alpha}\boldsymbol{\alpha}^{\mathrm{T}}=\begin{pmatrix}1&-1&1\\-1&1&-1\\1&-1&1\end{pmatrix}$,则 $\boldsymbol{\alpha}^{\mathrm{T}}\boldsymbol{\alpha}=$________.

(2) 已知矩阵 $\boldsymbol{A}=\begin{pmatrix}1&2&-2\\2&1&2\\3&0&4\end{pmatrix}$,向量 $\boldsymbol{\alpha}=\begin{pmatrix}k\\1\\1\end{pmatrix}$,若 $\boldsymbol{A\alpha}$ 与 $\boldsymbol{\alpha}$ 线性相关,则 $k=$________.

(3) 已知矩阵 $\boldsymbol{A}=\begin{pmatrix}1&0&1\\1&1&2\\0&1&1\end{pmatrix}$,$\boldsymbol{\alpha}_1,\boldsymbol{\alpha}_2,\boldsymbol{\alpha}_3$ 是线性无关的三维列向量组,则向量组 $\boldsymbol{A\alpha}_1,\boldsymbol{A\alpha}_2,\boldsymbol{A\alpha}_3$ 的秩为________.

(4) 已知由 $\boldsymbol{\alpha}_1=(1,2,-1,0)$,$\boldsymbol{\alpha}_2=(1,1,0,2)$,$\boldsymbol{\alpha}_3=(2,1,1,a)$ 所生成的向量空间的维数是 2,则 $a=$________.

(5) 设 $\boldsymbol{\alpha}_1,\boldsymbol{\alpha}_2,\boldsymbol{\alpha}_3$ 是三维向量空间的一组基,则由基 $\boldsymbol{\alpha}_1,\frac{1}{2}\boldsymbol{\alpha}_2,\frac{1}{3}\boldsymbol{\alpha}_3$ 到基 $\boldsymbol{\alpha}_1+\boldsymbol{\alpha}_2,\boldsymbol{\alpha}_2+\boldsymbol{\alpha}_3,\boldsymbol{\alpha}_3+\boldsymbol{\alpha}_1$ 的过渡矩阵是________.

3. 已知向量组 $\boldsymbol{\alpha}_1=\begin{pmatrix}1\\1\\0\\2\end{pmatrix}$, $\boldsymbol{\alpha}_2=\begin{pmatrix}-1\\0\\1\\1\end{pmatrix}$, $\boldsymbol{\alpha}_3=\begin{pmatrix}2\\3\\a\\7\end{pmatrix}$, $\boldsymbol{\alpha}_4=\begin{pmatrix}-1\\5\\3\\a+11\end{pmatrix}$ 线性相关,

(1) 求 a 的值;

(2) 求向量组 $\boldsymbol{\alpha}_1,\boldsymbol{\alpha}_2,\boldsymbol{\alpha}_3,\boldsymbol{\alpha}_4$ 的一个极大线性无关组,并将向量组的其余向量用该极大线性无关组线性表示.

4. 已知向量组 $\boldsymbol{\alpha}_1=\begin{pmatrix}1\\0\\1\end{pmatrix}$, $\boldsymbol{\alpha}_2=\begin{pmatrix}0\\1\\1\end{pmatrix}$, $\boldsymbol{\alpha}_3=\begin{pmatrix}1\\3\\5\end{pmatrix}$ 不能由向量组 $\boldsymbol{\beta}_1=\begin{pmatrix}1\\1\\1\end{pmatrix}$, $\boldsymbol{\beta}_2=\begin{pmatrix}1\\2\\3\end{pmatrix}$, $\boldsymbol{\beta}_3=\begin{pmatrix}3\\4\\a\end{pmatrix}$ 线性表示,(1) 求 a 的值;(2) 将 $\boldsymbol{\beta}_1,\boldsymbol{\beta}_2,\boldsymbol{\beta}_3$ 用 $\boldsymbol{\alpha}_1,\boldsymbol{\alpha}_2,\boldsymbol{\alpha}_3$ 线性表示.

5. 已知向量组 $\boldsymbol{\beta}_1=\begin{pmatrix}0\\1\\-1\end{pmatrix}$, $\boldsymbol{\beta}_2=\begin{pmatrix}a\\2\\1\end{pmatrix}$, $\boldsymbol{\beta}_3=\begin{pmatrix}b\\1\\0\end{pmatrix}$ 与向量组 $\boldsymbol{\alpha}_1=\begin{pmatrix}1\\2\\-3\end{pmatrix}$, $\boldsymbol{\alpha}_2=\begin{pmatrix}3\\0\\1\end{pmatrix}$, $\boldsymbol{\alpha}_3=\begin{pmatrix}9\\6\\2\end{pmatrix}$ 具有相同的秩,且 $\boldsymbol{\beta}_3$ 可由 $\boldsymbol{\alpha}_1,\boldsymbol{\alpha}_2,\boldsymbol{\alpha}_3$ 线性表示,求 a, b 的值.

6. 设 $\boldsymbol{\alpha}_1,\boldsymbol{\alpha}_2,\boldsymbol{\alpha}_3$ 为 $\mathbf{R}^3$ 的一个基, $\boldsymbol{\beta}_1=2\boldsymbol{\alpha}_1+2k\boldsymbol{\alpha}_3$, $\boldsymbol{\beta}_2=2\boldsymbol{\alpha}_2$, $\boldsymbol{\beta}_3=\boldsymbol{\alpha}_1+(k+1)\boldsymbol{\alpha}_3$,

(1) 证明 $\boldsymbol{\beta}_1,\boldsymbol{\beta}_2,\boldsymbol{\beta}_3$ 也为 $\mathbf{R}^3$ 的一个基;

(2) 当 k 为何值时,非零向量 $\boldsymbol{\xi}$ 在基 $\boldsymbol{\alpha}_1,\boldsymbol{\alpha}_2,\boldsymbol{\alpha}_3$ 和 $\boldsymbol{\beta}_1,\boldsymbol{\beta}_2,\boldsymbol{\beta}_3$ 下坐标相同,并求所有的 $\boldsymbol{\xi}$.

7. 设 $\boldsymbol{\alpha}_1=\begin{pmatrix}1\\2\\1\end{pmatrix}$, $\boldsymbol{\alpha}_2=\begin{pmatrix}1\\3\\2\end{pmatrix}$, $\boldsymbol{\alpha}_3=\begin{pmatrix}1\\a\\3\end{pmatrix}$ 为 $\mathbf{R}^3$ 的一个基, $\boldsymbol{\beta}=\begin{pmatrix}1\\1\\1\end{pmatrix}$ 在此基下坐标为 $\begin{pmatrix}b\\c\\1\end{pmatrix}$,

(1) 求 a,b,c;

(2) 证明 $\boldsymbol{\alpha}_2,\boldsymbol{\alpha}_3,\boldsymbol{\beta}$ 为 $\mathbf{R}^3$ 的一个基,求 $\boldsymbol{\alpha}_2,\boldsymbol{\alpha}_3,\boldsymbol{\beta}$ 到 $\boldsymbol{\alpha}_1,\boldsymbol{\alpha}_2,\boldsymbol{\alpha}_3$ 的过

渡矩阵.

8. 设 $\boldsymbol{A}=\boldsymbol{E}-\boldsymbol{\xi}\boldsymbol{\xi}^{\mathrm{T}}$,$\boldsymbol{E}$ 是 n 阶单位矩阵,$\boldsymbol{\xi}$ 是 n 维非零列向量,$\boldsymbol{\xi}^{\mathrm{T}}$ 是 $\boldsymbol{\xi}$ 的转置,证明:(1) $\boldsymbol{A}^2=\boldsymbol{A}$ 的充分必要条件是 $\boldsymbol{\xi}^{\mathrm{T}}\boldsymbol{\xi}=1$;(2) 当 $\boldsymbol{\xi}^{\mathrm{T}}\boldsymbol{\xi}=1$ 时,$\boldsymbol{A}$ 是不可逆矩阵.

9. 一个工厂有3个加工车间,第1个车间利用一匹布能生产4件衬衣,15件长裤和3件外衣;第2个车间利用一匹布能生产4件衬衣,5件长裤和9件外衣;第3个车间利用一匹布能生产8件衬衣,10件长裤和3件外衣.现在工厂接了一个订单,要供应2 000件衬衣,3 500件长裤,2 600件外衣,问工厂为完成订单需分别给3个车间多少匹布?

习题答案与提示
总练习题3

线性方程组是线性代数的核心内容.在第1章里我们已经研究过线性方程组的一种特殊情形,即线性方程组所含方程的个数等于未知量的个数,且方程组的系数行列式不等于零,这时可以用克拉默法则求解.但当未知量的个数 n 较大时,其计算量是很大的.另外,在科学技术与经济管理等许多领域中,我们面对更多的是方程的个数与未知量的个数不相等的情形,或者即使方程的个数与未知量的个数相等,方程组的系数行列式也可能等于零.为此,我们有必要从更加普遍的角度来讨论一般线性方程组的求解问题.

本章主要讨论线性方程组的以下三个问题:

1. 线性方程组是否有解? 如何判别?
2. 若线性方程组有解,解的结构如何?
3. 若线性方程组有解,有多少解? 如何求出它的所有解?

第4章 线性方程组

4.1 线性方程组的基础知识

4.1.1 线性方程组的几种表达形式

1. 线性方程组的一般形式

含 n 个未知量的线性方程组的一般形式为

$$\begin{cases} a_{11}x_1+a_{12}x_2+\cdots+a_{1n}x_n=b_1, \\ a_{21}x_1+a_{22}x_2+\cdots+a_{2n}x_n=b_2, \\ \cdots\cdots\cdots\cdots \\ a_{m1}x_1+a_{m2}x_2+\cdots+a_{mn}x_n=b_m, \end{cases} \tag{4.1}$$

其中 $x_1,x_2,\cdots,x_n$ 为未知量,a_{ij}表示第 i 个方程未知量 x_j 的系数,b_i 称为常数项,$a_{ij},b_i,i=1,2,\cdots,m,j=1,2,\cdots,n$ 都是已知数.m 为方程的个数,m 可以小于 n,也可以等于或大于 n.

如果 $b_1,b_2,\cdots,b_m$ 全为零,这时(4.1)称为**齐次线性方程组**(system of homogeneous linear equations),否则称之为**非齐次线性方程组**(system of non-homogeneous linear equations).

2. 线性方程组的矩阵形式

方程组(4.1)还常常写为矩阵方程的形式,即

$$\boldsymbol{Ax}=\boldsymbol{b}, \tag{4.2}$$

其中

$$\boldsymbol{A}=\begin{pmatrix} a_{11} & a_{12} & \cdots & a_{1n} \\ a_{21} & a_{22} & \cdots & a_{2n} \\ \vdots & \vdots & & \vdots \\ a_{m1} & a_{m2} & \cdots & a_{mn} \end{pmatrix},\quad \boldsymbol{x}=\begin{pmatrix} x_1 \\ x_2 \\ \vdots \\ x_n \end{pmatrix},\quad \boldsymbol{b}=\begin{pmatrix} b_1 \\ b_2 \\ \vdots \\ b_m \end{pmatrix},$$

矩阵 $\boldsymbol{A}$ 称为方程组(4.1)的**系数矩阵**(coefficient matrix),$\boldsymbol{x}$ 称为**未知量**,$\boldsymbol{b}$ 称为**常数项**.

齐次线性方程组的矩阵形式为 $\boldsymbol{Ax}=\boldsymbol{0}$. (4.3)

3. 线性方程组的向量形式

令 $\boldsymbol{A}=(\boldsymbol{\alpha}_1,\boldsymbol{\alpha}_2,\cdots,\boldsymbol{\alpha}_n)$,$\boldsymbol{\alpha}_j=(a_{1j},a_{2j},\cdots,a_{mj})^{\mathrm{T}},j=1,2,\cdots,n$,则(4.2)与(4.3)又可用向量形式分别表示为

$$x_1\boldsymbol{\alpha}_1+x_2\boldsymbol{\alpha}_2+\cdots+x_n\boldsymbol{\alpha}_n=\boldsymbol{b}, \tag{4.2$'$}$$

$$x_1\boldsymbol{\alpha}_1+x_2\boldsymbol{\alpha}_2+\cdots+x_n\boldsymbol{\alpha}_n=\boldsymbol{0}. \tag{4.3$'$}$$

4.1.2　线性方程组解的概念

如果用一组数 $a_1,a_2,\cdots,a_n$ 分别代替线性方程组中的未知量 $x_1,x_2,\cdots,x_n$,能使方程组中每个方程都变成恒等式,那么称这组数 $a_1,a_2,\cdots,a_n$ 为线性方程组的**解**(solution).一个线性方程组如果有解,我们称之为**相容的线性方程组**,否则称为**不相容的线性方程组**.

设有两个线性方程组(Ⅰ)与(Ⅱ),如果(Ⅰ)的解是(Ⅱ)的解,而(Ⅱ)的解又是(Ⅰ)的解,即(Ⅰ)与(Ⅱ)有相同的解集合,那么称(Ⅰ)与(Ⅱ)是**同解方程组,或称两个方程组同解**.

方程组(4.1)的每个方程唯一对应一个 $n+1$ 维向量,因此方程组(4.1)唯一对应一个由 m 个 $n+1$ 维向量构成的向量组

$$\boldsymbol{\beta}_1=(a_{11},a_{12},\cdots,a_{1n},b_1),$$
$$\boldsymbol{\beta}_2=(a_{21},a_{22},\cdots,a_{2n},b_2),$$
$$\cdots$$
$$\boldsymbol{\beta}_m=(a_{m1},a_{m2},\cdots,a_{mn},b_m),$$

如果记

$$\widetilde{\boldsymbol{A}}=\begin{pmatrix}\boldsymbol{\beta}_1\\\boldsymbol{\beta}_2\\\vdots\\\boldsymbol{\beta}_m\end{pmatrix}=\left(\begin{array}{cccc:c}a_{11}&a_{12}&\cdots&a_{1n}&b_1\\a_{21}&a_{22}&\cdots&a_{2n}&b_2\\\vdots&\vdots&&\vdots&\vdots\\a_{m1}&a_{m2}&\cdots&a_{mn}&b_m\end{array}\right),$$

那么方程组(4.1)与矩阵 $\widetilde{\boldsymbol{A}}$ 一一对应,根据分块矩阵的写法,$\widetilde{\boldsymbol{A}}$ 也可写成 $(\boldsymbol{A}\mid\boldsymbol{b})$.称 $\widetilde{\boldsymbol{A}}$ 为方程组(4.1)的**增广矩阵**(augmented matrix).

4.1.3 解线性方程组的高斯消元法

高斯(Gauss)消元法的基本思想是对线性方程组进行同解变形,从而得到与原方程组同解且易直接求解的阶梯形方程组.我们用具体例子说明其解法.

例 4.1.1 解线性方程组

$$\begin{cases}2x_1+2x_2+\ \ x_3=1, & (4.4)\\ \ \ x_1+2x_2+3x_3=1, & (4.5)\\ 3x_1+4x_2+3x_3=1. & (4.6)\end{cases}$$

解 我们按下述步骤求解这个方程组:

交换方程(4.4)与方程(4.5)的位置,得

$$\begin{cases}\ \ x_1+2x_2+3x_3=1, & (4.5)\\ 2x_1+2x_2+\ \ x_3=1, & (4.4)\\ 3x_1+4x_2+3x_3=1, & (4.6)\end{cases}$$

将方程(4.5)两端同乘-2 加至方程(4.4)的两端(简述为(4.5)的-2 倍加至(4.4)),(4.5)的-3 倍加至(4.6),得

$$\begin{cases}x_1+2x_2+3x_3=1, & (4.5)\\ \quad -2x_2-5x_3=-1, & (4.7)\\ \quad -2x_2-6x_3=-2, & (4.8)\end{cases}$$

(4.7)的-1 倍加至(4.8),得

$$\begin{cases} x_1+2x_2+3x_3=1, & (4.5)\\ \quad -2x_2-5x_3=-1, & (4.7)\\ \qquad\qquad -x_3=-1, & (4.9)\end{cases}$$

(4.9) 的两端乘-1,得

$$\begin{cases} x_1+2x_2+3x_3=1, & (4.5)\\ \quad -2x_2-5x_3=-1, & (4.7)\\ \qquad\qquad x_3=1, & (4.10)\end{cases}$$

将(4.10)代入(4.7)得 $x_2=-2$,将 $x_3=1,x_2=-2$ 代入(4.5)得 $x_1=2$.

上述最后一个方程组也称为上三角形方程组(其系数矩阵为上三角形矩阵),这种上三角形方程组的解法一般采取先从最后一个方程求 x_n,再代入倒数第二个方程求 x_{n-1},…,最后将 $x_n,x_{n-1},\cdots,x_2$ 代入第一个方程得 x_1.求解线性方程组例 4.1.1 的方法称为**高斯消元法**.

例 4.1.1 中所用的消元法的过程,实际上是对方程组施行如下的操作或变换:

(1) 对换:调换某两个方程的位置.

(2) 倍乘:用一个非零常数 k 乘某一方程.

(3) 倍加:把某一个方程与数 k 的乘积加到另一个方程上去.

上述操作称为**线性方程组的初等变换**.

不难看出,例 4.1.1 中的线性方程组经初等变换后,所得方程组与原方程组同解,一般有

定理 4.1　线性方程组经初等变换所得的新方程组与原方程组同解.

由方程组初等变换的定义可知,对方程组施行初等变换实质上是对其增广矩阵施行初等行变换.对例 4.1.1 的方程组施行的消元过程可用增广矩阵表述如下:

$$\left(\begin{array}{ccc:c} 2 & 2 & 1 & 1\\ 1 & 2 & 3 & 1\\ 3 & 4 & 3 & 1\end{array}\right)\xrightarrow{r_1\leftrightarrow r_2}\left(\begin{array}{ccc:c} 1 & 2 & 3 & 1\\ 2 & 2 & 1 & 1\\ 3 & 4 & 3 & 1\end{array}\right)\xrightarrow[r_3-3r_1]{r_2-2r_1}\left(\begin{array}{ccc:c} 1 & 2 & 3 & 1\\ 0 & -2 & -5 & -1\\ 0 & -2 & -6 & -2\end{array}\right)\xrightarrow{r_3-r_2}$$

$$\left(\begin{array}{ccc:c} 1 & 2 & 3 & 1\\ 0 & -2 & -5 & -1\\ 0 & 0 & -1 & -1\end{array}\right)\xrightarrow{r_3\times(-1)}\left(\begin{array}{ccc:c} 1 & 2 & 3 & 1\\ 0 & -2 & -5 & -1\\ 0 & 0 & 1 & 1\end{array}\right),$$

显然,对例 4.1.1 的增广矩阵进行初等行变换过程中的每个矩阵所对应的方程组都与原方程组同解.一般有

推论 4.1　线性方程组的增广矩阵经初等行变换后得到的矩阵所对

应的方程组与原方程组同解.

因此,在求解线性方程组时,只需对其增广矩阵进行初等行变换,将增广矩阵化为一个简单的矩阵(一般化为行阶梯形矩阵),最后求解行阶梯形矩阵所对应的方程组.

例 4.1.2 解线性方程组

$$\begin{cases} x_1+x_2 \qquad =0, \\ 2x_1 \qquad +x_3=1, \\ x_1-x_2+x_3=1, \\ 3x_1+x_2+x_3=1. \end{cases} \tag{4.11}$$

解 $(\boldsymbol{A}|\boldsymbol{b})=\left(\begin{array}{ccc:c} 1 & 1 & 0 & 0 \\ 2 & 0 & 1 & 1 \\ 1 & -1 & 1 & 1 \\ 3 & 1 & 1 & 1 \end{array}\right) \xrightarrow[\substack{r_3-r_1 \\ r_4-3r_1}]{r_2-2r_1} \left(\begin{array}{ccc:c} 1 & 1 & 0 & 0 \\ 0 & -2 & 1 & 1 \\ 0 & -2 & 1 & 1 \\ 0 & -2 & 1 & 1 \end{array}\right) \xrightarrow[r_4-r_2]{r_3-r_2} \left(\begin{array}{ccc:c} 1 & 1 & 0 & 0 \\ 0 & -2 & 1 & 1 \\ 0 & 0 & 0 & 0 \\ 0 & 0 & 0 & 0 \end{array}\right) \xlongequal{\text{记作}} \boldsymbol{B}$,

上面最后一个矩阵(行阶梯形矩阵)$\boldsymbol{B}$ 所对应的方程组为

$$\begin{cases} x_1+x_2=0, \\ -2x_2+x_3=1, \end{cases}$$

上述方程组与原方程组同解.不难看出,每给定变量 x_2 一个值,可唯一地求出 x_1,x_3 的一组值.由于 x_2 可任意赋值,因而方程组有无穷多组解.因此,可以用 x_2 表示所有的解

$$\begin{cases} x_1=-x_2, \\ x_2=x_2, \\ x_3=2x_2+1, \end{cases}$$

称 x_2 为**自由未知量**.

由例 4.1.2 可以看出,方程组(4.11)的后两个方程为“多余”方程,这个事实可从以下两个方面体现:

(1) 方程组对应的增广矩阵$(\boldsymbol{A}|\boldsymbol{b})$的秩 $R(\boldsymbol{A}|\boldsymbol{b})=2<4$,说明方程组对应的四个行向量

$$\boldsymbol{\alpha}_1=(1,1,0,0),\boldsymbol{\alpha}_2=(2,0,1,1),\boldsymbol{\alpha}_3=(1,-1,1,1),\boldsymbol{\alpha}_4=(3,1,1,1)$$

线性相关,从而向量组 $\boldsymbol{\alpha}_1,\boldsymbol{\alpha}_2,\boldsymbol{\alpha}_3,\boldsymbol{\alpha}_4$ 有“多余”向量.由例 4.1.2 的解题过程可知,$\boldsymbol{\alpha}_1,\boldsymbol{\alpha}_2$ 为向量组 $\boldsymbol{\alpha}_1,\boldsymbol{\alpha}_2,\boldsymbol{\alpha}_3,\boldsymbol{\alpha}_4$ 的极大线性无关组,$\boldsymbol{\alpha}_3,\boldsymbol{\alpha}_4$ 可由 $\boldsymbol{\alpha}_1$,$\boldsymbol{\alpha}_2$ 线性表示,因此向量 $\boldsymbol{\alpha}_3,\boldsymbol{\alpha}_4$ 为向量组 $\boldsymbol{\alpha}_1,\boldsymbol{\alpha}_2,\boldsymbol{\alpha}_3,\boldsymbol{\alpha}_4$ 的“多余”向量,其对应的后两个方程为“多余”方程.

(2) 从行阶梯形矩阵 $\boldsymbol{B}$ 可看出,矩阵 $\boldsymbol{B}$ 的后两行为零,$\boldsymbol{B}$ 所对应的方程组为前两行所对应的方程组,而这个方程组与原方程组(4.11)同解,因此方程组(4.11)的后两个方程为“多余”方程.

从以上分析可知,对线性方程组的增广矩阵进行初等行变换将其化为行阶梯形矩阵,可以剔除原方程组中的“多余”方程.

如果方程组 $\boldsymbol{Ax}=\boldsymbol{b}$ 的增广矩阵的秩为 r,即 $R(\boldsymbol{A}\mid\boldsymbol{b})=r$,那么其可经过一系列初等行变换化为行阶梯形矩阵 $\boldsymbol{B}$,矩阵 $\boldsymbol{B}$ 仅含 r 个非零行,其所对应的方程组(含 r 个方程)与原方程组同解,且为与原方程组同解的含方程个数最少的方程组.因而有

推论 4.2 设 $\boldsymbol{A}\in\mathbf{R}^{m\times n}$,$\boldsymbol{Ax}=\boldsymbol{b}$,$R(\boldsymbol{A}\mid\boldsymbol{b})=r$,则与方程组 $\boldsymbol{Ax}=\boldsymbol{b}$ 同解的方程组所含方程的最少个数为 r.

在例 4.1.2 中,由于 $R(\boldsymbol{A}\mid\boldsymbol{b})=2$,因此与方程组(4.11)同解的方程组所含方程的最少个数为 2.

例 4.1.3 解线性方程组

$$\begin{cases}x_1-2x_2\quad +x_3+x_4=1,\\ x_1-2x_2\quad -x_3+x_4=-1,\\ x_1-2x_2+5x_3+x_4=a.\end{cases}$$

解

$$(\boldsymbol{A}\mid\boldsymbol{b})=\left(\begin{array}{cccc:c}1&-2&1&1&1\\1&-2&-1&1&-1\\1&-2&5&1&a\end{array}\right)\xrightarrow[r_3-r_1]{r_2-r_1}\left(\begin{array}{cccc:c}1&-2&1&1&1\\0&0&-2&0&-2\\0&0&4&0&a-1\end{array}\right)$$

$$\xrightarrow{r_3+2r_2}\left(\begin{array}{cccc:c}1&-2&1&1&1\\0&0&-2&0&-2\\0&0&0&0&a-5\end{array}\right)\xrightarrow{r_2\times\left(-\frac{1}{2}\right)}\left(\begin{array}{cccc:c}1&-2&1&1&1\\0&0&1&0&1\\0&0&0&0&a-5\end{array}\right),$$

当 $a\neq5$ 时,最后一个方程为矛盾方程,故原方程组无解.

当 $a=5$ 时,同解方程组为

$$\begin{cases}x_1-2x_2+x_3+x_4=1,\\ x_3=1,\end{cases}$$

将 $x_3=1$ 代入第一个方程得

$$\begin{cases}x_1=2x_2-x_4,\\ x_3=1,\end{cases}$$

其中 x_2,x_4 可以任意取值,为自由未知量.

由上述 3 个例子可以看出,一个线性方程组可能无解,也可能有解.如果有解,解不一定唯一,在例 4.1.3 中,当 $a=5$ 时方程组有无穷多个解.

为了求出线性方程组的所有解,我们将分别在 4.2,4.3 节讨论齐次和非齐次线性方程组解的结构及其求解方法.

习题 4-1

1. 单项选择题

(1) 关于线性方程组下列说法正确的是(　　).

A. 线性方程组都有解

B. 线性方程组可经过初等变换化为同解方程组

C. 非齐次线性方程组增广矩阵的秩大于系数矩阵的秩

D. 线性方程组都可用克拉默法则求解

(2) 设 A 是 $m\times n$ 矩阵,秩为 r,则与 $\boldsymbol{Ax}=\boldsymbol{b}$ 不同解的方程组为(　　).

A. 增广矩阵$(\boldsymbol{A}\mid\boldsymbol{b})$经初等行变换后得到的矩阵所对应的方程组

B. 线性方程组经初等变换得到的方程组

C. 由 $\boldsymbol{A}$ 的前 r 个方程构成的方程组

D. 由 $\boldsymbol{D}$ 的行所在的 r 个方程构成的方程组,其中 $\boldsymbol{D}$ 为 $\boldsymbol{A}$ 的 r 阶非零子式

(3) 设五元线性方程组 $\boldsymbol{Ax}=\boldsymbol{b}$ 的同解方程组是 $\begin{cases}x_1=1+x_4-2x_5,\\x_2=2-3x_4+x_5,\\x_3=-1-x_4+x_5,\end{cases}$ 则必有(　　).

A. $R(\boldsymbol{A}\mid\boldsymbol{b})=2$　　　　B. $R(\boldsymbol{A}\mid\boldsymbol{b})=R(\boldsymbol{A})=2$

C. $R(\boldsymbol{A}\mid\boldsymbol{b})=3$　　　　D. $R(\boldsymbol{A}\mid\boldsymbol{b})=R(\boldsymbol{A})=3$

2. 填空题

(1) 线性方程组 $\begin{cases}x_1+x_2-2x_3=1,\\x_2+x_3=-2,\\x_1-x_2+x_3=3\end{cases}$ 的增广矩阵为________.

(2) 以 $\left(\begin{array}{ccc|c}1&2&1&-1\\1&0&3&2\end{array}\right)$ 为增广矩阵的线性方程组为________.

3. 设线性方程组 $\begin{cases}x_1+4x_2+x_3=0,\\2x_1+x_2-x_3=-3,\\x_1-3x_3=-1,\\2x_2-6x_3=3,\end{cases}$ 求一个与它同

习题答案与提示 4-1

解的含方程个数最少的方程组.

4.2 齐次线性方程组

4.2.1 齐次线性方程组有非零解的判别定理

设齐次线性方程组

$$\begin{cases} a_{11}x_1+a_{12}x_2+\cdots+a_{1n}x_n=0, \\ a_{21}x_1+a_{22}x_2+\cdots+a_{2n}x_n=0, \\ \cdots\cdots\cdots\cdots \\ a_{m1}x_1+a_{m2}x_2+\cdots+a_{mn}x_n=0, \end{cases}$$

其系数矩阵 $\boldsymbol{A}=(a_{ij})=(\boldsymbol{\alpha}_1,\boldsymbol{\alpha}_2,\cdots,\boldsymbol{\alpha}_n)$，其中 $\boldsymbol{\alpha}_1,\boldsymbol{\alpha}_2,\cdots,\boldsymbol{\alpha}_n$ 为 $\boldsymbol{A}$ 的列向量.

其矩阵形式 $\boldsymbol{Ax}=\boldsymbol{0}$.

其向量形式 $x_1\boldsymbol{\alpha}_1+x_2\boldsymbol{\alpha}_2+\cdots+x_n\boldsymbol{\alpha}_n=\boldsymbol{0}$.

显然齐次线性方程组一定有零解，因此，我们关心的是齐次线性方程组在什么条件下有非零解.由方程组的向量形式可知下列结论等价：

(1) 齐次线性方程组 $\boldsymbol{Ax}=\boldsymbol{0}$ 有非零解；

(2) $\boldsymbol{A}$ 的列向量 $\boldsymbol{\alpha}_1,\boldsymbol{\alpha}_2,\cdots,\boldsymbol{\alpha}_n$ 线性相关；

(3) $R(\boldsymbol{A})<n$.

因而有

定理 4.2 **齐次线性方程组 $\boldsymbol{Ax}=\boldsymbol{0}$ 有非零解的充分必要条件是 $R(\boldsymbol{A})<n$；齐次线性方程组 $\boldsymbol{Ax}=\boldsymbol{0}$ 只有零解的充分必要条件是 $R(\boldsymbol{A})=n$.**

由定理 4.2，可得

推论 4.3 **当 $m<n$（即方程的个数小于未知数的个数）时，齐次线性方程组 $\boldsymbol{Ax}=\boldsymbol{0}$ 必有非零解.**

推论 4.4 **当 $m=n$（即方程的个数等于未知数的个数）时，齐次线性方程组 $\boldsymbol{Ax}=\boldsymbol{0}$ 有非零解的充分必要条件是 $|\boldsymbol{A}|=0$；齐次线性方程组 $\boldsymbol{Ax}=\boldsymbol{0}$ 只有零解的充要条件是 $|\boldsymbol{A}|\neq 0$.**

例 4.2.1 设

$$\boldsymbol{A}=\begin{pmatrix}1&1&0&0\\0&1&1&0\\0&0&1&1\\1&a&b&1\end{pmatrix},$$

当 a,b 满足什么条件时，齐次线性方程组 $\boldsymbol{Ax}=\boldsymbol{0}$ 有非零解.

解

$$|\boldsymbol{A}|=\begin{vmatrix}1&1&0&0\\0&1&1&0\\0&0&1&1\\1&a&b&1\end{vmatrix}\xlongequal{r_4-r_1}\begin{vmatrix}1&1&0&0\\0&1&1&0\\0&0&1&1\\0&a-1&b&1\end{vmatrix}=\begin{vmatrix}1&1&0\\0&1&1\\a-1&b&1\end{vmatrix}$$

$$=a-b,$$

由推论 4.4，当 $a=b$ 时，方程组有非零解.

例 4.2.2 设 $\boldsymbol{A}$ 是 n 阶方阵，证明：存在 $n\times s$ 矩阵 $\boldsymbol{B}\neq\boldsymbol{O}$，使得 $\boldsymbol{AB}=\boldsymbol{O}$ 的充分必要条件是 $|\boldsymbol{A}|=0$.

证明 将 $\boldsymbol{B}$ 按列分块为 $\boldsymbol{B}=(\boldsymbol{b}_1,\boldsymbol{b}_2,\cdots,\boldsymbol{b}_s)$，则 $\boldsymbol{AB}=\boldsymbol{O}$ 等价于

$$\boldsymbol{Ab}_j=\boldsymbol{0}\,(j=1,2,\cdots,s),$$

即 $\boldsymbol{B}$ 的每一列都是齐次线性方程组的解.

必要性 若 $\boldsymbol{AB}=\boldsymbol{O},\boldsymbol{B}\neq\boldsymbol{O}$，不妨设 $\boldsymbol{b}_k\neq 0,k\in\{1,2,\cdots,s\}$，则 $\boldsymbol{b}_k$ 为 $\boldsymbol{Ax}=\boldsymbol{0}$ 的一个非零解，因此 $\boldsymbol{Ax}=\boldsymbol{0}$存在非零解，故 $|\boldsymbol{A}|=0$.

充分性 若 $|\boldsymbol{A}|=0$，则 $\boldsymbol{Ax}=\boldsymbol{0}$ 有非零解 $\boldsymbol{\xi}$，令 $\boldsymbol{B}=(\boldsymbol{\xi},\boldsymbol{0},\boldsymbol{0},\cdots,\boldsymbol{0})$，则 $\boldsymbol{B}\neq\boldsymbol{O}$ 且 $\boldsymbol{AB}=\boldsymbol{O}$.

证毕

齐次线性方程组有非零解的判别定理 4.2 还可用于判断向量组的线性相关性.

定理 4.2 在判别向量组线性相关性中的应用

本段我们讨论了齐次线性方程组有非零解的条件，那么，如果齐次线性方程组有非零解，那么它有多少个非零解？如何表示其所有非零解？为此，下面研究齐次线性方程组 $\boldsymbol{Ax}=\boldsymbol{0}$解的性质及解的结构.

4.2.2 齐次线性方程组解的结构

线性方程组 $\boldsymbol{Ax}=\boldsymbol{b}$ 的解

$$\boldsymbol{x}=\begin{pmatrix}a_1\\a_2\\\vdots\\a_n\end{pmatrix}$$

也称为方程组 $\boldsymbol{Ax}=\boldsymbol{b}$ 的**解向量**.

下面我们讨论齐次线性方程组 $\boldsymbol{Ax}=\boldsymbol{0}$ 的解或解向量的性质.

性质 4.1　若 $\boldsymbol{\xi}_1,\boldsymbol{\xi}_2$ 为 $\boldsymbol{Ax}=\boldsymbol{0}$ 的解,则 $\boldsymbol{\xi}_1+\boldsymbol{\xi}_2$ 也为 $\boldsymbol{Ax}=\boldsymbol{0}$ 的解.

证明　因为 $\boldsymbol{A}(\boldsymbol{\xi}_1+\boldsymbol{\xi}_2)=\boldsymbol{A\xi}_1+\boldsymbol{A\xi}_2=\boldsymbol{0}+\boldsymbol{0}=\boldsymbol{0}$.所以 $\boldsymbol{\xi}_1+\boldsymbol{\xi}_2$ 为 $\boldsymbol{Ax}=\boldsymbol{0}$ 的解.　证毕

性质 4.2　若 $\boldsymbol{\xi}$ 为 $\boldsymbol{Ax}=\boldsymbol{0}$ 的解,k 为常数,则 $k\boldsymbol{\xi}$ 也为 $\boldsymbol{Ax}=\boldsymbol{0}$ 的解.

证明　因为 $\boldsymbol{A}(k\boldsymbol{\xi})=k\boldsymbol{A\xi}=k\boldsymbol{0}=\boldsymbol{0}$,所以 $k\boldsymbol{\xi}$ 为 $\boldsymbol{Ax}=\boldsymbol{0}$ 的解.　证毕

由性质 4.1、4.2 得

性质 4.3　若 $\boldsymbol{\xi}_1,\boldsymbol{\xi}_2,\cdots,\boldsymbol{\xi}_s$ 为 $\boldsymbol{Ax}=\boldsymbol{0}$ 的解,$k_1,k_2,\cdots,k_s$ 为任意常数,则 $k_1\boldsymbol{\xi}_1+k_2\boldsymbol{\xi}_2+\cdots+k_s\boldsymbol{\xi}_s$ 也为 $\boldsymbol{Ax}=\boldsymbol{0}$ 的解.

由性质 4.3 可看出,若齐次线性方程组 $\boldsymbol{Ax}=\boldsymbol{0}$ 有非零解,则一定有无穷多个.设 S 为齐次线性方程组 $\boldsymbol{Ax}=\boldsymbol{0}$ 的所有解向量构成的集合.由性质 4.1、4.2 可知,集合 S 对加法和数乘两种运算封闭,因此 S 构成一个向量空间,称为齐次线性方程组 $\boldsymbol{Ax}=\boldsymbol{0}$ 的**解空间**.我们把解空间的基称为齐次线性方程组 $\boldsymbol{Ax}=\boldsymbol{0}$ 的**基础解系**(fundamental set of solution).只有零解的齐次线性方程组的解空间为零维向量空间.由于零维向量空间没有基,因此只有零解的齐次线性方程组没有基础解系;有非零解的齐次线性方程组都有基础解系,但不唯一.由向量空间的概念可知,我们只要找到解空间的一个基础解系,就能用基础解系表示出解空间中所有的解向量.即有

定理 4.3　设 $\boldsymbol{\xi}_1,\boldsymbol{\xi}_2,\cdots,\boldsymbol{\xi}_s$ 是齐次线性方程组 $\boldsymbol{Ax}=\boldsymbol{0}$ 的一个基础解系,则 $\boldsymbol{Ax}=\boldsymbol{0}$ 的所有解可表示为

$$\boldsymbol{x}=k_1\boldsymbol{\xi}_1+k_2\boldsymbol{\xi}_2+\cdots+k_s\boldsymbol{\xi}_s\quad(k_1,k_2,\cdots,k_s\text{ 为任意常数})\tag{4.12}$$

称(4.12)为 $\boldsymbol{Ax}=\boldsymbol{0}$ 的**通解**.

下面我们来求齐次线性方程组 $\boldsymbol{Ax}=\boldsymbol{0}$ 的一个基础解系.

设方程组 $\boldsymbol{Ax}=\boldsymbol{0}$ 的系数矩阵 $\boldsymbol{A}=(a_{ij})_{m\times n}$,且 $R(\boldsymbol{A})=r<n$.不妨设 $\boldsymbol{A}$ 的前 r 列向量线性无关,则对矩阵 $\boldsymbol{A}$ 作初等行变换,将它化为行最简形矩阵 $\boldsymbol{B}$.不失一般性,可设

$$\boldsymbol{B}=\begin{pmatrix}1&0&\cdots&0&c_{1,r+1}&\cdots&c_{1n}\\0&1&\cdots&0&c_{2,r+1}&\cdots&c_{2n}\\\vdots&\vdots&&\vdots&\vdots&&\vdots\\0&0&\cdots&1&c_{r,r+1}&\cdots&c_{rn}\\0&0&\cdots&0&0&\cdots&0\\\vdots&\vdots&&\vdots&\vdots&&\vdots\\0&0&\cdots&0&0&\cdots&0\end{pmatrix},$$

则与 $\boldsymbol{B}$ 对应的方程组

$$\begin{cases} x_1 \qquad\qquad +c_{1,r+1}x_{r+1}+\cdots+c_{1n}x_n=0, \\ \quad x_2 \qquad\quad +c_{2,r+1}x_{r+1}+\cdots+c_{2n}x_n=0, \\ \qquad\qquad \cdots\cdots\cdots\cdots \\ \qquad\qquad x_r+c_{r,r+1}x_{r+1}+\cdots+c_{rn}x_n=0, \end{cases} \tag{4.13}$$

与原方程组 $\boldsymbol{Ax}=\boldsymbol{0}$ 同解. 取 $x_{r+1},x_{r+2},\cdots,x_n$ 为方程组的 $n-r$ 个自由未知量,得

$$\begin{cases} x_1=-c_{1,r+1}x_{r+1}-\cdots-c_{1n}x_n, \\ x_2=-c_{2,r+1}x_{r+1}-\cdots-c_{2n}x_n, \\ \qquad \cdots\cdots\cdots\cdots \\ x_r=-c_{r,r+1}x_{r+1}-\cdots-c_{rn}x_n, \end{cases} \tag{4.14}$$

特别地取

$$\begin{pmatrix} x_{r+1} \\ x_{r+2} \\ \vdots \\ x_n \end{pmatrix} = \underbrace{\begin{pmatrix} 1 \\ 0 \\ \vdots \\ 0 \end{pmatrix}, \begin{pmatrix} 0 \\ 1 \\ \vdots \\ 0 \end{pmatrix}, \cdots, \begin{pmatrix} 0 \\ 0 \\ \vdots \\ 1 \end{pmatrix}}_{n-r\text{ 个向量}},$$

由(4.14),依次可得

$$\begin{pmatrix} x_1 \\ x_2 \\ \vdots \\ x_r \end{pmatrix} = \begin{pmatrix} -c_{1,r+1} \\ -c_{2,r+1} \\ \vdots \\ -c_{r,r+1} \end{pmatrix}, \begin{pmatrix} -c_{1,r+2} \\ -c_{2,r+2} \\ \vdots \\ -c_{r,r+2} \end{pmatrix}, \cdots, \begin{pmatrix} -c_{1n} \\ -c_{2n} \\ \vdots \\ -c_{rn} \end{pmatrix},$$

从而得到方程组 $\boldsymbol{Ax}=\boldsymbol{0}$ 的 $n-r$ 个解向量

$$\boldsymbol{\xi}_1=\begin{pmatrix} c_{11} \\ c_{12} \\ \vdots \\ c_{1r} \\ 1 \\ 0 \\ \vdots \\ 0 \end{pmatrix}, \boldsymbol{\xi}_2=\begin{pmatrix} c_{21} \\ c_{22} \\ \vdots \\ c_{2r} \\ 0 \\ 1 \\ \vdots \\ 0 \end{pmatrix}, \cdots, \boldsymbol{\xi}_{n-r}=\begin{pmatrix} c_{n-r,1} \\ c_{n-r,2} \\ \vdots \\ c_{n-r,r} \\ 0 \\ 0 \\ \vdots \\ 1 \end{pmatrix}.$$

下面证明 $\boldsymbol{\xi}_1,\boldsymbol{\xi}_2,\cdots,\boldsymbol{\xi}_{n-r}$ 就是方程组 $\boldsymbol{Ax}=\boldsymbol{0}$ 的一个基础解系,即解空

间 S 的一个基.下面从两方面说明：

(1) $\boldsymbol{\xi}_1,\boldsymbol{\xi}_2,\cdots,\boldsymbol{\xi}_{n-r}$线性无关.

由于$\boldsymbol{\xi}_1,\boldsymbol{\xi}_2,\cdots,\boldsymbol{\xi}_{n-r}$后边的 $n-r$ 个分量构成的 r 维向量所形成的向量组线性无关,因而 $\boldsymbol{\xi}_1,\boldsymbol{\xi}_2,\cdots,\boldsymbol{\xi}_{n-r}$线性无关.

(2) 解空间 S 中任一解向量 $\boldsymbol{\xi}=(\lambda_1,\lambda_2,\cdots,\lambda_r,\lambda_{r+1},\cdots,\lambda_n)^{\mathrm{T}}$ 可由 $\boldsymbol{\xi}_1,\boldsymbol{\xi}_2,\cdots,\boldsymbol{\xi}_{n-r}$线性表示.

记 $\boldsymbol{\eta}=\lambda_{r+1}\boldsymbol{\xi}_1+\lambda_{r+2}\boldsymbol{\xi}_2+\cdots+\lambda_n\boldsymbol{\xi}_{n-r}$,则 $\boldsymbol{\eta}$ 也是 $\boldsymbol{Ax}=\boldsymbol{0}$ 的解.由 $\boldsymbol{\xi}_1,\boldsymbol{\xi}_2,\cdots,\boldsymbol{\xi}_{n-r}$的表示式可知 $\boldsymbol{\eta}$ 的后 $n-r$ 个分量与 $\boldsymbol{\xi}$ 完全相同,由克拉默法则知(4.13)的解是唯一的,从而 $\boldsymbol{\xi}$ 与 $\boldsymbol{\eta}$ 的前 r 个分量对应相等,因此 $\boldsymbol{\xi}=\boldsymbol{\eta}$,即

$$\boldsymbol{\xi}=\lambda_{r+1}\boldsymbol{\xi}_1+\lambda_{r+2}\boldsymbol{\xi}_2+\cdots+\lambda_n\boldsymbol{\xi}_{n-r},$$

由此说明 $\boldsymbol{\xi}_1,\boldsymbol{\xi}_2,\cdots,\boldsymbol{\xi}_{n-r}$是方程组 $\boldsymbol{Ax}=\boldsymbol{0}$ 的一个基础解系,且所含解向量个数为 $n-r$.因此有

定理 4.4　设 A 为 $m\times n$ 矩阵,齐次线性方程组 $\boldsymbol{Ax}=\boldsymbol{0}$ 的系数矩阵 $\boldsymbol{A}$ 的秩$R(\boldsymbol{A})=r<n$,则基础解系中含有 $n-r$ 个解向量.

上述求基础解系的过程,事实上提供了求解齐次线性方程组基础解系的一般方法,进一步还可得到方程组的通解.

例 4.2.3　求方程组

$$\begin{cases}x_1-x_2+5x_3-x_4=0,\\x_1+x_2-2x_3+3x_4=0,\\3x_1-x_2+8x_3+x_4=0.\end{cases}$$

的基础解系及其通解.

解法 1　对系数矩阵进行初等行变换,有

$$\boldsymbol{A}=\begin{pmatrix}1&-1&5&-1\\1&1&-2&3\\3&-1&8&1\end{pmatrix}\xrightarrow[r_3-3r_1]{r_2-r_1}\begin{pmatrix}1&-1&5&-1\\0&2&-7&4\\0&2&-7&4\end{pmatrix}$$

$$\xrightarrow[r_2\times\frac{1}{2}]{r_3-r_2}\begin{pmatrix}1&-1&5&-1\\0&1&-\frac{7}{2}&2\\0&0&0&0\end{pmatrix}\xrightarrow{r_1+r_2}\begin{pmatrix}1&0&\frac{3}{2}&1\\0&1&-\frac{7}{2}&2\\0&0&0&0\end{pmatrix},$$

即得与原方程组同解的方程组

$$\begin{cases}x_1+\dfrac{3}{2}x_3+x_4=0,\\x_2-\dfrac{7}{2}x_3+2x_4=0,\end{cases}\tag{4.15}$$

取$\begin{pmatrix}x_3\\x_4\end{pmatrix}=\begin{pmatrix}1\\0\end{pmatrix},\begin{pmatrix}0\\1\end{pmatrix}$，则$\begin{pmatrix}x_1\\x_2\end{pmatrix}=\begin{pmatrix}-\dfrac{3}{2}\\\dfrac{7}{2}\end{pmatrix},\begin{pmatrix}-1\\-2\end{pmatrix}$.

方程组的基础解系为

$$\boldsymbol{\xi}_1=\begin{pmatrix}-\dfrac{3}{2}\\\dfrac{7}{2}\\1\\0\end{pmatrix},\quad \boldsymbol{\xi}_2=\begin{pmatrix}-1\\-2\\0\\1\end{pmatrix},$$

其通解为 $k_1\boldsymbol{\xi}_1+k_2\boldsymbol{\xi}_2$（$k_1,k_2$ 为任意常数）.

解法 2 由于同解方程组(4.15)只含两个方程，两个方程最多只能解出两个未知数，其余的未知数可取任意常数(称为自由未知量)，不妨把 x_1,x_2 解出来，x_3,x_4 为自由未知量，即有

$$\begin{cases}x_1=-\dfrac{3}{2}x_3-x_4,\\x_2=\dfrac{7}{2}x_3-2x_4,\end{cases}$$

为把解表示得更清楚些，可把它写成

$$\begin{cases}x_1=-\dfrac{3}{2}x_3-x_4,\\x_2=\dfrac{7}{2}x_3-2x_4,\\x_3=x_3,\\x_4=x_4\end{cases}\qquad(x_3,x_4\text{ 为任意常数}),$$

令 $x_3=k_1,x_4=k_2$，也可把它写成参数形式

$$\begin{cases}x_1=-\dfrac{3}{2}k_1-k_2,\\x_2=\dfrac{7}{2}k_1-2k_2,\\x_3=k_1,\\x_4=k_2\end{cases}\qquad(k_1,k_2\text{ 为任意常数}),$$

或写成向量形式

$$\begin{pmatrix}x_1\\x_2\\x_3\\x_4\end{pmatrix}=\begin{pmatrix}-\frac{3}{2}k_1-k_2\\\frac{7}{2}k_1-2k_2\\k_1\\k_2\end{pmatrix}=k_1\begin{pmatrix}-\frac{3}{2}\\\frac{7}{2}\\1\\0\end{pmatrix}+k_2\begin{pmatrix}-1\\-2\\0\\1\end{pmatrix},$$

或者

$$\begin{pmatrix}x_1\\x_2\\x_3\\x_4\end{pmatrix}=k_1'\begin{pmatrix}-3\\7\\2\\0\end{pmatrix}+k_2\begin{pmatrix}-1\\-2\\0\\1\end{pmatrix}\quad (k_1=2k_1'),$$

而

$$\boldsymbol{\xi}_1=\begin{pmatrix}-3\\7\\2\\0\end{pmatrix},\boldsymbol{\xi}_2=\begin{pmatrix}-1\\-2\\0\\1\end{pmatrix}$$

就是原方程组的一个基础解系.

上述解法中,我们将 x_3,x_4 作为自由未知量,其实自由未知量的选取不是唯一的,在例 4.2.3 中,我们选择了首非零元所在列以外的各列对应的未知量为自由未知量,实际上,只要在行阶梯形矩阵中选一个 r 阶非零子式(它所在的列对应的未知量可作为非自由未知量),余下各列对应的未知量均可作为自由未知量.

如例 4.2.3 可如下化简系数矩阵 $\boldsymbol{A}$ 并选择自由未知量:

$$\boldsymbol{A}=\begin{pmatrix}1&-1&5&-1\\1&1&-2&3\\3&-1&8&1\end{pmatrix}\longrightarrow\begin{pmatrix}1&-1&5&-1\\0&1&-\frac{7}{2}&2\\0&0&0&0\end{pmatrix}$$

$$\xrightarrow{r_1+\frac{1}{2}r_2}\begin{pmatrix}1&-\frac{1}{2}&\frac{13}{4}&0\\0&1&-\frac{7}{2}&2\\0&0&0&0\end{pmatrix}\xrightarrow{r_2\times\frac{1}{2}}\begin{pmatrix}\boxed{1}&-\frac{1}{2}&\frac{13}{4}&\boxed{0}\\\boxed{0}&\frac{1}{2}&-\frac{7}{4}&\boxed{1}\\0&0&0&0\end{pmatrix},$$

可见 $R(\boldsymbol{A})=2$,注意到未知量 x_1,x_4 对应的系数行列式 $\begin{vmatrix}1&0\\0&1\end{vmatrix}$ 为一个二

阶非零子式,可选 x_1,x_4 以外的未知量 x_2,x_3 为自由未知量,于是原方程组的解为

$$\begin{cases} x_1=\dfrac{1}{2}x_2-\dfrac{13}{4}x_3, \\ x_2=x_2, \\ x_3=x_3, \\ x_4=-\dfrac{1}{2}x_2+\dfrac{7}{4}x_3, \end{cases}$$

写成向量形式

$$\begin{pmatrix} x_1 \\ x_2 \\ x_3 \\ x_4 \end{pmatrix}=k_1\begin{pmatrix} \dfrac{1}{2} \\ 1 \\ 0 \\ -\dfrac{1}{2} \end{pmatrix}+k_2\begin{pmatrix} -\dfrac{13}{4} \\ 0 \\ 1 \\ \dfrac{7}{4} \end{pmatrix} \quad (k_1,k_2 \text{ 为任意常数}),$$

或者

$$\begin{pmatrix} x_1 \\ x_2 \\ x_3 \\ x_4 \end{pmatrix}=k_1'\begin{pmatrix} 1 \\ 2 \\ 0 \\ -1 \end{pmatrix}+k_2'\begin{pmatrix} -13 \\ 0 \\ 4 \\ 7 \end{pmatrix} \quad \left(k_1'=\frac{k_1}{2},k_2'=\frac{k_2}{4}\right).$$

综上所述,用初等行变换求解齐次线性方程组 $\boldsymbol{Ax}=\boldsymbol{0}$ 的一般步骤:

(1) 对系数矩阵 $\boldsymbol{A}$ 进行初等行变换,将其化为行阶梯形矩阵,从而求得$R(\boldsymbol{A})$,设 $R(\boldsymbol{A})=r$;

(2) 继续对上述矩阵进行初等行变换,将 $\boldsymbol{A}$ 化为行最简形矩阵,即变换后的矩阵中存在一个 r 阶单位矩阵 $\boldsymbol{E}_r$;

(3) 取 $\boldsymbol{E}_r$ 所在列对应的未知量为非自由未知量,其余未知量为自由未知量,写出方程组的通解.

定理 4.4 也常用于证明矩阵秩的一些关系式 .

例 4.2.4 若矩阵 $\boldsymbol{A}_{n\times m},\boldsymbol{B}_{m\times n}$满足 $\boldsymbol{AB}=\boldsymbol{O}$,则有 $R(\boldsymbol{A})+R(\boldsymbol{B})\leqslant n$.

证明 由 $\boldsymbol{AB}=\boldsymbol{O}$ 知 $\boldsymbol{B}$ 的列向量为齐次方程组 $\boldsymbol{Ax}=\boldsymbol{0}$ 的解,因此 $\boldsymbol{B}$ 的列向量可由 $\boldsymbol{Ax}=\boldsymbol{0}$的基础解系线性表示,从而

$$R(\boldsymbol{B})\leqslant n-R(\boldsymbol{A}),$$

即 $R(\boldsymbol{A})+R(\boldsymbol{B})\leqslant n$. 证毕

例 4.2.5 设 $\boldsymbol{A}$ 是 $m\times n$ 矩阵,则 $R(\boldsymbol{A}^{\mathrm{T}}\boldsymbol{A})=R(\boldsymbol{AA}^{\mathrm{T}})=R(\boldsymbol{A})$.

证明　先证明 $R(\boldsymbol{A}^{\mathrm{T}}\boldsymbol{A})=R(\boldsymbol{A})$.

考虑齐次线性方程组

$$\boldsymbol{A}\boldsymbol{x}=\boldsymbol{0}, \tag{4.16}$$

$$\boldsymbol{A}^{\mathrm{T}}\boldsymbol{A}\boldsymbol{x}=\boldsymbol{0}, \tag{4.17}$$

下面说明上述两个方程组同解.

设 $\boldsymbol{x}_1$ 为(4.16)的解,则 $\boldsymbol{A}\boldsymbol{x}_1=\boldsymbol{0}$,两边左乘 $\boldsymbol{A}^{\mathrm{T}}$,则

$$\boldsymbol{A}^{\mathrm{T}}\boldsymbol{A}\boldsymbol{x}_1=\boldsymbol{0},$$

即 $\boldsymbol{x}_1$ 为(4.17)的解.

反之,设 $\boldsymbol{x}_2$ 为(4.17)的解,则 $\boldsymbol{A}^{\mathrm{T}}\boldsymbol{A}\boldsymbol{x}_2=\boldsymbol{0}$,两边左乘 $\boldsymbol{x}_2^{\mathrm{T}}$,则

$$\boldsymbol{x}_2^{\mathrm{T}}\boldsymbol{A}^{\mathrm{T}}\boldsymbol{A}\boldsymbol{x}_2=0,$$

即 $(\boldsymbol{A}\boldsymbol{x}_2)^{\mathrm{T}}(\boldsymbol{A}\boldsymbol{x}_2)=0$,从而 $\boldsymbol{A}\boldsymbol{x}_2=\boldsymbol{0}$,所以 $\boldsymbol{x}_2$ 为(4.16)的解.

由此可知,(4.16)与(4.17)为同解方程组.若(4.16),(4.17)只有零解,则 $R(\boldsymbol{A})=R(\boldsymbol{A}^{\mathrm{T}}\boldsymbol{A})=n$,否则它们有相同的基础解系.根据定理4.4得

$$n-R(\boldsymbol{A})=n-R(\boldsymbol{A}^{\mathrm{T}}\boldsymbol{A}),$$

所以 $R(\boldsymbol{A})=R(\boldsymbol{A}^{\mathrm{T}}\boldsymbol{A})$.

由此可得 $R(\boldsymbol{A}^{\mathrm{T}})=R(\boldsymbol{A}\boldsymbol{A}^{\mathrm{T}})$,而 $R(\boldsymbol{A}^{\mathrm{T}})=R(\boldsymbol{A})$,所以 $R(\boldsymbol{A}^{\mathrm{T}}\boldsymbol{A})=R(\boldsymbol{A}\boldsymbol{A}^{\mathrm{T}})=R(\boldsymbol{A})$.　　证毕

习题 4-2

1. 单项选择题

(1) $\boldsymbol{A}$ 是 $m\times n$ 矩阵,则齐次线性方程组 $\boldsymbol{A}\boldsymbol{x}=\boldsymbol{0}$ 只有零解的充分必要条件是(　　).

A. $R(\boldsymbol{A})=m$　　B. $R(\boldsymbol{A})<m$　　C. $R(\boldsymbol{A})=n$　　D. $R(\boldsymbol{A})<n$

(2) 齐次线性方程组 $\boldsymbol{A}\boldsymbol{x}=\boldsymbol{0}$ 有非零解的充分必要条件是(　　).

A. 系数矩阵 $\boldsymbol{A}$ 的行向量组线性无关

B. 系数矩阵 $\boldsymbol{A}$ 的行向量组线性相关

C. 系数矩阵 $\boldsymbol{A}$ 的列向量组线性无关

D. 系数矩阵 $\boldsymbol{A}$ 的列向量组线性相关

(3) 若 $\boldsymbol{\xi}_1,\boldsymbol{\xi}_2,\boldsymbol{\xi}_3$ 是齐次线性方程组 $\boldsymbol{A}\boldsymbol{x}=\boldsymbol{0}$ 的一个基础解系,则(　　)也是 $\boldsymbol{A}\boldsymbol{x}=\boldsymbol{0}$ 的一个基础解系.

A. $\boldsymbol{\xi}_1-\boldsymbol{\xi}_2,\boldsymbol{\xi}_2-\boldsymbol{\xi}_3,\boldsymbol{\xi}_3-\boldsymbol{\xi}_1$　　B. $\boldsymbol{\xi}_1+\boldsymbol{\xi}_2,\boldsymbol{\xi}_2-\boldsymbol{\xi}_3$

C. $\boldsymbol{\xi}_1+\boldsymbol{\xi}_2,\boldsymbol{\xi}_2+\boldsymbol{\xi}_3,\boldsymbol{\xi}_3+\boldsymbol{\xi}_1$　　D. $\boldsymbol{\xi}_1-\boldsymbol{\xi}_3,\boldsymbol{\xi}_3-\boldsymbol{\xi}_2,\boldsymbol{\xi}_2-\boldsymbol{\xi}_1$

(4) 设 $\boldsymbol{A}=(a_{ij})_{n\times n}$,且 $|\boldsymbol{A}|=0$,但 $\boldsymbol{A}$ 中某元素 a_{kl} 的代数余子式 $A_{kl}\neq$

0,则齐次线性方程组 $\boldsymbol{A}\boldsymbol{x}=\boldsymbol{0}$ 的基础解系包含的解向量的个数是(　　).

A. 1　　B. k　　C. l　　D. n

2. 填空题

(1) 若五元线性方程组 $\boldsymbol{A}\boldsymbol{x}=\boldsymbol{0}$ 的同解方程组是 $\begin{cases} x_1=-3x_3, \\ x_2=0, \end{cases}$ 则 $R(\boldsymbol{A})=$ ________,自由未知量的个数为________,$\boldsymbol{A}\boldsymbol{x}=\boldsymbol{0}$ 的基础解系有________个解向量.

(2) 设 $\boldsymbol{A}=\begin{pmatrix} 1 & 2 & 3 \\ -1 & 3 & 2 \\ 2 & 1 & t \\ -2 & 1 & -1 \end{pmatrix}$,$\boldsymbol{B}$ 为三阶非零矩阵,且 $\boldsymbol{A}\boldsymbol{B}=\boldsymbol{O}$,则 $t=$________.

(3) 方程组 $\begin{cases} x_1-x_2=0, \\ x_3+x_4=0 \end{cases}$ 的一个基础解系为________.

(4) 设四元齐次线性方程组 $\boldsymbol{A}\boldsymbol{x}=\boldsymbol{0}$ 的同解方程组为 $x_1+x_2+x_4=0$,则其自由未知量的个数为________.

(5) n 维列向量组 $\boldsymbol{\alpha}_1,\boldsymbol{\alpha}_2,\cdots,\boldsymbol{\alpha}_n$ 线性相关的充分必要条件是 $|\boldsymbol{\alpha}_1,\boldsymbol{\alpha}_2,\cdots,\boldsymbol{\alpha}_n|=$________.

3. 求下列齐次线性方程组的通解和一个基础解系:

(1) $\begin{cases} 3x_1+2x_2-5x_3+4x_4=0, \\ 3x_1-x_2+3x_3-3x_4=0, \\ 3x_1+5x_2-13x_3+11x_4=0; \end{cases}$　　(2) $\begin{cases} 6x_1+x_2+x_3+x_4=0, \\ 16x_1+x_2-x_3+5x_4=0, \\ 7x_1+2x_2+3x_3=0. \end{cases}$

4. 设 $a_1,a_2,\cdots,a_r$ 是不相同的数,$\boldsymbol{\alpha}_i=(1,a_i,a_i^2,\cdots,a_i^{r-1})$,$(i=1,2,\cdots,r)$,

证明:向量组 $\boldsymbol{\alpha}_1,\boldsymbol{\alpha}_2,\ldots,\boldsymbol{\alpha}_r$ 线性无关.

5. 判断下列向量组的线性相关性:

(1) $\boldsymbol{\alpha}_1=(2,2,7,-1)$,$\boldsymbol{\alpha}_2=(3,-1,2,4)$;

(2) $\boldsymbol{\alpha}_1=(2,-1,3,1)$,$\boldsymbol{\alpha}_2=(4,-2,5,4)$,$\boldsymbol{\alpha}_3=(2,-1,4,-1)$;

(3) $\boldsymbol{\alpha}_1=(1,2,1,-2)$,$\boldsymbol{\alpha}_2=(2,-1,1,3)$,$\boldsymbol{\alpha}_3=(1,-1,2,-1)$,$\boldsymbol{\alpha}_4=(2,1,-3,1)$.

习题答案与提示 4-2

4.3　非齐次线性方程组

4.3.1　非齐次线性方程组有解的判别定理

设非齐次线性方程组 $\boldsymbol{Ax}=\boldsymbol{b}$，$\boldsymbol{A}=(\boldsymbol{\alpha}_1,\boldsymbol{\alpha}_2,\cdots,\boldsymbol{\alpha}_n)$，$\boldsymbol{A}$ 为 $m\times n$ 矩阵.其向量形式为式(4.2)′，即

$$x_1\boldsymbol{\alpha}_1+x_2\boldsymbol{\alpha}_2+\cdots+x_n\boldsymbol{\alpha}_n=\boldsymbol{b},$$

则下面四种说法等价：

（1）方程组 $\boldsymbol{Ax}=\boldsymbol{b}$ 有解；

（2）向量 $\boldsymbol{b}$ 能由向量组 $\boldsymbol{\alpha}_1,\boldsymbol{\alpha}_2,\cdots,\boldsymbol{\alpha}_n$ 线性表示；

（3）向量组 $\boldsymbol{\alpha}_1,\boldsymbol{\alpha}_2,\cdots,\boldsymbol{\alpha}_n$ 与向量组 $\boldsymbol{\alpha}_1,\boldsymbol{\alpha}_2,\cdots,\boldsymbol{\alpha}_n,\boldsymbol{b}$ 等价；

（4）$R(\boldsymbol{A})=R(\boldsymbol{A}\mid\boldsymbol{b})$.

显然有(1)⇔(2)，(2)⇔(3)，(3)⇒(4).

下面证明(4)⇒(3).

设 $R(\boldsymbol{\alpha}_1,\boldsymbol{\alpha}_2,\cdots,\boldsymbol{\alpha}_n)=R(\boldsymbol{\alpha}_1,\boldsymbol{\alpha}_2,\cdots,\boldsymbol{\alpha}_n,\boldsymbol{b})=r$，设 $\boldsymbol{\alpha}_1,\boldsymbol{\alpha}_2,\cdots,\boldsymbol{\alpha}_r$ 为向量组 $\boldsymbol{\alpha}_1,\boldsymbol{\alpha}_2,\cdots,\boldsymbol{\alpha}_n$ 的极大无关组，则 $\boldsymbol{\alpha}_1,\boldsymbol{\alpha}_2,\cdots,\boldsymbol{\alpha}_r$ 也为向量组 $\boldsymbol{\alpha}_1,\boldsymbol{\alpha}_2,\cdots,\boldsymbol{\alpha}_n,\boldsymbol{b}$ 的极大无关组，否则 $\boldsymbol{\alpha}_1,\boldsymbol{\alpha}_2,\cdots,\boldsymbol{\alpha}_r,\boldsymbol{b}$ 线性无关，从而 $R(\boldsymbol{\alpha}_1,\boldsymbol{\alpha}_2,\cdots,\boldsymbol{\alpha}_n,\boldsymbol{b})>r$，矛盾，因此 $(\boldsymbol{\alpha}_1,\boldsymbol{\alpha}_2,\cdots,\boldsymbol{\alpha}_n)\sim(\boldsymbol{\alpha}_1,\boldsymbol{\alpha}_2,\cdots,\boldsymbol{\alpha}_r)\sim(\boldsymbol{\alpha}_1,\boldsymbol{\alpha}_2,\cdots,\boldsymbol{\alpha}_n,\boldsymbol{b})$.

证毕

我们常用(4)来判别非齐次线性方程组 $\boldsymbol{Ax}=\boldsymbol{b}$ 是否有解.

定理 4.5　非齐次线性方程组 $\boldsymbol{Ax}=\boldsymbol{b}$ 有解的充分必要条件是它的系数矩阵 $\boldsymbol{A}$ 与增广矩阵 $(\boldsymbol{A}\mid\boldsymbol{b})$ 的秩相等.

从线性方程组 $\boldsymbol{Ax}=\boldsymbol{b}$ 的向量形式(4.2)′还可发现，$\boldsymbol{Ax}=\boldsymbol{b}$ 有唯一解的充分必要条件是 $\boldsymbol{b}$ 可由 $\boldsymbol{\alpha}_1,\boldsymbol{\alpha}_2,\cdots,\boldsymbol{\alpha}_n$ 线性表示，且表示法唯一.这不仅要求 $\boldsymbol{\alpha}_1,\boldsymbol{\alpha}_2,\cdots,\boldsymbol{\alpha}_n$ 与 $\boldsymbol{\alpha}_1,\boldsymbol{\alpha}_2,\cdots,\boldsymbol{\alpha}_n,\boldsymbol{b}$ 等价，而且还要求 $\boldsymbol{\alpha}_1,\boldsymbol{\alpha}_2,\cdots,\boldsymbol{\alpha}_n$ 线性无关.因此又有

定理 4.6　非齐次线性方程组 $\boldsymbol{Ax}=\boldsymbol{b}$ 有唯一解的充分必要条件是 $R(\boldsymbol{A})=R(\boldsymbol{A}|\boldsymbol{b})=\boldsymbol{A}$ 的列数；有无穷多解的充分必要条件为 $R(\boldsymbol{A})=R(\boldsymbol{A}|\boldsymbol{b})<\boldsymbol{A}$ 的列数.

由上述定理及定理 4.2 进一步可得

推论 4.5 设非齐次线性方程组 $Ax=b$ 有解，则 $Ax=b$ 有唯一解的充分必要条件为 $Ax=0$ 只有零解；$Ax=b$ 有无穷多解的充分必要条件为 $Ax=0$ 有非零解.

例 4.3.1 解下列线性方程组：

$$\begin{cases}4x_1+2x_2-x_3=2,\\3x_1-x_2+2x_3=10,\\11x_1+3x_2=8.\end{cases}$$

解 对方程组的增广矩阵施行初等行变换，化成行阶梯形矩阵

$$(\boldsymbol{A}\mid\boldsymbol{b})=\left(\begin{array}{ccc:c}4&2&-1&2\\3&-1&2&10\\11&3&0&8\end{array}\right)\xrightarrow{\text{初等行变换}}\left(\begin{array}{ccc:c}1&3&-3&-8\\0&-10&11&34\\0&0&0&-6\end{array}\right),$$

由此可见 $R(\boldsymbol{A})\neq R(\boldsymbol{A}\mid\boldsymbol{b})$，所以方程组无解.

例 4.3.2 设线性方程组

$$\begin{cases}ax_1+2x_2+3x_3=4,\\2x_2+cx_3=2,\\2ax_1+2x_2+3x_3=6,\end{cases}$$

试讨论当 a、c 分别取何值时，方程组无解？有唯一解？有无穷多解？

解 利用初等行变换将增广矩阵化为行阶梯形矩阵

$$(\boldsymbol{A}\mid\boldsymbol{b})=\left(\begin{array}{ccc:c}a&2&3&4\\0&2&c&2\\2a&2&3&6\end{array}\right)\xrightarrow{r_3-2r_1}\left(\begin{array}{ccc:c}a&2&3&4\\0&2&c&2\\0&-2&-3&-2\end{array}\right)\xrightarrow{r_3+r_2}\left(\begin{array}{ccc:c}a&2&3&4\\0&2&c&2\\0&0&c-3&0\end{array}\right)$$

$$\xrightarrow{r_1-r_2}\left(\begin{array}{ccc:c}a&0&3-c&2\\0&2&c&2\\0&0&c-3&0\end{array}\right)\xrightarrow[r_2-r_3]{r_1+r_3}\left(\begin{array}{ccc:c}a&0&0&2\\0&2&3&2\\0&0&c-3&0\end{array}\right),$$

(1) 若 $a=0$，则对任意 c 均有 $R(\boldsymbol{A})\neq R(\boldsymbol{A}\mid\boldsymbol{b})$，因而方程组无解.

(2) 若 $a\neq0, c\neq3$，则 $R(\boldsymbol{A})=R(\boldsymbol{A}\mid\boldsymbol{b})=3$，方程组有唯一解.

(3) 若 $a\neq0, c=3$，则 $R(\boldsymbol{A})=R(\boldsymbol{A}\mid\boldsymbol{b})=2$，方程组有无穷多解.

注：本题也可利用克拉默法则判断解的情况. 根据克拉默法则，如果方程组的系数行列式

$$D=\begin{vmatrix}a&2&3\\0&2&c\\2a&2&3\end{vmatrix}\neq0,$$

则方程组有唯一解，经计算 $D=2a(c-3)$.

所以，当 $a\neq 0$ 且 $c\neq 3$ 时，方程组有唯一解；当 $a=0$ 时，$R(\boldsymbol{A})\neq R(\boldsymbol{A}\mid\boldsymbol{b})$，方程组无解；当 $a\neq 0,c=3$ 时，$R(\boldsymbol{A})=R(\boldsymbol{A}\mid\boldsymbol{b})=2$，方程组有无穷多解.

例 4.3.3　设 $\boldsymbol{A}$ 为 $m\times n$ 实矩阵，证明：对于任意的 m 维列向量 $\boldsymbol{b}$，方程组 $\boldsymbol{A}^{\mathrm{T}}\boldsymbol{A}\boldsymbol{x}=\boldsymbol{A}^{\mathrm{T}}\boldsymbol{b}$ 恒有解.

证明　由例 4.2.5 的结论，可知

$$R(\boldsymbol{A})=R(\boldsymbol{A}^{\mathrm{T}}\boldsymbol{A})\leqslant R(\boldsymbol{A}^{\mathrm{T}}\boldsymbol{A}\mid\boldsymbol{A}^{\mathrm{T}}\boldsymbol{b})=R(\boldsymbol{A}^{\mathrm{T}}(\boldsymbol{A}\mid\boldsymbol{b}))\leqslant R(\boldsymbol{A}^{\mathrm{T}})=R(\boldsymbol{A}),$$

所以 $R(\boldsymbol{A}^{\mathrm{T}}\boldsymbol{A}\mid\boldsymbol{A}^{\mathrm{T}}\boldsymbol{b})=R(\boldsymbol{A})=R(\boldsymbol{A}^{\mathrm{T}}\boldsymbol{A})$，从而 $\boldsymbol{A}^{\mathrm{T}}\boldsymbol{A}\boldsymbol{x}=\boldsymbol{A}^{\mathrm{T}}\boldsymbol{b}$ 有解.　　证毕

注：上述最后一个不等式利用了 $R(\boldsymbol{AB})\leqslant\min\{R(\boldsymbol{A}),R(\boldsymbol{B})\}$ 的结论. 见总练习题 4.

4.3.2　非齐次线性方程组解的结构

为了弄清非齐次线性方程组 $\boldsymbol{Ax}=\boldsymbol{b}$ 解的结构，我们考虑非齐次线性方程组 $\boldsymbol{Ax}=\boldsymbol{b}$ 与其对应的齐次线性方程组 $\boldsymbol{Ax}=\boldsymbol{0}$的解之间的关系.

性质 4.4　若 $\boldsymbol{\xi}_1,\boldsymbol{\xi}_2$ 都是非齐次线性方程组 $\boldsymbol{Ax}=\boldsymbol{b}$ 的解，则 $\boldsymbol{\xi}_1-\boldsymbol{\xi}_2$ 为对应的齐次线性方程组 $\boldsymbol{Ax}=\boldsymbol{0}$ 的解.

证明　因为 $\boldsymbol{A}(\boldsymbol{\xi}_1-\boldsymbol{\xi}_2)=\boldsymbol{A\xi}_1-\boldsymbol{A\xi}_2=\boldsymbol{b}-\boldsymbol{b}=\boldsymbol{0}$，即 $\boldsymbol{\xi}_1-\boldsymbol{\xi}_2$ 满足 $\boldsymbol{Ax}=\boldsymbol{0}$.

证毕

性质 4.5　设 $\boldsymbol{\xi}$ 是非齐次线性方程组 $\boldsymbol{Ax}=\boldsymbol{b}$ 的解，$\boldsymbol{\eta}$ 是对应的齐次线性方程组 $\boldsymbol{Ax}=\boldsymbol{0}$ 的解，则 $\boldsymbol{\xi}+\boldsymbol{\eta}$ 为 $\boldsymbol{Ax}=\boldsymbol{b}$ 的解.

证明　$\boldsymbol{A}(\boldsymbol{\xi}+\boldsymbol{\eta})=\boldsymbol{A\xi}+\boldsymbol{A\eta}=\boldsymbol{b}+\boldsymbol{0}=\boldsymbol{b}$，即 $\boldsymbol{\xi}+\boldsymbol{\eta}$ 满足 $\boldsymbol{Ax}=\boldsymbol{b}$.　　证毕

定理 4.7　设 $\boldsymbol{\eta}^*$ 是非齐次线性方程组 $\boldsymbol{Ax}=\boldsymbol{b}$ 的一个解，$\boldsymbol{\xi}_1,\boldsymbol{\xi}_2,\cdots,\boldsymbol{\xi}_{n-r}$是与其对应的齐次线性方程组 $\boldsymbol{Ax}=\boldsymbol{0}$ 的一个基础解系，则 $\boldsymbol{Ax}=\boldsymbol{b}$ 的通解可表示为

$$\boldsymbol{\xi}=\boldsymbol{\eta}^*+k_1\boldsymbol{\xi}_1+k_2\boldsymbol{\xi}_2+\cdots+k_{n-r}\boldsymbol{\xi}_{n-r},\tag{4.18}$$

其中 $k_1,k_2,\cdots,k_{n-r}$为任意常数，$\boldsymbol{A}\in\mathbf{R}^{m\times n},\boldsymbol{b}\in\mathbf{R}^m,R(\boldsymbol{A})=r$.

证明　设 $\boldsymbol{\xi}$ 为方程组 $\boldsymbol{Ax}=\boldsymbol{b}$ 的任一个解，则 $\boldsymbol{\xi}-\boldsymbol{\eta}^*$ 是相应齐次线性方程组 $\boldsymbol{Ax}=\boldsymbol{0}$ 的解，于是 $\boldsymbol{\xi}-\boldsymbol{\eta}^*=k_1\boldsymbol{\xi}_1+k_2\boldsymbol{\xi}_2+\cdots+k_{n-r}\boldsymbol{\xi}_{n-r}$，即

$$\boldsymbol{\xi}=\boldsymbol{\eta}^*+k_1\boldsymbol{\xi}_1+k_2\boldsymbol{\xi}_2+\cdots+k_{n-r}\boldsymbol{\xi}_{n-r},$$

由此可知，式(4.18)是 $\boldsymbol{Ax}=\boldsymbol{b}$ 的通解.　　证毕

定理 4.7 表明，非齐次线性方程组 $\boldsymbol{Ax}=\boldsymbol{b}$ 的通解由其对应的齐次线性方程组的通解加上它本身的一个解（称为**特解**）所构成，这就是非齐次线性方程组解的结构.

例 4.3.4 设 $\boldsymbol{\eta}_1$ 与 $\boldsymbol{\eta}_2$ 是非齐次线性方程组 $\boldsymbol{Ax}=\boldsymbol{b}$ 的两个不同的解，$\boldsymbol{\xi}_1$ 与 $\boldsymbol{\xi}_2$ 是对应的齐次线性方程组 $\boldsymbol{Ax}=\boldsymbol{0}$ 的基础解系，k_1 与 k_2 是任意常数，则 $\boldsymbol{Ax}=\boldsymbol{b}$ 的通解为________.

(A) $\dfrac{\boldsymbol{\eta}_1-\boldsymbol{\eta}_2}{2}+k_1\boldsymbol{\xi}_1+k_2(\boldsymbol{\xi}_1+\boldsymbol{\xi}_2)$

(B) $\dfrac{\boldsymbol{\eta}_1+\boldsymbol{\eta}_2}{2}+k_1\boldsymbol{\xi}_1+k_2(\boldsymbol{\xi}_1-\boldsymbol{\xi}_2)$

(C) $\dfrac{\boldsymbol{\eta}_1-\boldsymbol{\eta}_2}{2}+k_1\boldsymbol{\xi}_1+k_2(\boldsymbol{\eta}_1+\boldsymbol{\eta}_2)$

(D) $\dfrac{\boldsymbol{\eta}_1+\boldsymbol{\eta}_2}{2}+k_1\boldsymbol{\xi}_1+k_2(\boldsymbol{\eta}_1-\boldsymbol{\eta}_2)$

解 答案为(B).因为$\dfrac{\boldsymbol{\eta}_1+\boldsymbol{\eta}_2}{2}$是 $\boldsymbol{Ax}=\boldsymbol{b}$ 的解，而 $\boldsymbol{\xi}_1$ 与 $\boldsymbol{\xi}_1-\boldsymbol{\xi}_2$ 都是 $\boldsymbol{Ax}=\boldsymbol{0}$ 的解，且线性无关，故构成基础解系，从而(B)是 $\boldsymbol{Ax}=\boldsymbol{b}$ 的通解.(D)中 $\boldsymbol{\xi}_1$ 与 $\boldsymbol{\eta}_1-\boldsymbol{\eta}_2$ 虽然都是 $\boldsymbol{Ax}=\boldsymbol{0}$ 的解，但不能保证两者线性无关.(A)中的表达式仅是 $\boldsymbol{Ax}=\boldsymbol{0}$的解，(C)中的表达式不一定是 $\boldsymbol{Ax}=\boldsymbol{b}$ 的解(比如 $k_2\neq\dfrac{1}{2}$).

例 4.3.5 设三元非齐次线性方程组 $\boldsymbol{Ax}=\boldsymbol{b}$ 的系数矩阵 $\boldsymbol{A}$ 的秩为 2，且它的三个解向量 $\boldsymbol{\eta}_1,\boldsymbol{\eta}_2,\boldsymbol{\eta}_3$ 满足 $\boldsymbol{\eta}_1+\boldsymbol{\eta}_2=(3,1,-1)^{\mathrm{T}}$，$\boldsymbol{\eta}_1+\boldsymbol{\eta}_3=(2,0,-2)^{\mathrm{T}}$，求 $\boldsymbol{Ax}=\boldsymbol{b}$ 的通解.

解 由 $R(\boldsymbol{A})=2$ 可知，$\boldsymbol{Ax}=\boldsymbol{0}$ 解空间的维数为 $3-2=1$，因此它的任一非零解都可作为基础解系.

记 $\boldsymbol{\xi}=(\boldsymbol{\eta}_1+\boldsymbol{\eta}_2)-(\boldsymbol{\eta}_1+\boldsymbol{\eta}_3)=(1,1,1)^{\mathrm{T}}$，则 $\boldsymbol{\xi}$ 为 $\boldsymbol{Ax}=\boldsymbol{0}$ 的基础解系.再记 $\boldsymbol{\eta}^*=\dfrac{1}{2}(\boldsymbol{\eta}_1+\boldsymbol{\eta}_2)=\left(\dfrac{3}{2},\dfrac{1}{2},-\dfrac{1}{2}\right)^{\mathrm{T}}$，则 $\boldsymbol{\eta}^*$ 为 $\boldsymbol{Ax}=\boldsymbol{b}$ 的特解.从而 $\boldsymbol{Ax}=\boldsymbol{b}$ 的通解为 $\boldsymbol{x}=\boldsymbol{\eta}^*+k\boldsymbol{\xi}$，$k$ 为任意常数.

例 4.3.6 求解线性方程组

$$\begin{cases}x_1-x_2+5x_3-x_4=-1,\\x_1+x_2-2x_3+3x_4=1,\\3x_1-x_2+8x_3+x_4=-1,\end{cases}$$

并用(4.18)的形式写出方程组的通解.

解 对增广矩阵进行初等行变换有

$$(\boldsymbol{A}\mid\boldsymbol{b})=\left(\begin{array}{cccc:c}1&-1&5&-1&-1\\1&1&-2&3&1\\3&-1&8&1&-1\end{array}\right)\xrightarrow[r_3-3r_1]{r_2-r_1}\left(\begin{array}{cccc:c}1&-1&5&-1&-1\\0&2&-7&4&2\\0&2&-7&4&2\end{array}\right)$$

$$\xrightarrow[r_2\times\frac{1}{2}]{r_3-r_2}\left(\begin{array}{cccc:c}1 & -1 & 5 & -1 & -1\\ 0 & 1 & -\frac{7}{2} & 2 & 1\\ 0 & 0 & 0 & 0 & 0\end{array}\right)\xrightarrow{r_1+r_2}\left(\begin{array}{cccc:c}1 & 0 & \frac{3}{2} & 1 & 0\\ 0 & 1 & -\frac{7}{2} & 2 & 1\\ 0 & 0 & 0 & 0 & 0\end{array}\right),$$

可见 $R(\boldsymbol{A})=R(\boldsymbol{A}\mid\boldsymbol{b})=2$,因此原方程组有解.并得同解方程组

$$\begin{cases}x_1=-\dfrac{3}{2}x_3-x_4,\\ x_2=\dfrac{7}{2}x_3-2x_4+1,\end{cases}\tag{4.19}$$

取 $x_3=x_4=0$,则 $x_1=0,x_2=1$,即得原方程组的一个特解为

$$\boldsymbol{\eta}^*=\begin{pmatrix}0\\1\\0\\0\end{pmatrix},$$

根据例 4.2.3,方程组的通解为

$$\begin{pmatrix}x_1\\x_2\\x_3\\x_4\end{pmatrix}=k_1\begin{pmatrix}-3\\7\\2\\0\end{pmatrix}+k_2\begin{pmatrix}-1\\-2\\0\\1\end{pmatrix}+\begin{pmatrix}0\\1\\0\\0\end{pmatrix}\quad(k_1,k_2\text{ 为任意常数}).$$

类似于例 4.2.3 的解法 2,也可以由同解方程组(4.19)直接写出原方程组的通解

$$\begin{cases}x_1=-\dfrac{3}{2}x_3-x_4,\\ x_2=\dfrac{7}{2}x_3-2x_4+1, & (x_3,x_4\text{ 为自由未知量}),\\ x_3=x_3,\\ x_4=x_4\end{cases}$$

令 $k_1=x_3,k_2=x_4$,写成向量形式

$$\begin{pmatrix}x_1\\x_2\\x_3\\x_4\end{pmatrix}=k_1\begin{pmatrix}-\frac{3}{2}\\ \frac{7}{2}\\1\\0\end{pmatrix}+k_2\begin{pmatrix}-1\\-2\\0\\1\end{pmatrix}+\begin{pmatrix}0\\1\\0\\0\end{pmatrix},$$

k_1,k_2 为任意常数.

例 4.3.7 解下列线性方程组：

$$\begin{cases} x_1-x_2-x_3+x_4=0, \\ x_1-x_2+x_3-3x_4=1, \\ x_1-x_2-2x_3+3x_4=-\dfrac{1}{2}, \end{cases}$$

并求出其对应的齐次线性方程组的基础解系.

解 对增广矩阵进行初等行变换

$$(\boldsymbol{A}\mid\boldsymbol{b})=\left(\begin{array}{cccc:c} 1 & -1 & -1 & 1 & 0 \\ 1 & -1 & 1 & -3 & 1 \\ 1 & -1 & -2 & 3 & -\dfrac{1}{2} \end{array}\right)\xrightarrow[r_3-r_1]{r_2-r_1}\left(\begin{array}{cccc:c} 1 & -1 & -1 & 1 & 0 \\ 0 & 0 & 2 & -4 & 1 \\ 0 & 0 & -1 & 2 & -\dfrac{1}{2} \end{array}\right)$$

$$\xrightarrow{r_2\times\frac{1}{2}}\left(\begin{array}{cccc:c} 1 & -1 & -1 & 1 & 0 \\ 0 & 0 & 1 & -2 & \dfrac{1}{2} \\ 0 & 0 & -1 & 2 & -\dfrac{1}{2} \end{array}\right)\xrightarrow[r_3+r_2]{r_1+r_2}\left(\begin{array}{cccc:c} 1 & -1 & 0 & -1 & \dfrac{1}{2} \\ 0 & 0 & 1 & -2 & \dfrac{1}{2} \\ 0 & 0 & 0 & 0 & 0 \end{array}\right)\xlongequal{\text{记作}}\boldsymbol{B},$$

因为 $R(\boldsymbol{A})=R(\boldsymbol{A}\mid\boldsymbol{b})=2<4$,所以方程组有无穷多解.$\boldsymbol{B}$ 中存在一个二阶单位阵 $\boldsymbol{E}_2$(画虚线部分),取 $\boldsymbol{E}_2$ 所在列对应的未知量为非自由未知量,直接解出 x_1 与 x_3,而 x_2,x_4 为自由未知量,即

$$\begin{cases} x_1=x_2+x_4+\dfrac{1}{2}, \\ x_2=x_2, \\ x_3=2x_4+\dfrac{1}{2}, \\ x_4=x_4 \end{cases} \quad (x_2,x_4 \text{ 为自由未知量}),$$

写成向量形式

$$\begin{pmatrix} x_1 \\ x_2 \\ x_3 \\ x_4 \end{pmatrix}=k_1\begin{pmatrix} 1 \\ 1 \\ 0 \\ 0 \end{pmatrix}+k_2\begin{pmatrix} 1 \\ 0 \\ 2 \\ 1 \end{pmatrix}+\begin{pmatrix} \dfrac{1}{2} \\ 0 \\ \dfrac{1}{2} \\ 0 \end{pmatrix} \quad (k_1,k_2 \text{ 为任意常数}),$$

对应的齐次线性方程组的基础解系为

$$\boldsymbol{\xi}_1=\begin{pmatrix}1\\1\\0\\0\end{pmatrix},\boldsymbol{\xi}_2=\begin{pmatrix}1\\0\\2\\1\end{pmatrix}.$$

若将上述行最简形矩阵继续变换

$$\boldsymbol{B}\xrightarrow{r_1\times(-1)}\left(\begin{array}{cccc:c}-1 & 1 & 0 & 1 & -\dfrac{1}{2}\\ 0 & 0 & 1 & -2 & \dfrac{1}{2}\\ 0 & 0 & 0 & 0 & 0\end{array}\right),$$

选取 x_1,x_4 为自由未知量,直接解出 x_2 与 x_3,则

$$\begin{cases}x_1=x_1,\\ x_2=x_1-x_4-\dfrac{1}{2},\\ x_3=2x_4+\dfrac{1}{2},\\ x_4=x_4\end{cases}\quad(x_1,x_4\text{ 为自由未知量}),$$

写成向量形式

$$\begin{pmatrix}x_1\\x_2\\x_3\\x_4\end{pmatrix}=k_1\begin{pmatrix}1\\1\\0\\0\end{pmatrix}+k_2\begin{pmatrix}0\\-1\\2\\1\end{pmatrix}+\begin{pmatrix}0\\-\dfrac{1}{2}\\\dfrac{1}{2}\\0\end{pmatrix}\quad(k_1,k_2\text{ 为任意常数}),$$

对应的齐次线性方程组的基础解系为

$$\boldsymbol{\xi}_1=\begin{pmatrix}1\\1\\0\\0\end{pmatrix},\quad\boldsymbol{\xi}_2=\begin{pmatrix}0\\-1\\2\\1\end{pmatrix}.$$

由此可知,选取不同的自由未知量,所得基础解系不同,从而通解的形式也不一样.

线性方程组的理论有非常广泛的应用,下面举两个例子.

例 4.3.8(在减重食谱中的应用)　下表列举的是某减重食谱中的3

种食物与每 100 g 食物所含营养物质的质量以及减重所需每日营养物质的质量：

营养物质	每 100 g 食物所含营养物质/g			减重所需每日营养物质的质量/g
	脱脂牛奶	大豆面粉	乳清	
蛋白质	36	51	13	33
碳水化合物	52	34	74	45
脂肪	0	7	1.1	3

如果用这 3 种食物作为每天的主要食物，求出脱脂牛奶、大豆面粉和乳清的某种组合，使该食谱每天能供给上表中规定量的蛋白质、碳水化合物和脂肪.精确到小数点后 3 位小数.

解 为了保证减重所需每日营养物质的质量，以 100 g 为一个单位，设每日需食用的脱脂牛奶 x_1 个单位，大豆面粉 x_2 个单位，乳清 x_3 个单位，则由所给条件得

$$\begin{cases} 36x_1+51x_2+13x_3=33, \\ 52x_1+34x_2+74x_3=45, \\ \qquad\quad 7x_2+1.1x_3=3, \end{cases}$$

将上述方程组对应的增广矩阵化简

$$\begin{pmatrix} 36 & 51 & 13 & 33 \\ 52 & 34 & 74 & 45 \\ 0 & 7 & 1.1 & 3 \end{pmatrix} \to \begin{pmatrix} 1 & 0 & 0 & 0.277 \\ 0 & 1 & 0 & 0.392 \\ 0 & 0 & 1 & 0.233 \end{pmatrix}$$

即为了保证减重所需每日营养物质的质量，每日需食用脱脂牛奶 27.7 g，大豆面粉 39.2 g，乳清 23.3 g.

例 4.3.9（在配平化学方程式中的应用）

化学方程式描述了被消耗和新生成的物质之间的定量关系.配平化学方程式的标准方法是建立一个方程组，每个方程分别描述一种元素原子在反应前后的数目.

光合作用过程中，植物能利用太阳光照射将二氧化碳（CO_2）和水（H_2O）转化为葡萄糖（$C_6H_{12}O_6$）和氧（O_2），描述该反应过程的化学方程式为

$$x_1 CO_2 + x_2 H_2O = x_3 O_2 + x_4 C_6H_{12}O_6.$$

请建立线性方程组，计算系数 x_1,x_2,x_3,x_4 的正整数解，平衡反应方程.

解 为使反应式平衡，必须选择恰当的系数才能使反应式两端的碳

原子(C),氢原子(H)和氧原子(O)数目相等,为维持平衡,必须有

$$\begin{cases} x_1 = 6x_4, \\ 2x_2 = 12x_4, \\ 2x_1 + x_2 = 2x_3 + 6x_4, \end{cases}$$

整理并求解齐次线性方程组

$$\begin{cases} x_1 - 6x_4 = 0, \\ x_2 - 6x_4 = 0, \\ 2x_1 + x_2 - 2x_3 - 6x_4 = 0, \end{cases}$$

则其解为$\begin{cases} x_1 = 6x_4, \\ x_2 = 6x_4, \\ x_3 = 6x_4, \end{cases}$令 $x_4 = 1$,则有化学方程式

$$6CO_2 + 6H_2O = 6O_2 + C_6H_{12}O_6.$$

利用线性方程组配平化学方程式是一种待定系数法.关键是根据化学方程式两边所涉及的各种元素的量相等的原则列出方程.所得到的方程组所含方程个数等于元素种数,未知数的个数就是化学方程式中的项数.若要平衡有多种元素和物质参与的比较复杂的化学反应方程式,则需要解高阶线性方程组.

从上面的例子,可以看出

(1) 当一个系统中各个部分之间存在线性约束时(例如化学方程式的配平,各元素之间相互存在约束关系),就可借助线性方程组来建模.

(2) 当一个问题描述的是一张简单的表格时,可以将其化为一个矩阵,进而进行"批量"计算.

关于线性方程组在经济学中的应用,可扫描二维码进行学习.

平衡价格问题

习题 4-3

1. 单项选择题

(1) $\boldsymbol{A}$ 是 $m \times n$ 矩阵,$\boldsymbol{A}$ 的秩是 r,对非齐次线性方程组 $\boldsymbol{Ax} = \boldsymbol{b}$ 有(　　).

A. $r = m$,$\boldsymbol{Ax} = \boldsymbol{b}$ 有解　　　B. $r = n$,$\boldsymbol{Ax} = \boldsymbol{b}$ 有唯一解

C. $n = m$,$\boldsymbol{Ax} = \boldsymbol{b}$ 有解　　　D. $r < n$,$\boldsymbol{Ax} = \boldsymbol{b}$ 有解

(2) 设 $\boldsymbol{A}$ 为 n 阶方阵,且 $R(\boldsymbol{A}) = n-1$,$\boldsymbol{\alpha}_1$,$\boldsymbol{\alpha}_2$ 是 $\boldsymbol{Ax} = \boldsymbol{b}$ 的两个不同

解，则 $\boldsymbol{Ax}=\boldsymbol{0}$ 的通解是（　　）.

A. $k\boldsymbol{\alpha}_1$，　B. $k\boldsymbol{\alpha}_2$　C. $k(\boldsymbol{\alpha}_1-\boldsymbol{\alpha}_2)$　D. $k(\boldsymbol{\alpha}_1+\boldsymbol{\alpha}_2)$

（3）已知非齐次线性方程组 $\boldsymbol{Ax}=\boldsymbol{b}$ 和其对应的齐次线性方程组 $\boldsymbol{Ax}=\boldsymbol{0}$，下列说法正确的是（　　）.

A. 当 $\boldsymbol{Ax}=\boldsymbol{0}$ 无非零解时，$\boldsymbol{Ax}=\boldsymbol{b}$ 无解；

B. 当 $\boldsymbol{Ax}=\boldsymbol{0}$ 有无穷多个解时，$\boldsymbol{Ax}=\boldsymbol{b}$ 有无多解

C. 当 $\boldsymbol{Ax}=\boldsymbol{b}$ 无解时，$\boldsymbol{Ax}=\boldsymbol{0}$ 无非零解

D. 当 $\boldsymbol{Ax}=\boldsymbol{b}$ 有唯一解时，$\boldsymbol{Ax}=\boldsymbol{0}$ 只有零解

（4）设 $\boldsymbol{\alpha}_1,\boldsymbol{\alpha}_2$ 是齐次线性方程组 $\boldsymbol{Ax}=\boldsymbol{0}$ 的两个解，$\boldsymbol{\beta}_1,\boldsymbol{\beta}_2$ 是非齐次线性方程组 $\boldsymbol{Ax}=\boldsymbol{b}$ 的两个解，则（　　）.

A. $\boldsymbol{\alpha}_1+\boldsymbol{\alpha}_2$ 是 $\boldsymbol{Ax}=\boldsymbol{b}$ 的解　B. $\boldsymbol{\alpha}_1+\boldsymbol{\beta}_1$ 是 $\boldsymbol{Ax}=\boldsymbol{0}$ 的解

C. $\boldsymbol{\beta}_1-\boldsymbol{\beta}_2$ 是 $\boldsymbol{Ax}=\boldsymbol{0}$ 的解　D. $\boldsymbol{\alpha}_1-\boldsymbol{\beta}_1$ 是 $\boldsymbol{Ax}=\boldsymbol{b}$ 的解

2. 填空题

（1）非齐次线性方程组 $\boldsymbol{Ax}=\boldsymbol{b}$ 有解的充分必要条件是________.

（2）若三元非齐次线性方程组系数矩阵的秩是 2，向量组 $\boldsymbol{\eta}_1,\boldsymbol{\eta}_2,\boldsymbol{\eta}_3$ 的是它的 3 个解向量，且 $\boldsymbol{\eta}_1=\begin{pmatrix}1\\2\\3\end{pmatrix}$，$\boldsymbol{\eta}_2+\boldsymbol{\eta}_3=\begin{pmatrix}4\\5\\6\end{pmatrix}$，则该方程组的通解可表示为________.

3. 当 λ 为何值时，方程组

$$\begin{cases}x_1+2x_2-3x_3+\lambda x_4=2,\\-3x_1+2x_2+x_3+\lambda^2x_4=-1,\\-x_1+2x_2-x_3+\lambda^3x_4=2,\end{cases}$$

有解？

4. 解下列非齐次线性方程组：

（1）$\begin{cases}2x_1+x_2-x_3+x_4=1,\\x_1+2x_2+x_3-x_4=2,\\x_1+x_2+2x_3+x_4=3;\end{cases}$　（2）$\begin{cases}x_1-x_2+2x_3+4x_4=2,\\2x_1+x_2-x_3+x_4=1,\\x_1-4x_2+7x_3+11x_4=5;\end{cases}$

（3）$\begin{cases}x_1+x_2-3x_4-x_5=2,\\x_1-x_2+2x_3-x_4=1,\\4x_1-2x_2+6x_3+3x_4-4x_5=8,\\2x_1+4x_2-2x_3+4x_4-7x_5=9.\end{cases}$

习题答案与提示 4-3

本章基本要求

1. 理解齐次线性方程组有非零解的充分必要条件及非齐次线性方程组有解的充分必要条件.

2. 理解齐次线性方程组的基础解系、通解及解空间的概念,熟练掌握求基础解系的方法.

3. 理解非齐次线性方程组解的结构及通解的概念.

4. 掌握用初等行变换求解线性方程组的方法.

历史探寻:线性方程组

线性方程组及其解法,早在中国古代的数学著作《九章算术》方程章中已作了比较完整的论述.其中所述方法实质上相当于现代对方程组的增广矩阵施行初等行变换从而消去未知量的方法,即高斯消元法.在西方,线性方程组的研究是在 17 世纪后期由莱布尼茨开创的,他曾研究含两个未知量的三个线性方程组成的方程组.在 18 世纪上半叶,英国数学家麦克劳林(C. Maclaurin,1698—1746)研究了具有二、三、四个未知量的线性方程组,得到了现在称为克拉默法则的结果,克拉默不久也发表了这个法则.18 世纪下半叶,法国数学家贝祖对线性方程组理论进行了一系列研究,证明了 n 元齐次线性方程组有非零解的条件是系数行列式等于零.19 世纪,英国数学家史密斯(H. Smith,1826—1833)和道奇森(C.L.Dodgson,1832—1898)继续研究线性方程组理论,前者引进了方程组的增广矩阵和非增广矩阵的概念,后者证明了 n 个未知数 m 个方程的方程组相容的充分必要条件是系数矩阵和增广矩阵的秩相同.这正是现代线性方程组理论中的重要结果之一.

总练习题 4

(A)

1. 单项选择题

(1) 已知 $\boldsymbol{A}$ 是三阶矩阵,其秩为 2,若 $\boldsymbol{A}$ 中每行元素之和都是零,则方程组 $\boldsymbol{Ax}=\boldsymbol{0}$ 的通解为(　　).

A. $k(1,0,0)^{\mathrm{T}},k\in\mathbf{R}$　　B. $k(0,1,0)^{\mathrm{T}},k\in\mathbf{R}$

C. $k(0,0,1)^{\mathrm{T}},k\in\mathbf{R}$　　D. $k(1,1,1)^{\mathrm{T}},k\in\mathbf{R}$

(2) 设 $\boldsymbol{A}=\begin{pmatrix}1&0&3&1&2\\-1&3&0&-1&1\\2&1&7&2&t\end{pmatrix}$,齐次线性方程组 $\boldsymbol{Ax}=\boldsymbol{0}$ 的基础解系含有 3 个解向量,则 $t=$(　　).

A. -5　　B. 3　　C. 5　　D. 2

(3) 设 $\boldsymbol{\xi}_1=(1,0,2)^{\mathrm{T}},\boldsymbol{\xi}_2=(0,1,-1)^{\mathrm{T}}$ 都是齐次线性方程组 $\boldsymbol{Ax}=\boldsymbol{0}$的解,则系数矩阵 $\boldsymbol{A}=$(　　).

A. $(-2\quad 1\quad 1)$　　B. $\begin{pmatrix}2&0&-1\\0&1&1\end{pmatrix}$

C. $\begin{pmatrix}-1&0&2\\0&1&-1\end{pmatrix}$　　D. $\begin{pmatrix}0&1&1\\4&-2&-2\\0&1&1\end{pmatrix}$

(4) 已知非齐次线性方程组 $\boldsymbol{Ax}=\boldsymbol{b}$ 无解,且其增广矩阵的秩等于 4,则系数矩阵 $\boldsymbol{A}$ 的秩等于(　　).

A. 3　　B. 2　　C. 1　　D. 0

(5) 已知 $\boldsymbol{A}$ 是 4×5 矩阵,且 $\boldsymbol{A}$ 的行向量组线性无关,则(　　).

A. $\boldsymbol{A}$ 的列向量组线性无关

B. 方程组 $\boldsymbol{Ax}=\boldsymbol{b}$ 的增广矩阵的行向量组线性无关

C. 方程组 $\boldsymbol{Ax}=\boldsymbol{b}$ 的增广矩阵的列向量组线性无关

D. 方程组 $\boldsymbol{Ax}=\boldsymbol{b}$ 的有唯一解

2. 填空题

(1) 齐次线性方程组 $\boldsymbol{Ax}=\boldsymbol{0}$ 以 $\boldsymbol{\xi}_1=(1,0,1)^{\mathrm{T}},\boldsymbol{\xi}_2=(0,1,-1)^{\mathrm{T}}$ 为基础解系,则系数矩阵 $\boldsymbol{A}=$________.

(2) 若 n 元齐次线性方程组 $\boldsymbol{Ax}=\boldsymbol{0}$ 有 n 个线性无关的解向量,则 $\boldsymbol{A}=$________.

(3) 已知$\begin{pmatrix}1&2&1\\2&3&a+2\\1&a&-2\end{pmatrix}\begin{pmatrix}x_1\\x_2\\x_3\end{pmatrix}=\begin{pmatrix}1\\3\\0\end{pmatrix}$无解,则 $a=$________.

(4) 已知四元方程组 $\boldsymbol{Ax}=\boldsymbol{b}$ 有三个不同的解 $\boldsymbol{\xi}_1,\boldsymbol{\xi}_2,\boldsymbol{\xi}_3$,且 $R(\boldsymbol{A})=3$,$\boldsymbol{\xi}_1=(1,2,3,4)^{\mathrm{T}}$,$\boldsymbol{\xi}_2+\boldsymbol{\xi}_3=(3,5,7,9)^{\mathrm{T}}$,则该方程组的通解为________.

(5) 设 $\boldsymbol{\eta}_1,\boldsymbol{\eta}_2,\cdots,\boldsymbol{\eta}_t$是非齐次线性方程组 $\boldsymbol{Ax}=\boldsymbol{b}$ 的一组解向量,若 $c_1\boldsymbol{\eta}_1+c_2\boldsymbol{\eta}_2+\cdots+c_t\boldsymbol{\eta}_t$ 也是该方程组的一个解,则 $c_1+c_2+\cdots+c_t=$________.

3. 齐次线性方程组$\begin{cases}x_1+x_2+x_3=0,\\ax_1+bx_2+cx_3=0,\\a^2x_1+b^2x_2+c^2x_3=0,\end{cases}$

(1) a,b,c 满足什么关系时,方程组只有零解?

(2) a,b,c 满足什么关系时,方程组有无穷多解? 并用基础解系表示全部解.

4. 设 $\boldsymbol{A}=\begin{pmatrix}1&2&1\\2&3&a+2\\1&a&-2\end{pmatrix}$,$\boldsymbol{b}=\begin{pmatrix}1\\3\\0\end{pmatrix}$,$\boldsymbol{x}=\begin{pmatrix}x_1\\x_2\\x_3\end{pmatrix}$,

(1) a 为何值时,齐次线性方程组 $\boldsymbol{Ax}=\boldsymbol{0}$ 只有零解?

(2) a,b 为何值时,非齐次线性方程组 $\boldsymbol{Ax}=\boldsymbol{b}$ 无解.

5. λ 取何值时,线性方程组$\begin{cases}(2\lambda+1)x_1-\lambda x_2+(\lambda+1)x_3=\lambda-1,\\(\lambda-2)x_1+(\lambda-1)x_2+(\lambda-2)x_3=\lambda,\\(2\lambda-1)x_1+(\lambda-1)x_2+(2\lambda-1)x_3=\lambda\end{cases}$

有唯一解、无解、有无穷多解? 有无穷多解时,求其通解.

6. a,b 取何值时,方程组$\begin{cases}x_1+x_2+x_3+x_4+x_5=1,\\3x_1+2x_2+x_3+x_4-3x_5=a,\\x_2+2x_3+2x_4+6x_5=3,\\5x_1+4x_2+3x_3+3x_4-x_5=b\end{cases}$

有解? 在有解的情况下,求出一般解.

7. 证明方程组$\begin{cases}x_1-x_2=a_1,\\x_2-x_3=a_2,\\x_3-x_4=a_3,\\x_4-x_5=a_4,\\x_5-x_1=a_5\end{cases}$有解的充分必要条件是 $\sum_{i=1}^{5}a_i=0$ 有解,并求出一般解.

8. 设 $\boldsymbol{\eta}^*$ 是非齐次线性方程组 $\boldsymbol{Ax}=\boldsymbol{b}$ 的一个解,$\boldsymbol{\xi}_1,\boldsymbol{\xi}_2,\cdots,\boldsymbol{\xi}_{n-r}$ 是它对应的齐次线性方程组的一个基础解系.证明:

(1) $\boldsymbol{\eta}^*,\boldsymbol{\xi}_1,\boldsymbol{\xi}_2,\cdots,\boldsymbol{\xi}_{n-r}$ 线性无关;

(2) $\boldsymbol{\eta}^*,\boldsymbol{\eta}^*+\boldsymbol{\xi}_1,\boldsymbol{\eta}^*+\boldsymbol{\xi}_2,\cdots,\eta^*+\boldsymbol{\xi}_{n-r}$ 线性无关.

(B)

1. 单项选择题

(1) 设 $\boldsymbol{A}=(\boldsymbol{\alpha}_1,\boldsymbol{\alpha}_2,\boldsymbol{\alpha}_3,\boldsymbol{\alpha}_4)$ 是四阶矩阵,$\boldsymbol{A}^*$ 是 $\boldsymbol{A}$ 的伴随矩阵,若 $(1,0,1,0)^{\mathrm{T}}$ 是方程组 $\boldsymbol{Ax}=\boldsymbol{0}$ 的基础解系,则 $A^*\boldsymbol{x}=\boldsymbol{0}$ 的基础解系可为(　　).

A. $\boldsymbol{\alpha}_1,\boldsymbol{\alpha}_3$　　B. $\boldsymbol{\alpha}_1,\boldsymbol{\alpha}_2$

C. $\boldsymbol{\alpha}_1,\boldsymbol{\alpha}_2,\boldsymbol{\alpha}_3$　　D. $\boldsymbol{\alpha}_2,\boldsymbol{\alpha}_3,\boldsymbol{\alpha}_4$

(2) 设$\begin{cases}\lambda x_1+x_2+\lambda^2x_3=0,\\x_1+\lambda x_2+x_3=0,\\x_1+x_2+\lambda x_3=0\end{cases}$的系数矩阵为 $\boldsymbol{A}$,若存在三阶矩阵 $\boldsymbol{B}\neq\boldsymbol{O}$,使得 $\boldsymbol{AB}=\boldsymbol{O}$,则(　　).

A. $\lambda=-2$ 且 $|\boldsymbol{B}|=0$　　B. $\lambda=-2$ 且 $|\boldsymbol{B}|\neq0$

C. $\lambda=1$ 且 $|\boldsymbol{B}|=0$　　D. $\lambda=1$ 且 $|\boldsymbol{B}|\neq0$

(3) 设 $\boldsymbol{A}$ 是 n 阶矩阵,$\boldsymbol{\alpha}$ 是 n 维列向量,若 $R\begin{pmatrix}\boldsymbol{A}&\boldsymbol{\alpha}\\\boldsymbol{\alpha}^{\mathrm{T}}&\boldsymbol{O}\end{pmatrix}=R(\boldsymbol{A})$,则线性方程组(　　).

A. $\boldsymbol{Ax}=\boldsymbol{\alpha}$ 必有无穷多解

B. $\boldsymbol{Ax}=\boldsymbol{\alpha}$ 必有唯一解

C. $\begin{pmatrix}\boldsymbol{A}&\boldsymbol{\alpha}\\\boldsymbol{\alpha}^{\mathrm{T}}&\boldsymbol{O}\end{pmatrix}\begin{pmatrix}x\\y\end{pmatrix}=\boldsymbol{0}$ 仅有零解

D. $\begin{pmatrix}\boldsymbol{A}&\boldsymbol{\alpha}\\\boldsymbol{\alpha}^{\mathrm{T}}&\boldsymbol{O}\end{pmatrix}\begin{pmatrix}x\\y\end{pmatrix}=\boldsymbol{0}$ 必有非零解

(4) 设 n 阶矩阵 $\boldsymbol{A}$ 的伴随矩阵 $\boldsymbol{A}^*\neq\boldsymbol{O}$，若 $\boldsymbol{\xi}_1,\boldsymbol{\xi}_2,\boldsymbol{\xi}_3,\boldsymbol{\xi}_4$ 是非齐次线性方程组 $\boldsymbol{Ax}=\boldsymbol{b}$ 的四个互不相同的解，则对应的齐次线性方程组 $\boldsymbol{Ax}=\boldsymbol{0}$ 的基础解系(　　).

A. 不存在

B. 仅含一个非零解向量

C. 含两个线性相关的解向量

D. 含两个线性无关的解向量

(5) 设有三张平面两两相交，且交线相互平行，它们的方程为 $a_{i1}x+a_{i2}y+a_{i3}z=d_i(i=1,2,3)$，组成的线性方程组的系数矩阵和增广矩阵分别为 $\boldsymbol{A},\widetilde{\boldsymbol{A}}$，则下列正确的是(　　).

A. $R(\boldsymbol{A})=2,R(\widetilde{\boldsymbol{A}})=3$　　B. $R(\boldsymbol{A})=2,R(\widetilde{\boldsymbol{A}})=2$

C. $R(\boldsymbol{A})=1,R(\widetilde{\boldsymbol{A}})=2$　　D. $R(\boldsymbol{A})=1,R(\widetilde{\boldsymbol{A}})=1$

2. 填空题

(1) 已知 $\boldsymbol{A}=\begin{pmatrix}1&0&-1\\1&1&-1\\0&1&a^2-1\end{pmatrix},\boldsymbol{b}=\begin{pmatrix}0\\1\\a\end{pmatrix}$，若线性方程组 $\boldsymbol{Ax}=\boldsymbol{b}$ 有无穷多解，则 $a=$________.

(2) 若 n 阶矩阵 $\boldsymbol{A}$ 的各行元素之和均为零，且 $\boldsymbol{A}$ 的秩为 $n-1$，则齐次线性方程组 $\boldsymbol{Ax}=\boldsymbol{0}$ 的通解是________.

(3) 已知 $\boldsymbol{A}=\begin{pmatrix}1&2&-2\\4&t&3\\3&-1&1\end{pmatrix}$，$\boldsymbol{B}$ 为非零矩阵，且若 $\boldsymbol{AB}=\boldsymbol{O}$，则 $t=$________.

(4) $\boldsymbol{A}=(\boldsymbol{\alpha}_1,\boldsymbol{\alpha}_2,\boldsymbol{\alpha}_3)$ 为 3 阶矩阵，$\boldsymbol{\alpha}_1,\boldsymbol{\alpha}_2$ 线性无关，$\boldsymbol{\alpha}_3=-\boldsymbol{\alpha}_1+2\boldsymbol{\alpha}_2$，则齐次线性方程组 $\boldsymbol{Ax}=\boldsymbol{0}$ 的通解为________.

(5) 已知线性方程组 $\begin{cases}ax_1+x_3=1,\\x_1+ax_2+x_3=0,\\x_1+2x_2+ax_3=0,\\ax_1+bx_2=2\end{cases}$ 有解，其中 a,b 为任意常数，若 $\begin{vmatrix}a&0&1\\1&a&1\\1&2&a\end{vmatrix}=4$，则 $\begin{vmatrix}1&a&1\\1&2&a\\a&b&0\end{vmatrix}=$________.

3. 已知齐次线性方程组

$$(\text{I})\begin{cases}x_1+2x_2+3x_3=0,\\2x_1+3x_2+5x_3=0,\\x_1+x_2+ax_3=0,\end{cases}\quad(\text{II})\begin{cases}x_1+bx_2+cx_3=0,\\2x_1+b^2x_2+(c+1)x_3=0\end{cases}$$

同解,求 a,b,c 的值.

4. 已知$(1,-1,1,-1)^{\mathrm{T}}$是线性方程组$\begin{cases}x_1+\lambda x_2+\mu x_3+x_4=0,\\2x_1+x_2+x_3+2x_4=0,\\3x_1+(2+\lambda)x_2+(4+\mu)x_3+4x_4=1\end{cases}$

的一个解,试求:

(1) 该方程组的全部解,并用对应的齐次线性方程组的基础解系表示全部解;

(2) 该方程组满足 $x_2=x_3$ 的全部解.

5. 已知非齐次线性方程组$\begin{cases}x_1+x_2+x_3+x_4=-1,\\4x_1+3x_2+5x_3-x_4=-1,\\ax_1+x_2+3x_3+bx_4=1\end{cases}$有 3 个线性无关的解,

证明:(1) 方程组系数矩阵 $\boldsymbol{A}$ 的秩 $R(\boldsymbol{A})=2$;(2) 当 $R(\boldsymbol{A})=2$ 时,$a=2,b=-3$.

6. 设齐次线性方程组$\begin{cases}a_{11}x_1+a_{12}x_2+\cdots+a_{1n}x_n=0,\\a_{21}x_1+a_{22}x_2+\cdots+a_{2n}x_n=0,\\\cdots\cdots\cdots\cdots\\a_{n1}x_1+a_{n2}x_2+\cdots+a_{nn}x_n=0\end{cases}$的系数矩阵 $\boldsymbol{A}$ 的秩为 $n-1$,试证明:这个方程组的全部解向量是 $k(A_{i1},A_{i2},\cdots,A_{in})$,其中 A_{ij} 表示元素 a_{ij} 对应的代数余子式,且至少有一个非零,k 为任意常数.

7. 已知齐次线性方程组$\begin{cases}x_1+x_2+x_3=0,\\x_1+2x_2+ax_3=0,\\x_1+4x_2+a^2x_3=0\end{cases}$与 $x_1+2x_2+x_3=a-1$ 有公共解,求 a 及所有公共解.

8. 设矩阵 $\boldsymbol{A}=\begin{pmatrix}1&1&1-a\\1&0&a\\a+1&1&a+1\end{pmatrix}$,$\boldsymbol{\beta}=\begin{pmatrix}0\\1\\2a-2\end{pmatrix}$,且方程组 $\boldsymbol{Ax}=\boldsymbol{\beta}$ 无解,求

（1）a 的值；（2）方程组 $\boldsymbol{A}^{\mathrm{T}}\boldsymbol{A}\boldsymbol{X}=\boldsymbol{A}^{\mathrm{T}}\boldsymbol{\beta}$ 的通解.

9. 假设一个经济体系由燃料动力、化学金属和机器三个部门组成.化学金属部门分别销售 30% 和 50% 的产出给燃料动力部门和机器部门，保留余下的产出；燃料动力部门分别销售 80% 和 10% 的产出给化学金属部门和机器部门，保留余下的产出；机器部门分别销售 40% 和 40% 的产出给化学金属部门和燃料动力部门，保留余下的产出.

（1）构建该经济体系的交易表；

（2）求该经济体系的平衡价格；

（3）求当机器部门产出的价格是 100 个单位时的一组平衡价格.

10. 假设你是一个建筑师，某小区要建设一栋公寓，现在有一个模块构造计划方案需要你来设计，根据基本建筑面积，每个楼层可以有三种设置户型的方案，如下表所示.设计出 136 套一居室、74 套两居室、66 套三居室，是否可行？设计方案是否唯一？

方案	一居室/套	两居室/套	三居室/套
A	8	7	3
B	8	4	4
C	9	3	5

习题答案与提示
总练习题 4

矩阵的相似对角化理论与方法是矩阵理论的重要组成部分，它们不仅在数学的各个分支中有着重要的作用，而且在其他学科及工程技术等多种领域也有着极其广泛的应用.如微分方程、自动控制、航空航天等，常常遇到矩阵的相似对角化问题.本章首先把几何空间 $\mathbf{R}^3$ 中的数量积推广到向量空间 $\mathbf{R}^n$，然后介绍方阵的特征值与特征向量的概念及其计算，最后讨论矩阵与对角矩阵相似的条件及将矩阵化为相似对角矩阵的方法，并简单介绍矩阵对角化的应用.

第5章 矩阵的相似对角化

5.1 向量的内积与正交

5.1.1 向量的内积

我们在第3章研究了向量空间的线性运算和线性相关性问题，尚没有讨论像 $\mathbf{R}^3$ 和 $\mathbf{R}^2$ 中的向量所具有的度量（如长度、夹角）性质，而向量的度量性质在许多问题（如几何问题）中有着特别重要的地位，因而有必要在向量空间中引入度量的概念.

在空间解析几何中，我们利用向量的长度及夹角定义了两个向量的数量积

$$\boldsymbol{\alpha}\cdot\boldsymbol{\beta}=\|\boldsymbol{\alpha}\|\ \|\boldsymbol{\beta}\|\cos\theta, \tag{5.1}$$

其中 $\|\boldsymbol{\alpha}\|$，$\|\boldsymbol{\beta}\|$ 分别为向量 $\boldsymbol{\alpha},\boldsymbol{\beta}$ 的长度，θ 为向量 $\boldsymbol{\alpha},\boldsymbol{\beta}$ 的夹角，且 $0\leqslant\theta\leqslant\pi$.

在直角坐标系下，若 $\boldsymbol{\alpha}=(a_1,a_2,a_3)$，$\boldsymbol{\beta}=(b_1,b_2,b_3)$，则数量积 $\boldsymbol{\alpha}\cdot\boldsymbol{\beta}$ 的坐标表示式为

$$\boldsymbol{\alpha}\cdot\boldsymbol{\beta}=a_1b_1+a_2b_2+a_3b_3. \tag{5.2}$$

从逻辑上讲，也可按相反的顺序引入这些概念，即先用式(5.2)定义

向量的数量积,再通过式(5.1)定义向量的长度及夹角,即

$$\|\boldsymbol{\alpha}\|=\sqrt{\boldsymbol{\alpha}\cdot\boldsymbol{\alpha}},\ \|\boldsymbol{\beta}\|=\sqrt{\boldsymbol{\beta}\cdot\boldsymbol{\beta}},\cos\theta=\frac{\boldsymbol{\alpha}\cdot\boldsymbol{\beta}}{\|\boldsymbol{\alpha}\|\ \|\boldsymbol{\beta}\|}.$$

虽然 n 维向量($n>3$)没有二、三维向量那样直观的长度和夹角的概念,但我们可以按二、三维向量数量积的计算公式将向量的长度与夹角的概念推广.首先定义 n 维向量的内积,再利用内积来定义 n 维向量的长度和夹角.

定义 5.1 设 n 维向量

$$\boldsymbol{\alpha}=\begin{pmatrix}a_1\\a_2\\\vdots\\a_n\end{pmatrix},\qquad \boldsymbol{\beta}=\begin{pmatrix}b_1\\b_2\\\vdots\\b_n\end{pmatrix},$$

令$[\boldsymbol{\alpha},\boldsymbol{\beta}]=a_1b_1+a_2b_2+\cdots+a_nb_n$,称$[\boldsymbol{\alpha},\boldsymbol{\beta}]$为向量 $\boldsymbol{\alpha}$ 与 $\boldsymbol{\beta}$ 的**内积**(inner product).

内积是向量的一种运算,当 $\boldsymbol{\alpha}$ 与 $\boldsymbol{\beta}$ 都是列向量时,可用矩阵记号表示为

$$[\boldsymbol{\alpha},\boldsymbol{\beta}]=\boldsymbol{\alpha}^{\mathrm{T}}\boldsymbol{\beta}.$$

容易证明向量的内积具有下列性质(其中 $\boldsymbol{\alpha},\boldsymbol{\beta},\boldsymbol{\gamma}$ 为 n 维向量,λ 为实数):

(1) 对称性:$[\boldsymbol{\alpha},\boldsymbol{\beta}]=[\boldsymbol{\beta},\boldsymbol{\alpha}]$;

(2) 线性性:$[\lambda\boldsymbol{\alpha},\boldsymbol{\beta}]=\lambda[\boldsymbol{\alpha},\boldsymbol{\beta}]$,$[\boldsymbol{\alpha}+\boldsymbol{\beta},\boldsymbol{\gamma}]=[\boldsymbol{\alpha},\boldsymbol{\gamma}]+[\boldsymbol{\beta},\boldsymbol{\gamma}]$;

(3) 非负性:$[\boldsymbol{\alpha},\boldsymbol{\alpha}]\geqslant 0$,且$[\boldsymbol{\alpha},\boldsymbol{\alpha}]=0$ 的充分必要条件是 $\boldsymbol{\alpha}=\mathbf{0}$.

定义 5.2 定义了内积的向量空间 $\mathbf{R}^n$ 称为欧几里得(Euclid)空间,简称欧氏空间.

例 5.1.1 设向量 $\boldsymbol{\alpha}=(1,1,0)^{\mathrm{T}}$,$\boldsymbol{\beta}=(1,0,1)^{\mathrm{T}}$,求$[\boldsymbol{\alpha},\boldsymbol{\beta}]$及$[\boldsymbol{\alpha}+\boldsymbol{\beta},2\boldsymbol{\alpha}-\boldsymbol{\beta}]$.

解 $[\boldsymbol{\alpha},\boldsymbol{\beta}]=\boldsymbol{\alpha}^{\mathrm{T}}\boldsymbol{\beta}=1\times1+1\times0+0\times1=1$,

$$[\boldsymbol{\alpha}+\boldsymbol{\beta},2\boldsymbol{\alpha}-\boldsymbol{\beta}]=(\boldsymbol{\alpha}+\boldsymbol{\beta})^{\mathrm{T}}(2\boldsymbol{\alpha}-\boldsymbol{\beta})=(2,1,1)\begin{pmatrix}1\\2\\-1\end{pmatrix}=3.$$

定理 5.1 向量的内积满足柯西-施瓦茨(Cauchy-Schwarz)不等式

$$[\boldsymbol{\alpha},\boldsymbol{\beta}]^2\leqslant[\boldsymbol{\alpha},\boldsymbol{\alpha}]\cdot[\boldsymbol{\beta},\boldsymbol{\beta}],\tag{5.3}$$

其中等号成立的充分必要条件是向量 $\boldsymbol{\alpha},\boldsymbol{\beta}$ 线性相关,这里 $\boldsymbol{\alpha},\boldsymbol{\beta}\in\mathbf{R}^n$.

证明 当 $\boldsymbol{\alpha}=\mathbf{0}$ 或 $\boldsymbol{\beta}=\mathbf{0}$ 时,式(5.3)显然成立.

当 $\boldsymbol{\alpha}\neq\boldsymbol{0}$ 且 $\boldsymbol{\beta}\neq\boldsymbol{0}$ 时，令向量 $\boldsymbol{\gamma}=\boldsymbol{\alpha}+t\boldsymbol{\beta}(t\in\mathbf{R})$.由内积的非负性有

$$[\boldsymbol{\gamma},\boldsymbol{\gamma}]=[\boldsymbol{\alpha}+t\boldsymbol{\beta},\boldsymbol{\alpha}+t\boldsymbol{\beta}]\geqslant 0,$$

即

$$[\boldsymbol{\alpha},\boldsymbol{\alpha}]+2[\boldsymbol{\alpha},\boldsymbol{\beta}]t+[\boldsymbol{\beta},\boldsymbol{\beta}]t^2\geqslant 0,$$

上式左边是关于 t 的二次三项式，且 t^2 的系数 $[\boldsymbol{\beta},\boldsymbol{\beta}]>0$，故没有互异实根，因此判别式

$$\Delta=4[\boldsymbol{\alpha},\boldsymbol{\beta}]^2-4[\boldsymbol{\alpha},\boldsymbol{\alpha}][\boldsymbol{\beta},\boldsymbol{\beta}]\leqslant 0,$$

即

$$[\boldsymbol{\alpha},\boldsymbol{\beta}]^2\leqslant[\boldsymbol{\alpha},\boldsymbol{\alpha}][\boldsymbol{\beta},\boldsymbol{\beta}],$$

等号成立的充分必要条件是上述二次三项式有重根 λ，于是

$$[\boldsymbol{\alpha}+\lambda\boldsymbol{\beta},\boldsymbol{\alpha}+\lambda\boldsymbol{\beta}]=0,$$

由内积的性质可知 $\boldsymbol{\alpha}+\lambda\boldsymbol{\beta}=\boldsymbol{0}$，即 $\boldsymbol{\alpha},\boldsymbol{\beta}$ 线性相关.　证毕

5.1.2　向量的长度与夹角

利用向量内积的非负性，可以给出 n 维向量长度的概念.

定义 5.3　设 $\boldsymbol{\alpha}=(a_1,a_2,\cdots,a_n)$，令

$$\|\boldsymbol{\alpha}\|=\sqrt{[\boldsymbol{\alpha},\boldsymbol{\alpha}]}=\sqrt{a_1^2+a_2^2+\cdots+a_n^2},$$

称 $\|\boldsymbol{\alpha}\|$ 为向量 $\boldsymbol{\alpha}$ 的长度（或模、范数）(norm).

显然，向量的长度是正数或零，只有零向量的长度才等于零.

向量的长度具有下列性质（这里 $\boldsymbol{\alpha},\boldsymbol{\beta}\in\mathbf{R}^n,k\in\mathbf{R}$）:

(1) 非负性：$\|\boldsymbol{\alpha}\|\geqslant 0$，且 $\|\boldsymbol{\alpha}\|=0$ 的充分必要条件是 $\boldsymbol{\alpha}=\boldsymbol{0}$；

(2) 齐次性：$\|k\boldsymbol{\alpha}\|=|k|\,\|\boldsymbol{\alpha}\|$；

(3) 三角不等式：$\|\boldsymbol{\alpha}+\boldsymbol{\beta}\|\leqslant\|\boldsymbol{\alpha}\|+\|\boldsymbol{\beta}\|$.

证明　根据向量长度的定义，(1)与(2)显然成立.

下证(3)

根据定义 5.3，可将柯西-施瓦茨不等式(5.3)改写为

$$|[\boldsymbol{\alpha},\boldsymbol{\beta}]|\leqslant\|\boldsymbol{\alpha}\|\cdot\|\boldsymbol{\beta}\|,$$

又因为

$$\begin{aligned}\|\boldsymbol{\alpha}+\boldsymbol{\beta}\|^2&=[\boldsymbol{\alpha}+\boldsymbol{\beta},\boldsymbol{\alpha}+\boldsymbol{\beta}]=[\boldsymbol{\alpha},\boldsymbol{\alpha}]+2[\boldsymbol{\alpha},\boldsymbol{\beta}]+[\boldsymbol{\beta},\boldsymbol{\beta}]\\&\leqslant[\boldsymbol{\alpha},\boldsymbol{\alpha}]+2\|\boldsymbol{\alpha}\|\cdot\|\boldsymbol{\beta}\|+[\boldsymbol{\beta},\boldsymbol{\beta}]\\&=\|\boldsymbol{\alpha}\|^2+2\|\boldsymbol{\alpha}\|\cdot\|\boldsymbol{\beta}\|+\|\boldsymbol{\beta}\|^2\\&=(\|\boldsymbol{\alpha}\|+\|\boldsymbol{\beta}\|)^2,\end{aligned}$$

所以 $\|\boldsymbol{\alpha}+\boldsymbol{\beta}\|\leqslant\|\boldsymbol{\alpha}\|+\|\boldsymbol{\beta}\|$.　证毕

长度为 1 的向量称为**单位向量**. 由性质(2),对任一非零向量 $\boldsymbol{\alpha}$, $\dfrac{1}{\|\boldsymbol{\alpha}\|}\boldsymbol{\alpha}$ 是一个单位向量,即用向量 $\boldsymbol{\alpha}$ 的长度去除向量 $\boldsymbol{\alpha}$,得到一个与 $\boldsymbol{\alpha}$ 同向的单位向量,记为 $\boldsymbol{\alpha}^{\circ}$,即

$$\boldsymbol{\alpha}^{\circ}=\frac{1}{\|\boldsymbol{\alpha}\|}\boldsymbol{\alpha},$$

称这个过程为**把向量 $\boldsymbol{\alpha}$ 单位化**.

例 5.1.2 将向量 $\boldsymbol{\alpha}=(1,2,1)$ 单位化.

解 $\|\boldsymbol{\alpha}\|=\sqrt{1^2+2^2+1^2}=\sqrt{6}$,则 $\boldsymbol{\alpha}^{\circ}=\dfrac{1}{\sqrt{6}}\boldsymbol{\alpha}=\left(\dfrac{1}{\sqrt{6}},\dfrac{2}{\sqrt{6}},\dfrac{1}{\sqrt{6}}\right)$.

由柯西-施瓦茨不等式可得:当 $\|\boldsymbol{\alpha}\|\ \|\boldsymbol{\beta}\|\neq 0$ 时,$\dfrac{|[\boldsymbol{\alpha},\boldsymbol{\beta}]|}{\|\boldsymbol{\alpha}\|\ \|\boldsymbol{\beta}\|}\leqslant 1$. 于是,可定义向量的夹角如下:

定义 5.4 非零向量 $\boldsymbol{\alpha},\boldsymbol{\beta}$ 的夹角 $<\boldsymbol{\alpha},\boldsymbol{\beta}>$ 规定为

$$<\boldsymbol{\alpha},\boldsymbol{\beta}>=\arccos\frac{[\boldsymbol{\alpha},\boldsymbol{\beta}]}{\|\boldsymbol{\alpha}\|\ \|\boldsymbol{\beta}\|},0\leqslant<\boldsymbol{\alpha},\boldsymbol{\beta}>\leqslant\pi.$$

若 $<\boldsymbol{\alpha},\boldsymbol{\beta}>=0$ 或 π,则称向量 $\boldsymbol{\alpha}$ 与 $\boldsymbol{\beta}$ 共线或平行.

例 5.1.3 设 $\boldsymbol{\alpha}=(4,2,2,1)$, $\boldsymbol{\beta}=(1,-2,2,-4)$,求 $\|\boldsymbol{\alpha}\|$, $\|\boldsymbol{\beta}\|$, $\|\boldsymbol{\alpha}+\boldsymbol{\beta}\|$, $<\boldsymbol{\alpha},\boldsymbol{\beta}>$.

解

$$\|\boldsymbol{\alpha}\|=\sqrt{4^2+2^2+2^2+1^2}=5,$$

$$\|\boldsymbol{\beta}\|=\sqrt{1^2+(-2)^2+2^2+(-4)^2}=5,$$

$$\boldsymbol{\alpha}+\boldsymbol{\beta}=(5,0,4,-3),\ \|\boldsymbol{\alpha}+\boldsymbol{\beta}\|=5\sqrt{2},$$

又 $[\boldsymbol{\alpha},\boldsymbol{\beta}]=4\times1-2\times2+2\times2-1\times4=0$,故 $<\boldsymbol{\alpha},\boldsymbol{\beta}>=\dfrac{\pi}{2}$.

5.1.3 正交向量组

定义 5.5 如果 $[\boldsymbol{\alpha},\boldsymbol{\beta}]=0$,那么称向量 $\boldsymbol{\alpha}$ 与 $\boldsymbol{\beta}$ **正交**(orthogonal),记为 $\boldsymbol{\alpha}\perp\boldsymbol{\beta}$.

由定义可看出,n 维零向量与任何 n 维向量正交,且只有零向量才与自己正交,两个非零向量正交的充分必要条件是它们的夹角为 $\dfrac{\pi}{2}$.

在向量空间中同样有勾股定理,即当 $\boldsymbol{\alpha},\boldsymbol{\beta}$ 正交时,

$$\|\boldsymbol{\alpha}+\boldsymbol{\beta}\|^2=\|\boldsymbol{\alpha}\|^2+\|\boldsymbol{\beta}\|^2,$$

事实上，

$$\|\boldsymbol{\alpha}+\boldsymbol{\beta}\|^2=[\boldsymbol{\alpha}+\boldsymbol{\beta},\boldsymbol{\alpha}+\boldsymbol{\beta}]=[\boldsymbol{\alpha},\boldsymbol{\alpha}]+2[\boldsymbol{\alpha},\boldsymbol{\beta}]+[\boldsymbol{\beta},\boldsymbol{\beta}]=\|\boldsymbol{\alpha}\|^2+\|\boldsymbol{\beta}\|^2.$$

我们不难把勾股定理推广到多个向量的情形，即如果向量 $\boldsymbol{\alpha}_1,\boldsymbol{\alpha}_2,\cdots,\boldsymbol{\alpha}_m$ 两两正交，则

$$\|\boldsymbol{\alpha}_1+\boldsymbol{\alpha}_2+\cdots+\boldsymbol{\alpha}_m\|^2=\|\boldsymbol{\alpha}_1\|^2+\|\boldsymbol{\alpha}_2\|^2+\cdots+\|\boldsymbol{\alpha}_m\|^2.$$

下面讨论正交向量组的性质.所谓**正交向量组**，是指一组两两正交的非零向量构成的向量组.

定理 5.2　正交向量组一定是线性无关的向量组.

证明　不妨设 $\boldsymbol{\alpha}_1,\boldsymbol{\alpha}_2,\cdots,\boldsymbol{\alpha}_m$ 为 n 维正交向量组，即有 $[\boldsymbol{\alpha}_i,\boldsymbol{\alpha}_j]=0$，$i\neq j$.设有一组数 $k_1,k_2,\cdots,k_m\in\mathbf{R}$ 使

$$k_1\boldsymbol{\alpha}_1+k_2\boldsymbol{\alpha}_2+\cdots+k_m\boldsymbol{\alpha}_m=\mathbf{0},$$

以 $\boldsymbol{\alpha}_1^{\mathrm{T}}$ 左乘上式两端，得 $k_1\boldsymbol{\alpha}_1^{\mathrm{T}}\boldsymbol{\alpha}_1=0$. 因 $\boldsymbol{\alpha}_1\neq\mathbf{0}$，故 $\boldsymbol{\alpha}_1^{\mathrm{T}}\boldsymbol{\alpha}_1\neq 0$，从而必有 $k_1=0$. 类似可证 $k_2=k_3=\cdots=k_m=0$，于是向量组 $\boldsymbol{\alpha}_1,\boldsymbol{\alpha}_2,\cdots,\boldsymbol{\alpha}_m$ 线性无关.　证毕

这个结果说明，在 n 维向量空间中，两两正交的非零向量不能超过 n 个，这个事实的几何意义是清楚的.例如，在平面上找不到三个两两垂直的非零向量，在三维空间中找不到四个两两垂直的非零向量.

由定理 5.2 可知，正交是特殊的线性无关，但线性无关的向量组不一定是正交向量组.

设向量组 $\boldsymbol{\alpha}_1,\boldsymbol{\alpha}_2,\cdots,\boldsymbol{\alpha}_m$ 线性无关，如何从它们出发去构造一个正交向量组 $\boldsymbol{\beta}_1,\boldsymbol{\beta}_2,\cdots,\boldsymbol{\beta}_m$ 呢？先看一个几何例子.

给定平面上两个不共线的向量 $\boldsymbol{\alpha}_1,\boldsymbol{\alpha}_2$，很容易找到一个正交向量组 $\boldsymbol{\beta}_1,\boldsymbol{\beta}_2$，如图 5.1，其中

$$\boldsymbol{\beta}_1=\boldsymbol{\alpha}_1,\boldsymbol{\beta}_2=\boldsymbol{\alpha}_2+k\boldsymbol{\alpha}_1\qquad(k\text{ 为待定系数}),$$

为求待定系数 k，利用 $\boldsymbol{\beta}_1,\boldsymbol{\beta}_2$ 的正交性，在 $\boldsymbol{\beta}_2=\boldsymbol{\alpha}_2+k\boldsymbol{\alpha}_1$ 两边用 $\boldsymbol{\beta}_1$ 去作内积，得

$$0=[\boldsymbol{\beta}_2,\boldsymbol{\beta}_1]=[\boldsymbol{\alpha}_2,\boldsymbol{\beta}_1]+k[\boldsymbol{\alpha}_1,\boldsymbol{\beta}_1],$$

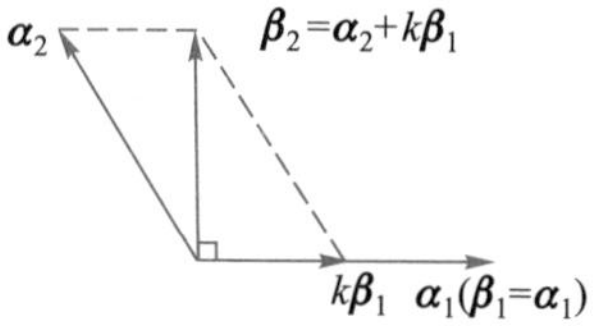

图 5.1

从而有

$$k=-\frac{[\boldsymbol{\alpha}_2,\boldsymbol{\beta}_1]}{[\boldsymbol{\alpha}_1,\boldsymbol{\beta}_1]},$$

所以 $\boldsymbol{\beta}_2=\boldsymbol{\alpha}_2-\dfrac{[\boldsymbol{\alpha}_2,\boldsymbol{\beta}_1]}{[\boldsymbol{\alpha}_1,\boldsymbol{\beta}_1]}\boldsymbol{\alpha}_1$.

显然，$\boldsymbol{\beta}_1,\boldsymbol{\beta}_2$ 与 $\boldsymbol{\alpha}_1,\boldsymbol{\alpha}_2$ 等价.

一般有：

定理 5.3 的证明

定理 5.3（施密特（Schimidt）正交化方法）　设

$\boldsymbol{\alpha}_1,\boldsymbol{\alpha}_2,\cdots,\boldsymbol{\alpha}_m$ 为欧氏空间 $\mathbf{R}^n$ 中的线性无关向量组，则可由 $\boldsymbol{\alpha}_1,\boldsymbol{\alpha}_2,\cdots,\boldsymbol{\alpha}_m$ 构造一个与之等价的正交向量组 $\boldsymbol{\beta}_1,\boldsymbol{\beta}_2,\cdots,\boldsymbol{\beta}_m$，其中

$$\begin{cases}\boldsymbol{\beta}_1=\boldsymbol{\alpha}_1,\\ \boldsymbol{\beta}_k=\boldsymbol{\alpha}_k-\displaystyle\sum_{i=1}^{k-1}\frac{[\boldsymbol{\alpha}_k,\boldsymbol{\beta}_i]}{[\boldsymbol{\beta}_i,\boldsymbol{\beta}_i]}\boldsymbol{\beta}_i\end{cases}\quad(k=2,3,\cdots,m).$$

称由一个线性无关向量组出发去寻求与其等价的正交向量组的过程为向量组的**正交化过程**.

例 5.1.4　设线性无关向量组

$$\boldsymbol{\alpha}_1=(1,1,1,1),\boldsymbol{\alpha}_2=(3,3,-1,-1),\boldsymbol{\alpha}_3=(-2,0,6,8),$$

试将 $\boldsymbol{\alpha}_1,\boldsymbol{\alpha}_2,\boldsymbol{\alpha}_3$ 正交化.

解　利用施密特正交化方法，令

$\boldsymbol{\beta}_1=\boldsymbol{\alpha}_1=(1,1,1,1)$；

$$\boldsymbol{\beta}_2=\boldsymbol{\alpha}_2-\frac{[\boldsymbol{\alpha}_2,\boldsymbol{\beta}_1]}{[\boldsymbol{\beta}_1,\boldsymbol{\beta}_1]}\boldsymbol{\beta}_1=(3,3,-1,-1)-\frac{4}{4}(1,1,1,1)=(2,2,-2,-2);$$

$$\begin{aligned}\boldsymbol{\beta}_3&=\boldsymbol{\alpha}_3-\frac{[\boldsymbol{\alpha}_3,\boldsymbol{\beta}_1]}{[\boldsymbol{\beta}_1,\boldsymbol{\beta}_1]}\boldsymbol{\beta}_1-\frac{[\boldsymbol{\alpha}_3,\boldsymbol{\beta}_2]}{[\boldsymbol{\beta}_2,\boldsymbol{\beta}_2]}\boldsymbol{\beta}_2\\&=(-2,0,6,8)-\frac{12}{4}(1,1,1,1)-\frac{-32}{16}(2,2,-2,-2)=(-1,1,-1,1).\end{aligned}$$

不难验证，$\boldsymbol{\beta}_1,\boldsymbol{\beta}_2,\boldsymbol{\beta}_3$ 为正交向量组，且与向量组 $\boldsymbol{\alpha}_1,\boldsymbol{\alpha}_2,\boldsymbol{\alpha}_3$ 等价.

5.1.4　标准正交基

定义5.6　在 n 维向量空间中，由 n 个两两正交的向量构成的基称为**正交基**；由单位向量组成的正交基称为**标准正交基**或**规范正交基**.

例如　向量组

$$\boldsymbol{e}_1=(1,0,0),\boldsymbol{e}_2=(0,1,0),\boldsymbol{e}_3=(0,0,1)$$

与向量组

$$\boldsymbol{\varepsilon}_1=\left(0,\frac{1}{\sqrt{2}},\frac{1}{\sqrt{2}}\right),\boldsymbol{\varepsilon}_2=(1,0,0),\boldsymbol{\varepsilon}_3=\left(0,-\frac{1}{\sqrt{2}},\frac{1}{\sqrt{2}}\right)$$

都是 $\mathbf{R}^3$ 中的标准正交基.

如果 $\boldsymbol{\alpha}_1,\boldsymbol{\alpha}_2,\cdots,\boldsymbol{\alpha}_n$ 是 $\mathbf{R}^n$ 中的一组基，根据施密特正交化方法，必可构造出 $\mathbf{R}^n$ 中的一组标准正交基 $\boldsymbol{\varepsilon}_1,\boldsymbol{\varepsilon}_2,\cdots,\boldsymbol{\varepsilon}_n$.可按如下两个步骤进行：

(1) 正交化：利用施密特正交化方法将 $\boldsymbol{\alpha}_1,\boldsymbol{\alpha}_2,\cdots,\boldsymbol{\alpha}_n$ 正交化得正交基 $\boldsymbol{\beta}_1,\boldsymbol{\beta}_2,\cdots,\boldsymbol{\beta}_n$；

（2）单位化：令 $\boldsymbol{\varepsilon}_i=\dfrac{\boldsymbol{\beta}_i}{\|\boldsymbol{\beta}_i\|}, i=1,2,\cdots,n$，则 $\boldsymbol{\varepsilon}_1,\boldsymbol{\varepsilon}_2,\cdots,\boldsymbol{\varepsilon}_n$ 为 $\mathbf{R}^n$ 中的一组标准正交基.

例 5.1.5　设 $\boldsymbol{\alpha}_1=(1,2,-1),\boldsymbol{\alpha}_2=(-1,3,1),\boldsymbol{\alpha}_3=(4,-1,0)$ 为 $\mathbf{R}^3$ 的一组基，试由 $\boldsymbol{\alpha}_1,\boldsymbol{\alpha}_2,\boldsymbol{\alpha}_3$ 出发用施密特正交化方法构造 $\mathbf{R}^3$ 中的一组标准正交基.

解　（1）正交化

取

$$\boldsymbol{\beta}_1=\boldsymbol{\alpha}_1=(1,2,-1),$$

$$\boldsymbol{\beta}_2=\boldsymbol{\alpha}_2-\frac{[\boldsymbol{\alpha}_2,\boldsymbol{\beta}_1]}{[\boldsymbol{\beta}_1,\boldsymbol{\beta}_1]}\boldsymbol{\beta}_1=(-1,3,1)-\frac{4}{6}(1,2,-1)=\left(-\frac{5}{3},\frac{5}{3},\frac{5}{3}\right),$$

$$\begin{aligned}\boldsymbol{\beta}_3&=\boldsymbol{\alpha}_3-\frac{[\boldsymbol{\alpha}_3,\boldsymbol{\beta}_1]}{[\boldsymbol{\beta}_1,\boldsymbol{\beta}_1]}\boldsymbol{\beta}_1-\frac{[\boldsymbol{\alpha}_3,\boldsymbol{\beta}_2]}{[\boldsymbol{\beta}_2,\boldsymbol{\beta}_2]}\boldsymbol{\beta}_2\\&=(4,-1,0)-\frac{1}{3}(1,2,-1)+\frac{5}{3}(-1,1,1)=(2,0,2);\end{aligned}$$

（2）单位化

令

$$\boldsymbol{\varepsilon}_1=\frac{\boldsymbol{\beta}_1}{\|\boldsymbol{\beta}_1\|}=\left(\frac{1}{\sqrt{6}},\frac{2}{\sqrt{6}},-\frac{1}{\sqrt{6}}\right),$$

$$\boldsymbol{\varepsilon}_2=\frac{\boldsymbol{\beta}_2}{\|\boldsymbol{\beta}_2\|}=\left(-\frac{1}{\sqrt{3}},\frac{1}{\sqrt{3}},\frac{1}{\sqrt{3}}\right),$$

$$\boldsymbol{\varepsilon}_3=\frac{\boldsymbol{\beta}_3}{\|\boldsymbol{\beta}_3\|}=\left(\frac{1}{\sqrt{2}},0,\frac{1}{\sqrt{2}}\right),$$

$\boldsymbol{\varepsilon}_1,\boldsymbol{\varepsilon}_2,\boldsymbol{\varepsilon}_3$ 即为所求.

在研究向量空间的问题时，常采用正交基作为向量空间的一组基，以使问题得到简化，那么 n 维向量空间的正交基如何构造？一般有两种方法：

（1）如果已有现成的 $\mathbf{R}^n$ 中的一组基.那么可由已知基，利用施密特正交化方法构造一组正交基.如例 5.1.5.

（2）如果没有现成的 $\mathbf{R}^n$ 中的基.则可先找 r 个两两正交的 n 维向量，$r<n$，然后在此基础上扩充成 $\mathbf{R}^n$ 中的一组正交基.如例 5.1.6.

例 5.1.6　已知三维向量空间 $\mathbf{R}^3$ 中的两个向量

$$\boldsymbol{\alpha}_1=\begin{pmatrix}1\\1\\1\end{pmatrix},\qquad \boldsymbol{\alpha}_2=\begin{pmatrix}1\\-2\\1\end{pmatrix}$$

正交,试由 $\boldsymbol{\alpha}_1,\boldsymbol{\alpha}_2$ 出发,构造 $\mathbf{R}^3$ 中的一组正交基.

解 设 $\boldsymbol{\alpha}_3=(x_1,x_2,x_3)^{\mathrm{T}}$,由已知条件有:$\boldsymbol{\alpha}_1^{\mathrm{T}}\boldsymbol{\alpha}_3=0,\boldsymbol{\alpha}_2^{\mathrm{T}}\boldsymbol{\alpha}_3=0$,则

$$\begin{cases}x_1+x_2+x_3=0,\\x_1-2x_2+x_3=0,\end{cases}$$

$x_1=-1,x_2=0,x_3=1$ 为上述方程组的一个非零解.取 $\boldsymbol{\alpha}_3=(-1,0,1)^{\mathrm{T}}$,则 $\boldsymbol{\alpha}_1,\boldsymbol{\alpha}_2,\boldsymbol{\alpha}_3$ 为 $\mathbf{R}^3$ 中的一组正交基.

由此可看出,由 $\mathbf{R}^3$ 中的两个正交向量可扩充为 $\mathbf{R}^3$ 中的一组正交基,更一般地有

定理 5.4 **n 维向量空间 $\mathbf{R}^n$ 中任一正交向量组都能扩充成 $\mathbf{R}^n$ 中的一组正交基.**

证明 设 $\boldsymbol{\alpha}_1,\boldsymbol{\alpha}_2,\cdots,\boldsymbol{\alpha}_r(r<n)$ 为 $\mathbf{R}^n$ 中的正交向量组,考察齐次线性方程组

$$\begin{pmatrix}\boldsymbol{\alpha}_1^{\mathrm{T}}\\\boldsymbol{\alpha}_2^{\mathrm{T}}\\\vdots\\\boldsymbol{\alpha}_r^{\mathrm{T}}\end{pmatrix}\boldsymbol{x}=\mathbf{0},$$

由于 $r<n$,从而上述方程组存在非零解 $\boldsymbol{\xi}$,则 $\boldsymbol{\xi}$ 与向量 $\boldsymbol{\alpha}_1,\boldsymbol{\alpha}_2,\cdots,\boldsymbol{\alpha}_r$ 正交,令 $\boldsymbol{\alpha}_{r+1}=\boldsymbol{\xi}$,则 $\boldsymbol{\alpha}_1,\boldsymbol{\alpha}_2,\cdots,\boldsymbol{\alpha}_r,\boldsymbol{\alpha}_{r+1}$ 为 $\mathbf{R}^n$ 中的正交向量组.若 $r+1=n$,则 $\boldsymbol{\alpha}_1,\boldsymbol{\alpha}_2,\cdots,\boldsymbol{\alpha}_{r+1}$ 为 $\mathbf{R}^n$ 中的一组正交基;若 $r+1<n$,则类似地求齐次线性方程组

$$\begin{pmatrix}\boldsymbol{\alpha}_1^{\mathrm{T}}\\\boldsymbol{\alpha}_2^{\mathrm{T}}\\\vdots\\\boldsymbol{\alpha}_{r+1}^{\mathrm{T}}\end{pmatrix}\boldsymbol{x}=\mathbf{0}$$

的非零解 $\boldsymbol{\eta}$,并令 $\boldsymbol{\alpha}_{r+2}=\boldsymbol{\eta},\cdots$,直至找到 $\mathbf{R}^n$ 中的 n 个正交向量 $\boldsymbol{\alpha}_1,\boldsymbol{\alpha}_2,\cdots,\boldsymbol{\alpha}_n$,则 $\boldsymbol{\alpha}_1,\boldsymbol{\alpha}_2,\cdots,\boldsymbol{\alpha}_n$ 为 $\mathbf{R}^n$ 的一组正交基. 证毕

5.1.5 正交矩阵

正交矩阵是一种重要的实方阵,它的行、列向量组皆是两两正交的单位向量组.下面先给出正交矩阵的定义,然后讨论它的性质.

定义 5.7　若 n 阶方阵 $\boldsymbol{A}$ 满足 $\boldsymbol{A}^{\mathrm{T}}\boldsymbol{A}=\boldsymbol{E}$,则称 $\boldsymbol{A}$ 为**正交矩阵**(orthogonal matrix).

例如,单位矩阵 $\boldsymbol{E}$ 为正交矩阵;平面解析几何中,两直角坐标系间的坐标变换

$$\begin{cases}x=x'\cos\theta-y'\sin\theta,\\ y=x'\sin\theta+y'\cos\theta\end{cases}\tag{5.4}$$

的变换矩阵

$$\boldsymbol{Q}=\begin{pmatrix}\cos\theta & -\sin\theta\\ \sin\theta & \cos\theta\end{pmatrix}$$

为正交矩阵.

由正交矩阵的定义可知,若 $\boldsymbol{A}$ 为正交矩阵,则 $\boldsymbol{A}$ 具有下列性质:

(1) $|\boldsymbol{A}|=\pm 1$;

(2) $\boldsymbol{A}^{-1}=\boldsymbol{A}^{\mathrm{T}}$;

(3) $\boldsymbol{A}^{\mathrm{T}}$ 也是正交矩阵;

(4) 两个正交矩阵的乘积仍是正交矩阵.

例 5.1.7　设 $\boldsymbol{A}$ 是 n 阶实对称矩阵,$\boldsymbol{E}$ 为 n 阶单位矩阵,且满足 $\boldsymbol{A}^2-4\boldsymbol{A}+3\boldsymbol{E}=\boldsymbol{O}$,证明:$\boldsymbol{A}-2\boldsymbol{E}$ 为正交矩阵.

证明　因为 $\boldsymbol{A}^{\mathrm{T}}=\boldsymbol{A}$,所以

$$\begin{aligned}(\boldsymbol{A}-2\boldsymbol{E})^{\mathrm{T}}(\boldsymbol{A}-2\boldsymbol{E})&=(\boldsymbol{A}^{\mathrm{T}}-2\boldsymbol{E})(\boldsymbol{A}-2\boldsymbol{E})=(\boldsymbol{A}-2\boldsymbol{E})(\boldsymbol{A}-2\boldsymbol{E})\\&=\boldsymbol{A}^2-4\boldsymbol{A}+3\boldsymbol{E}+\boldsymbol{E}=\boldsymbol{O}+\boldsymbol{E}=\boldsymbol{E},\end{aligned}$$

即 $\boldsymbol{A}-2\boldsymbol{E}$ 为正交矩阵.　　证毕

定理 5.5　**$\boldsymbol{A}$ 为正交矩阵的充分必要条件是其列(行)向量组为 $\mathbf{R}^n$ 的一组标准正交基.**

证明

设

$$\boldsymbol{A}=\begin{pmatrix}a_{11} & a_{12} & \cdots & a_{1n}\\ a_{21} & a_{22} & \cdots & a_{2n}\\ \vdots & \vdots & & \vdots\\ a_{n1} & a_{n2} & \cdots & a_{nn}\end{pmatrix}$$

将 $\boldsymbol{A}$ 按列分块,$\boldsymbol{A}=(\boldsymbol{\alpha}_1,\boldsymbol{\alpha}_2,\cdots,\boldsymbol{\alpha}_n)$,于是

$$\boldsymbol{A}^{\mathrm{T}}\boldsymbol{A}=\begin{pmatrix}\boldsymbol{\alpha}_1^{\mathrm{T}}\\ \boldsymbol{\alpha}_2^{\mathrm{T}}\\ \vdots\\ \boldsymbol{\alpha}_n^{\mathrm{T}}\end{pmatrix}(\boldsymbol{\alpha}_1,\boldsymbol{\alpha}_2,\cdots,\boldsymbol{\alpha}_n)=\begin{pmatrix}\boldsymbol{\alpha}_1^{\mathrm{T}}\boldsymbol{\alpha}_1 & \boldsymbol{\alpha}_1^{\mathrm{T}}\boldsymbol{\alpha}_2 & \cdots & \boldsymbol{\alpha}_1^{\mathrm{T}}\boldsymbol{\alpha}_n\\ \boldsymbol{\alpha}_2^{\mathrm{T}}\boldsymbol{\alpha}_1 & \boldsymbol{\alpha}_2^{\mathrm{T}}\boldsymbol{\alpha}_2 & \cdots & \boldsymbol{\alpha}_2^{\mathrm{T}}\boldsymbol{\alpha}_n\\ \vdots & \vdots & & \vdots\\ \boldsymbol{\alpha}_n^{\mathrm{T}}\boldsymbol{\alpha}_1 & \boldsymbol{\alpha}_n^{\mathrm{T}}\boldsymbol{\alpha}_2 & \cdots & \boldsymbol{\alpha}_n^{\mathrm{T}}\boldsymbol{\alpha}_n\end{pmatrix},$$

因此，$\boldsymbol{A}^{\mathrm{T}}\boldsymbol{A}=\boldsymbol{E}$ 的充分必要条件是

$$\text{对角元}:\boldsymbol{\alpha}_i^{\mathrm{T}}\boldsymbol{\alpha}_i=[\boldsymbol{\alpha}_i,\boldsymbol{\alpha}_i]=1\,(i=1,2,\cdots,n),$$

且

$$\text{非对角元}:\boldsymbol{\alpha}_i^{\mathrm{T}}\boldsymbol{\alpha}_j=[\boldsymbol{\alpha}_i,\boldsymbol{\alpha}_j]=0\,(i\neq j,i,j=1,2,\cdots,n),$$

即 $\boldsymbol{A}$ 的列向量组 $\boldsymbol{\alpha}_1,\boldsymbol{\alpha}_2,\cdots,\boldsymbol{\alpha}_n$ 为 $\mathbf{R}^n$ 的一组标准正交基.

由于 $\boldsymbol{A}^{\mathrm{T}}\boldsymbol{A}=\boldsymbol{E}$ 与 $\boldsymbol{A}\boldsymbol{A}^{\mathrm{T}}=\boldsymbol{E}$ 等价，上述结论对行向量组也成立. 即 $\boldsymbol{A}$ 为正交矩阵的充分必要条件是 $\boldsymbol{A}$ 的行向量组为 $\mathbf{R}^n$ 的一组标准正交基.

证毕

例 5.1.8 设

$$\boldsymbol{A}=\begin{pmatrix}\frac{\sqrt{2}}{2} & 0 & -\frac{\sqrt{2}}{2}\\ \frac{\sqrt{2}}{6} & -\frac{2\sqrt{2}}{3} & \frac{\sqrt{2}}{6}\\ \frac{2}{3} & \frac{1}{3} & \frac{2}{3}\end{pmatrix},$$

求 $\boldsymbol{A}^{-1}$.

解 因为 $\boldsymbol{A}$ 的列向量组

$$\boldsymbol{\alpha}_1=\begin{pmatrix}\frac{\sqrt{2}}{2}\\ \frac{\sqrt{2}}{6}\\ \frac{2}{3}\end{pmatrix},\boldsymbol{\alpha}_2=\begin{pmatrix}0\\ -\frac{2\sqrt{2}}{3}\\ \frac{1}{3}\end{pmatrix},\boldsymbol{\alpha}_3=\begin{pmatrix}-\frac{\sqrt{2}}{2}\\ \frac{\sqrt{2}}{6}\\ \frac{2}{3}\end{pmatrix}$$

为 $\mathbf{R}^3$ 中一组标准正交基，因而 $\boldsymbol{A}$ 为正交矩阵，所以

$$\boldsymbol{A}^{-1}=\boldsymbol{A}^{\mathrm{T}}=\begin{pmatrix}\frac{\sqrt{2}}{2} & \frac{\sqrt{2}}{6} & \frac{2}{3}\\ 0 & -\frac{2\sqrt{2}}{3} & \frac{1}{3}\\ -\frac{\sqrt{2}}{2} & \frac{\sqrt{2}}{6} & \frac{2}{3}\end{pmatrix}.$$

习题 5-1

1. 单项选择题

(1) 向量的长度不具有( )性质.

A. 非负性 B. 三角不等式

C. 柯西-施瓦茨不等式 D. 对称性

(2) 正交向量组是向量组线性无关的( )条件.

A. 充分非必要 B. 必要非充分

C. 充分且必要 D. 既不充分也不必要

(3) n 维向量空间中,下列选项中不能扩充为 $\mathbf{R}^n$ 中的一组正交基的是( ).

A. 正交向量组 B. 线性相关向量组

C. 线性无关向量组 D. 正交单位向量组

(4) 下列说法不正确的是( ).

A. 正交矩阵一定是可逆矩阵

B. 正交矩阵的逆矩阵等于其转置

C. 正交矩阵的行列式一定等于 1

D. 正交矩阵的行(列)向量组是标准正交基

(5) 若向量 $\boldsymbol{\alpha}_1$ 与 $\boldsymbol{\alpha}_2$ 正交,$\boldsymbol{\alpha}_3$ 与 $\boldsymbol{\alpha}_2$ 正交,则( ).

A. $\boldsymbol{\alpha}_1,\boldsymbol{\alpha}_2,\boldsymbol{\alpha}_3$ 两两正交 B. $\boldsymbol{\alpha}_1$ 与 $\boldsymbol{\alpha}_3$ 正交

C. $\boldsymbol{\alpha}_1$ 与 $\boldsymbol{\alpha}_3+\boldsymbol{\alpha}_2$ 正交 D. $\boldsymbol{\alpha}_2$ 与 $\boldsymbol{\alpha}_3+\boldsymbol{\alpha}_1$ 正交

2. 填空题

(1) $\boldsymbol{\alpha}=(1,2,2,-2)$,$\boldsymbol{\beta}=(4,2,-1,2)$,则 $[\boldsymbol{\alpha},\boldsymbol{\beta}]=$________,$\|\boldsymbol{\alpha}\|=$________,$\boldsymbol{\beta}^\circ=$________,$\langle\boldsymbol{\alpha},\boldsymbol{\beta}\rangle=$________.

(2) 如果 $\boldsymbol{A}$ 是 n 阶正交矩阵,$\boldsymbol{x},\boldsymbol{y}$ 分别是 n 维向量,那么 $[\boldsymbol{A}\boldsymbol{x},\boldsymbol{A}\boldsymbol{y}]$ 与 $[\boldsymbol{x},\boldsymbol{y}]$ 的关系是________.

(3) $\boldsymbol{A}=\begin{pmatrix}1 & -\frac{1}{2} & \frac{1}{3}\\ -\frac{1}{2} & 1 & \frac{1}{2}\\ \frac{1}{3} & \frac{1}{2} & -1\end{pmatrix}$ 为________矩阵,$\boldsymbol{B}=\begin{pmatrix}\frac{1}{9} & -\frac{8}{9} & -\frac{4}{9}\\ -\frac{8}{9} & \frac{1}{9} & -\frac{4}{9}\\ -\frac{4}{9} & -\frac{4}{9} & \frac{7}{9}\end{pmatrix}$ 为________矩阵(填正交或者非正交).

(4) 设 $\boldsymbol{\alpha}_1,\boldsymbol{\alpha}_2,\boldsymbol{\alpha}_3$ 为 $\mathbf{R}^3$ 中的一组标准正交基,则 $\|3\boldsymbol{\alpha}_1+2\boldsymbol{\alpha}_2+\boldsymbol{\alpha}_3\|=$____.

3. 设 $\boldsymbol{\alpha}_1=(1,1,1),\boldsymbol{\alpha}_2=(1,2,3),\boldsymbol{\alpha}_3=(1,4,9)$ 为 $\mathbf{R}^3$ 中的一组基，试由它出发用施密特正交化方法求 $\mathbf{R}^3$ 中的一组标准正交基.

4. 验证 $\boldsymbol{\alpha}_1=\left(\frac{6}{7},-\frac{3}{7},\frac{2}{7}\right)$，$\boldsymbol{\alpha}_2=\left(\frac{2}{7},\frac{6}{7},\frac{3}{7}\right)$，$\boldsymbol{\alpha}_3=\left(-\frac{3}{7},-\frac{2}{7},\frac{6}{7}\right)$ 为 $\mathbf{R}^3$ 中的一组标准正交基，并求向量 $\boldsymbol{\alpha}=(5,4,3)$ 在该基下的坐标.

习题答案与
提示 5-1

5.2　方阵的特征值与特征向量

5.2.1　特征值与特征向量的概念

先看一个例子：

设 $\boldsymbol{A}=\begin{pmatrix}3&-2\\1&0\end{pmatrix},\boldsymbol{u}=\begin{pmatrix}-1\\1\end{pmatrix},\boldsymbol{v}=\begin{pmatrix}2\\1\end{pmatrix}$.矩阵 $\boldsymbol{A}$ 分别乘 $\boldsymbol{u},\boldsymbol{v}$，则

$$\boldsymbol{Au}=\begin{pmatrix}-5\\-1\end{pmatrix},\boldsymbol{Av}=\begin{pmatrix}4\\2\end{pmatrix}=2\boldsymbol{v}.$$

图 5.2 显示 $\boldsymbol{u},\boldsymbol{v}$ 作用 $\boldsymbol{A}$ 后的图像.

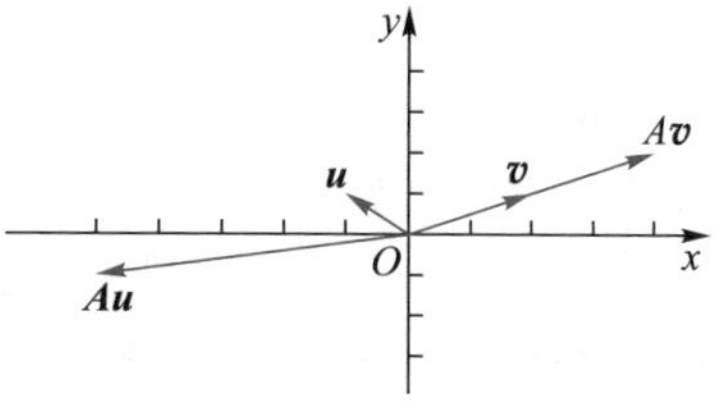

图 5.2

可以看到，矩阵 $\boldsymbol{A}$ 对向量 $\boldsymbol{u},\boldsymbol{v}$ 的作用是不同的：矩阵 $\boldsymbol{A}$ 将向量 $\boldsymbol{u}$ 进行了旋转而变成 $\boldsymbol{Au}$，而矩阵 $\boldsymbol{A}$ 将向量 $\boldsymbol{v}$ 仅仅进行了“缩放”，即 $\boldsymbol{v}$ 与 $\boldsymbol{Av}$ 共线.这种在矩阵 $\boldsymbol{A}$ 的作用下，仅能“缩放”的向量 $\boldsymbol{v}$ 称为矩阵 $\boldsymbol{A}$ 的特征向量，“缩放”的倍数“2”称为矩阵 $\boldsymbol{A}$ 的特征值.一般有如下定义：

定义 5.8　设 $\boldsymbol{A}$ 为复数域 $\mathbf{C}$ 上的 n 阶方阵，如果存在数 λ 和 n 维非零列向量 $\boldsymbol{x}$，使

$$\boldsymbol{Ax}=\lambda\boldsymbol{x},\tag{5.5}$$

那么称 λ 为矩阵 $\boldsymbol{A}$ 的**特征值**(eigenvalue)，非零列向量 $\boldsymbol{x}$ 为矩阵 $\boldsymbol{A}$ 的属于(或对应于)特征值 λ 的**特征向量**(eigenvector).

注意：特征向量 $\boldsymbol{x}\neq\mathbf{0}$；特征值问题是对方阵而言的.本章的矩阵如不加说明，均指方阵.

例 5.2.1　证明：$\lambda=7$ 是矩阵 $\boldsymbol{A}=\begin{pmatrix}1&6\\5&2\end{pmatrix}$ 的一个特征值，并求其对应的特征向量.

解　根据定义 5.8，$\lambda=7$ 为矩阵 $\boldsymbol{A}$ 的特征值当且仅当齐次线性方程组

$$\boldsymbol{Ax}=7\boldsymbol{x} \tag{5.6}$$

有非零解.(5.6)等价于齐次线性方程组

$$(\boldsymbol{A}-7\boldsymbol{E})\boldsymbol{x}=\boldsymbol{0}, \tag{5.7}$$

由于 $|\boldsymbol{A}-7\boldsymbol{E}|=\begin{vmatrix}-6&6\\5&-5\end{vmatrix}=0$，从而(5.7)有非零解，因此 $\lambda=7$ 为 $\boldsymbol{A}$ 的特征值.其对应的特征向量为齐次线性方程组(5.7)的非零解，为此对系数矩阵 $\boldsymbol{A}-7\boldsymbol{E}$ 进行初等行变换

$$\boldsymbol{A}-7\boldsymbol{E}=\begin{pmatrix}-6&6\\5&-5\end{pmatrix}\to\begin{pmatrix}1&-1\\0&0\end{pmatrix},$$

得(5.7)的通解为 $k\begin{pmatrix}1\\1\end{pmatrix}$，因此 $\begin{pmatrix}1\\1\end{pmatrix}$ 为 $\boldsymbol{A}$ 的对应于特征值 $\lambda=7$ 的特征向量，当然满足 $k\begin{pmatrix}1\\1\end{pmatrix}$，$k\neq0$ 的向量都是 $\lambda=7$ 对应的特征向量.

从上例可看出，特征值 $\lambda=7$ 所对应的特征向量有无穷多个，这些特征向量都在过原点和(1,1)的直线上，此直线也称为特征值 $\lambda=7$ 的特征子空间.一般地，由零向量和特征值 λ 所对应的全部特征向量构成的集合称为矩阵 $\boldsymbol{A}$ 对应于特征值 λ 的**特征子空间**.矩阵 $\boldsymbol{A}$ 对应于特征值 λ 的特征子空间为齐次线性方程组

$$(\boldsymbol{A}-\lambda\boldsymbol{E})\boldsymbol{x}=\boldsymbol{0}$$

的解空间.解空间的基即为特征子空间的基.

易证例 5.2.1 中的矩阵 $\boldsymbol{A}$ 的另一个特征值为 -4，而向量 $(6,-5)^{\mathrm{T}}$ 为其相应的特征向量，即

$$\begin{pmatrix}1&6\\5&2\end{pmatrix}\begin{pmatrix}6\\-5\end{pmatrix}=-4\begin{pmatrix}6\\-5\end{pmatrix},$$

因此 $\lambda=-4$ 的特征子空间为过原点与 $(6,-5)$ 的直线.图 5.3 显示了矩阵 $\boldsymbol{A}$ 的两个特征值 -4 与 7 的特征子空间、特征向量(1,1)和 $\left(\dfrac{3}{2},-\dfrac{5}{4}\right)$ 及变换 $\boldsymbol{x}\mapsto\boldsymbol{Ax}$ 对应每个特征子空间的几何意义.

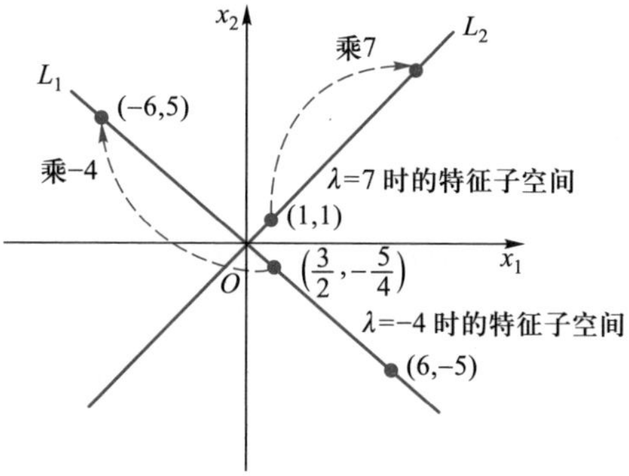

图 5.3

例 5.2.2 设 $\lambda=2$ 为矩阵

$$A=\begin{pmatrix}4&-1&6\\2&1&6\\2&-1&8\end{pmatrix}$$

的一个特征值,求对应的特征子空间的一个基.

解 $\lambda=2$ 的特征子空间为齐次线性方程组

$$(\boldsymbol{A}-2\boldsymbol{E})\boldsymbol{x}=\boldsymbol{0} \tag{5.8}$$

的解空间.对系数矩阵 $\boldsymbol{A}-2\boldsymbol{E}$ 进行初等行变换使其化为行最简形矩阵

$$\boldsymbol{A}-2\boldsymbol{E}=\begin{pmatrix}2&-1&6\\2&-1&6\\2&-1&6\end{pmatrix}\to\begin{pmatrix}1&-\frac{1}{2}&3\\0&0&0\\0&0&0\end{pmatrix},$$

因此齐次方程组(5.8)的通解为

$$\begin{pmatrix}x_1\\x_2\\x_3\end{pmatrix}=k_1\begin{pmatrix}\frac{1}{2}\\1\\0\end{pmatrix}+k_2\begin{pmatrix}-3\\0\\1\end{pmatrix},k_1,k_2\text{为任意常数},$$

所以 $\lambda=2$ 对应的特征子空间的基为$(1,2,0)^{\mathrm{T}},(-3,0,1)^{\mathrm{T}}$.

根据定义 5.8 及例 5.2.1 的讨论可知,从映射(或变换)的角度看,矩阵(变换)的特征向量是指在变换下不变或者简单地乘一个缩放因子的非零向量,而特征向量对应的特征值就是它所乘的那个缩放因子.

下面讨论一般矩阵的特征值及其相应特征向量的求解方法.

设 λ 为 n 阶矩阵 $\boldsymbol{A}$ 的特征值,x 为 $\boldsymbol{A}$ 的对应于 λ 的特征向量,则

$$\boldsymbol{A}\boldsymbol{x}=\lambda\boldsymbol{x}(\boldsymbol{x}\neq\boldsymbol{0}),$$

将上式改写为

$$(\boldsymbol{A}-\lambda\boldsymbol{E})\boldsymbol{x}=\boldsymbol{0}, \tag{5.9}$$

式(5.9)表明:对应于特征值 λ 的特征向量 x 为齐次线性方程组(5.9)的非零解.

而方程组(5.9)有非零解的充分必要条件是其系数行列式为零,即

$$|\boldsymbol{A}-\lambda\boldsymbol{E}|=0, \tag{5.10}$$

上式是一个关于 λ 的 n 次方程,因此方程的根就是矩阵 $\boldsymbol{A}$ 的特征值.

为叙述方便,引入下面的概念.

定义 5.9　设 $\boldsymbol{A}=(a_{ij})_{n\times n}$,$\lambda$ 是数,记

$$f(\lambda)=|\boldsymbol{A}-\lambda\boldsymbol{E}|=\begin{vmatrix} a_{11}-\lambda & a_{12} & \cdots & a_{1n} \\ a_{21} & a_{22}-\lambda & \cdots & a_{2n} \\ \vdots & \vdots & & \vdots \\ a_{n1} & a_{n2} & \cdots & a_{nn}-\lambda \end{vmatrix},$$

称 $f(\lambda)=|\boldsymbol{A}-\lambda\boldsymbol{E}|$ 为矩阵 $\boldsymbol{A}$ 的**特征多项式**,$|\boldsymbol{A}-\lambda\boldsymbol{E}|=0$ 称为 $\boldsymbol{A}$ 的**特征方程**.

注:特征多项式也可写成 $|\lambda\boldsymbol{E}-\boldsymbol{A}|$.请读者思考:多项式 $|\lambda\boldsymbol{E}-\boldsymbol{A}|$ 与 $|\boldsymbol{A}-\lambda\boldsymbol{E}|$ 的区别.

显然,n 阶矩阵 $\boldsymbol{A}$ 的特征多项式是 λ 的 n 次多项式.$\boldsymbol{A}$ 的特征值就是特征方程的根,相应的齐次线性方程组的非零解就是对应的特征向量.特征方程在复数范围内恒有解,其个数为方程的次数(重根按重数计算).因此 n 阶方阵 $\boldsymbol{A}$ 有 n 个特征值,特征方程的 k 重根也称为 k **重特征值**.当 $n\geqslant5$时,特征方程没有一般的求根公式,即使是三阶矩阵的特征方程,一般也难以求根,所以求矩阵的特征值一般要采用近似计算的方法,它是计算方法课程中的一个专题,在本门课中我们只讨论特征值及其特征向量的解析解法.

从以上分析可知,求 n 阶方阵 $\boldsymbol{A}$ 的特征值与特征向量的步骤为

(1) 计算 $\boldsymbol{A}$ 的特征多项式 $|\boldsymbol{A}-\lambda\boldsymbol{E}|$;

(2) 求出特征方程 $|\boldsymbol{A}-\lambda\boldsymbol{E}|=0$ 的全部根 $\lambda_1,\lambda_2,\cdots,\lambda_n$,即 $\boldsymbol{A}$ 的全部特征值;

(3) 对每个 λ_i,求齐次线性方程组 $(\boldsymbol{A}-\lambda_i\boldsymbol{E})\boldsymbol{x}=\boldsymbol{0}$ 的基础解系 $\boldsymbol{p}_1,\boldsymbol{p}_2,\cdots,\boldsymbol{p}_r$,则相应于 λ_i 的全部特征向量为:$k_1\boldsymbol{p}_1+k_2\boldsymbol{p}_2+\cdots+k_r\boldsymbol{p}_r$,其中 $k_1,k_2,\cdots,k_r$ 为不全为零的常数.

例 5.2.3　求矩阵 $\boldsymbol{A}=\begin{pmatrix}1&4&2\\0&-3&4\\0&0&3\end{pmatrix}$ 的全部特征值与特征向量.

解　$\boldsymbol{A}$ 的特征多项式

$$|\boldsymbol{A}-\lambda\boldsymbol{E}|=\begin{vmatrix}1-\lambda&4&2\\0&-3-\lambda&4\\0&0&3-\lambda\end{vmatrix}=(1-\lambda)(-3-\lambda)(3-\lambda),$$

所以 $\boldsymbol{A}$ 的特征值为 $\lambda_1=1,\lambda_2=3,\lambda_3=-3$.

当 $\lambda_1=1$ 时,解齐次线性方程组 $(\boldsymbol{A}-\boldsymbol{E})\boldsymbol{x}=\boldsymbol{0}$.

对系数矩阵 $\boldsymbol{A}-\boldsymbol{E}$ 进行初等行变换

$$\boldsymbol{A}-\boldsymbol{E}=\begin{pmatrix}0&4&2\\0&-4&4\\0&0&2\end{pmatrix}\xrightarrow{r_2+r_1}\begin{pmatrix}0&4&2\\0&0&6\\0&0&2\end{pmatrix}\longrightarrow\begin{pmatrix}0&1&0\\0&0&1\\0&0&0\end{pmatrix},$$

则

$$\begin{cases}x_1=k_1,\\x_2=0,\\x_3=0,\end{cases}$$

即 $\begin{pmatrix}x_1\\x_2\\x_3\end{pmatrix}=k_1\begin{pmatrix}1\\0\\0\end{pmatrix}$,得基础解系 $\boldsymbol{p}_1=\begin{pmatrix}1\\0\\0\end{pmatrix}$.所以,对应于 $\lambda_1=1$ 的全部特征向量为 $k_1\boldsymbol{p}_1(k_1\neq0)$.

类似可得 $\lambda_2=3,\lambda_3=-3$ 所对应的特征向量分别为

$$k_2\begin{pmatrix}7\\2\\3\end{pmatrix}\quad(k_2\neq0),k_3\begin{pmatrix}-1\\1\\0\end{pmatrix}\quad(k_3\neq0).$$

由例 5.2.3 可知,上三角形矩阵的特征值为主对角线上的元素.一般有:三角形矩阵、对角矩阵的特征值均为主对角线上的 n 个元素.

例 5.2.4　求矩阵 $\boldsymbol{A}=\begin{pmatrix}2&3&2\\1&4&2\\1&-3&1\end{pmatrix}$ 的全部特征值与特征向量.

解　$\boldsymbol{A}$ 的特征多项式

$$|\boldsymbol{A}-\lambda\boldsymbol{E}|=\begin{vmatrix}2-\lambda&3&2\\1&4-\lambda&2\\1&-3&1-\lambda\end{vmatrix}=(1-\lambda)(3-\lambda)^2,$$

所以 $\boldsymbol{A}$ 的特征值为 $\lambda_1=1, \lambda_2=\lambda_3=3$.

当 $\lambda_1=1$ 时,解齐次线性方程组 $(\boldsymbol{A}-\boldsymbol{E})\boldsymbol{x}=\boldsymbol{0}$.

对系数矩阵 $\boldsymbol{A}-\boldsymbol{E}$ 进行初等行变换

$$\boldsymbol{A}-\boldsymbol{E}=\begin{pmatrix}1&3&2\\1&3&2\\1&-3&0\end{pmatrix}\xrightarrow[r_3-r_1]{r_2-r_1}\begin{pmatrix}1&3&2\\0&0&0\\0&-6&-2\end{pmatrix}$$

$$\xrightarrow[r_3\leftrightarrow r_2]{r_1+r_3}\begin{pmatrix}1&-3&0\\0&-6&-2\\0&0&0\end{pmatrix}\xrightarrow{r_2\times\left(-\frac{1}{2}\right)}\begin{pmatrix}1&-3&0\\0&3&1\\0&0&0\end{pmatrix},$$

则

$$\begin{cases}x_1=3x_2,\\x_2=x_2,\\x_3=-3x_2,\end{cases}$$

即 $\begin{pmatrix}x_1\\x_2\\x_3\end{pmatrix}=k_1\begin{pmatrix}3\\1\\-3\end{pmatrix}$,基础解系 $\boldsymbol{p}_1=\begin{pmatrix}3\\1\\-3\end{pmatrix}$.所以,对应于 $\lambda_1=1$ 的全部特征向量为 $k_1\boldsymbol{p}_1(k_1\neq0)$.

当 $\lambda_2=\lambda_3=3$ 时,解齐次线性方程组 $(\boldsymbol{A}-3\boldsymbol{E})\boldsymbol{x}=\boldsymbol{0}$.

对系数矩阵 $\boldsymbol{A}-3\boldsymbol{E}$ 进行初等行变换

$$\boldsymbol{A}-3\boldsymbol{E}=\begin{pmatrix}-1&3&2\\1&1&2\\1&-3&-2\end{pmatrix}\xrightarrow[r_3+r_1]{r_2+r_1}\begin{pmatrix}-1&3&2\\0&4&4\\0&0&0\end{pmatrix}\longrightarrow\begin{pmatrix}1&0&1\\0&1&1\\0&0&0\end{pmatrix},$$

则

$$\begin{cases}x_1=-x_3,\\x_2=-x_3,\\x_3=x_3,\end{cases}$$

即 $\begin{pmatrix}x_1\\x_2\\x_3\end{pmatrix}=k_2\begin{pmatrix}-1\\-1\\1\end{pmatrix}$,基础解系 $\boldsymbol{p}_2=\begin{pmatrix}-1\\-1\\1\end{pmatrix}$.所以,对应于 $\lambda_2=\lambda_3=3$ 的全部特征向量为 $k_2\boldsymbol{p}_2(k_2\neq0)$.

例 5.2.5　求矩阵 $\boldsymbol{A}=\begin{pmatrix}0&1&1\\1&0&1\\1&1&0\end{pmatrix}$ 的全部特征值与特征向量.

解 $\boldsymbol{A}$ 的特征多项式

$$|\boldsymbol{A}-\lambda\boldsymbol{E}|=\begin{vmatrix}-\lambda & 1 & 1\\ 1 & -\lambda & 1\\ 1 & 1 & -\lambda\end{vmatrix}=-(\lambda-2)(\lambda+1)^2,$$

所以 $\boldsymbol{A}$ 的特征值为 $\lambda_1=2,\lambda_2=\lambda_3=-1$.

当 $\lambda_1=2$ 时,解齐次线性方程组 $(\boldsymbol{A}-2\boldsymbol{E})\boldsymbol{x}=\boldsymbol{0}$.

对系数矩阵 $\boldsymbol{A}-2\boldsymbol{E}$ 进行初等行变换

$$\boldsymbol{A}-2\boldsymbol{E}=\begin{pmatrix}-2 & 1 & 1\\ 1 & -2 & 1\\ 1 & 1 & -2\end{pmatrix}\longrightarrow\begin{pmatrix}1 & 0 & -1\\ 0 & 1 & -1\\ 0 & 0 & 0\end{pmatrix},$$

则

$$\begin{cases}x_1=x_3,\\ x_2=x_3,\\ x_3=x_3,\end{cases}$$

即 $\begin{pmatrix}x_1\\ x_2\\ x_3\end{pmatrix}=k_1\begin{pmatrix}1\\ 1\\ 1\end{pmatrix}$,基础解系 $\boldsymbol{p}_1=\begin{pmatrix}1\\ 1\\ 1\end{pmatrix}$.所以,对应于 $\lambda_1=2$ 的全部特征向量为 $k_1\boldsymbol{p}_1(k_1\neq 0)$.

当 $\lambda_2=\lambda_3=-1$ 时,解齐次线性方程组 $(\boldsymbol{A}+\boldsymbol{E})\boldsymbol{x}=\boldsymbol{0}$.

对系数矩阵 $\boldsymbol{A}+\boldsymbol{E}$ 进行初等行变换

$$\boldsymbol{A}+\boldsymbol{E}=\begin{pmatrix}1 & 1 & 1\\ 1 & 1 & 1\\ 1 & 1 & 1\end{pmatrix}\to\begin{pmatrix}1 & 1 & 1\\ 0 & 0 & 0\\ 0 & 0 & 0\end{pmatrix},$$

则

$$\begin{cases}x_1=-x_2-x_3,\\ x_2=x_2,\\ x_3=x_3,\end{cases}$$

即 $\begin{pmatrix}x_1\\ x_2\\ x_3\end{pmatrix}=k_2\begin{pmatrix}-1\\ 1\\ 0\end{pmatrix}+k_3\begin{pmatrix}-1\\ 0\\ 1\end{pmatrix}$,基础解系 $\boldsymbol{p}_2=\begin{pmatrix}-1\\ 1\\ 0\end{pmatrix}$,$\boldsymbol{p}_3=\begin{pmatrix}-1\\ 0\\ 1\end{pmatrix}$.对应于 $\lambda_2=\lambda_3=-1$ 的全部特征向量为 $k_2\boldsymbol{p}_2+k_3\boldsymbol{p}_3$($k_2,k_3$ 不全为零).

5.2.2　特征值与特征向量的性质

本段主要根据特征值与特征向量的定义讨论特征值及特征向量的有关性质.

下面首先讨论矩阵 $\boldsymbol{A}$ 的转置 $\boldsymbol{A}^{\mathrm{T}}$,$\boldsymbol{A}$ 的多项式 $\varphi(\boldsymbol{A})$ 及 $\boldsymbol{A}$ 的行列式、矩阵 $\boldsymbol{A}$ 的奇异性与矩阵 $\boldsymbol{A}$ 的特征值之间的关系.

性质 5.1　矩阵 $\boldsymbol{A}$ 与 $\boldsymbol{A}^{\mathrm{T}}$ 有相同的特征值.

证明　因为 $|\boldsymbol{A}-\lambda\boldsymbol{E}|=|(\boldsymbol{A}-\lambda\boldsymbol{E})^{\mathrm{T}}|=|\boldsymbol{A}^{\mathrm{T}}-\lambda\boldsymbol{E}|$,所以 $\boldsymbol{A}^{\mathrm{T}}$ 与 $\boldsymbol{A}$ 有相同的特征多项式,从而有相同的特征值.　　证毕

根据特征值和特征向量的定义,容易证明:

性质 5.2　若 λ 是矩阵 $\boldsymbol{A}$ 的特征值,$\boldsymbol{\xi}$ 是 $\boldsymbol{A}$ 的对应于 λ 的特征向量,则

(1) $k\lambda$ 是 $k\boldsymbol{A}$ 的特征值(其中 k 为常数);

(2) λ^m 是 $\boldsymbol{A}^m$ 的特征值(其中 m 为正整数);

(3) 当 $\boldsymbol{A}$ 可逆时,$\dfrac{1}{\lambda}$是逆阵 $\boldsymbol{A}^{-1}$的特征值;

(4) $\varphi(\lambda)$是 $\varphi(\boldsymbol{A})$的特征值,其中

$$\varphi(\lambda)=a_0+a_1\lambda+\cdots+a_m\lambda^m,\varphi(\boldsymbol{A})=a_0\boldsymbol{E}+a_1\boldsymbol{A}+\cdots+a_m\boldsymbol{A}^m,$$

并且 $\boldsymbol{\xi}$ 仍是上述四矩阵分别对应于特征值 $k\lambda,\lambda^m,\dfrac{1}{\lambda},\varphi(\lambda)$的特征向量.

(证略)

性质 5.3　设 $\boldsymbol{A}=(a_{ij})_{n\times n}$,$\lambda_1,\lambda_2,\cdots,\lambda_n$ 为 $\boldsymbol{A}$ 的特征值,则

(1) $\lambda_1+\lambda_2+\cdots+\lambda_n=a_{11}+a_{22}+\cdots+a_{nn}$;

(2) $\lambda_1\lambda_2\cdots\lambda_n=|\boldsymbol{A}|$.

性质 5.3 的证明

由性质 5.3 可知,**矩阵 $\boldsymbol{A}$ 奇异的充分必要条件为 $\boldsymbol{A}$ 至少有一个特征值为零.**

矩阵 $\boldsymbol{A}$ 的迹 $\mathrm{tr}(\boldsymbol{A})=\lambda_1+\lambda_2+\cdots+\lambda_n$.

例 5.2.6　已知三阶矩阵 $\boldsymbol{A}$ 的三个特征值分别为 $1,-2,3$,求

(1) $|\boldsymbol{A}|$;

(2) $\boldsymbol{A}^{-1},\boldsymbol{A}^{\mathrm{T}},\boldsymbol{A}^*,\boldsymbol{A}^2+2\boldsymbol{A}+\boldsymbol{E}$ 的特征值.

解　(1) 根据性质 5.3,$|\boldsymbol{A}|=1\times(-2)\times3=-6$;

(2) 根据性质 5.2,$\boldsymbol{A}^{-1}$的三个特征值分别为 $1,-\dfrac{1}{2},\dfrac{1}{3}$;$\boldsymbol{A}^{\mathrm{T}}$ 的三个特征值分别为 $1,-2,3$;因为 $\boldsymbol{A}^*=|\boldsymbol{A}|\boldsymbol{A}^{-1}=-6\boldsymbol{A}^{-1}$,所以 $\boldsymbol{A}^*$ 的三个特征值分

别为 $-6,3,-2$;$\boldsymbol{A}^2+2\boldsymbol{A}+\boldsymbol{E}$ 的三个特征值分别为 $1^2+2\times1+1=4,(-2)^2+2\times(-2)+1=1,3^2+2\times3+1=16$.

例 5.2.7 设 $\boldsymbol{A}$ 是任意的 n 阶方阵,证明:

(1) 若 $\boldsymbol{A}^2=\boldsymbol{E}$,则 $\boldsymbol{A}$ 的特征值为 ±1;

(2) 若 $\boldsymbol{A}^2=\boldsymbol{A}$,则 $\boldsymbol{A}$ 的特征值只能是 1 或 0;

(3) 若 $\boldsymbol{A}^2=\boldsymbol{O}$,则 $\boldsymbol{A}$ 的特征值都为 0.

证明 (1) 设 λ 是 $\boldsymbol{A}$ 的特征值,$\boldsymbol{\xi}$ 是相应的特征向量,则

$$\boldsymbol{A\xi}=\lambda\boldsymbol{\xi},$$

上述等式两端左乘 $\boldsymbol{A}$,有 $\boldsymbol{A}^2\boldsymbol{\xi}=\lambda\boldsymbol{A\xi}$,从而 $\boldsymbol{E\xi}=\lambda^2\boldsymbol{\xi}$.即 $\boldsymbol{\xi}=\lambda^2\boldsymbol{\xi}$,$(1-\lambda^2)\boldsymbol{\xi}=\boldsymbol{0}$,而 $\boldsymbol{\xi}\neq\boldsymbol{0}$,从而 $\lambda=\pm1$.

类似,可证明(2)(3). 证毕

下面讨论特征向量的有关性质:同一特征值所对应的特征向量间的关系、特征向量的归属问题(相对于特征值)及不同特征值所对应的特征向量间的关系.

先讨论矩阵的同一特征值所对应的特征向量间的关系.

由于矩阵 $\boldsymbol{A}$ 对应于特征值 λ 的特征向量 $\boldsymbol{x}$ 为齐次线性方程组

$$(\boldsymbol{A}-\lambda\boldsymbol{E})\boldsymbol{x}=\boldsymbol{0}$$

的非零解,由齐次线性方程组解的性质可知,对应于特征值 λ 的特征向量的非零线性组合仍为 λ 的特征向量,因此有

性质 5.4 设 $\boldsymbol{\xi}_1,\boldsymbol{\xi}_2$ 为方阵 $\boldsymbol{A}$ 对应于特征值 λ 的特征向量,则其非零线性组合 $k_1\boldsymbol{\xi}_1+k_2\boldsymbol{\xi}_2$($k_1,k_2$ 为常数)也是方阵 $\boldsymbol{A}$ 对应于特征值 λ 的特征向量.

接着我们讨论特征向量的归属问题(相对于特征值).

从图 5.3 可看出,特征值 $\lambda_1=-4$ 的所有特征向量在过原点的直线 L_1($\lambda_1=-4$ 所对应的特征子空间)上,而特征值 $\lambda_2=7$ 的所有特征向量在过原点的直线 L_2($\lambda_2=7$ 所对应的特征子空间)上,$\lambda_1=-4$ 的特征向量不可能成为 $\lambda_2=7$ 的特征向量,反之 $\lambda_2=7$ 的特征向量也不可能成为 $\lambda_1=-4$的特征向量.因此有

性质 5.5 一个特征向量不能属于不同的特征值.

证明 反证法

设非零向量 $\boldsymbol{\xi}$ 是方阵 $\boldsymbol{A}$ 对应于特征值 λ_1,λ_2 的特征向量,$\lambda_1\neq\lambda_2$,则

$$\boldsymbol{A\xi}=\lambda_1\boldsymbol{\xi},\boldsymbol{A\xi}=\lambda_2\boldsymbol{\xi},$$

从而有 $\lambda_1\boldsymbol{\xi}=\lambda_2\boldsymbol{\xi}$,即$(\lambda_1-\lambda_2)\boldsymbol{\xi}=\boldsymbol{0}$.而 $\lambda_1-\lambda_2\neq0$,必有 $\boldsymbol{\xi}=\boldsymbol{0}$,这与 $\boldsymbol{\xi}$ 为非零

向量矛盾.　　证毕

最后讨论不同特征值所对应的特征向量间的关系.

从图 5.3 可看出，特征值 $\lambda_1=-4$ 的任何特征向量与 $\lambda_2=7$ 的任何特征向量都是线性无关的，即 $\lambda_1=-4,\lambda_2=7$ 所对应的特征向量线性无关. 下面的例 5.2.8 也说明了这个结论.

例 5.2.8　设 λ_1,λ_2 是矩阵 $\boldsymbol{A}$ 的两个不同特征值，$\boldsymbol{\xi}_1,\boldsymbol{\xi}_2$ 为对应的特征向量，则 $\boldsymbol{\xi}_1,\boldsymbol{\xi}_2$ 线性无关.

证明　令

$$k_1\boldsymbol{\xi}_1+k_2\boldsymbol{\xi}_2=\boldsymbol{0}, \tag{5.11}$$

则 $\boldsymbol{A}(k_1\boldsymbol{\xi}_1+k_2\boldsymbol{\xi}_2)=\boldsymbol{0}$，从而

$$k_1\lambda_1\boldsymbol{\xi}_1+k_2\lambda_2\boldsymbol{\xi}_2=\boldsymbol{0}, \tag{5.12}$$

(5.12) $-\lambda_1$(5.11)，得

$$k_2\boldsymbol{\xi}_2(\lambda_2-\lambda_1)=\boldsymbol{0},$$

因此 $k_2=0$，又 $\boldsymbol{\xi}_1\neq\boldsymbol{0}$，从而 $k_1=0$，所以 $\boldsymbol{\xi}_1,\boldsymbol{\xi}_2$ 线性无关.　　证毕

思考：若矩阵 $\boldsymbol{A}$ 有 m 个不同的特征值，则它们所对应的特征向量是否也有类似的结论？

事实上，利用数学归纳法可以证明更一般的结论：

性质 5.6　矩阵 $\boldsymbol{A}$ 的对应于不同特征值的特征向量线性无关.

性质 5.6 表明不同的特征值对应的特征向量线性无关，那么不同特征值对应的所有特征向量是否也线性无关呢？

性质 5.6 的证明

在例 5.2.5 中，矩阵 $\boldsymbol{A}$ 的特征值分别为 $\lambda_1=2$，$\lambda_2=\lambda_3=-1$.

$\lambda_1=2$ 对应的特征向量为

$$\boldsymbol{p}_1=(1,1,1)^{\mathrm{T}},$$

$\lambda_2=\lambda_3=-1$ 对应的特征向量为

$$\boldsymbol{p}_2=(-1,1,0)^{\mathrm{T}},\boldsymbol{p}_3=(-1,0,1)^{\mathrm{T}},$$

由性质 5.6，$\boldsymbol{p}_1,\boldsymbol{p}_2$ 线性无关. $\boldsymbol{p}_1,\boldsymbol{p}_3$ 线性无关. 那么 $\boldsymbol{p}_1,\boldsymbol{p}_2,\boldsymbol{p}_3$ 是否线性无关？

容易证明 $\boldsymbol{p}_1,\boldsymbol{p}_2,\boldsymbol{p}_3$ 也是线性无关的. 这个结论是否具有一般性？ 回答是肯定的，一般有

性质 5.7 的证明

性质 5.7　设 λ_1,λ_2 是矩阵 $\boldsymbol{A}$ 的两个不同的特征值，$\boldsymbol{p}_1,\boldsymbol{p}_2,\cdots,\boldsymbol{p}_s$ 为 $\boldsymbol{A}$ 的对应于特征值 λ_1 的线性无关的特征向量，$\boldsymbol{q}_1,\boldsymbol{q}_2,\cdots,\boldsymbol{q}_t$ 为 $\boldsymbol{A}$ 的对应于特征值 λ_2 的线性

无关的特征向量,则向量组

$$\boldsymbol{p}_1,\boldsymbol{p}_2,\cdots,\boldsymbol{p}_s,\boldsymbol{q}_1,\boldsymbol{q}_2,\cdots,\boldsymbol{q}_t$$

线性无关.

性质 5.7 可以推广到多个互不相等特征值的情况.

性质 5.6 及性质 5.7 讨论了矩阵 $\boldsymbol{A}$ 的不同特征值所对应的特征向量的线性相关性,那么不同的特征值所对应的特征向量的线性组合是否仍为矩阵 $\boldsymbol{A}$ 的特征向量?

从图 5.3 可看出,取特征值 $\lambda_1=-4$ 的一个特征向量 $\boldsymbol{\xi}_1=(1,1)^{\mathrm{T}}$ 及 $\lambda_2=7$ 的一个特征向量 $\boldsymbol{\xi}_2=(6,-5)^{\mathrm{T}}$,则 $\boldsymbol{\xi}_1+\boldsymbol{\xi}_2=(7,-4)^{\mathrm{T}}$ 不在特征值 $\lambda_1=-4$ 与 $\lambda_2=7$ 的特征子空间 L_1 与 L_2 上.因此 $\boldsymbol{\xi}_1+\boldsymbol{\xi}_2$ 不是 $\boldsymbol{A}$ 的特征向量.事实上有

性质 5.8 **设 λ_1,λ_2 是矩阵 $\boldsymbol{A}$ 的两个不同特征值,$\boldsymbol{\xi}_1,\boldsymbol{\xi}_2$ 分别为其对应的特征向量,则 $\boldsymbol{\xi}_1+\boldsymbol{\xi}_2$ 不是 $\boldsymbol{A}$ 的特征向量.**

证明 反证法

设 $\boldsymbol{\xi}_1+\boldsymbol{\xi}_2$ 为 $\boldsymbol{A}$ 的对应于特征值 λ 的特征向量,则

$$\boldsymbol{A}(\boldsymbol{\xi}_1+\boldsymbol{\xi}_2)=\lambda(\boldsymbol{\xi}_1+\boldsymbol{\xi}_2),$$

即 $\boldsymbol{A}\boldsymbol{\xi}_1+\boldsymbol{A}\boldsymbol{\xi}_2=\lambda\boldsymbol{\xi}_1+\lambda\boldsymbol{\xi}_2$ 或 $\lambda_1\boldsymbol{\xi}_1+\lambda_2\boldsymbol{\xi}_2=\lambda\boldsymbol{\xi}_1+\lambda\boldsymbol{\xi}_2$,从而

$$(\lambda_1-\lambda)\boldsymbol{\xi}_1+(\lambda_2-\lambda)\boldsymbol{\xi}_2=\boldsymbol{0},$$

由性质 5.6 知,$\boldsymbol{\xi}_1,\boldsymbol{\xi}_2$ 线性无关,所以

$$\lambda=\lambda_1,\quad \lambda=\lambda_2$$

这与 $\lambda_1\neq\lambda_2$ 矛盾. 证毕

另外,关于一个特征值 λ_0 的特征向量组有如下结论:

性质 5.9 **若 λ_0 是矩阵 $\boldsymbol{A}$ 的 k 重特征值,则对应于 λ_0 的线性无关的特征向量的个数不超过 k 个.**

性质 5.9 表明:

(1) 当特征值为单根时,对应的线性无关特征向量个数只能有一个;

(2) 若 n 阶矩阵 $\boldsymbol{A}$ 有 n 个互异特征值 $\lambda_1,\lambda_2,\cdots,\lambda_n$,则每个 λ_i 仅对应一个线性无关的特征向量,从而 $\boldsymbol{A}$ 有 n 个线性无关特征向量;

(3) 若 n 阶矩阵 $\boldsymbol{A}$ 的特征值为 $\lambda_1,\lambda_2,\cdots,\lambda_s(s<n)$,$\lambda_i$ 的重数为 $r_i(i=1,2,\cdots,s)$,$r_i\geqslant 1$, $\sum\limits_{i=1}^{s} r_i=n$.若 $\boldsymbol{A}$ 的 r_i 重特征值对应 m_i 个线性无关特征向量,则 $m_i\leqslant r_i$,所以 $\boldsymbol{A}$ 共有

$$m_1+m_2+\cdots+m_s\leqslant n$$

个线性无关的特征向量.故 n 阶矩阵至多有 n 个线性无关的特征向量.

习题 5-2

1. 单项选择题

(1) 设 $\boldsymbol{A}$ 为 n 阶矩阵，且齐次线性方程组 $\boldsymbol{Ax}=\boldsymbol{0}$ 有非零解，则 $\lambda=$ (　　) 必为 $\boldsymbol{A}$ 的特征值.

A. 1　　　　B. 2

C. -1　　　　D. 0

(2) 可逆矩阵 $\boldsymbol{A}$ 与矩阵(　　)有相同的特征值.

A. $\boldsymbol{A}+\boldsymbol{E}$　　　　B. $\boldsymbol{A}^2$

C. $\boldsymbol{A}^{\mathrm{T}}$　　　　D. $\boldsymbol{A}^{-1}$

(3) 设 $\boldsymbol{A}$ 为 n 阶矩阵，λ 是 $\boldsymbol{A}$ 的特征值，则 $\boldsymbol{A}$ 的伴随矩阵 $\boldsymbol{A}^*$ 的特征值是(　　).

A. $\lambda^{-1}|\boldsymbol{A}|^n$　　　　B. $\lambda^{-1}|\boldsymbol{A}|$

C. $\lambda|\boldsymbol{A}|^n$　　　　D. $\lambda^{-1}|\boldsymbol{A}|^{n-1}$

(4) 设 $\boldsymbol{A}$ 为 n 阶矩阵，下列说法正确的是(　　).

A. 若 $\boldsymbol{A}$ 可逆，则 $\boldsymbol{A}$ 的属于特征值 λ 的特征向量也是 $\boldsymbol{A}^{-1}$ 的属于特征值 λ^{-1} 的特征向量

B. $\boldsymbol{A}$ 的特征向量的线性组合仍为 $\boldsymbol{A}$ 的特征向量

C. $\boldsymbol{A}$ 与 $\boldsymbol{A}^{\mathrm{T}}$ 有相同的特征向量

D. $\boldsymbol{A}$ 有 n 个特征向量

(5) 设 $\boldsymbol{A}$ 为 n 阶矩阵，λ_1,λ_2 是 $\boldsymbol{A}$ 的两个特征值，$\boldsymbol{\xi}_1,\boldsymbol{\xi}_2$ 是 $\boldsymbol{A}$ 的分别对应于 λ_1,λ_2 的两个特征向量，下列说法正确的是(　　).

A. 若 $\boldsymbol{\lambda}_1\neq\boldsymbol{\lambda}_2$，且 $\boldsymbol{\lambda}=\boldsymbol{\lambda}_1+\boldsymbol{\lambda}_2$ 也是 $\boldsymbol{A}$ 的特征值，则 $\boldsymbol{\lambda}$ 对应的特征向量是 $\boldsymbol{\xi}_1+\boldsymbol{\xi}_2$

B. 若 $\boldsymbol{\lambda}_1=\boldsymbol{\lambda}_2$，则 $\boldsymbol{\xi}_1,\boldsymbol{\xi}_2$ 的对应分量成比例

C. 若 $\boldsymbol{\lambda}_1=\boldsymbol{0}$，则 $\boldsymbol{\xi}_1=\boldsymbol{0}$

D. 若 $\boldsymbol{\lambda}_1\neq\boldsymbol{\lambda}_2$，则 $\boldsymbol{\xi}_1+\boldsymbol{\xi}_2$ 一定不是 $\boldsymbol{A}$ 的特征向量

2. 填空题

(1) 若方阵 $\boldsymbol{A}$ 有一个特征值 -1，则 $|\boldsymbol{A}+\boldsymbol{E}|=$________.

(2) 矩阵 $\begin{pmatrix}2&0&1\\0&3&0\\1&0&2\end{pmatrix}$ 的全部特征值之和 $=$________，全部特征值之积 $=$________.

(3) 已知三阶方阵 $\boldsymbol{A}$ 的特征值为 $1,-1,2$，又矩阵 $\boldsymbol{B}=\boldsymbol{A}^3-5\boldsymbol{A}^2$，则 $\boldsymbol{B}$ 的特征值为________.

(4) 设 $\boldsymbol{A}$ 为 n 阶矩阵，λ 为 $\boldsymbol{A}$ 的 r 重特征值，则 λ 对应的线性无关的特征向量的个数________ r.

(5) n 阶零矩阵的全部特征值为________，全部特征向量为________.

3. 求下列矩阵的特征值与特征向量：

(1) $\begin{pmatrix}1 & -1\\ 2 & 4\end{pmatrix}$； (2) $\begin{pmatrix}1 & 2 & 2\\ 0 & 2 & 2\\ 0 & 0 & 2\end{pmatrix}$；

(3) $\begin{pmatrix}0 & 0 & 1\\ 0 & 1 & 0\\ 1 & 0 & 0\end{pmatrix}$； (4) $\begin{pmatrix}1 & 0 & 0\\ 2 & 4 & 5\\ 3 & 0 & 6\end{pmatrix}$.

习题答案与
提示 5-2

5.3 相似矩阵与矩阵的对角化

5.3.1 相似矩阵的概念及性质

定义 5.10 设 $\boldsymbol{A},\boldsymbol{B}$ 为 n 阶矩阵，若存在可逆矩阵 $\boldsymbol{P}$ 使

$$\boldsymbol{P}^{-1}\boldsymbol{A}\boldsymbol{P}=\boldsymbol{B},$$

则称**矩阵 $\boldsymbol{A}$ 与 $\boldsymbol{B}$ 相似(similar)**，或称矩阵 $\boldsymbol{A}$ 相似于矩阵 $\boldsymbol{B}$.记为 $\boldsymbol{A}\sim\boldsymbol{B}$.

对 $\boldsymbol{A}$ 进行的运算 $\boldsymbol{P}^{-1}\boldsymbol{A}\boldsymbol{P}$ 称为对 $\boldsymbol{A}$ 的**相似变换**，并把可逆矩阵 $\boldsymbol{P}$ 称为将 $\boldsymbol{A}$ 变成 $\boldsymbol{B}$ 的**相似变换矩阵**.

例 5.3.1 设矩阵 $\boldsymbol{A}=\begin{pmatrix}1 & -1\\ -1 & 1\end{pmatrix}$，$\boldsymbol{\Lambda}=\begin{pmatrix}0 & 0\\ 0 & 2\end{pmatrix}$，试验证存在可逆矩阵 $\boldsymbol{P}=\begin{pmatrix}1 & -1\\ 1 & 1\end{pmatrix}$，使 $\boldsymbol{A}$ 相似于对角矩阵 $\boldsymbol{\Lambda}$.

解 验证 $\boldsymbol{P}^{-1}\boldsymbol{A}\boldsymbol{P}=\boldsymbol{\Lambda}$.

$$\boldsymbol{P}^{-1}=\frac{1}{2}\begin{pmatrix}1 & 1\\ -1 & 1\end{pmatrix},$$

$$\boldsymbol{P}^{-1}\boldsymbol{A}\boldsymbol{P}=\frac{1}{2}\begin{pmatrix}1 & 1\\ -1 & 1\end{pmatrix}\begin{pmatrix}1 & -1\\ -1 & 1\end{pmatrix}\begin{pmatrix}1 & -1\\ 1 & 1\end{pmatrix}=\begin{pmatrix}0 & 0\\ 0 & 2\end{pmatrix}=\boldsymbol{\Lambda}.$$

相似是同阶方阵之间的一种等价关系，即满足下列性质：

(1) 自反性：对任一方阵 $\boldsymbol{A}$，$\boldsymbol{A}\sim\boldsymbol{A}$；

(2) 对称性：若 $\boldsymbol{A}\sim\boldsymbol{B}$，则 $\boldsymbol{B}\sim\boldsymbol{A}$；

(3) 传递性：若 $\boldsymbol{A}\sim\boldsymbol{B},\boldsymbol{B}\sim\boldsymbol{C}$，则 $\boldsymbol{A}\sim\boldsymbol{C}$.

证明　(1) 因为 $\boldsymbol{E}^{-1}\boldsymbol{A}\boldsymbol{E}=\boldsymbol{A}$，所以自反性显然成立.

(2) 因 $\boldsymbol{A}\sim\boldsymbol{B}$，则存在可逆矩阵 $\boldsymbol{P}$，使 $\boldsymbol{P}^{-1}\boldsymbol{A}\boldsymbol{P}=\boldsymbol{B}$，从而 $\boldsymbol{A}=\boldsymbol{P}\boldsymbol{B}\boldsymbol{P}^{-1}=(\boldsymbol{P}^{-1})^{-1}\boldsymbol{B}\boldsymbol{P}^{-1}$，即 $\boldsymbol{B}\sim\boldsymbol{A}$.

(3) 因 $\boldsymbol{A}\sim\boldsymbol{B},\boldsymbol{B}\sim\boldsymbol{C}$，则存在可逆矩阵 $\boldsymbol{P}$、$\boldsymbol{Q}$ 使得

$$\boldsymbol{P}^{-1}\boldsymbol{A}\boldsymbol{P}=\boldsymbol{B},\boldsymbol{Q}^{-1}\boldsymbol{B}\boldsymbol{Q}=\boldsymbol{C},$$

从而

$$\boldsymbol{Q}^{-1}\boldsymbol{P}^{-1}\boldsymbol{A}\boldsymbol{P}\boldsymbol{Q}=\boldsymbol{C},$$

即 $(\boldsymbol{P}\boldsymbol{Q})^{-1}\boldsymbol{A}(\boldsymbol{P}\boldsymbol{Q})=\boldsymbol{C}$，所以 $\boldsymbol{A}\sim\boldsymbol{C}$.　证毕

相似矩阵具有如下性质：

性质 5.10　相似矩阵具有相同的秩.

证明　设 $\boldsymbol{A}\sim\boldsymbol{B}$，则存在可逆矩阵 $\boldsymbol{P}$ 使 $\boldsymbol{P}^{-1}\boldsymbol{A}\boldsymbol{P}=\boldsymbol{B}$，由于可逆矩阵不改变矩阵的秩，所以

$$R(\boldsymbol{A})=R(\boldsymbol{P}^{-1}\boldsymbol{A}\boldsymbol{P})=R(\boldsymbol{B}).$$

证毕

性质 5.11　相似矩阵的行列式相等.

证明　设 $\boldsymbol{A}\sim\boldsymbol{B}$，则存在可逆矩阵 $\boldsymbol{P}$，使 $\boldsymbol{P}^{-1}\boldsymbol{A}\boldsymbol{P}=\boldsymbol{B}$，从而 $|\boldsymbol{P}^{-1}\boldsymbol{A}\boldsymbol{P}|=|\boldsymbol{B}|$，即 $|\boldsymbol{P}^{-1}||\boldsymbol{A}||\boldsymbol{P}|=|\boldsymbol{B}|$，而 $|\boldsymbol{P}^{-1}|=|\boldsymbol{P}|^{-1}$，所以 $|\boldsymbol{A}|=|\boldsymbol{B}|$.　证毕

性质 5.12　相似矩阵具有相同的特征多项式，从而具有相同的特征值.

证明　设 $\boldsymbol{A}\sim\boldsymbol{B}$，则存在可逆矩阵 $\boldsymbol{P}$ 使

$$\boldsymbol{P}^{-1}\boldsymbol{A}\boldsymbol{P}=\boldsymbol{B},$$

故

$$|\boldsymbol{B}-\lambda\boldsymbol{E}|=|\boldsymbol{P}^{-1}\boldsymbol{A}\boldsymbol{P}-\lambda\boldsymbol{E}|=|\boldsymbol{P}^{-1}(\boldsymbol{A}-\lambda\boldsymbol{E})\boldsymbol{P}|=|\boldsymbol{P}^{-1}||\boldsymbol{A}-\lambda\boldsymbol{E}||\boldsymbol{P}|=|\boldsymbol{A}-\lambda\boldsymbol{E}|,$$

即 $\boldsymbol{A},\boldsymbol{B}$ 具有相同的特征多项式，从而具有相同的特征值.　证毕

推论 5.1　若 n 阶方阵 $\boldsymbol{A}$ 与对角矩阵

$$\boldsymbol{\Lambda}=\begin{pmatrix}\lambda_1&&&\\&\lambda_2&&\\&&\ddots&\\&&&\lambda_n\end{pmatrix}$$

相似，则 $\lambda_1,\lambda_2,\cdots,\lambda_n$ 为 $\boldsymbol{A}$ 的 n 个特征值.

注意：(1) 相似矩阵具有相同的特征多项式，但特征多项式相同的矩阵却不一定相似.

例如，$\boldsymbol{A}=\begin{pmatrix}1&0\\0&1\end{pmatrix}$，$\boldsymbol{B}=\begin{pmatrix}1&1\\0&1\end{pmatrix}$ 有相同的特征多项式，但 $\boldsymbol{A}$ 与 $\boldsymbol{B}$ 并不相

似,因为单位矩阵只与自身相似.

(2) 相似矩阵具有相同的特征值,从而相似矩阵具有相同的迹.

例 5.3.2 已知矩阵$\begin{pmatrix} 22 & 31 \\ y & x \end{pmatrix}$与$\begin{pmatrix} 1 & 2 \\ 3 & 4 \end{pmatrix}$相似,求 x 与 y.

解 两个矩阵相似,从而它们的迹与行列式分别相等,从而得方程组

$$\begin{cases} 22+x=1+4, \\ 22x-31y=-2, \end{cases}$$

解得 $x=-17, y=-12$.

下面我们要讨论的主要问题是:

(1) 方阵 $\boldsymbol{A}$ 满足什么条件才能相似于对角矩阵?

(2) 若方阵 $\boldsymbol{A}$ 相似于对角矩阵,相似变换矩阵 $\boldsymbol{P}$ 如何求?

即寻求相似变换矩阵 $\boldsymbol{P}$,使

$$\boldsymbol{P}^{-1}\boldsymbol{AP}=\boldsymbol{\Lambda}$$

为对角矩阵,称这种过程为**把方阵 $\boldsymbol{A}$ 对角化**.

5.3.2 矩阵可对角化的条件

本段利用矩阵 $\boldsymbol{A}$ 的特征值和特征向量的性质讨论矩阵 $\boldsymbol{A}$ 相似于对角矩阵的条件及将 $\boldsymbol{A}$ 化为对角矩阵的方法.

定理 5.6 **n 阶矩阵 $\boldsymbol{A}$ 相似于对角矩阵的充分必要条件是 $\boldsymbol{A}$ 有 n 个线性无关的特征向量.**

证明 必要性 设 $\boldsymbol{A}$ 相似于对角矩阵,于是存在可逆矩阵 $\boldsymbol{P}$,使得

$$\boldsymbol{P}^{-1}\boldsymbol{AP}=\begin{pmatrix} \lambda_1 & & & \\ & \lambda_2 & & \\ & & \ddots & \\ & & & \lambda_n \end{pmatrix},$$

即

$$\boldsymbol{AP}=\boldsymbol{P}\begin{pmatrix} \lambda_1 & & & \\ & \lambda_2 & & \\ & & \ddots & \\ & & & \lambda_n \end{pmatrix},$$

其中 $\lambda_1,\lambda_2,\cdots,\lambda_n$ 为 $\boldsymbol{A}$ 的特征值.设 $\boldsymbol{P}$ 的列向量为 $\boldsymbol{p}_1,\boldsymbol{p}_2,\cdots,\boldsymbol{p}_n$,则

$$\boldsymbol{Ap}_i=\lambda_i\boldsymbol{p}_i \quad (i=1,2,\cdots,n),$$

因为 $\boldsymbol{P}$ 可逆,所以 $\boldsymbol{p}_1,\boldsymbol{p}_2,\cdots,\boldsymbol{p}_n$ 都是非零向量,且线性无关,从上式知道它

们又都是 $\boldsymbol{A}$ 的特征向量,这说明 $\boldsymbol{A}$ 有 n 个线性无关的特征向量.

充分性 设 $\boldsymbol{A}$ 有 n 个线性无关的特征向量 $\boldsymbol{p}_1,\boldsymbol{p}_2,\cdots,\boldsymbol{p}_n$,它们所对应的特征值依次为 $\lambda_1,\lambda_2,\cdots,\lambda_n$,即

$$\boldsymbol{A}\boldsymbol{p}_i=\lambda_i\boldsymbol{p}_i\quad(i=1,2,\cdots,n),$$

以 $\boldsymbol{p}_1,\boldsymbol{p}_2,\cdots,\boldsymbol{p}_n$ 为列向量构造 n 阶矩阵

$$\boldsymbol{P}=(\boldsymbol{p}_1,\boldsymbol{p}_2,\cdots,\boldsymbol{p}_n),$$

因为 $\boldsymbol{p}_1,\boldsymbol{p}_2,\cdots,\boldsymbol{p}_n$ 线性无关,所以 $\boldsymbol{P}$ 是可逆矩阵,并且

$$\begin{aligned}\boldsymbol{AP}&=\boldsymbol{A}(\boldsymbol{p}_1,\boldsymbol{p}_2,\cdots,\boldsymbol{p}_n)=(\boldsymbol{A}\boldsymbol{p}_1,\boldsymbol{A}\boldsymbol{p}_2,\cdots,\boldsymbol{A}\boldsymbol{p}_n)=(\lambda_1\boldsymbol{p}_1,\lambda_2\boldsymbol{p}_2,\cdots,\lambda_n\boldsymbol{p}_n)\\&=(\boldsymbol{p}_1,\boldsymbol{p}_2,\cdots,\boldsymbol{p}_n)\begin{pmatrix}\lambda_1&&&\\&\lambda_2&&\\&&\ddots&\\&&&\lambda_n\end{pmatrix}=\boldsymbol{P}\begin{pmatrix}\lambda_1&&&\\&\lambda_2&&\\&&\ddots&\\&&&\lambda_n\end{pmatrix},\end{aligned}$$

两边左乘 $\boldsymbol{P}^{-1}$,得到

$$\boldsymbol{P}^{-1}\boldsymbol{AP}=\begin{pmatrix}\lambda_1&&&\\&\lambda_2&&\\&&\ddots&\\&&&\lambda_n\end{pmatrix}.$$

证毕

例如,上节例 5.2.4 中的三阶矩阵 $\boldsymbol{A}$ 仅有两个线性无关的特征向量,从而不能对角化.而例 5.2.3 中的三阶矩阵 $\boldsymbol{A}$ 有三个线性无关的特征向量,所以 $\boldsymbol{A}$ 能对角化,且取

$$\boldsymbol{P}=\begin{pmatrix}1&7&-1\\0&2&1\\0&3&0\end{pmatrix},\quad 则有\ \boldsymbol{P}^{-1}\boldsymbol{AP}=\begin{pmatrix}1&&\\&3&\\&&-3\end{pmatrix}.$$

根据上述定理可得矩阵 $\boldsymbol{A}$ 相似对角化的一个充分条件.

推论 5.2 如果 n 阶矩阵 $\boldsymbol{A}$ 有 n 个不同的特征值,那么 $\boldsymbol{A}$ 相似于对角矩阵.

注意:上述推论的逆不成立,如例 5.2.5.

对于有重特征值的矩阵 $\boldsymbol{A}$,若 $\boldsymbol{A}$ 相似于对角矩阵,则根据定理 5.6 及性质 5.9 可知,矩阵 $\boldsymbol{A}$ 的 r_i 重特征值 λ_i 对应线性无关的特征向量的个数必须为 r_i 个;反之,当 r_i 重特征值对应的线性无关特征向量的个数均为 r_i 时,由性质 5.7 可知,$\boldsymbol{A}$ 有 n 个线性无关的特征向量,因而有

定理 5.7 n 阶矩阵 $\boldsymbol{A}$ 相似于对角矩阵的充分必要条件是 $\boldsymbol{A}$ 的 k 重特

征值有 k 个线性无关的特征向量($1\leqslant k\leqslant n$).

例 5.3.3　确定下列矩阵中的参数 a,b,c,使矩阵 $\boldsymbol{A}$ 可对角化:

$$\boldsymbol{A}=\begin{pmatrix}1&0&0&0\\a&1&0&0\\2&b&2&0\\2&3&c&2\end{pmatrix}.$$

解　矩阵 $\boldsymbol{A}$ 的特征多项式为

$$|\boldsymbol{A}-\lambda\boldsymbol{E}|=(1-\lambda)^2(2-\lambda)^2,$$

则 $\boldsymbol{A}$ 的特征值为 $\lambda_1=\lambda_2=1,\lambda_3=\lambda_4=2$.

因为 $\lambda_1=\lambda_2=1$ 为二重根,要使 $\boldsymbol{A}$ 可对角化,必须使 $\lambda_1=\lambda_2=1$ 有两个线性无关的特征向量,为此需使 $n-R(\boldsymbol{A}-\boldsymbol{E})=2$,即 $R(\boldsymbol{A}-\boldsymbol{E})=n-2=4-2=2$. 因为

$$\boldsymbol{A}-\boldsymbol{E}=\begin{pmatrix}0&0&0&0\\a&0&0&0\\2&b&1&0\\2&3&c&1\end{pmatrix},$$

于是必有 $a=0,b,c$ 任意.

同理 $\lambda_3=\lambda_4=2$ 为二重根,为使

$$\boldsymbol{A}-2\boldsymbol{E}=\begin{pmatrix}-1&0&0&0\\a&-1&0&0\\2&b&0&0\\2&3&c&0\end{pmatrix}$$

的秩 $R(\boldsymbol{A}-2\boldsymbol{E})=4-2=2$,必有 $c=0,a,b$ 任意.

因此当 $a=c=0,b$ 为任意数时,A 可对角化.

由上述结论及定理 5.6 的证明过程,可以归纳出将 n 阶矩阵相似对角化的具体步骤:

(1) 求矩阵 $\boldsymbol{A}$ 的全部特征值 $\lambda_1,\lambda_2,\cdots,\lambda_n$;

(2) 求矩阵 $\boldsymbol{A}$ 的 n 个线性无关的特征向量 $\boldsymbol{p}_1,\boldsymbol{p}_2,\cdots,\boldsymbol{p}_n$.对每个特征值 λ_i,求方程组 $(\boldsymbol{A}-\lambda_i\boldsymbol{E})\boldsymbol{x}=\boldsymbol{0}$ 的基础解系,即为对应于 λ_i 的线性无关的特征向量.若特征值所对应的基础解系所含向量的个数等于其重数,则 $\boldsymbol{A}$ 可对角化,否则不可对角化;

(3) 构造相似变换矩阵 $\boldsymbol{P}$.

令

$$\boldsymbol{P}=(\boldsymbol{p}_1,\boldsymbol{p}_2,\cdots,\boldsymbol{p}_n),$$

则

$$P^{-1}AP=\begin{pmatrix}\lambda_1 & & & \\ & \lambda_2 & & \\ & & \ddots & \\ & & & \lambda_n\end{pmatrix},$$

其中 $\boldsymbol{p}_i$ 为对应于特征值 $\lambda_i(i=1,2,\cdots,n)$ 的特征向量.

注意:这 n 个特征值的次序可以变更,但要相应地改变 $\boldsymbol{P}$ 的列向量次序.

如在例 5.2.3 中,

若令 $P=\begin{pmatrix}7 & 1 & -1\\ 2 & 0 & 1\\ 3 & 0 & 0\end{pmatrix}$,则 $P^{-1}AP=\begin{pmatrix}3 & & \\ & 1 & \\ & & -3\end{pmatrix}$,

若令 $P=\begin{pmatrix}-1 & 7 & 1\\ 1 & 2 & 0\\ 0 & 3 & 0\end{pmatrix}$,则 $P^{-1}AP=\begin{pmatrix}-3 & & \\ & 3 & \\ & & 1\end{pmatrix}$.

例 5.3.4　求相似变换矩阵 $\boldsymbol{P}$,使矩阵

$$A=\begin{pmatrix}4 & 6 & 0\\ -3 & -5 & 0\\ -3 & -6 & 1\end{pmatrix}$$

相似于对角矩阵.

解　(1) 求 $\boldsymbol{A}$ 的全部特征值.

由 $\boldsymbol{A}$ 的特征方程

$$|A-\lambda E|=\begin{vmatrix}4-\lambda & 6 & 0\\ -3 & -5-\lambda & 0\\ -3 & -6 & 1-\lambda\end{vmatrix}=-(1-\lambda)^2(\lambda+2)=0$$

得 $\boldsymbol{A}$ 的特征值为 $\lambda_1=-2,\lambda_2=\lambda_3=1$.

(2) 求 $\boldsymbol{A}$ 的 3 个线性无关的特征向量.

对 $\lambda_1=-2$,解齐次线性方程组 $(A+2E)x=0$,求得基础解系

$$p_1=\begin{pmatrix}-1\\ 1\\ 1\end{pmatrix}.$$

对 $\lambda_2=\lambda_3=1$,解齐次线性方程组 $(A-E)x=0$,求得基础解系

$$p_2=\begin{pmatrix}-2\\1\\0\end{pmatrix},\quad p_3=\begin{pmatrix}0\\0\\1\end{pmatrix}.$$

(3) 构造相似变换矩阵 $\boldsymbol{P}$.

令

$$\boldsymbol{P}=(\boldsymbol{p}_1,\boldsymbol{p}_2,\boldsymbol{p}_3)=\begin{pmatrix}-1&-2&0\\1&1&0\\1&0&1\end{pmatrix},$$

则

$$\boldsymbol{P}^{-1}\boldsymbol{AP}=\begin{pmatrix}-2&&\\&1&\\&&1\end{pmatrix}.$$

思考:若将 $\boldsymbol{P}$ 取作 $\boldsymbol{P}=(\boldsymbol{p}_2,\boldsymbol{p}_3,\boldsymbol{p}_1)=\begin{pmatrix}-2&0&-1\\1&0&1\\0&1&1\end{pmatrix}$,则 $\boldsymbol{P}^{-1}\boldsymbol{AP}=?$

由以上讨论可知,一个矩阵要相似于对角矩阵必须要有 n 个线性无关的特征向量,所以不是任何矩阵都能与对角矩阵相似.但实对称矩阵一定能对角化,即存在可逆矩阵 $\boldsymbol{P}$,使 $\boldsymbol{P}^{-1}\boldsymbol{AP}$ 为对角矩阵(其中 $\boldsymbol{A}$ 为实对称矩阵),我们将在下一节详细讨论.

5.3.3 矩阵对角化的应用

矩阵的对角化在科学、工程、经济学等许多领域中有广泛应用,它可以简化问题的求解.下面举例说明.

利用方阵的相似对角化,可以计算方阵的高次幂.

设方阵 $\boldsymbol{A}\sim\boldsymbol{\Lambda}$,即存在可逆矩阵 $\boldsymbol{P}$,使 $\boldsymbol{P}^{-1}\boldsymbol{AP}=\boldsymbol{\Lambda}$,则 $\boldsymbol{A}=\boldsymbol{P\Lambda P}^{-1}$,从而

$$\boldsymbol{A}^2=(\boldsymbol{P\Lambda P}^{-1})(\boldsymbol{P\Lambda P}^{-1})=\boldsymbol{P\Lambda}^2\boldsymbol{P}^{-1},$$

递推,得

$$\boldsymbol{A}^k=\boldsymbol{P\Lambda}^k\boldsymbol{P}^{-1}.$$

例 5.3.5 已知 $\boldsymbol{A}=\begin{pmatrix}1&-1\\-1&1\end{pmatrix}$,求 $\boldsymbol{A}^{10}$.

解 由例 5.3.1 可知,存在可逆矩阵 $\boldsymbol{P}=\begin{pmatrix}1&-1\\1&1\end{pmatrix}$,使

$$\boldsymbol{P}^{-1}\boldsymbol{AP}=\begin{pmatrix}0&0\\0&2\end{pmatrix}=\boldsymbol{\Lambda},$$

其中 $\boldsymbol{P}^{-1}=\frac{1}{2}\begin{pmatrix}1&1\\-1&1\end{pmatrix}$，从而

$$\boldsymbol{A}^{10}=\boldsymbol{P}\boldsymbol{\Lambda}^{10}\boldsymbol{P}^{-1}=\begin{pmatrix}1&-1\\1&1\end{pmatrix}\begin{pmatrix}0&0\\0&2^{10}\end{pmatrix}\frac{1}{2}\begin{pmatrix}1&1\\-1&1\end{pmatrix}=2^{9}\begin{pmatrix}1&-1\\-1&1\end{pmatrix}.$$

例 5.3.6　在某城市有 15 万具有本科以上学历的人，其中有 1.5 万人是教师，据调查，平均每年有 10% 的人从教师职业转为其他职业，又有 1% 的人从其他职业转为教师职业，请预测 10 年以后这 15 万人中有多少人在从事教师职业.

解　设 x_i 表示第 i 年的教师人数，y_i 表示第 i 年的其他职业人数，则

$$x_0=1.5,y_0=13.5,$$
$$x_1=1.5\times 90\%+13.5\times 1\%,$$
$$y_1=1.5\times 10\%+13.5\times 99\%,$$

令 $\boldsymbol{z}^{(i)}=\begin{pmatrix}x_i\\y_i\end{pmatrix}$，则上式可写成向量形式

$$\boldsymbol{z}^{(1)}=\boldsymbol{A}\boldsymbol{z}^{(0)},$$

其中 $\boldsymbol{A}=\begin{pmatrix}0.9&0.01\\0.1&0.99\end{pmatrix}$.

从而

$$\boldsymbol{z}^{(1)}=\begin{pmatrix}0.9&0.01\\0.1&0.99\end{pmatrix}\begin{pmatrix}1.5\\13.5\end{pmatrix}=\begin{pmatrix}1.485\\13.515\end{pmatrix},$$

即一年后，从事教师职业和其他职业的人数分别为 1.485 万及 13.515 万.

又

$$\boldsymbol{z}^{(2)}=\boldsymbol{A}\boldsymbol{z}^{(1)}=\boldsymbol{A}^{2}\boldsymbol{z}^{(0)},$$
$$\boldsymbol{z}^{(n)}=\boldsymbol{A}\boldsymbol{z}^{(n-1)}=\boldsymbol{A}^{n}\boldsymbol{z}^{(0)},$$

所以 $\boldsymbol{z}^{(10)}=\boldsymbol{A}^{10}\boldsymbol{z}^{(0)}$.

为计算 $\boldsymbol{A}^{10}$ 先要把 $\boldsymbol{A}$ 对角化.

经计算，$\boldsymbol{A}$ 的两个特征值分别为

$$\lambda_1=1,\quad \lambda_2=0.89,$$

因为 $\lambda_1\neq\lambda_2$，所以 $\boldsymbol{A}$ 可对角化.

λ_1,λ_2 对应的特征向量分别为

$$\boldsymbol{p}_1=\begin{pmatrix}1\\10\end{pmatrix},\quad \boldsymbol{p}_2=\begin{pmatrix}1\\-1\end{pmatrix},$$

令 $\boldsymbol{P}=(\boldsymbol{p}_1,\boldsymbol{p}_2)=\begin{pmatrix}1&1\\10&-1\end{pmatrix}$，则 $\boldsymbol{P}^{-1}\boldsymbol{A}\boldsymbol{P}=\boldsymbol{\Lambda}=\begin{pmatrix}1&0\\0&0.89\end{pmatrix}$，

$$A=P\Lambda P^{-1},A^{10}=P\Lambda^{10}P^{-1},$$

而

$$P^{-1}=\frac{1}{11}\begin{pmatrix}1&1\\10&-1\end{pmatrix},\Lambda^{10}=\begin{pmatrix}1&0\\0&0.89^{10}\end{pmatrix},$$

$$z^{(10)}=P\Lambda^{10}P^{-1}z^{(0)}=\frac{1}{11}\begin{pmatrix}1&1\\10&-1\end{pmatrix}\begin{pmatrix}1&0\\0&0.89^{10}\end{pmatrix}\begin{pmatrix}1&1\\10&-1\end{pmatrix}\begin{pmatrix}1.5\\13.5\end{pmatrix}=\begin{pmatrix}1.542\ 5\\13.457\ 5\end{pmatrix},$$

所以 10 年后,有 1.54 万人从事教师职业,13.46 万人从事其他职业.

像例 5.3.6 这样的实例在日常生活中很多,但从数学角度看,其本质是一样的,从中可以抽象出同一个数学模型,即一个有限状态的系统,它每一时刻处在一个确定的状态,并随着时间的流逝,从一个状态转移为另一个状态,每个状态的概率只与最近的前一状态相关,这样的一种连续过程称为**马尔可夫**(Markov)**过程**.

一般地,假设系统共有 n 种可能状态,分别记为 $1,2,\cdots,n$,在某个观察期间,它的状态为 $i(1\leqslant i\leqslant n)$,而在下一个观察期间,它的状态为 $j(1\leqslant j\leqslant n)$ 的概率为 p_{ij},称之为**转移概率**.它不随时间而变化,且有

$$0\leqslant p_{ij}\leqslant 1,\sum_{i=1}^{n}p_{ij}=1,\quad j=1,2,\cdots,n,$$

称矩阵 $P=(p_{ij})$ 为**转移矩阵**.由系统的初始状态可以构造一个 n 维向量,称之为**状态向量**,记为 x_0,k 年后的状态向量记为 x_k,于是有

$$x_k=Px_{k-1}=\cdots=P^kx_0,$$

由上式易见,要求出 x_k,关键是求 P^k.若 P 可相似对角化,即存在可逆矩阵 S,使得

$$S^{-1}PS=\mathrm{diag}(\lambda_1,\lambda_2,\cdots,\lambda_n),$$

这时有

$$x_k=P^kx_0=S\mathrm{diag}(\lambda_1^k,\lambda_2^k,\cdots,\lambda_n^k)S^{-1}x_0.$$

利用方阵的对角化还可求解一些特殊的线性微分方程(组).

方阵对角化在求解线性微分方程中的应用

习题 5-3

1. 单项选择题

(1) n 阶方阵 A 相似于对角矩阵的充分必要条件是(　　).

A. 方阵 A 有 n 个特征值

B. 方阵 A 有 n 个不同特征值

C. 方阵 $\boldsymbol{A}$ 有 n 个特征向量

D. 方阵 $\boldsymbol{A}$ 有 n 个线性无关的特征向量

(2) 与 n 阶单位矩阵 $\boldsymbol{E}$ 相似的矩阵是(　　).

A. 数量矩阵 $k\boldsymbol{E}(k\in\mathbf{R},k\neq 1)$

B. 对角矩阵 $\boldsymbol{\Lambda}$(主对角线元素不全为 1)

C. n 阶单位矩阵 $\boldsymbol{E}$

D. 任意 n 阶可逆矩阵

(3) 下列说法错误的是(　　).

A. 相似矩阵具有相同的行列式

B. 相似矩阵具有相同的秩

C. 相似矩阵具有相同的特征值

D. 特征多项式相同的矩阵相似

(4) 设 n 阶矩阵 $\boldsymbol{A}$ 与 $\boldsymbol{B}$ 相似,$\boldsymbol{E}$ 为 n 阶单位矩阵,则(　　).

A. $\lambda\boldsymbol{E}-\boldsymbol{A}=\lambda\boldsymbol{E}-\boldsymbol{B}$

B. $\boldsymbol{A}$ 与 $\boldsymbol{B}$ 有相同的特征值和特征向量

C. $\boldsymbol{A}$ 与 $\boldsymbol{B}$ 相似于一个对角矩阵

D. 对任意常数 k,$k\boldsymbol{E}-\boldsymbol{A}$ 与 $k\boldsymbol{E}-\boldsymbol{B}$ 相似

2. 填空题

(1) 若二阶矩阵 $\boldsymbol{A}=\begin{pmatrix}7&12\\y&x\end{pmatrix}$ 与 $\boldsymbol{B}=\begin{pmatrix}1&3\\2&4\end{pmatrix}$ 相似,则 $x=$________,$y=$________.

(2) 若矩阵 $\boldsymbol{A}=\begin{pmatrix}1&-2&0\\-2&2&-2\\0&-2&3\end{pmatrix}$ 与 $\boldsymbol{B}=\begin{pmatrix}-1&0&0\\0&x&0\\0&0&5\end{pmatrix}$ 相似,则 $x=$________,$|\boldsymbol{A}|=$________.

(3) 设矩阵 $\boldsymbol{A}=\begin{pmatrix}2&0&1\\3&1&x\\4&0&5\end{pmatrix}$ 可相似对角化,则 $x=$________.

(4) 设 n 阶矩阵 $\boldsymbol{A}$ 可相似对角化,且 $R(\boldsymbol{A}-\boldsymbol{E})=r<n$,则 $\boldsymbol{A}$ 必有特征值________,其对应的线性无关特征向量有________个.

(5) 设矩阵 $\boldsymbol{A}$ 与 $\boldsymbol{B}=\begin{pmatrix}1&&\\&1&\\&&-1\end{pmatrix}$ 相似,则 $\boldsymbol{A}^{2024}=$________.

习题答案与提示 5-3

3. 矩阵$\begin{pmatrix}2&-1&2\\5&-3&3\\-1&0&-2\end{pmatrix}$是否与对角矩阵相似,为什么?

4. 设矩阵$\boldsymbol{A}=\begin{pmatrix}5&-3&2\\6&-4&4\\4&-4&5\end{pmatrix}$,求可逆矩阵$\boldsymbol{P}$,使$\boldsymbol{P}^{-1}\boldsymbol{AP}$为对角矩阵,并利用此结果计算$\boldsymbol{A}^5$.

5.4 实对称矩阵的对角化

在矩阵理论和一些经济数学模型的研究中,经常遇到元素全为实数的对称矩阵,简称**实对称矩阵**,这类矩阵的特征值及其相应的特征向量具有许多特殊的性质.本节将研究实对称矩阵与对角矩阵相似的条件以及用正交矩阵化实对称矩阵为对角矩阵的方法.

5.4.1 实对称矩阵的特征值与特征向量

虽然实矩阵的特征多项式是实系数多项式,但其特征值可能是复数,相应的特征向量也可能是复向量,然而实对称矩阵的特征值全是实数,相应的特征向量可以取实向量,且不同特征值所对应的特征向量是正交的.下面给予证明.

定理 5.8 实对称矩阵的特征值必为实数.

证明 设$\boldsymbol{A}$是n阶实对称矩阵,λ是$\boldsymbol{A}$的特征值,$\boldsymbol{x}$是$\boldsymbol{A}$对应于λ的特征向量,即有

$$\boldsymbol{Ax}=\lambda\boldsymbol{x}, \tag{5.13}$$

对上式两端取共轭,并注意$\overline{\boldsymbol{A}}=\boldsymbol{A}$,则有

$$\boldsymbol{A}\overline{\boldsymbol{x}}=\overline{\lambda}\overline{\boldsymbol{x}},$$

两边同时转置再右乘$\boldsymbol{x}$得

$$\overline{\boldsymbol{x}}^{\mathrm{T}}\boldsymbol{Ax}=\overline{\lambda}\overline{\boldsymbol{x}}^{\mathrm{T}}\boldsymbol{x}, \tag{5.14}$$

在式(5.13)两端左乘$\overline{\boldsymbol{x}}^{\mathrm{T}}$,得

$$\overline{\boldsymbol{x}}^{\mathrm{T}}\boldsymbol{Ax}=\lambda\overline{\boldsymbol{x}}^{\mathrm{T}}\boldsymbol{x}, \tag{5.15}$$

式(5.15)与式(5.14)相减,得

$$(\lambda-\bar{\lambda})\bar{\boldsymbol{x}}^{\mathrm{T}}\boldsymbol{x}=\boldsymbol{0},$$

因为 $\boldsymbol{x}\neq\boldsymbol{0}$,所以 $\bar{\boldsymbol{x}}^{\mathrm{T}}\boldsymbol{x}>0$,从而 $\lambda-\bar{\lambda}=0$,即 $\lambda=\bar{\lambda}$,这说明 λ 是实数.

证毕

显然,当特征值 λ 为实数时,齐次线性方程组

$$(\boldsymbol{A}-\lambda\boldsymbol{E})\boldsymbol{x}=\boldsymbol{0}$$

是实系数方程组,由 $|\boldsymbol{A}-\lambda\boldsymbol{E}|=0$ 知必有实的基础解系,所以对应的特征向量可以取实向量.

由 5.3 节可知,不同的特征值所对应的特征向量线性无关,但对实对称矩阵而言,不同的特征值所对应的特征向量正交,即有

定理 5.9　设 λ_1,λ_2 是实对称矩阵 $\boldsymbol{A}$ 的两个不同特征值 $\boldsymbol{p}_1,\boldsymbol{p}_2$ 分别是 λ_1,λ_2 对应的特征向量,则 $\boldsymbol{p}_1$ 与 $\boldsymbol{p}_2$ 正交.

证明　由题设可知 $\boldsymbol{A}\boldsymbol{p}_1=\lambda_1\boldsymbol{p}_1,\boldsymbol{A}\boldsymbol{p}_2=\lambda_2\boldsymbol{p}_2$.
对第一式取转置得 $\boldsymbol{p}_1^{\mathrm{T}}\boldsymbol{A}=\boldsymbol{p}_1^{\mathrm{T}}\boldsymbol{A}^{\mathrm{T}}=\lambda_1\boldsymbol{p}_1^{\mathrm{T}}$.两边右乘 $\boldsymbol{p}_2$ 得 $\boldsymbol{p}_1^{\mathrm{T}}\boldsymbol{A}\boldsymbol{p}_2=\lambda_1\boldsymbol{p}_1^{\mathrm{T}}\boldsymbol{p}_2$.即

$$\boldsymbol{p}_1^{\mathrm{T}}\lambda_2\boldsymbol{p}_2=\lambda_1\boldsymbol{p}_1^{\mathrm{T}}\boldsymbol{p}_2,\quad(\lambda_2-\lambda_1)\boldsymbol{p}_1^{\mathrm{T}}\boldsymbol{p}_2=0.$$

因为 $\lambda_1\neq\lambda_2$,所以 $\boldsymbol{p}_1^{\mathrm{T}}\boldsymbol{p}_2=0$,即 $\boldsymbol{p}_1$ 与 $\boldsymbol{p}_2$ 正交.　证毕

例如,在例 5.2.5 中,矩阵

$$\boldsymbol{A}=\begin{pmatrix}0&1&1\\1&0&1\\1&1&0\end{pmatrix}$$

为实对称矩阵,其特征值 $\lambda_1=2,\lambda_2=\lambda_3=-1$.对应于 $\lambda_1=2$ 的线性无关特征向量为 $\boldsymbol{p}_1=\begin{pmatrix}1\\1\\1\end{pmatrix}$;对应于 $\lambda_2=\lambda_3=-1$ 的线性无关特征向量为 $\boldsymbol{p}_2=\begin{pmatrix}-1\\1\\0\end{pmatrix}$,$\boldsymbol{p}_3=\begin{pmatrix}-1\\0\\1\end{pmatrix}$.不难验证,$[\boldsymbol{p}_1,\boldsymbol{p}_2]=[\boldsymbol{p}_1,\boldsymbol{p}_3]=0$,即 $\boldsymbol{p}_1$ 与 $\boldsymbol{p}_2$ 正交,$\boldsymbol{p}_1$ 与 $\boldsymbol{p}_3$ 正交.

5.4.2　实对称矩阵的相似对角化

定理 5.10　任一实对称矩阵 $\boldsymbol{A}$ 均可正交相似于对角矩阵,即存在正交矩阵 $\boldsymbol{Q}$,使

$$\boldsymbol{Q}^{\mathrm{T}}\boldsymbol{A}\boldsymbol{Q}=\boldsymbol{\Lambda},$$

其中 $\boldsymbol{\Lambda}$ 为对角矩阵,其对角线元素为 $\boldsymbol{A}$ 的特征值.

定理 5.10 的证明

由定理 5.6 及定理 5.10 可得下列推论.

推论 5.3 n 阶实对称矩阵必有 n 个线性无关的特征向量.

推论 5.4 设 $\boldsymbol{A}$ 为 n 阶实对称矩阵,λ 是 $\boldsymbol{A}$ 的 r 重特征值,则 $R(\boldsymbol{A}-\lambda\boldsymbol{E})=n-r$,$\boldsymbol{A}$ 的对应于特征值 λ 恰有 r 个线性无关的特征向量.

例 5.4.1 设

$$\boldsymbol{A}=\begin{pmatrix}2&1&1\\1&2&1\\1&1&2\end{pmatrix},$$

求正交矩阵 $\boldsymbol{Q}$,使 $\boldsymbol{Q}^{\mathrm{T}}\boldsymbol{A}\boldsymbol{Q}=\boldsymbol{\Lambda}$ 为对角矩阵.

解 (1) 求 $\boldsymbol{A}$ 的全部特征值.

由

$$|\boldsymbol{A}-\lambda\boldsymbol{E}|=\begin{vmatrix}2-\lambda&1&1\\1&2-\lambda&1\\1&1&2-\lambda\end{vmatrix}=(1-\lambda)^2(4-\lambda)=0$$

得 $\lambda_1=\lambda_2=1,\lambda_3=4$.

(2) 求相应的正交特征向量.

对 $\lambda_1=\lambda_2=1$,解齐次线性方程组 $(\boldsymbol{A}-\boldsymbol{E})\boldsymbol{x}=\boldsymbol{0}$,

$$\boldsymbol{A}-\boldsymbol{E}=\begin{pmatrix}1&1&1\\1&1&1\\1&1&1\end{pmatrix}\xrightarrow[r_3-r_1]{r_2-r_1}\begin{pmatrix}1&1&1\\0&0&0\\0&0&0\end{pmatrix},\quad\begin{cases}x_1=-x_2-x_3,\\x_2=x_2,\\x_3=x_3,\end{cases}$$

对应于 $\lambda_1=\lambda_2=1$ 的两个线性无关的特征向量为

$$\boldsymbol{\alpha}_1=\begin{pmatrix}-1\\1\\0\end{pmatrix},\qquad\boldsymbol{\alpha}_2=\begin{pmatrix}-1\\0\\1\end{pmatrix},$$

将 $\boldsymbol{\alpha}_1,\boldsymbol{\alpha}_2$ 正交化,得

$$\boldsymbol{\beta}_1=\boldsymbol{\alpha}_1,\boldsymbol{\beta}_2=\boldsymbol{\alpha}_2-\frac{[\boldsymbol{\alpha}_2,\boldsymbol{\alpha}_1]}{[\boldsymbol{\alpha}_1,\boldsymbol{\alpha}_1]}\boldsymbol{\alpha}_1=\begin{pmatrix}-1\\0\\1\end{pmatrix}-\frac{1}{2}\begin{pmatrix}-1\\1\\0\end{pmatrix}=\begin{pmatrix}-\frac{1}{2}\\-\frac{1}{2}\\1\end{pmatrix},$$

对 $\lambda_3=4$,解齐次线性方程组 $(\boldsymbol{A}-4\boldsymbol{E})\boldsymbol{x}=\boldsymbol{0}$,

$$\boldsymbol{A}-4\boldsymbol{E}=\begin{pmatrix}-2&1&1\\1&-2&1\\1&1&-2\end{pmatrix}\longrightarrow\begin{pmatrix}1&0&-1\\0&1&-1\\0&0&0\end{pmatrix},\quad\begin{cases}x_1=x_3,\\x_2=x_3,\\x_3=x_3,\end{cases}$$

相应于 $\lambda_3=4$ 的特征向量为

$$\boldsymbol{\alpha}_3=\begin{pmatrix}1\\1\\1\end{pmatrix}.$$

（3）将 $\boldsymbol{\beta}_1,\boldsymbol{\beta}_2,\boldsymbol{\alpha}_3$ 单位化

$$\boldsymbol{q}_1=\frac{\boldsymbol{\beta}_1}{\|\boldsymbol{\beta}_1\|}=\begin{pmatrix}-\frac{1}{\sqrt{2}}\\\frac{1}{\sqrt{2}}\\0\end{pmatrix},\boldsymbol{q}_2=\frac{\boldsymbol{\beta}_2}{\|\boldsymbol{\beta}_2\|}=\begin{pmatrix}-\frac{1}{\sqrt{6}}\\-\frac{1}{\sqrt{6}}\\\frac{2}{\sqrt{6}}\end{pmatrix},\boldsymbol{q}_3=\frac{\boldsymbol{\alpha}_3}{\|\boldsymbol{\alpha}_3\|}=\begin{pmatrix}\frac{1}{\sqrt{3}}\\\frac{1}{\sqrt{3}}\\\frac{1}{\sqrt{3}}\end{pmatrix}.$$

（4）构造正交矩阵 $\boldsymbol{Q}$

令

$$\boldsymbol{Q}=(\boldsymbol{q}_1,\boldsymbol{q}_2,\boldsymbol{q}_3)=\begin{pmatrix}-\frac{1}{\sqrt{2}} & -\frac{1}{\sqrt{6}} & \frac{1}{\sqrt{3}}\\\frac{1}{\sqrt{2}} & -\frac{1}{\sqrt{6}} & \frac{1}{\sqrt{3}}\\0 & \frac{2}{\sqrt{6}} & \frac{1}{\sqrt{3}}\end{pmatrix},$$

则 $\boldsymbol{Q}$ 为正交矩阵，且 $\boldsymbol{Q}^{\mathrm{T}}\boldsymbol{A}\boldsymbol{Q}=\boldsymbol{\Lambda}=\begin{pmatrix}1 & & \\ & 1 & \\ & & 4\end{pmatrix}$.

本例给出了用正交矩阵将实对称矩阵化为对角矩阵的一般步骤，可分为三步：

（1）求特征值.由特征方程 $|\boldsymbol{A}-\lambda\boldsymbol{E}|=0$ 求出 $\boldsymbol{A}$ 的全部特征值，设 $\boldsymbol{A}$ 的全部不同的特征值为 $\lambda_1,\lambda_2,\cdots,\lambda_m(m\leqslant n)$；

（2）求正交特征向量.对每个 $\lambda_i(i=1,2,\cdots,m)$ 解齐次线性方程组

$$(\boldsymbol{A}-\lambda_i\boldsymbol{E})\boldsymbol{x}=\boldsymbol{0},$$

求出它的一个基础解系，从而求出 λ_i 所对应的线性无关的特征向量，再将其正交化；

（3）单位化.把 n 个正交的特征向量单位化，得 $\boldsymbol{q}_1,\boldsymbol{q}_2,\cdots,\boldsymbol{q}_n$.

（4）构造正交矩阵 $\boldsymbol{Q}$

令

$$\boldsymbol{Q}=(\boldsymbol{q}_1,\boldsymbol{q}_2,\cdots,\boldsymbol{q}_n),$$

则 $\boldsymbol{Q}$ 为正交矩阵,且

$$\boldsymbol{Q}^{\mathrm{T}}\boldsymbol{A}\boldsymbol{Q}=\begin{pmatrix}\lambda_1 & & & \\ & \lambda_2 & & \\ & & \ddots & \\ & & & \lambda_n\end{pmatrix}=\boldsymbol{\Lambda},$$

其中 $\boldsymbol{q}_i$ 为对应于 $\lambda_i(i=1,2,\cdots,n)$ 的特征向量.

例 5.4.2 求一个三阶实对称矩阵 $\boldsymbol{A}$,它的特征值为 $\lambda_1=-1,\lambda_2=\lambda_3=1$,对应于$\lambda_1=-1$ 的特征向量为 $\boldsymbol{\alpha}_1=(0,1,1)^{\mathrm{T}}$.

解 设特征值 $\lambda_2=\lambda_3=1$ 对应的特征向量为 $\boldsymbol{x}=(x_1,x_2,x_3)^{\mathrm{T}}$,由于实对称矩阵不同的特征值对应的特征向量正交,故

$$[\boldsymbol{\alpha}_1,\boldsymbol{x}]=x_2+x_3=0,$$

此方程组的基础解系为

$$\boldsymbol{\alpha}_2=\begin{pmatrix}1\\0\\0\end{pmatrix},\quad \boldsymbol{\alpha}_3=\begin{pmatrix}0\\-1\\1\end{pmatrix},$$

取 $\boldsymbol{\alpha}_2,\boldsymbol{\alpha}_3$为特征值 $\lambda_2=\lambda_3=1$ 对应的两个线性无关的特征向量,并构造可逆矩阵

$$\boldsymbol{P}=(\boldsymbol{\alpha}_1,\boldsymbol{\alpha}_2,\boldsymbol{\alpha}_3)=\begin{pmatrix}0&1&0\\1&0&-1\\1&0&1\end{pmatrix},$$

则

$$\boldsymbol{P}^{-1}\boldsymbol{A}\boldsymbol{P}=\begin{pmatrix}-1&&\\&1&\\&&1\end{pmatrix}=\boldsymbol{\Lambda},$$

故

$$\boldsymbol{A}=\boldsymbol{P}\begin{pmatrix}-1&&\\&1&\\&&1\end{pmatrix}\boldsymbol{P}^{-1}=\begin{pmatrix}1&0&0\\0&0&-1\\0&-1&0\end{pmatrix}.$$

注意:上例中 $\boldsymbol{\alpha}_1,\boldsymbol{\alpha}_2,\boldsymbol{\alpha}_3$两两正交,所以可以将 $\boldsymbol{\alpha}_1,\boldsymbol{\alpha}_2,\boldsymbol{\alpha}_3$单位化.即得单位正交向量组 $\boldsymbol{\gamma}_1=\dfrac{1}{\sqrt{2}}(0,1,1)^{\mathrm{T}},\boldsymbol{\gamma}_2=(1,0,0)^{\mathrm{T}},\boldsymbol{\gamma}_3=\dfrac{1}{\sqrt{2}}(0,-1,1)^{\mathrm{T}}$.令 $\boldsymbol{Q}=(\boldsymbol{\gamma}_1,\boldsymbol{\gamma}_2,\boldsymbol{\gamma}_3)$,则 $\boldsymbol{Q}^{-1}=\boldsymbol{Q}^{\mathrm{T}}$(省略了求逆运算),且 $\boldsymbol{Q}^{\mathrm{T}}\boldsymbol{A}\boldsymbol{Q}=\boldsymbol{\Lambda}$,从而

$$A=Q\Lambda Q^{\mathrm T}=\begin{pmatrix}0&1&0\\ \frac{1}{\sqrt2}&0&-\frac{1}{\sqrt2}\\ \frac{1}{\sqrt2}&0&\frac{1}{\sqrt2}\end{pmatrix}\begin{pmatrix}1&&\\&-1&\\&&-1\end{pmatrix}\begin{pmatrix}0&\frac{1}{\sqrt2}&\frac{1}{\sqrt2}\\1&0&0\\0&-\frac{1}{\sqrt2}&\frac{1}{\sqrt2}\end{pmatrix}$$

$$=\begin{pmatrix}1&0&0\\0&0&-1\\0&-1&0\end{pmatrix}.$$

习题 5-4

1. 单项选择题

(1) 关于实对称矩阵下列说法错误的是(　　).

A. 实对称矩阵的特征值都是实数

B. 实对称矩阵一定可以相似对角化

C. 实对称矩阵一定都是可逆矩阵

D. 实对称矩阵的不同特征值对应的特征向量正交

(2) 设 $\boldsymbol{A}$ 为 n 阶实对称矩阵,则下列说法错误的是(　　).

A. 若 λ 为 $\boldsymbol{A}$ 的 r 重特征值,则 $R(\boldsymbol{A}-\lambda\boldsymbol{E})=r$

B. 一定存在可逆矩阵 $\boldsymbol{Q}$,使得 $\boldsymbol{Q}^{-1}\boldsymbol{A}\boldsymbol{Q}$ 为对角矩阵

C. $\boldsymbol{A}$ 一定相似于对角矩阵

D. $\boldsymbol{A}$ 一定存在 n 个线性无关的特征向量

(3) 若四阶实对称矩阵 $\boldsymbol{A}$ 的特征值为 0,1,2,3,则其秩 $R(\boldsymbol{A})=$(　　).

A. 1　　B. 2　　C. 3　　D. 4

(4) 已知三阶实对称矩阵 $\boldsymbol{A}$ 满足 $\boldsymbol{A}^2+3\boldsymbol{A}=\boldsymbol{0}$,$R(\boldsymbol{A})=1$,则 $\boldsymbol{A}$ 相似于(　　).

A. $\begin{pmatrix}1&&\\&0&\\&&0\end{pmatrix}$　　B. $\begin{pmatrix}-3&&\\&0&\\&&0\end{pmatrix}$

C. $\begin{pmatrix}-3&&\\&-3&\\&&0\end{pmatrix}$　　D. $\begin{pmatrix}3&&\\&0&\\&&-3\end{pmatrix}$

2. 填空题

(1) 已知三阶实对称矩阵 $\boldsymbol{A}$ 满足 $\boldsymbol{A}^2=3\boldsymbol{A}$，$R(\boldsymbol{A})=2$，则 $\boldsymbol{A}$ 的全部特征值为________.

(2) 实对称矩阵 $\boldsymbol{A}$ 的 k 重特征值对应的线性无关特征向量的个数为________.

3. 用可逆矩阵将实对称矩阵 $\boldsymbol{A}=\begin{pmatrix}1&2&4\\2&-2&2\\4&2&1\end{pmatrix}$ 化为对角矩阵，并写出可逆矩阵 $\boldsymbol{P}$.

4. 用正交矩阵将下列实对称矩阵化为对角矩阵，并写出正交矩阵 $\boldsymbol{Q}$：

(1) $\boldsymbol{A}=\begin{pmatrix}2&2&-2\\2&5&-4\\-2&-4&5\end{pmatrix}$； (2) $\boldsymbol{A}=\begin{pmatrix}2&-2&0\\-2&1&-2\\0&-2&0\end{pmatrix}$.

5. 设三阶矩阵 $\boldsymbol{A}$ 的特征值为 $\lambda_1=2,\lambda_2=-2,\lambda_3=1$，对应的特征向量依次为

$$\boldsymbol{p}_1=\begin{pmatrix}0\\1\\1\end{pmatrix},\boldsymbol{p}_2=\begin{pmatrix}1\\1\\1\end{pmatrix},\boldsymbol{p}_3=\begin{pmatrix}1\\1\\0\end{pmatrix},$$

求 $\boldsymbol{A}$.

习题答案与提示 5-4

本章基本要求

1. 了解内积的概念及性质，掌握把线性无关的向量组标准正交化的施密特方法.

2. 理解矩阵的特征值与特征向量的概念和性质，会求矩阵的特征值和特征向量.

3. 理解两个矩阵相似的概念和性质，理解矩阵可相似对角化的充分必要条件. 掌握将矩阵化为相似对角矩阵的方法.

4. 掌握实对称矩阵的特征值和特征向量的性质.

5. 对实对称矩阵 $\boldsymbol{A}$，会求正交矩阵 $\boldsymbol{Q}$ 和对角矩阵 $\boldsymbol{\Lambda}$，使 $\boldsymbol{Q}^{\mathrm{T}}\boldsymbol{A}\boldsymbol{Q}=\boldsymbol{\Lambda}$.

历史探寻:特征值与特征向量

矩阵特征值的概念最早可以追溯到 19 世纪初,柯西在 1829 年的一篇论文中定义了特征值,并将其应用于线性变换的研究.柯西提出了一个问题:对于一个线性变换,是否存在一些特殊的向量,在变换后方向不变或者只相差一个标量因子？他将这些特殊的向量称为特征向量,相应的标量因子称为特征值.通过研究特征向量和特征值,柯西发现特征向量可以作为线性变换的基础,能够提供有关变换性质的重要信息;特征值则可以描述变换对特征向量的伸缩效应.这些发现为特征值和特征向量的概念奠定了基础,并为后来数学家对其进行深入研究和应用提供了动力.

随后,特征值和特征向量的概念得到了许多数学家的研究和推广,如雅可比(C.G.J.Jacobi,1804—1851)、希尔伯特(D.Hilbert,1862—1943)、冯·诺依曼(J.von Neumann,1903—1957)等,他们进一步发展了特征值和特征向量的理论,提出了许多重要的性质和定理,为特征值问题的解法和应用奠定了基础.特征值和特征向量的概念也被广泛运用于线性代数、矩阵论、数值分析、物理学、信号处理、图论等领域.

总练习题 5

(A)

1. 单项选择题

(1) 矩阵 $\boldsymbol{A}$ 有零特征值是 $\boldsymbol{A}$ 为不可逆矩阵的(　　).

A. 充分条件　　B. 必要条件

C. 充分必要条件　　D. 非充分非必要条件

(2) 设 λ 是 n 阶矩阵 $\boldsymbol{A}$ 的特征值,且齐次线性方程组 $(\lambda\boldsymbol{E}-\boldsymbol{A})\boldsymbol{x}=\boldsymbol{0}$ 的基础解系为 $\boldsymbol{\eta}_1,\boldsymbol{\eta}_2$,则 $\boldsymbol{A}$ 的对应于 λ 的全部特征向量是(　　).

A. $\boldsymbol{\eta}_1,\boldsymbol{\eta}_2$　　B. $c_1\boldsymbol{\eta}_1+c_2\boldsymbol{\eta}_2$($c_1,c_2$ 不全为零)

C. $\boldsymbol{\eta}_1$ 或 $\boldsymbol{\eta}_2$　　D. $c_1\boldsymbol{\eta}_1+c_2\boldsymbol{\eta}_2$($c_1,c_2$ 为任意常数)

(3) 已知三阶矩阵 $\boldsymbol{A}$ 的特征值为 0,1,2,则下列结论不正确的是(　　).

A. $\boldsymbol{A}$ 与 $\begin{pmatrix}1&0&0\\0&1&0\\0&0&0\end{pmatrix}$ 等价

B. $\boldsymbol{A}$ 与 $\begin{pmatrix}0&0&0\\0&1&0\\0&0&2\end{pmatrix}$ 正交相似

C. $\boldsymbol{A}$ 是不可逆矩阵

D. 以 0,1,2 为特征值的矩阵都与 $\boldsymbol{A}$ 相似

(4) 设 $\boldsymbol{\alpha}$ 为矩阵 $\boldsymbol{A}$ 的对应于特征值 λ 的特征向量,则 α 不是矩阵(　　)的特征向量

A. $(\boldsymbol{A}+\boldsymbol{E})^2$　　B. $-2\boldsymbol{A}$

C. $\boldsymbol{A}^{\mathrm{T}}$　　D. $\boldsymbol{A}^*$

(5) 若二阶实对称矩阵 $\boldsymbol{A}$ 的一个特征向量为 $(-3,1)^{\mathrm{T}}$,且 $|\boldsymbol{A}|<0$,则(　　)不是 $\boldsymbol{A}$ 的特征向量.

A. $k\begin{pmatrix}-3\\1\end{pmatrix},k\neq0$

B. $k\begin{pmatrix}1\\3\end{pmatrix},k\neq0$

C. $k_1\begin{pmatrix}-3\\1\end{pmatrix}+k_2\begin{pmatrix}1\\3\end{pmatrix}, k_1k_2\neq 0$

D. $k_1\begin{pmatrix}-3\\1\end{pmatrix}+k_2\begin{pmatrix}1\\3\end{pmatrix}, k_1, k_2$ 有一个为零,但不同时为零

2. 填空题

(1) 设实对称矩阵 $\boldsymbol{A}$ 满足 $\boldsymbol{A}^3+\boldsymbol{A}^2+\boldsymbol{A}=3\boldsymbol{E}$,则 $\boldsymbol{A}=$________.

(2) 若四阶矩阵 $\boldsymbol{A}$ 与 $\boldsymbol{B}$ 相似,矩阵 $\boldsymbol{A}$ 的特征值分别为 $\frac{1}{2},\frac{1}{3},\frac{1}{4},\frac{1}{5}$,则 $|\boldsymbol{B}^{-1}-\boldsymbol{E}|=$________.

(3) 矩阵 $\boldsymbol{A}=\begin{pmatrix}1&1&1&1\\1&1&1&1\\1&1&1&1\\1&1&1&1\end{pmatrix}$ 的非零特征值为________.

(4) 已知 $\boldsymbol{\xi}$ 是 $\boldsymbol{A}$ 的对应于 λ(单根)的特征向量,则 $\boldsymbol{P}^{-1}\boldsymbol{A}\boldsymbol{P}$ 对应于 λ 的特征向量为________.

(5) 设 $\boldsymbol{\alpha}=(1,2,-1)$, $\boldsymbol{A}=\boldsymbol{\alpha}^{\mathrm{T}}\boldsymbol{\alpha}$,若矩阵 $\boldsymbol{A}$ 与 $\boldsymbol{B}$ 相似,$\boldsymbol{E}$ 为三阶单位矩阵,则 $|\boldsymbol{B}+\boldsymbol{E}|=$________.

3. 用施密特正交化方法得 R^3 的一组基 $\boldsymbol{\alpha}_1=(1,1,1)$, $\boldsymbol{\alpha}_2=(0,1,1)$, $\boldsymbol{\alpha}_3=(1,0,1)$ 化为标准正交基,并求 $\boldsymbol{\beta}=(1,-1,0)$ 在此标准正交基下的坐标.

4. 设 $\boldsymbol{A}$ 为 n 阶方阵,$\boldsymbol{A}^k=\boldsymbol{O}$($k$ 为自然数),试证明 $\boldsymbol{A}$ 的特征值均为零.

5. 设矩阵 $\boldsymbol{A}=\begin{pmatrix}3&2&-2\\-k&-1&k\\4&2&-3\end{pmatrix}$,问当 k 为何值时,存在可逆矩阵 $\boldsymbol{P}$,使 $\boldsymbol{P}^{-1}\boldsymbol{A}\boldsymbol{P}$ 为对角矩阵?并求出 $\boldsymbol{P}$ 和相应的对角矩阵.

6. 设矩阵 $\boldsymbol{A}$ 与 $\boldsymbol{B}$ 相似,且 $\boldsymbol{A}=\begin{pmatrix}1&-1&1\\2&4&-2\\-3&-3&a\end{pmatrix}$, $\boldsymbol{B}=\begin{pmatrix}2&0&0\\0&2&0\\0&0&b\end{pmatrix}$,

(1) 求 a,b 的值;(2) 求可逆矩阵 $\boldsymbol{P}$,使 $\boldsymbol{P}^{-1}\boldsymbol{A}\boldsymbol{P}=\boldsymbol{B}$.

7. 已知三阶实对称矩阵 $\boldsymbol{A}$ 的特征值是 $\lambda_1=1,\lambda_2=3,\lambda_3=-3$,对应于 λ_1 和 λ_2 的特征向量依次为 $\boldsymbol{p}_1=\begin{pmatrix}1\\-1\\0\end{pmatrix}$, $\boldsymbol{p}_2=\begin{pmatrix}1\\1\\1\end{pmatrix}$,求实对称

矩阵 $\boldsymbol{A}$.

8. 已知 $\boldsymbol{\xi}=\begin{pmatrix}1\\1\\-1\end{pmatrix}$ 是矩阵 $\boldsymbol{A}=\begin{pmatrix}2&-1&2\\5&a&3\\-1&b&-2\end{pmatrix}$ 的一个特征向量，

(1) 试确定参数 a 及 b，特征向量 $\boldsymbol{\xi}$ 所对应的特征值；(2) $\boldsymbol{A}$ 能否相似于对角矩阵？说明理由.

9. 设矩阵 $\boldsymbol{A}=\begin{pmatrix}1&3\\2&2\end{pmatrix}$，

(1) 求 $\boldsymbol{A}$ 的特征值和特征向量；

(2) 求 $\boldsymbol{A}^k$(k 为正整数)；

(3) 设多项式 $f(x)=\begin{vmatrix}x^3+1&x^2\\x^3&x^5-1\end{vmatrix}$，求 $f(\boldsymbol{A})$.

(B)

1. 单项选择题

(1) 设 $\boldsymbol{A}$ 为 n 阶实对称矩阵，$\boldsymbol{P}$ 为 n 阶可逆矩阵，已知 n 维列向量 $\boldsymbol{\alpha}$ 是 $\boldsymbol{A}$ 的对应于特征值 λ 的特征向量，则矩阵 $(\boldsymbol{P}^{-1}\boldsymbol{A}\boldsymbol{P})^{\mathrm{T}}$ 的对应于特征值 λ 的特征向量是(　　).

A. $\boldsymbol{P}\boldsymbol{\alpha}$　　B. $\boldsymbol{P}^{-1}\boldsymbol{\alpha}$

C. $\boldsymbol{P}^{\mathrm{T}}\boldsymbol{\alpha}$　　D. $(\boldsymbol{P}^{-1})^{\mathrm{T}}\boldsymbol{\alpha}$

(2) 设 $\boldsymbol{A}$ 与 $\boldsymbol{B}$ 是可逆矩阵，且 $\boldsymbol{A}$ 与 $\boldsymbol{B}$ 相似，则下列结论错误的是(　　).

A. $\boldsymbol{A}^{\mathrm{T}}$ 与 $\boldsymbol{B}^{\mathrm{T}}$ 相似　　B. $\boldsymbol{A}^{-1}$ 与 $\boldsymbol{B}^{-1}$ 相似

C. $\boldsymbol{A}+\boldsymbol{A}^{\mathrm{T}}$ 与 $\boldsymbol{B}+\boldsymbol{B}^{\mathrm{T}}$ 相似　　D. $\boldsymbol{A}+\boldsymbol{A}^{-1}$ 与 $\boldsymbol{B}+\boldsymbol{B}^{-1}$ 相似

(3) 若矩阵 $\begin{pmatrix}1&a&1\\a&b&a\\1&a&1\end{pmatrix}$ 与 $\begin{pmatrix}2&0&0\\0&b&0\\0&0&0\end{pmatrix}$ 相似，则(　　).

A. $a=0,b=2$　　B. $a=0$，b 为任意常数

C. $a=2,b=0$　　D. $a=2$，b 为任意常数

(4) 设 $\boldsymbol{A}$ 为四阶实对称矩阵，且 $\boldsymbol{A}^2+\boldsymbol{A}=\boldsymbol{O}$，若 $\boldsymbol{A}$ 的秩为 3，则 $\boldsymbol{A}$ 相似于(　　).

A. $\begin{pmatrix}1&&&\\&1&&\\&&1&\\&&&0\end{pmatrix}$　　B. $\begin{pmatrix}1&&&\\&1&&\\&&-1&\\&&&0\end{pmatrix}$

C. $\begin{pmatrix}1&&&\\&-1&&\\&&-1&\\&&&0\end{pmatrix}$　D. $\begin{pmatrix}-1&&&\\&-1&&\\&&-1&\\&&&0\end{pmatrix}$

(5) 设 $\boldsymbol{A}$ 为三阶矩阵，$\boldsymbol{P}$ 为三阶可逆矩阵，且 $\boldsymbol{P}^{-1}\boldsymbol{AP}=\begin{pmatrix}1&&\\&1&\\&&2\end{pmatrix}$，$\boldsymbol{P}=(\boldsymbol{\alpha}_1,\boldsymbol{\alpha}_2,\boldsymbol{\alpha}_3)$，$\boldsymbol{Q}=(\boldsymbol{\alpha}_1+\boldsymbol{\alpha}_2,\boldsymbol{\alpha}_2,\boldsymbol{\alpha}_3)$，则 $\boldsymbol{Q}^{-1}\boldsymbol{AQ}=$(　　).

A. $\begin{pmatrix}1&&\\&2&\\&&1\end{pmatrix}$　B. $\begin{pmatrix}1&&\\&1&\\&&2\end{pmatrix}$

C. $\begin{pmatrix}2&&\\&1&\\&&2\end{pmatrix}$　D. $\begin{pmatrix}2&&\\&2&\\&&1\end{pmatrix}$

2. 填空题

(1) 设 $\boldsymbol{A}$ 为 n 阶矩阵，$|\boldsymbol{A}|\neq 0$，$\boldsymbol{A}^*$ 为 $\boldsymbol{A}$ 的伴随矩阵，$\boldsymbol{E}$ 为 n 阶单位矩阵，若 $\boldsymbol{A}$ 有特征值 λ，则 $(\boldsymbol{A}^*)^2+\boldsymbol{E}$ 的特征值为________.

(2) 设 n 阶矩阵 $\boldsymbol{A}$ 的元素全为 1，则 $\boldsymbol{A}$ 的 n 个特征值为________.

(3) 设 $\boldsymbol{A}$ 为二阶矩阵，$\boldsymbol{\alpha}_1,\boldsymbol{\alpha}_2$ 为线性无关的二维列向量，$\boldsymbol{A\alpha}_1=\boldsymbol{0}$，$\boldsymbol{A\alpha}_2=2\boldsymbol{\alpha}_1+\boldsymbol{\alpha}_2$，则 $\boldsymbol{A}$ 的非零特征值为________.

(4) 设三维列向量 $\boldsymbol{\alpha},\boldsymbol{\beta}$ 满足 $\boldsymbol{\alpha}^{\mathrm{T}}\boldsymbol{\beta}=2$，其中 $\boldsymbol{\alpha}^{\mathrm{T}}$ 是 $\boldsymbol{\alpha}$ 的转置，则 $\boldsymbol{\beta\alpha}^{\mathrm{T}}$ 的非零特征值为________.

(5) 设 $\boldsymbol{\alpha}=(1,1,1)^{\mathrm{T}}$，$\boldsymbol{\beta}=(1,0,k)^{\mathrm{T}}$，若矩阵 $\boldsymbol{\alpha\beta}^{\mathrm{T}}$ 相似于 $\begin{pmatrix}3&0&0\\0&0&0\\0&0&0\end{pmatrix}$，则 $k=$________.

3. 设三阶矩阵 $\boldsymbol{A}$ 的特征值为 $\lambda_1=1,\lambda_2=2,\lambda_3=3$，对应的特征向量依次为 $\boldsymbol{\xi}_1=\begin{pmatrix}1\\1\\1\end{pmatrix}$，$\boldsymbol{\xi}_2=\begin{pmatrix}1\\2\\4\end{pmatrix}$，$\boldsymbol{\xi}_3=\begin{pmatrix}1\\3\\9\end{pmatrix}$，又向量 $\boldsymbol{\beta}=\begin{pmatrix}1\\1\\3\end{pmatrix}$，

(1) 将 $\boldsymbol{\beta}$ 用 $\boldsymbol{\xi}_1,\boldsymbol{\xi}_2,\boldsymbol{\xi}_3$ 线性表示；(2) 求 $\boldsymbol{A}^n\boldsymbol{\beta}$($n$ 为自然数).

4. 设矩阵 $\boldsymbol{A}=\begin{pmatrix}a&-1&c\\5&b&3\\1-c&0&-a\end{pmatrix}$，其行列式 $|\boldsymbol{A}|=-1$，又 $\boldsymbol{A}$ 的伴随

矩阵 $\boldsymbol{A}^*$ 有一个特征值为 λ_0，属于 λ_0 的一个特征向量为 $\boldsymbol{\alpha}=(-1,-1,1)^{\mathrm{T}}$，求 a,b,c 和 λ_0 的值.

5. 设 $\boldsymbol{A}=\begin{pmatrix}1&1&a\\1&a&1\\a&1&1\end{pmatrix}$，$\boldsymbol{\beta}=\begin{pmatrix}1\\1\\-2\end{pmatrix}$，已知线性方程组 $\boldsymbol{Ax}=\boldsymbol{\beta}$ 有解但不唯一，试求

(1) a 的值；(2) 正交矩阵 $\boldsymbol{Q}$，使 $\boldsymbol{QAQ}^{\mathrm{T}}$ 为对角矩阵.

6. 设 $\boldsymbol{A}$ 为三阶矩阵，$\boldsymbol{\alpha}_1,\boldsymbol{\alpha}_2,\boldsymbol{\alpha}_3$ 为线性无关的三维列向量，且满足 $\boldsymbol{A\alpha}_1=\boldsymbol{\alpha}_1+\boldsymbol{\alpha}_2+\boldsymbol{\alpha}_3,\boldsymbol{A\alpha}_2=2\boldsymbol{\alpha}_2+\boldsymbol{\alpha}_3,\boldsymbol{A\alpha}_3=2\boldsymbol{\alpha}_2+3\boldsymbol{\alpha}_3$，

(1) 求矩阵 $\boldsymbol{B}$，使 $\boldsymbol{A}(\boldsymbol{\alpha}_1,\boldsymbol{\alpha}_2,\boldsymbol{\alpha}_3)=(\boldsymbol{\alpha}_1,\boldsymbol{\alpha}_2,\boldsymbol{\alpha}_3)\boldsymbol{B}$；

(2) 求矩阵 $\boldsymbol{A}$ 的特征值；

(3) 求一个可逆矩阵 $\boldsymbol{P}$，使 $\boldsymbol{P}^{-1}\boldsymbol{AP}$ 为对角矩阵.

7. 设 $\boldsymbol{A}$ 为三阶实对称矩阵，且满足 $\boldsymbol{A}^2+\boldsymbol{A}-2\boldsymbol{E}=\boldsymbol{O}$，已知向量 $\boldsymbol{\alpha}_1=\begin{pmatrix}0\\1\\0\end{pmatrix}$，$\boldsymbol{\alpha}_2=\begin{pmatrix}1\\0\\1\end{pmatrix}$是 $\boldsymbol{A}$ 对应于特征值 $\lambda=1$ 的特征向量，求 $\boldsymbol{A}^n$.

8. 设三阶实对称矩阵 $\boldsymbol{A}=\begin{pmatrix}a&1&1\\1&a&-1\\1&-1&a\end{pmatrix}$，求可逆矩阵 $\boldsymbol{P}$，使得 $\boldsymbol{P}^{-1}\boldsymbol{AP}$为对角矩阵，并计算行列式 $|\boldsymbol{A}-\boldsymbol{E}|$.

9. 设某城市共有 30 万人从事农业、工业和商业工作，假定这个总人数在若干年内保持不变，而社会调查表明

(1) 在这 30 万人中有 15 万人从事农业，9 万人从事工业，6 万人经商；

(2) 在从事农业的人中，每年约有 20%改为从事工业，10%改为经商；

(3) 在从事工业的人中，每年约有 20%改为从事农业，10%改为经商；

(4) 在经商的人中，每年约有 10%改为从事农业，10%改为从事工业；

现预测若干年后从事各行业的人员总数以及发展趋势.

习题答案与提示
总练习题 5

二次型的理论研究起源于二次曲线和二次曲面的化简问题.我们知道,以坐标原点为中心,平面上有心二次曲线的一般方程是

$$ax^2+2bxy+cy^2=d. \tag{6.1}$$

为了便于识别曲线的类型,研究它们的性质,我们可以选择适当的角度 θ,将坐标轴沿逆时针方向旋转 θ,由

$$\begin{cases}x=x'\cos\theta-y'\sin\theta,\\ y=x'\sin\theta+y'\cos\theta,\end{cases} \tag{6.2}$$

消去交叉项,将(6.1)化为不含 xy 交叉项的标准方程

$$a'x'^2+c'y'^2=d. \tag{6.3}$$

在二次曲面的研究中也有类似的问题.不仅如此,在数学的其他分支及物理、力学和网络计算中都存在这样的问题.

二次型就是二次齐次多项式,方程(6.1)、(6.3)的左端都是二次齐次多项式,因此都为二次型.二次型(6.1)通过(6.2)化为只含平方项的二次型(6.3),便于判断二次曲线的类型.二次型的一个基本问题是把一般的二次齐次多项式化为只含平方项的二次齐次多项式(即标准形).本章主要采用矩阵方法研究二次型,重点介绍二次型的概念、将二次型化为标准形的方法以及正定二次型的性质与判断.

第 6 章 二次型

6.1 二次型及其矩阵表示

定义 6.1 含有 n 个变量 $x_1,x_2,\cdots,x_n$ 的二次齐次多项式

$$\begin{aligned}f(x_1,x_2,\cdots,x_n)=a_{11}x_1^2+2a_{12}x_1x_2+\cdots+2a_{1n}x_1x_n+a_{22}x_2^2+\\ 2a_{23}x_2x_3+\cdots+2a_{2n}x_2x_n+\cdots+a_{nn}x_n^2\end{aligned} \tag{6.4}$$

称为 n **元二次型**,简称**二次型**(quadratic form),记为 f.

当 a_{ij} 为复数时,称 f 为复二次型;当 a_{ij} 为实数时,称 f 为实二次型,本章我们仅讨论实二次型.

例如,$f(x,y)=ax^2+2bxy+cy^2$ 是二元二次型.$f(x_1,x_2,x_3)=x_1^2+3x_2^2+4x_1x_2-5x_1x_3$ 是三元二次型.而 $g(x,y)=ax^2+2bxy+cy^2+dx+ey$ 不是二次型.

为了简化二次型,在式(6.4)中,把 $x_ix_j(i<j)$ 的系数写成 $2a_{ij}$,我们把乘积项 $2a_{ij}x_ix_j$ 拆成两项之和 $a_{ij}x_ix_j+a_{ji}x_jx_i$,其中 $a_{ij}=a_{ji}$,则 n 元二次型 f 可以写成

$$\begin{aligned} f &= a_{11}x_1^2+a_{12}x_1x_2+a_{13}x_1x_3+\cdots+a_{1n}x_1x_n+ \\ &\quad a_{21}x_2x_1+a_{22}x_2^2+a_{23}x_2x_3+\cdots+a_{2n}x_2x_n+\cdots+ \\ &\quad a_{n1}x_nx_1+a_{n2}x_nx_2+a_{n3}x_nx_3+\cdots+a_{nn}x_n^2 \qquad (6.5) \\ &= \sum_{i=1}^{n}\sum_{j=1}^{n} a_{ij}x_ix_j. \end{aligned}$$

为了用矩阵表示二次型,将(6.5)改写为

$$\begin{aligned} f &= x_1(a_{11}x_1+a_{12}x_2+\cdots+a_{1n}x_n)+ \\ &\quad x_2(a_{21}x_1+a_{22}x_2+\cdots+a_{2n}x_n)+\cdots+ \\ &\quad x_n(a_{n1}x_1+a_{n2}x_2+\cdots+a_{nn}x_n) \\ &= (x_1,x_2,\cdots,x_n)\begin{pmatrix} a_{11}x_1+a_{12}x_2+\cdots+a_{1n}x_n \\ a_{21}x_1+a_{22}x_2+\cdots+a_{2n}x_n \\ \cdots\cdots\cdots\cdots \\ a_{n1}x_1+a_{n2}x_2+\cdots+a_{nn}x_n \end{pmatrix} \\ &= (x_1,x_2,\cdots,x_n)\begin{pmatrix} a_{11} & a_{12} & \cdots & a_{1n} \\ a_{21} & a_{22} & \cdots & a_{2n} \\ \vdots & \vdots & & \vdots \\ a_{n1} & a_{n2} & \cdots & a_{nn} \end{pmatrix}\begin{pmatrix} x_1 \\ x_2 \\ \vdots \\ x_n \end{pmatrix}, \end{aligned}$$

令

$$\boldsymbol{x}=\begin{pmatrix} x_1 \\ x_2 \\ \vdots \\ x_n \end{pmatrix}, \quad \boldsymbol{A}=\begin{pmatrix} a_{11} & a_{12} & \cdots & a_{1n} \\ a_{21} & a_{22} & \cdots & a_{2n} \\ \vdots & \vdots & & \vdots \\ a_{n1} & a_{n2} & \cdots & a_{nn} \end{pmatrix},$$

则

$$f=\boldsymbol{x}^{\mathrm{T}}\boldsymbol{A}\boldsymbol{x}, \text{且 } \boldsymbol{A}^{\mathrm{T}}=\boldsymbol{A}.$$

由此可见,给定一个二次型,它的系数唯一地确定一个对称矩阵 $\boldsymbol{A}$;反之,给定一个对称矩阵 $\boldsymbol{A}$,它的元素也唯一地确定一个二次型.因此,我们把对称矩阵 $\boldsymbol{A}$ 称为**二次型 f 的矩阵**,把 f 称为**对称矩阵 $\boldsymbol{A}$ 的二次型**.对称矩阵 $\boldsymbol{A}$ 的秩称为**二次型的秩**,记为 $R(f)$.通过建立二次型和对称矩阵的一一对应关系,就可以把二次型的讨论转化为实对称矩阵来讨论.

例如,二次型

$$f(x,y)=ax^2+2bxy+cy^2,$$
$$f(x_1,x_2,x_3)=x_1^2+3x_2^2+4x_1x_2-5x_1x_3$$

的矩阵分别为

$$\begin{pmatrix} a & b \\ b & c \end{pmatrix} \text{和} \begin{pmatrix} 1 & 2 & -\dfrac{5}{2} \\ 2 & 3 & 0 \\ -\dfrac{5}{2} & 0 & 0 \end{pmatrix}.$$

注意:二次型 f 的矩阵为对称矩阵,因此当 $\boldsymbol{A}$ 不是对称矩阵时,不能将它称为二次型的矩阵.

例 6.1.1　求二次型

$$f(x,y)=(x,y)\begin{pmatrix} 1 & 2 \\ 0 & 1 \end{pmatrix}\begin{pmatrix} x \\ y \end{pmatrix}$$

的矩阵及秩 $R(f)$.

解　因为二次型的矩阵为对称矩阵,而这里给出的矩阵 $\begin{pmatrix} 1 & 2 \\ 0 & 1 \end{pmatrix}$ 不是对称矩阵.因为

$$f(x,y)=(x,y)\begin{pmatrix} 1 & 2 \\ 0 & 1 \end{pmatrix}\begin{pmatrix} x \\ y \end{pmatrix}=x^2+2xy+y^2=(x,y)\begin{pmatrix} 1 & 1 \\ 1 & 1 \end{pmatrix}\begin{pmatrix} x \\ y \end{pmatrix},$$

所以二次型 f 的矩阵为

$$\boldsymbol{A}=\begin{pmatrix} 1 & 1 \\ 1 & 1 \end{pmatrix},$$

根据二次型秩的定义,$R(f)=R(\boldsymbol{A})=1$.

例 6.1.2　设 $\boldsymbol{A}=\begin{pmatrix} 1 & 2 & 0 \\ 2 & 1 & 0 \\ 0 & 0 & 5 \end{pmatrix}$,求对称矩阵 $\boldsymbol{A}$ 对应的二次型.

解

$$f(x_1,x_2,x_3)=(x_1,x_2,x_3)\boldsymbol{A}\begin{pmatrix}x_1\\x_2\\x_3\end{pmatrix}$$

$$=(x_1,x_2,x_3)\begin{pmatrix}1&2&0\\2&1&0\\0&0&5\end{pmatrix}\begin{pmatrix}x_1\\x_2\\x_3\end{pmatrix}$$

$$=x_1^2+x_2^2+5x_3^2+4x_1x_2.$$

习题 6-1

1. 单项选择题

(1) 下列多项式是二次型的是(　　).

A. $x_1^2-x_1x_2+x_1x_3+x_3^2+x_2x_3$　　B. $3x^3+7z^2+2xy-4yz+5$

C. x^2+2x　　D. $x_1^2+2x_1x_2+2x_2^2-x_1+1$

(2) 二次型 $f(x_1,x_2,x_3)=x_1^2-2x_1x_2+2x_2^2+6x_2x_3-x_3^2$ 的矩阵是(　　).

A. $\begin{pmatrix}1&-2&0\\0&2&6\\0&0&-1\end{pmatrix}$　　B. $\begin{pmatrix}1&0&0\\-2&2&0\\0&6&-1\end{pmatrix}$

C. $\begin{pmatrix}1&-1&0\\-1&2&3\\0&3&-1\end{pmatrix}$　　D. $\begin{pmatrix}1&1&0\\1&2&3\\0&3&1\end{pmatrix}$

(3) 二次型 $f(x_1,x_2,x_3)=2x_1^2+5x_2^2+3x_3^2+2x_1x_2-2x_2x_3$ 的秩为(　　).

A. 0　　B. 1　　C. 2　　D. 3

2. 填空题

(1) 矩阵 $\begin{pmatrix}1&1&1\\1&1&-1\\1&-1&1\end{pmatrix}$ 所对应的二次型为________________.

(2) 二次型 $f(x_1,x_2,x_3)=2x_1x_2-4x_2x_3+3x_3^2$ 的矩阵形式为________.

(3) 对角矩阵 $\begin{pmatrix}a_1&&&\\&a_2&&\\&&\ddots&\\&&&a_n\end{pmatrix}$ 所对应的二次型为____________.

(4) 已知二次型 $f(x_1,x_2,x_3)=x_1^2-x_3^2+2x_1x_2+2ax_2x_3$ 的秩为 2,则 $a=$________.

习题答案与提示 6-1

6.2　化二次型为标准形

引例　平面曲线方程 $5x_1^2-6x_1x_2+5x_2^2=1$ 表示的几何图形是什么?

上述曲线方程由于含有交叉项,直接看不出方程所表示的曲线形状,可作适当的坐标旋转消去交叉项,从而辨别曲线的形状.为此,令曲线方程的左端为

$$f(\boldsymbol{x})=5x_1^2-6x_1x_2+5x_2^2,$$

这是一个二次型,其矩阵形式为

$$f(\boldsymbol{x})=\boldsymbol{x}^{\mathrm{T}}\boldsymbol{A}\boldsymbol{x},\tag{6.6}$$

其中

$$\boldsymbol{x}=\begin{pmatrix}x_1\\x_2\end{pmatrix},\boldsymbol{A}=\begin{pmatrix}5&-3\\-3&5\end{pmatrix},$$

将坐标系逆时针旋转$\dfrac{\pi}{4}$,即令

$$\begin{cases}x_1=y_1\cos\dfrac{\pi}{4}-y_2\sin\dfrac{\pi}{4},\\x_2=y_1\sin\dfrac{\pi}{4}+y_2\cos\dfrac{\pi}{4},\end{cases}$$

写成矩阵形式

$$\boldsymbol{x}=\begin{pmatrix}x_1\\x_2\end{pmatrix}=\begin{pmatrix}\cos\dfrac{\pi}{4}&-\sin\dfrac{\pi}{4}\\\sin\dfrac{\pi}{4}&\cos\dfrac{\pi}{4}\end{pmatrix}\begin{pmatrix}y_1\\y_2\end{pmatrix}=\boldsymbol{C}\boldsymbol{y},\tag{6.7}$$

其中

$$\boldsymbol{C}=\begin{pmatrix}\cos\dfrac{\pi}{4}&-\sin\dfrac{\pi}{4}\\\sin\dfrac{\pi}{4}&\cos\dfrac{\pi}{4}\end{pmatrix},\boldsymbol{y}=\begin{pmatrix}y_1\\y_2\end{pmatrix},$$

将式(6.7)代入式(6.6),有

$$f(\boldsymbol{x})=\boldsymbol{x}^{\mathrm{T}}\boldsymbol{A}\boldsymbol{x}=\boldsymbol{y}^{\mathrm{T}}(\boldsymbol{C}^{\mathrm{T}}\boldsymbol{A}\boldsymbol{C})\boldsymbol{y}, \tag{6.8}$$

$$f(\boldsymbol{x})=(y_1,y_2)\begin{pmatrix}2&0\\0&8\end{pmatrix}\begin{pmatrix}y_1\\y_2\end{pmatrix}=2y_1^2+8y_2^2, \tag{6.9}$$

因此,二次曲线 $5x_1^2-6x_1x_2+5x_2^2=1$ 经坐标系旋转后变为

$$2y_1^2+8y_2^2=1,$$

显然它表示的图形是一个椭圆.

式(6.9)表示的二次型仅含平方项,称为二次型的标准形.一般有

定义 6.2 只含平方项,不含交叉项,即形如

$$a_1x_1^2+a_2x_2^2+\cdots+a_nx_n^2$$

的二次型,称为二次型的**标准形**.

由以上讨论可知,在化二次型为标准形时,可借助线性变换 $\boldsymbol{x}=\boldsymbol{C}\boldsymbol{y}$ 来实现,为此引入线性变换的概念.

定义 6.3 设 $\boldsymbol{x}=(x_1,x_2,\cdots,x_n)^{\mathrm{T}},\boldsymbol{y}=(y_1,y_2,\cdots,y_n)^{\mathrm{T}}\in\mathbf{R}^n$,矩阵 $\boldsymbol{C}=(a_{ij})_{n\times n}$,则称

$$\boldsymbol{x}=\boldsymbol{C}\boldsymbol{y}$$

为 $\mathbf{R}^n$ 上的一个线性变换.当 $\boldsymbol{C}$ 可逆时,称之为可逆线性变换(或非退化线性变换);当 $\boldsymbol{C}$ 为正交矩阵时,称之为正交变换.

由式(6.8)可知,二次型 $f(\boldsymbol{x})=\boldsymbol{x}^{\mathrm{T}}\boldsymbol{A}\boldsymbol{x}$ 经可逆线性变换 $\boldsymbol{x}=\boldsymbol{C}\boldsymbol{y}$ 后仍变成二次型.

对于 n 元二次型,我们关心的是如何寻找可逆线性变换 $\boldsymbol{x}=\boldsymbol{C}\boldsymbol{y}$,使

$$f(\boldsymbol{x})=\boldsymbol{x}^{\mathrm{T}}\boldsymbol{A}\boldsymbol{x}=(\boldsymbol{C}\boldsymbol{y})^{\mathrm{T}}\boldsymbol{A}(\boldsymbol{C}\boldsymbol{y})=\boldsymbol{y}^{\mathrm{T}}(\boldsymbol{C}^{\mathrm{T}}\boldsymbol{A}\boldsymbol{C})\boldsymbol{y}=\boldsymbol{y}^{\mathrm{T}}\boldsymbol{\Lambda}\boldsymbol{y}$$

为标准形,这里 $\boldsymbol{C}^{\mathrm{T}}\boldsymbol{A}\boldsymbol{C}=\boldsymbol{\Lambda}$ 为对角矩阵.

从矩阵的角度看,化实二次型为标准形,实质上就是对实对称矩阵 $\boldsymbol{A}$,寻找可逆矩阵 $\boldsymbol{C}$,使得 $\boldsymbol{C}^{\mathrm{T}}\boldsymbol{A}\boldsymbol{C}=\boldsymbol{\Lambda}$ 为对角矩阵.本节将介绍将二次型化为标准形常用的 3 种方法.

6.2.1 正交变换法

由第 5 章可知:任给实对称矩阵 $\boldsymbol{A}$,总有正交阵 $\boldsymbol{Q}$,使 $\boldsymbol{Q}^{\mathrm{T}}\boldsymbol{A}\boldsymbol{Q}=\boldsymbol{\Lambda}$,其中 $\boldsymbol{\Lambda}$ 为对角矩阵,其对角线上的元素为 $\boldsymbol{A}$ 的 n 个特征值,将此结论用于二次型,则有

定理 6.1 任意 n 元二次型 $f(\boldsymbol{x})=\boldsymbol{x}^{\mathrm{T}}\boldsymbol{A}\boldsymbol{x}$,都存在正交变换 $\boldsymbol{x}=\boldsymbol{Q}\boldsymbol{y}$,将 f 化为标准形

$$f=\lambda_1 y_1^2+\lambda_2 y_2^2+\cdots+\lambda_n y_n^2,$$

其中 $\lambda_1,\lambda_2,\cdots,\lambda_n$ 是 f 的矩阵 $A=(a_{ij})$ 的特征值.

定理 6.1 说明了任何二次型都可经正交变换化为标准形.用正交变换把二次型化为标准形的一般步骤:

(1) 写出二次型 f 的矩阵 A;

(2) 用正交变换将 A 对角化.求 A 的 n 个特征值 $\lambda_1,\lambda_2,\cdots,\lambda_n$ 及 n 个两两正交的单位特征向量 $p_1,p_2,\cdots,p_n$,得正交矩阵 $Q=(p_1,p_2,\cdots,p_n)$,则 $Q^{\mathrm{T}}AQ=\Lambda=\operatorname{diag}(\lambda_1,\lambda_2,\cdots,\lambda_n)$;

(3) 令 $x=Qy$,则得 f 的标准形

$$f=\lambda_1 y_1^2+\lambda_2 y_2^2+\cdots+\lambda_n y_n^2.$$

例 6.2.1　用正交变换把二次型

$$f(x_1,x_2,x_3)=x_1^2+2x_2^2+3x_3^2-4x_1x_2-4x_2x_3$$

化为标准形,并写出所作的正交变换.

解　(1) 写出二次型 f 的矩阵.

$$A=\begin{pmatrix}1&-2&0\\-2&2&-2\\0&-2&3\end{pmatrix}.$$

(2) 用正交变换将矩阵 A 对角化.

由

$$|A-\lambda E|=\begin{vmatrix}1-\lambda&-2&0\\-2&2-\lambda&-2\\0&-2&3-\lambda\end{vmatrix}=-(\lambda+1)(\lambda-2)(\lambda-5)=0$$

得 A 的特征值 $\lambda_1=-1,\lambda_2=2,\lambda_3=5$.

对 $\lambda_1=-1$,解齐次线性方程组 $(A+E)x=0$,

$$A+E=\begin{pmatrix}2&-2&0\\-2&3&-2\\0&-2&4\end{pmatrix}\to\begin{pmatrix}1&-1&0\\0&1&-2\\0&0&0\end{pmatrix}\to\begin{pmatrix}1&0&-2\\0&1&-2\\0&0&0\end{pmatrix},$$

得特征向量 $p_1=\begin{pmatrix}2\\2\\1\end{pmatrix}$,单位化得 $p_1^0=\begin{pmatrix}\frac{2}{3}\\\frac{2}{3}\\\frac{1}{3}\end{pmatrix}$.

对 $\lambda_2=2$,解齐次线性方程组 $(A-2E)x=0$,

$$A-2E=\begin{pmatrix}-1&-2&0\\-2&0&-2\\0&-2&1\end{pmatrix}\rightarrow\begin{pmatrix}1&0&1\\0&1&-\frac{1}{2}\\0&0&0\end{pmatrix},$$

得特征向量 $p_2=\begin{pmatrix}-2\\1\\2\end{pmatrix}$,单位化得 $p_2^0=\begin{pmatrix}-\frac{2}{3}\\\frac{1}{3}\\\frac{2}{3}\end{pmatrix}$.

对 $\lambda_3=5$,解齐次线性方程组 $(A-5E)x=\mathbf{0}$,

$$A-5E=\begin{pmatrix}-4&-2&0\\-2&-3&-2\\0&-2&-2\end{pmatrix}\rightarrow\begin{pmatrix}1&0&-\frac{1}{2}\\0&1&1\\0&0&0\end{pmatrix},$$

得特征向量 $p_3=\begin{pmatrix}1\\-2\\2\end{pmatrix}$,单位化得 $p_3^0=\begin{pmatrix}\frac{1}{3}\\-\frac{2}{3}\\\frac{2}{3}\end{pmatrix}$.

令

$$Q=(p_1^0,p_2^0,p_3^0)=\begin{pmatrix}\frac{2}{3}&-\frac{2}{3}&\frac{1}{3}\\\frac{2}{3}&\frac{1}{3}&-\frac{2}{3}\\\frac{1}{3}&\frac{2}{3}&\frac{2}{3}\end{pmatrix}.$$

(3) 令 $x=Qy$,得 f 的标准形为 $f=-y_1^2+2y_2^2+5y_3^2$.

正交变换是一类特殊的线性变换,它具有保持向量的内积、长度及夹角不变等优点,即若 $x=Qy$ 为正交变换,则

$$[Ax,Ay]=[x,y];\ \|Ax\|=\|x\|;\ \langle Ax,Ay\rangle=\langle x,y\rangle.$$

事实上,$[Ax,Ay]=(Ax)^{\mathrm{T}}Ay=x^{\mathrm{T}}A^{\mathrm{T}}Ay=x^{\mathrm{T}}y=[x,y]$;

当 $y=x$ 时,有 $[Ax,Ax]=[x,x]$,即 $\|Ax\|=\|x\|$;

$$\cos\langle \boldsymbol{Ax},\boldsymbol{Ay}\rangle=\frac{[\boldsymbol{Ax},\boldsymbol{Ay}]}{\|\boldsymbol{Ax}\|\ \|\boldsymbol{Ay}\|}=\frac{[\boldsymbol{x},\boldsymbol{y}]}{\|\boldsymbol{x}\|\ \|\boldsymbol{y}\|}=\cos\langle \boldsymbol{x},\boldsymbol{y}\rangle.$$

正交变换不改变向量的长度与夹角,所以正交变换能保持几何图形的大小和形状不变.

例 6.2.2　求二次曲线 $5x^2-4xy+5y^2=48$ 所围成的平面图形的面积.

解　为判定二次曲线的形状,需消去其中的交叉项,将其化为标准方程,设

$$f(x,y)=5x^2-4xy+5y^2,$$

由于要计算面积,所作线性变换必须保持曲线的长短和形状不变,因此使用正交变换.二次型 f 的矩阵

$$\boldsymbol{A}=\begin{pmatrix}5&-2\\-2&5\end{pmatrix},$$

由 $|\boldsymbol{A}-\lambda\boldsymbol{E}|=\begin{vmatrix}5-\lambda&-2\\-2&5-\lambda\end{vmatrix}=(3-\lambda)(7-\lambda)$,得 $\boldsymbol{A}$ 的特征值 $\lambda_1=3,\lambda_2=7$.因此,经正交变换后,f 的标准形为

$$f=3x'^2+7y'^2.$$

在新坐标系 $x'Oy'$ 中,该曲线方程为

$$3x'^2+7y'^2=48,$$

即

$$\frac{x'^2}{4^2}+\frac{y'^2}{\left(\sqrt{\frac{48}{7}}\right)^2}=1,$$

这是椭圆的标准方程,其面积为

$$S=\pi\times4\times\sqrt{\frac{48}{7}}=16\sqrt{\frac{3}{7}}\pi.$$

由上面的讨论可以看到,中心在原点的二次曲面(方程不含一次项)的方程总可以由正交变换化为标准方程.那么中心不在原点的二次曲面(方程含一次项)的方程利用本节的方法如何化为标准方程?下面以例 6.2.3 为例说明.

例 6.2.3　将二次曲面方程

$$x^2+y^2+z^2-2xz+4x+2y-4z-5=0 \tag{6.10}$$

化为标准方程(只含平方项、常数项的方程),并判断二次曲面的形状.

解　(1) 用正交变换法将(6.10)中的二次型部分,即

$$x^2+y^2+z^2-2xz \tag{6.11}$$

化为标准形.

设 $\boldsymbol{A}$ 是二次型(6.11)对应的矩阵,于是

$$\boldsymbol{A}=\begin{pmatrix}1&0&-1\\0&1&0\\-1&0&1\end{pmatrix},$$

由

$$|\boldsymbol{A}-\lambda\boldsymbol{E}|=\begin{vmatrix}1-\lambda&0&-1\\0&1-\lambda&0\\-1&0&1-\lambda\end{vmatrix}=-\lambda(1-\lambda)(2-\lambda)=0,$$

得 $\boldsymbol{A}$ 的特征值为 $\lambda_1=1,\lambda_2=2,\lambda_3=0$.

由齐次线性方程组

$$(\boldsymbol{A}-\boldsymbol{E})\boldsymbol{X}=\boldsymbol{0},(\boldsymbol{A}-2\boldsymbol{E})\boldsymbol{X}=\boldsymbol{0},\boldsymbol{AX}=\boldsymbol{0},$$

分别求得 λ_1,λ_2 和 λ_3 对应的特征向量为

$$(0,1,0)^{\mathrm{T}},(1,0,-1)^{\mathrm{T}},(1,0,1)^{\mathrm{T}},$$

将它们单位化,并以其为列构造正交矩阵

$$\boldsymbol{Q}=\begin{pmatrix}0&\frac{1}{\sqrt{2}}&\frac{1}{\sqrt{2}}\\1&0&0\\0&-\frac{1}{\sqrt{2}}&\frac{1}{\sqrt{2}}\end{pmatrix},$$

作正交变换 $\boldsymbol{X}=\boldsymbol{QY}$,其中 $\boldsymbol{X}=(x,y,z)^{\mathrm{T}},\boldsymbol{Y}=(x',y',z')^{\mathrm{T}}$,则二次型(6.11)化为标准形

$$x'^2+2y'^2.$$

(2) 将正交变换 $\boldsymbol{X}=\boldsymbol{QY}$ 代入曲线方程(6.10)得

$$\boldsymbol{X}^{\mathrm{T}}\boldsymbol{AX}+(4,2,-4)\boldsymbol{X}-5=0,$$

则(6.10)化为

$$x'^2+2y'^2+2x'+4\sqrt{2}y'-5=0,$$

将上式配方,得

$$(x'+1)^2+2(y'+\sqrt{2})^2=10,$$

令

$$\begin{cases}x''=x'+1,\\y''=y'+\sqrt{2},\\z''=z',\end{cases}\tag{6.12}$$

则得二次曲面的标准方程

$$x''^2+2y''^2=10,$$

这是椭圆柱面的标准方程,因此二次曲面的形状为椭圆柱面.

本例所用的坐标变换包括正交变换 $\boldsymbol{X}=\boldsymbol{QY}$,即

$$\begin{cases} x=\dfrac{1}{\sqrt{2}}y'+\dfrac{1}{\sqrt{2}}z', \\ y=x', \\ z=-\dfrac{1}{\sqrt{2}}y'+\dfrac{1}{\sqrt{2}}z', \end{cases}$$

和平移变换(6.12),两者合起来就是

$$\begin{cases} x=\dfrac{1}{\sqrt{2}}(y''+z'')-1, \\ y=x''-1, \\ z=\dfrac{1}{\sqrt{2}}(-y''+z'')+1. \end{cases}$$

由此例可看出,中心不在原点的二次曲面的方程总可以由一个正交变换和一个平移变换化为标准方程,从而判断二次曲面的形状.

本段我们利用正交变换将二次型化为标准形,保持了二次型的几何形状不变,如果所作变换只是一般的可逆线性变换,而非正交变换,当然也可以把二次型化为标准形,但不再具有保持几何形状不变的优点,且标准形中平方项的系数不一定是二次型对应矩阵的特征值.

下面介绍的配方法及初等变换法就是利用可逆线性变换化二次型为标准形的典型代表.

6.2.2　配方法

配方法是由拉格朗日(Lagrange)建立的,所以也称为拉格朗日配方法.利用配方法可以证明:

定理 6.2　任意二次型都能通过可逆线性变换化为标准形.

定理 6.2 的证明

下面举例说明这种方法.

例 6.2.4　化二次型 $f(x_1,x_2,x_3)=x_1^2+3x_2^2+2x_1x_2-4x_1x_3$ 为标准形,并写出所作的线性变换.

解　$f(x_1,x_2,x_3)=x_1^2+2x_1x_2-4x_1x_3+3x_2^2$

$=(x_1+x_2-2x_3)^2+2x_2^2+4x_2x_3-4x_3^2$(集中含 x_1 的项配方)

$$= (x_1+x_2-2x_3)^2+2(x_2+x_3)^2-6x_3^2 \text{（集中含 } x_2 \text{ 的项配方）},$$

令

$$\begin{cases} y_1 = x_1+x_2-2x_3, \\ y_2 = x_2+x_3, \\ y_3 = x_3, \end{cases}$$

即

$$\begin{cases} x_1 = y_1-y_2+3y_3, \\ x_2 = y_2-y_3, \\ x_3 = y_3, \end{cases}$$

把 f 化成了标准形

$$f(x_1,x_2,x_3) = y_1^2+2y_2^2-6y_3^2.$$

所用可逆变换为

$$\boldsymbol{x} = \begin{pmatrix} 1 & -1 & 3 \\ 0 & 1 & -1 \\ 0 & 0 & 1 \end{pmatrix} \boldsymbol{y}.$$

例 6.2.5 化二次型 $f(x_1,x_2,x_3) = x_1x_2+x_1x_3-3x_2x_3$ 为标准形，并写出所作的线性变换.

解 由于二次型不含平方项，这时先作可逆线性变换

$$\begin{cases} x_1 = y_1+y_2, \\ x_2 = y_1-y_2, \\ x_3 = y_3, \end{cases}$$

将 f 化为含平方项的二次型

$$\begin{aligned} f(x_1,x_2,x_3) &= y_1^2-y_2^2-2y_1y_3+4y_2y_3 \\ &= (y_1-y_3)^2-y_2^2+4y_2y_3-y_3^2 \quad \text{（集中含 } y_1 \text{ 的项配方）} \\ &= (y_1-y_3)^2-(y_2-2y_3)^2+3y_3^2 \quad \text{（集中含 } y_2 \text{ 的项配方）}, \end{aligned}$$

令

$$\begin{cases} z_1 = y_1-y_3, \\ z_2 = y_2-2y_3, \\ z_3 = y_3, \end{cases}$$

即

$$\begin{cases} y_1 = z_1+z_3, \\ y_2 = z_2+2z_3, \\ y_3 = z_3, \end{cases}$$

把 f 化成了标准形

$$f(x_1,x_2,x_3)=z_1^2-z_2^2+3z_3^2.$$

所作可逆线性变换为

$$\begin{pmatrix}x_1\\x_2\\x_3\end{pmatrix}=\begin{pmatrix}1&1&0\\1&-1&0\\0&0&1\end{pmatrix}\begin{pmatrix}1&0&1\\0&1&2\\0&0&1\end{pmatrix}\begin{pmatrix}z_1\\z_2\\z_3\end{pmatrix}=\begin{pmatrix}1&1&3\\1&-1&-1\\0&0&1\end{pmatrix}\begin{pmatrix}z_1\\z_2\\z_3\end{pmatrix},$$

即

$$\boldsymbol{x}=\begin{pmatrix}1&1&3\\1&-1&-1\\0&0&1\end{pmatrix}\boldsymbol{z}.$$

上述两例是有代表性的,对一般的二次型都可用上述方法化为标准形:当二次型中含有平方项时,依次把含平方的项配方;当二次型中不含平方项时,首先作可逆线性变换使之含有平方项,然后再配方.

配方法较正交变换法,避免了求矩阵的特征值及特征向量,但所作线性变换通常改变了对应几何体的几何形状.

另外,采用不同的配方法,一般所得的标准形也不同,因而标准形是不唯一的.若用矩阵的语言表述定理 6.2,则定理 6.2 可表述为

推论 6.1　对任意一个对称矩阵 $\boldsymbol{A}$,一定存在可逆矩阵 $\boldsymbol{P}$,使得 $\boldsymbol{P}^{\mathrm{T}}\boldsymbol{A}\boldsymbol{P}$ 为对角矩阵 $\boldsymbol{\Lambda}$,即 $\boldsymbol{P}^{\mathrm{T}}\boldsymbol{A}\boldsymbol{P}=\boldsymbol{\Lambda}$.

6.2.3　初等变换法

由前面讨论可知,对二次型 $f=\boldsymbol{x}^{\mathrm{T}}\boldsymbol{A}\boldsymbol{x}$ 施行可逆线性变换 $\boldsymbol{x}=\boldsymbol{C}\boldsymbol{y}$ 后,f 仍为二次型,且有

$$f(\boldsymbol{x})=\boldsymbol{x}^{\mathrm{T}}\boldsymbol{A}\boldsymbol{x}=\boldsymbol{y}^{\mathrm{T}}(\boldsymbol{C}^{\mathrm{T}}\boldsymbol{A}\boldsymbol{C})\boldsymbol{y}=\boldsymbol{y}^{\mathrm{T}}\boldsymbol{B}\boldsymbol{y},$$

其中

$$\boldsymbol{B}=\boldsymbol{C}^{\mathrm{T}}\boldsymbol{A}\boldsymbol{C}.$$

我们把矩阵之间的这种关系称为合同.

定义 6.4　设 $\boldsymbol{A}$、$\boldsymbol{B}$ 为 n 阶方阵,如果存在 n 阶可逆矩阵 $\boldsymbol{C}$,使得 $\boldsymbol{C}^{\mathrm{T}}\boldsymbol{A}\boldsymbol{C}=\boldsymbol{B}$,那么称 $\boldsymbol{A}$ **合同于** $\boldsymbol{B}$,或者说 $\boldsymbol{A}$ 与 $\boldsymbol{B}$ 合同(congruent),记作 $\boldsymbol{A}\backsimeq\boldsymbol{B}$.

由合同的定义可知,可逆线性变换后的二次型矩阵与原二次型的矩阵合同.容易证明,矩阵的合同关系具有下列性质:

(1) **自反性**:$\boldsymbol{A}\backsimeq\boldsymbol{A}$;

(2) **对称性**:若 $\boldsymbol{A}\backsimeq\boldsymbol{B}$,则 $\boldsymbol{B}\backsimeq\boldsymbol{A}$;

(3) **传递性:若 $\boldsymbol{A}\backsimeq\boldsymbol{B},\boldsymbol{B}\backsimeq\boldsymbol{C}$,则 $\boldsymbol{A}\backsimeq\boldsymbol{C}$.**

利用合同的定义,容易证明下列结论:

(1) 若 $\boldsymbol{A}$ 正交相似于 $\boldsymbol{B}$,则 $\boldsymbol{A}$ 与 $\boldsymbol{B}$ 合同;

(2) 若 $\boldsymbol{A}$ 与 $\boldsymbol{B}$ 合同,则 $R(\boldsymbol{A})=R(\boldsymbol{B})$.

由推论 6.1,可得:

定理 6.3 任意 n 阶实对称矩阵一定合同于某个对角矩阵.

由于新旧二次型的矩阵合同,于是化二次型为标准形就转化成将对称矩阵化为与之合同的对角矩阵.即求非奇异矩阵 $\boldsymbol{C}$,使

$$\boldsymbol{C}^{\mathrm{T}}\boldsymbol{A}\boldsymbol{C}=\boldsymbol{\Lambda}, \tag{6.13}$$

其中 $\boldsymbol{\Lambda}$ 为对角矩阵. 由于任何非奇异矩阵都可表示为一系列初等矩阵的乘积,因此存在初等矩阵 $\boldsymbol{P}_i(i=1,2,\cdots,m)$,使 $\boldsymbol{C}=\boldsymbol{P}_1\boldsymbol{P}_2\cdots\boldsymbol{P}_m$,于是(6.13)式可写成

$$\boldsymbol{P}_m^{\mathrm{T}}\cdots\boldsymbol{P}_2^{\mathrm{T}}\boldsymbol{P}_1^{\mathrm{T}}\boldsymbol{A}\boldsymbol{P}_1\boldsymbol{P}_2\cdots\boldsymbol{P}_m=\boldsymbol{\Lambda}. \tag{6.14}$$

由初等矩阵与初等变换的关系知道,对 $\boldsymbol{A}$ 左乘 $\boldsymbol{P}_i^{\mathrm{T}}$,相当于对 $\boldsymbol{A}$ 作一次初等行变换,再对 $\boldsymbol{A}$ 右乘 $\boldsymbol{P}_i$,则相当于对 $\boldsymbol{A}$ 紧接着作一次相应的初等列变换. 因而由(6.14)式可知,对对称矩阵 $\boldsymbol{A}$ 作一次初等行变换,紧接着作一次相应的初等列变换,直至把 $\boldsymbol{A}$ 化为对角矩阵.同时,记录所作初等列变换对应的初等矩阵之积,即 $\boldsymbol{P}_1\boldsymbol{P}_2\cdots\boldsymbol{P}_m$,这就是要求的可逆矩阵 $\boldsymbol{C}$,即

$$\boldsymbol{C}=\boldsymbol{P}_1\boldsymbol{P}_2\cdots\boldsymbol{P}_m=\boldsymbol{E}\boldsymbol{P}_1\boldsymbol{P}_2\cdots\boldsymbol{P}_m.$$

上式及式(6.14)表明:对 $2n\times n$ 的分块矩阵$\begin{pmatrix}\boldsymbol{A}\\ \hline \boldsymbol{E}\end{pmatrix}$施行初等列变换 $\boldsymbol{P}$ 的同时,再对 $\boldsymbol{A}$ 施行相应的初等行变换 $\boldsymbol{P}^{\mathrm{T}}$,则当 $\boldsymbol{A}$ 变为对角矩阵 $\boldsymbol{\Lambda}$ 时,$\boldsymbol{E}$ 恰好变为由 $\boldsymbol{A}$ 到 $\boldsymbol{\Lambda}$ 的合同变换矩阵 $\boldsymbol{C}$,即有

$$\begin{pmatrix}\boldsymbol{A}\\ \hline \boldsymbol{E}\end{pmatrix}\xrightarrow[\text{初等列变换(对}\boldsymbol{E})]{\text{初等行、列变换(对}\boldsymbol{A})}\begin{pmatrix}\boldsymbol{\Lambda}\\ \hline \boldsymbol{C}\end{pmatrix}$$

下面以例 6.2.6 为例说明此方法.

例 6.2.6 用初等变换将例 6.2.4 的二次型 $f(x_1,x_2,x_3)=x_1^2+3x_2^2+2x_1x_2-4x_1x_3$ 化为标准形,写出所作的线性变换并验证变换前后的两个矩阵是合同的.

解

$$\begin{pmatrix}\boldsymbol{A}\\ \hline \boldsymbol{E}\end{pmatrix}=\begin{pmatrix}1&1&-2\\1&3&0\\-2&0&0\\ \hdashline 1&0&0\\0&1&0\\0&0&1\end{pmatrix}\xrightarrow[\substack{c_2-c_1\\c_3+2c_1}]{\substack{\text{作化}\boldsymbol{A}\text{的第一行后两}\\\text{数为 0 的列变换}}}\begin{pmatrix}1&0&0\\1&2&2\\-2&2&-4\\ \hdashline 1&-1&2\\0&1&0\\0&0&1\end{pmatrix}$$

$$\xrightarrow[\substack{r_2-r_1\\r_3+2r_1}]{\substack{\text{对上半部分作}\\\text{相应行变换}}}\begin{pmatrix}1&0&0\\0&2&2\\0&2&-4\\ \hdashline 1&-1&2\\0&1&0\\0&0&1\end{pmatrix}\xrightarrow[c_3-c_2]{\substack{\text{作化上半部分第二行}\\\text{后一数为 0 的列变换}}}\begin{pmatrix}1&0&0\\0&2&0\\0&2&-6\\ \hdashline 1&-1&3\\0&1&-1\\0&0&1\end{pmatrix}$$

$$\xrightarrow[r_3-r_2]{\text{对上半部分作相应行变换}}\begin{pmatrix}1&0&0\\0&2&0\\0&0&-6\\ \hdashline 1&-1&3\\0&1&-1\\0&0&1\end{pmatrix}\xlongequal{\text{记作}}\begin{pmatrix}\boldsymbol{\Lambda}\\ \hline \boldsymbol{C}\end{pmatrix},$$

取

$$\boldsymbol{C}=\begin{pmatrix}1&-1&3\\0&1&-1\\0&0&1\end{pmatrix},\boldsymbol{x}=\begin{pmatrix}x_1\\x_2\\x_3\end{pmatrix},\boldsymbol{y}=\begin{pmatrix}y_1\\y_2\\y_3\end{pmatrix},$$

则经可逆线性变换 $\boldsymbol{x}=\boldsymbol{C}\boldsymbol{y}$，该二次型可化为标准形 $y_1^2+2y_2^2-6y_3^2$.

验证

$$\boldsymbol{C}^{\mathrm{T}}\boldsymbol{A}\boldsymbol{C}=\begin{pmatrix}1&0&0\\-1&1&0\\3&-1&1\end{pmatrix}\begin{pmatrix}1&1&-2\\1&3&0\\-2&0&0\end{pmatrix}\begin{pmatrix}1&-1&3\\0&1&-1\\0&0&1\end{pmatrix}$$

$$=\begin{pmatrix}1&1&-2\\0&2&2\\0&0&-6\end{pmatrix}\begin{pmatrix}1&-1&3\\0&1&-1\\0&0&1\end{pmatrix}=\boldsymbol{\Lambda},$$

所以 $\boldsymbol{A}\backsimeq\boldsymbol{\Lambda}$.

例 6.2.7 用初等变换将例 6.2.5 的二次型 $f(x_1,x_2,x_3)=x_1x_2+x_1x_3-$

$3x_2x_3$化为标准形,并写出所作的线性变换.

解

$$\begin{pmatrix}\boldsymbol{A}\\ \hline \boldsymbol{E}\end{pmatrix}=\begin{pmatrix}0&\frac{1}{2}&\frac{1}{2}\\ \frac{1}{2}&0&-\frac{3}{2}\\ \frac{1}{2}&-\frac{3}{2}&0\\ \hdashline 1&0&0\\ 0&1&0\\ 0&0&1\end{pmatrix}\xrightarrow[c_1+c_2]{\text{作列变换}}\begin{pmatrix}\frac{1}{2}&\frac{1}{2}&\frac{1}{2}\\ \frac{1}{2}&0&-\frac{3}{2}\\ -1&-\frac{3}{2}&0\\ \hdashline 1&0&0\\ 1&1&0\\ 0&0&1\end{pmatrix}$$

$$\xrightarrow[r_1+r_2]{\substack{\text{对上半部分}\\ \text{作相应行变换}}}\begin{pmatrix}1&\frac{1}{2}&-1\\ \frac{1}{2}&0&-\frac{3}{2}\\ -1&-\frac{3}{2}&0\\ \hdashline 1&0&0\\ 1&1&0\\ 0&0&1\end{pmatrix}\xrightarrow[\substack{c_3+c_1\\ c_2-\frac{1}{2}c_1}]{\substack{\text{作化上半部分}\\ \text{第一行后两数}\\ \text{为 0 的列变换}}}\begin{pmatrix}1&0&0\\ \frac{1}{2}&-\frac{1}{4}&-1\\ -1&-1&-1\\ \hdashline 1&-\frac{1}{2}&1\\ 1&\frac{1}{2}&1\\ 0&0&1\end{pmatrix}$$

$$\xrightarrow[\substack{r_3+r_1\\ r_2-\frac{1}{2}r_1}]{\substack{\text{对上半部分}\\ \text{作相应行变换}}}\begin{pmatrix}1&0&0\\ 0&-\frac{1}{4}&-1\\ 0&-1&-1\\ \hdashline 1&-\frac{1}{2}&1\\ 1&\frac{1}{2}&1\\ 0&0&1\end{pmatrix}\xrightarrow[c_3-4c_2]{\substack{\text{作化上半部分}\\ \text{第二行后一数}\\ \text{为 0 的列变换}}}\begin{pmatrix}1&0&0\\ 0&-\frac{1}{4}&0\\ 0&-1&3\\ \hdashline 1&-\frac{1}{2}&3\\ 1&\frac{1}{2}&-1\\ 0&0&1\end{pmatrix}$$

$$\xrightarrow[r_3-4r_2]{\substack{\text{对上半部分}\\ \text{作相应行变换}}}\begin{pmatrix}1&0&0\\0&-\dfrac{1}{4}&0\\0&0&3\\ \hdashline 1&-\dfrac{1}{2}&3\\1&\dfrac{1}{2}&-1\\0&0&1\end{pmatrix}\xlongequal{\text{记作}}\begin{pmatrix}\boldsymbol{\Lambda}\\ \boldsymbol{C}\end{pmatrix}.$$

取

$$\boldsymbol{C}=\begin{pmatrix}1&-\dfrac{1}{2}&3\\1&\dfrac{1}{2}&-1\\0&0&1\end{pmatrix},\boldsymbol{x}=\begin{pmatrix}x_1\\x_2\\x_3\end{pmatrix},\boldsymbol{z}=\begin{pmatrix}z_1\\z_2\\z_3\end{pmatrix},$$

则经可逆变换 $\boldsymbol{x}=\boldsymbol{C}\boldsymbol{z}$，该二次型化为标准形：$z_1^2-\dfrac{1}{4}z_2^2+3z_3^2$.

习题 6-2

1. 单项选择题

(1) 下列线性变换中，不是可逆线性变换的为(　　).

A. $\begin{cases}x_1=y_1+y_2,\\x_2=y_2+y_3,\\x_3=y_1+y_3\end{cases}$　　B. $\begin{cases}x_1=y_1+y_2+y_3,\\x_2=y_1+2y_2+3y_3,\\x_3=y_1+4y_2+9y_3\end{cases}$

C. $\begin{cases}x_1=y_1-y_2,\\x_2=y_2-y_3,\\x_3=y_1-y_3\end{cases}$　　D. $\begin{cases}x_1=y_1+y_2+y_3,\\x_2=y_2+y_3,\\x_3=y_3\end{cases}$

(2) 三元二次型 $f=\boldsymbol{x}^{\mathrm{T}}\boldsymbol{A}\boldsymbol{x}$ 经过正交变换化为标准形 $3y_1^2+2y_2^2$，则 $\boldsymbol{A}$ 的最小特征值为(　　).

A. 0　　B. 1　　C. 2　　D. 3

(3) 设 $\boldsymbol{A},\boldsymbol{B}$ 为 n 阶矩阵，则下列命题错误的是(　　).

A. 若 $\boldsymbol{A}$ 与 $\boldsymbol{B}$ 合同，则 $\boldsymbol{A}$ 与 $\boldsymbol{B}$ 的秩相等

B. 若 $\boldsymbol{A}$ 与 $\boldsymbol{B}$ 合同，则 $\boldsymbol{A}$ 与 $\boldsymbol{B}$ 等价

C. 若 $\boldsymbol{A}$ 正交相似于 $\boldsymbol{B}$，则 $\boldsymbol{A}$ 与 $\boldsymbol{B}$ 合同

D. 若 $\boldsymbol{A}$ 与 $\boldsymbol{B}$ 合同，则 $\boldsymbol{A}$ 与 $\boldsymbol{B}$ 相似

2. 填空题

(1) 二次型 $f(x_1,x_2,x_3)=2x_1^2+x_3^2$ 的矩阵形式是________.

(2) 二次型 $f=\boldsymbol{x}^{\mathrm{T}}\boldsymbol{A}\boldsymbol{x}$ 经可逆线性变换 $\boldsymbol{X}=\boldsymbol{C}\boldsymbol{Y}$ 所得新二次型的矩阵为________.

(3) 已知矩阵 $\boldsymbol{A}=\begin{pmatrix}\lambda_1 & 0 & 0\\ 0 & \lambda_2 & 0\\ 0 & 0 & \lambda_3\end{pmatrix}$ 合同于 $\boldsymbol{B}=\begin{pmatrix}\lambda_3 & 0 & 0\\ 0 & \lambda_1 & 0\\ 0 & 0 & \lambda_2\end{pmatrix}$，即存在可逆矩阵 $\boldsymbol{C}$，使得 $\boldsymbol{C}^{\mathrm{T}}\boldsymbol{A}\boldsymbol{C}=\boldsymbol{B}$，则合同变换矩阵 $\boldsymbol{C}=$________.

(4) 设三阶实对称矩阵 $\boldsymbol{A}$ 的特征值为 0，-1，2，则二次型 $f=\boldsymbol{x}^{\mathrm{T}}\boldsymbol{A}\boldsymbol{x}$ 的一个标准形为________.

3. 用配方法将下列二次型化为标准形，并写出所作的可逆线性变换矩阵：

(1) $f(x_1,x_2,x_3)=x_1^2+2x_2^2+x_3^2+2x_1x_2+2x_1x_3+4x_2x_3$；

(2) $f(x_1,x_2,x_3)=2x_1x_2+2x_1x_3-6x_2x_3$.

4. 用正交变换法把下列二次型化为标准形，并写出所作的正交变换矩阵：

(1) $f(x_1,x_2,x_3)=2x_1^2+3x_2^2+3x_3^2+4x_2x_3$；

(2) $f(x_1,x_2,x_3)=17x_1^2+14x_2^2+14x_3^2-4x_1x_2-4x_1x_3-8x_2x_3$.

5. 用初等变换法将第 3 题中的二次型化为标准形，并写出所作的初等变换矩阵.

习题答案与提示 6-2

6.3　惯性定理和二次型的规范形

6.3.1　惯性定理

由上节例 6.2.5 和例 6.2.7 可知，同一个二次型，由于所作的可逆线性变换不同，所得到的标准形也不同，一个是 $z_1^2-z_2^2+3z_3^2$，另一个是 $z_1^2-\frac{1}{4}z_2^2+$

$3z_3^2$. 那么同一个二次型的不同标准形之间有什么共同之处呢？从以上两个标准形看，它们都有 3 个非零平方项，且都是两个正项和一个负项. 这是巧合还是必然？下面就这两个问题给予分析说明.

由定理 6.2 可知，任意一个二次型

$$f(\boldsymbol{x})=\boldsymbol{x}^{\mathrm{T}}\boldsymbol{A}\boldsymbol{x}$$

都可经可逆线性变换 $\boldsymbol{x}=\boldsymbol{C}\boldsymbol{y}$ 化为标准形

$$d_1y_1^2+d_2y_2^2+\cdots+d_ny_n^2,$$

于是

$$\boldsymbol{C}^{\mathrm{T}}\boldsymbol{A}\boldsymbol{C}=\begin{pmatrix}d_1&&&\\&d_2&&\\&&\ddots&\\&&&d_n\end{pmatrix}\xlongequal{\text{记作}}\boldsymbol{\Lambda}.$$

由合同的性质，矩阵 $\boldsymbol{A}$ 的秩等于对角矩阵 $\boldsymbol{\Lambda}$ 的秩，也等于其非零对角元 d_i 的个数，即二次型的标准形中非零平方项的个数. 因此，在不同的可逆线性变换下，二次型的标准形虽不唯一，但其中所含非零平方项的个数是一样的，这个数就是矩阵 $\boldsymbol{A}$ 的秩，即二次型的秩.

进一步还可以证明，同一个二次型在不同的可逆线性变换下，其标准形所含正项（系数为正数的项）的个数与所含负项（系数为负数的项）的个数不变. 这就是下面的惯性定理.

定理 6.4（惯性定理）　设 n 元实二次型 $f(\boldsymbol{x})=\boldsymbol{x}^{\mathrm{T}}\boldsymbol{A}\boldsymbol{x}$ 的秩为 r，可逆线性变换 $\boldsymbol{x}=\boldsymbol{C}_1\boldsymbol{y}$ 和 $\boldsymbol{x}=\boldsymbol{C}_2\boldsymbol{z}$ 分别把它化为标准形

$$\lambda_1y_1^2+\lambda_2y_2^2+\cdots+\lambda_py_p^2-\lambda_{p+1}y_{p+1}^2-\cdots-\lambda_ry_r^2$$

和

$$\mu_1z_1^2+\mu_2z_2^2+\cdots+\mu_qz_q^2-\mu_{q+1}z_{q+1}^2-\cdots-\mu_rz_r^2,$$

其中 $\lambda_i>0,\mu_i>0,i=1,2,\cdots,r$，则 $p=q$.

惯性定理说明：

（1）对于一个实二次型，不论做怎样的可逆线性变换使之化为标准形，其中正平方项的项数和负平方项的项数都是唯一确定的. 正平方项的项数和负平方项的项数分别称为二次型（或矩阵 $\boldsymbol{A}$）的正惯性指数和负惯性指数；正惯性指数与负惯性指数之差称为二次型（或矩阵 $\boldsymbol{A}$）的符号差.

（2）该定理反映在几何上，就是当通过可逆线性变换将二次曲线（面）方程化为标准方程时，标准方程的系数与所作的变换有关，因此不

一定能保持曲线面的形状不变，但曲线面的类型（椭圆型、双曲型等）不会改变.

例 6.3.1 求例 6.2.5 中的二次型的秩、正负惯性指数及符号差.

解 由例 6.2.5 可知，二次型 f 的标准形为 $z_1^2-z_2^2+3z_3^2$，于是 $R(f)=3$，正惯性指数 $p=2$，负惯性指数 $q=1$，符号差为 $p-q=1$.

由定理 6.1 可知，二次型 $\boldsymbol{x}^{\mathrm{T}}\boldsymbol{A}\boldsymbol{x}$ 或 $\boldsymbol{A}$ 的秩及惯性指数与 $\boldsymbol{A}$ 的特征值的关系为：其秩为 $\boldsymbol{A}$ 的不为零的特征值的个数，其正惯性指数为 $\boldsymbol{A}$ 的特征值中正数的个数，其负惯性指数为 $\boldsymbol{A}$ 的特征值中负数的个数.根据惯性定理，这三个数都是由 $\boldsymbol{A}$ 唯一确定的.

6.3.2 二次型的规范形

如果我们将标准形中的变量按系数为正、负重新排列顺序，得到二次型 f 的标准形为

$$f=d_1y_1^2+d_2y_2^2+\cdots+d_py_p^2-d_{p+1}y_{p+1}^2-\cdots-d_ry_r^2, \tag{6.15}$$

其中 $d_i>0(i=1,2,\cdots,r)$.根据正实数总可以开平方的原理，再作一个可逆线性变换

$$\begin{cases} y_1=\dfrac{1}{\sqrt{d_1}}z_1, \\ \cdots\cdots\cdots\cdots \\ y_r=\dfrac{1}{\sqrt{d_r}}z_r, \\ y_{r+1}=z_{r+1}, \\ \cdots\cdots\cdots\cdots \\ y_n=z_n, \end{cases} \tag{6.16}$$

则标准形(6.15)就变成

$$f=z_1^2+z_2^2+\cdots+z_p^2-z_{p+1}^2-\cdots-z_r^2. \tag{6.17}$$

我们将(6.17)式称为二次型 f 的**规范形**，它由 r 和 p 完全确定.关于二次型的规范形有如下结论：

推论 6.2 任何二次型都可通过可逆线性变换化为规范形，且规范形是唯一确定的.

例 6.3.2 化二次型

$$f(x_1,x_2,x_3)=x_1^2+3x_2^2+2x_1x_2-4x_1x_3$$

为规范形，并求其正、负惯性指数.

解 由例 6.2.4 可知,经可逆线性变换,二次型可化为标准形

$$f(y_1,y_2,y_3)=y_1^2+2y_2^2-6y_3^2,$$

令

$$\begin{cases}z_1=y_1,\\z_2=\sqrt{2}y_2,\\z_3=\sqrt{6}y_3,\end{cases}\quad \text{即} \quad \begin{cases}y_1=z_1,\\y_2=\dfrac{1}{\sqrt{2}}z_2,\\y_3=\dfrac{1}{\sqrt{6}}z_3,\end{cases}$$

得二次型的规范形为

$$f=z_1^2+z_2^2-z_3^2,$$

二次型的正、负惯性指数分别为 2 和 1.

若用矩阵语言来表述,则推论 6.2 可表述为

推论 6.3 任意实对称矩阵 A 与对角矩阵

$$\begin{pmatrix}\boldsymbol{E}_p & & \\ & -\boldsymbol{E}_{r-p} & \\ & & \boldsymbol{O}\end{pmatrix}$$

合同.其中 r 为矩阵 A 的秩,p 由 A 唯一确定.

利用惯性定理可得出实对称矩阵合同的判别法.

定理 6.5 设 A,B 均为 n 阶实对称矩阵,则 A 与 B 合同的充分必要条件是 A,B 有相同的正、负惯性指数.

证明 充分性 设 $\boldsymbol{A},\boldsymbol{B}$ 的正、负惯性指数分别为 p、q,则根据推论 6.3,$\boldsymbol{A}$、$\boldsymbol{B}$ 分别合同于

$$\begin{pmatrix}\boldsymbol{E}_p & & \\ & -\boldsymbol{E}_q & \\ & & \boldsymbol{O}\end{pmatrix},$$

由合同的传递性知 $\boldsymbol{A}$ 与 $\boldsymbol{B}$ 合同.

必要性 设 $\boldsymbol{A}$ 的正、负惯性指数分别为 p_1,q_1,$\boldsymbol{B}$ 的正、负惯性指数分别为 p_2,q_2,则由推论 6.3 知

$$\boldsymbol{A}\text{ 合同于}\begin{pmatrix}\boldsymbol{E}_{p_1} & & \\ & -\boldsymbol{E}_{q_1} & \\ & & \boldsymbol{O}\end{pmatrix},\boldsymbol{B}\text{ 合同于}\begin{pmatrix}\boldsymbol{E}_{p_2} & & \\ & -\boldsymbol{E}_{q_2} & \\ & & \boldsymbol{O}\end{pmatrix},$$

又由于 $\boldsymbol{A},\boldsymbol{B}$ 合同,从而由合同的传递性,$\boldsymbol{A}$ 合同于

$$\begin{pmatrix} E_{p_2} & & \\ & -E_{q_2} & \\ & & O \end{pmatrix},$$

再根据推论 6.3 知，$p_1=p_2, q_1=q_2$. 证毕

例 6.3.3 设

$$A=\begin{pmatrix} 1 & 0 & 0 \\ 0 & -1 & 0 \\ 0 & 0 & 2 \end{pmatrix}, \quad B=\begin{pmatrix} 1 & -1 & 0 \\ -1 & 2 & 0 \\ 0 & 0 & 2 \end{pmatrix},$$

$$C=\begin{pmatrix} 1 & 0 & 0 \\ 0 & 1 & 1 \\ 0 & 1 & -1 \end{pmatrix}, \quad D=\begin{pmatrix} 1 & -1 & 0 \\ -1 & 1 & 0 \\ 0 & 0 & 2 \end{pmatrix},$$

则与 A 合同的矩阵为________.

解 $R(A)=3$，A 的正惯性指数为 2. 而 $R(B)=R(C)=3$，$R(D)=2$，所以 A 与 D 不合同.矩阵 B 的三个特征值为 $2,\dfrac{3+\sqrt{5}}{2},\dfrac{3-\sqrt{5}}{2}$，所以 B 的正惯性指数为 3，据此 A 与 B 不合同.矩阵 C 的三个特征值为 $1,\sqrt{2},-\sqrt{2}$，所以 C 的正惯性指数为 2，因此 A 与 C 合同.这样本例应填 C.

习题 6-3

1. 单项选择题

(1) 二次型 $f(x_1,x_2,x_3)=(x_1+x_2)^2+(x_2-x_3)^2+(x_3+x_1)^2$ 的正负惯性指数分别为(　　).

A. 2,0　　B. 0,2　　C. 3,0　　D. 2,1

(2) 对于实二次型 $f=x^{\mathrm{T}}Ax$，其中 A 为实对称矩阵，下列说法正确的是(　　).

A. f 的标准形唯一　　B. f 的规范形唯一

C. A 必可逆　　D. A 与同阶单位矩阵等价

(3) 设 A，B 都为 n 阶实对称矩阵，则 A 与 B 合同的充分必要条件是(　　).

A. A，B 的秩相同　　B. A，B 都合同于对角矩阵

C. A，B 均为可逆矩阵　　D. A，B 的正负惯性指数相同

(4) 任何可逆的实对称矩阵必与同阶单位矩阵(　　).

A. 合同　　B. 相似　　C. 等价　　D. 以上都不对

(5) 矩阵$\begin{pmatrix}1 & & \\ & -2 & \\ & & 3\end{pmatrix}$与(　　)合同.

A. $\begin{pmatrix}-1 & & \\ & -2 & \\ & & 3\end{pmatrix}$　　B. $\begin{pmatrix}-1 & & \\ & -2 & \\ & & -4\end{pmatrix}$

C. $\begin{pmatrix}2 & & \\ & 5 & \\ & & 3\end{pmatrix}$　　D. $\begin{pmatrix}1 & & \\ & -1 & \\ & & 1\end{pmatrix}$

2. 填空题

(1) 二次型 $f(x_1,x_2,x_3,x_4)=x_1^2+x_2^2-x_3^2+x_4^2$ 的符号差为________.

(2) 二次型 $f(x_1,x_2,x_3)=x_1^2+2x_2^2-3x_3^2$ 的规范形为________.

(3) 设四阶实对称矩阵 $\boldsymbol{A}$ 的特征值为 $1,2,-3,0$,则二次型 $f=\boldsymbol{x}^{\mathrm{T}}\boldsymbol{A}\boldsymbol{x}$ 的正惯性指数为________,负惯性指数为________.

(4) 对角矩阵 $\boldsymbol{A}=\begin{pmatrix}1 & & \\ & -\dfrac{1}{2} & \\ & & -3\end{pmatrix}$对应的二次型$f=\boldsymbol{x}^{\mathrm{T}}\boldsymbol{A}\boldsymbol{x}$ 的规范形为________.

3. 将下列二次型化为规范形,写出所作的可逆线性变换,求其秩和正惯性指数.

(1) $f(x_1,x_2,x_3)=3x_1^2+2x_1x_2-6x_1x_3-2x_2x_3$;

(2) $f(x_1,x_2,x_3)=3x_1^2+x_2^2+x_3^2+4x_2x_3$.

习题答案与提示 6-3

6.4　正定二次型与正定矩阵

6.4.1　二次型的分类

n 元二次型 $f(\boldsymbol{x})=\boldsymbol{x}^{\mathrm{T}}\boldsymbol{A}\boldsymbol{x}$ 是一个定义域为 $\mathbf{R}^n$ 的实值函数.当 $\boldsymbol{x}=\mathbf{0}$ 时,$f(\boldsymbol{x})=0$;当 $\boldsymbol{x}\neq\mathbf{0}$ 时,$f(\boldsymbol{x})$是一个实数,可能恒正、恒负、非负、非正或者可正可负.图 6.1 给出了四个二元二次型的图形,这里 $z=f(x)$.从中可以看出,除了 $\boldsymbol{x}=\mathbf{0}$ 外,图 6.1(a)中所有 $f(\boldsymbol{x})$的值都是正的,图 6.1(d)中所有

$f(\boldsymbol{x})$的值都是负的,图 6.1(b)中所有$f(\boldsymbol{x})$的值都是非负的,图 6.1(c)中$f(\boldsymbol{x})$的值可正可负.

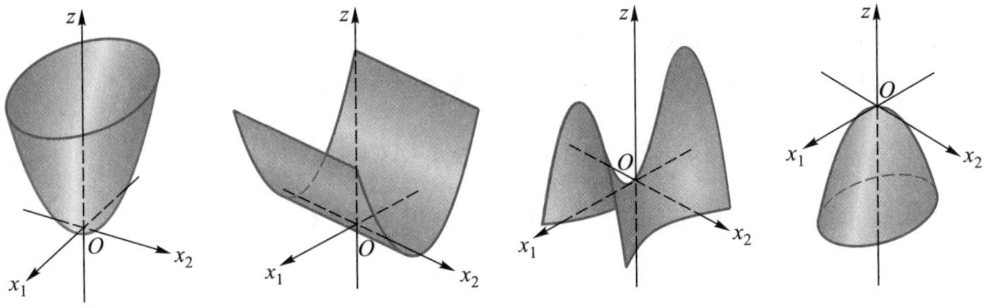

(a) $z=3x_1^2+7x_2^2$　(b) $z=3x_1^2$　(c) $z=3x_1^2-7x_2^2$　(d) $z=-3x_1^2-7x_2^2$

图 6.1

根据二次型的符号,可将二次型进行分类.

定义 6.5　设实二次型

$$f(x_1,x_2,\cdots,x_n)=\boldsymbol{x}^{\mathrm{T}}\boldsymbol{A}\boldsymbol{x},$$

若对任意非零的实向量$\boldsymbol{x}=(x_1,x_2,\cdots,x_n)^{\mathrm{T}}$,恒有

(1) $f=\boldsymbol{x}^{\mathrm{T}}\boldsymbol{A}\boldsymbol{x}>0$,则称$f$是**正定**的,相应的矩阵$\boldsymbol{A}$称为正定矩阵;

(2) $f=\boldsymbol{x}^{\mathrm{T}}\boldsymbol{A}\boldsymbol{x}\geqslant 0$,且至少存在一个非零实向量$\boldsymbol{x}_0$,使得$f=\boldsymbol{x}_0^{\mathrm{T}}\boldsymbol{A}\boldsymbol{x}_0=0$,则称$f$是**半正定**的,相应的矩阵$\boldsymbol{A}$称为半正定矩阵;

(3) $f=\boldsymbol{x}^{\mathrm{T}}\boldsymbol{A}\boldsymbol{x}<0$,则称$f$是**负定**的,相应的矩阵$\boldsymbol{A}$称为负定矩阵;

(4) $f=\boldsymbol{x}^{\mathrm{T}}\boldsymbol{A}\boldsymbol{x}\leqslant 0$,且至少存在一个非零实向量$\boldsymbol{x}_0$,使得$f=\boldsymbol{x}_0^{\mathrm{T}}\boldsymbol{A}\boldsymbol{x}_0=0$,则称$f$是**半负定**的,相应的矩阵$\boldsymbol{A}$称为半负定矩阵.

若二次型$f(x_1,x_2,\cdots,x_n)$的值既可为正,又可为负,则称f是**不定**的.

例如,图 6.1(a)中的二次型是正定的,图 6.1(b)中的二次型是半正定的,图 6.1(c)中的二次型是不定的,图 6.1(d)中的二次型是负定的.

注意:正定(负定)、半正定(半负定)二次型统称为**有定二次型**.二次型的有定性与其矩阵的有定性之间具有一一对应关系.因此,二次型有定性的判别可转化为相应矩阵有定性的判别.

另外,根据定义 6.5 容易得如下性质:

(1) 二次型f负定的充分必要条件为二次型$-f$正定;

(2) 二次型f半负定的充分必要条件为$-f$半正定.

这表明负定、半负定可分别转化为正定、半正定的问题讨论,加之正定二次型在许多理论和实际问题中有广泛的应用,所以下面着重讨论正定二次型和正定矩阵的判别.

6.4.2　正定二次型的判别

定理 6.6　二次型 $f(x_1,x_2,\cdots,x_n)=\boldsymbol{x}^{\mathrm{T}}\boldsymbol{A}\boldsymbol{x}$ 正定的充分必要条件是它的标准形的 n 个系数全大于零.

证明　由定理 6.2,存在可逆线性变换 $\boldsymbol{x}=\boldsymbol{C}\boldsymbol{y}$,使

$$f(x_1,x_2,\cdots,x_n)=\boldsymbol{x}^{\mathrm{T}}\boldsymbol{A}\boldsymbol{x}=\boldsymbol{y}^{\mathrm{T}}\boldsymbol{C}^{\mathrm{T}}\boldsymbol{A}\boldsymbol{C}\boldsymbol{y}=\sum_{i=1}^{n}a_iy_i^2.$$

充分性　设 $a_i>0(i=1,2,\cdots,n)$,任给 $\boldsymbol{x}\neq\boldsymbol{0}$,有 $\boldsymbol{y}=\boldsymbol{C}^{-1}\boldsymbol{x}\neq\boldsymbol{0}$,则

$$f(x_1,x_2,\cdots,x_n)=\sum_{i=1}^{n}a_iy_i^2>0.$$

必要性　反证,假定存在某个 $a_k\leqslant 0$,取 $\boldsymbol{y}=\boldsymbol{e}_k,\boldsymbol{x}=\boldsymbol{C}\boldsymbol{e}_k$,则

$$f(x_1,x_2,\cdots,x_n)=\boldsymbol{e}_k^{\mathrm{T}}\boldsymbol{C}^{\mathrm{T}}\boldsymbol{A}\boldsymbol{C}\boldsymbol{e}_k=a_k\leqslant 0,$$

这与 $f(x_1,x_2,\cdots,x_n)$ 正定矛盾,所以 $a_i>0(i=1,2,\cdots,n)$.　　证毕

由此定理,可得如下推论:

推论 6.4　n 元二次型 $f(\boldsymbol{x})=\boldsymbol{x}^{\mathrm{T}}\boldsymbol{A}\boldsymbol{x}$ 正定的充分必要条件是其正惯性指数为 n.

推论 6.5　n 元二次型 $f(\boldsymbol{x})=\boldsymbol{x}^{\mathrm{T}}\boldsymbol{A}\boldsymbol{x}$ 正定的充分必要条件是 $\boldsymbol{A}$ 的特征值都大于零.

推论 6.6　n 元二次型 $f(\boldsymbol{x})=\boldsymbol{x}^{\mathrm{T}}\boldsymbol{A}\boldsymbol{x}$ 正定的充分必要条件是 $\boldsymbol{A}$ 合同于单位矩阵,即存在可逆矩阵 $\boldsymbol{C}$,使得 $\boldsymbol{A}=\boldsymbol{C}^{\mathrm{T}}\boldsymbol{C}$.

例 6.4.1　判定二次型 $f(x_1,x_2,x_3)=x_1^2+2x_2^2+3x_3^2-2x_1x_2-2x_2x_3$ 的正定性.

解法 1(配方法)

$$\begin{aligned}f(x_1,x_2,x_3)&=x_1^2+2x_2^2+3x_3^2-2x_1x_2-2x_2x_3\\&=(x_1^2-2x_1x_2+x_2^2)+(x_2^2-2x_2x_3+x_3^2)+2x_3^2\\&=(x_1-x_2)^2+(x_2-x_3)^2+2x_3^2\geqslant 0,\end{aligned}$$

故对任意 $\boldsymbol{x}=(x_1,x_2,x_3)^{\mathrm{T}}\neq\boldsymbol{0}$,恒有 $f>0$,所以二次型正定.

解法 2(特征值法)

二次型对应的矩阵为

$$\boldsymbol{A}=\begin{pmatrix}1&-1&0\\-1&2&-1\\0&-1&3\end{pmatrix},$$

求解 $\boldsymbol{A}$ 的特征方程

$$|\boldsymbol{A}-\lambda\boldsymbol{E}|=\begin{vmatrix}1-\lambda & -1 & 0\\ -1 & 2-\lambda & -1\\ 0 & -1 & 3-\lambda\end{vmatrix}=(2-\lambda)(\lambda^2-4\lambda+1)=0,$$

得 $\boldsymbol{A}$ 的特征值为 $\lambda_1=2,\lambda_2=2+\sqrt{3},\lambda_3=2-\sqrt{3}$，由推论 6.5 知，二次型 f 正定.

推论 6.7　若 n 阶对称矩阵 $\boldsymbol{A}$ 正定，则

(1) $\boldsymbol{A}$ 的行列式 $|\boldsymbol{A}|>0$；

(2) $\boldsymbol{A}$ 的主对角元 $a_{ii}>0(i=1,2,\cdots,n)$.

证明　(1) 由于 $\boldsymbol{A}$ 正定，由推论 6.5 知 $\boldsymbol{A}$ 的特征值 $\lambda_i>0,i=1,2,\cdots,n$，从而

$$|\boldsymbol{A}|=\lambda_1\lambda_2\cdots\lambda_n>0.$$

(2) 因为 $\boldsymbol{A}$ 正定，所以对任意 $\boldsymbol{0}\neq\boldsymbol{x}\in\mathbf{R}^n$，有 $\boldsymbol{x}^{\mathrm{T}}\boldsymbol{A}\boldsymbol{x}>0$，特别取 $\boldsymbol{x}=\boldsymbol{e}_i$（即只有第 i 个分量为 1，其余分量为 0 的 n 维单位向量），则必有

$$\boldsymbol{e}_i^{\mathrm{T}}\boldsymbol{A}\boldsymbol{e}_i=a_{ii}>0,i=1,2,\cdots,n.$$

证毕

推论 6.7 给出了实对称矩阵 $\boldsymbol{A}$（二次型 $\boldsymbol{x}^{\mathrm{T}}\boldsymbol{A}\boldsymbol{x}$）正定的必要条件，利用此推论可对一些特殊实对称矩阵（二次型 $\boldsymbol{x}^{\mathrm{T}}\boldsymbol{A}\boldsymbol{x}$）快速作出其非正定的判断.如

$$\boldsymbol{A}=\begin{pmatrix}1 & 3\\ 2 & 6\end{pmatrix},\boldsymbol{B}=\begin{pmatrix}1 & 2\\ 5 & 3\end{pmatrix},\boldsymbol{C}=\begin{pmatrix}-1 & 3\\ 3 & 2\end{pmatrix},$$

这些矩阵都不是正定的，这是因为 $|\boldsymbol{A}|=0,|\boldsymbol{B}|<0,c_{11}=-1<0$.但矩阵

$$\boldsymbol{D}=\begin{pmatrix}1 & 2 & 0 & 0\\ 2 & 1 & 0 & 0\\ 0 & 0 & 1 & 2\\ 0 & 0 & 2 & 1\end{pmatrix}$$

也不是正定的.虽然 $d_{ii}>0(i=1,2,3,4)$，$|\boldsymbol{D}|=\begin{vmatrix}1 & 2\\ 2 & 1\end{vmatrix}\cdot\begin{vmatrix}1 & 2\\ 2 & 1\end{vmatrix}=9>0$ 满足推论 6.7 的条件，但由于矩阵 $\boldsymbol{D}$ 的特征值为 $\lambda_1=\lambda_2=-1,\lambda_3=\lambda_4=3$，由推论 6.5 可知，$\boldsymbol{D}$ 不是正定矩阵.

另外，当 $n>3$ 时，一般利用将二次型化为标准形或求二次型矩阵特征值的方法来判别二次型的正定性不太容易，下面介绍一种直接利用二次型的矩阵判断二次型正定的另一个充分必要条件.为此，首先引入下列概念.

定义 6.6　设 n 阶方阵 $\boldsymbol{A}=(a_{ij})$，称位于 $\boldsymbol{A}$ 的左上角的 k 阶子式

$$D_k=\begin{vmatrix} a_{11} & a_{12} & \cdots & a_{1k} \\ a_{21} & a_{22} & \cdots & a_{2k} \\ \vdots & \vdots & & \vdots \\ a_{k1} & a_{k2} & \cdots & a_{kk} \end{vmatrix}\quad (k=1,2,\cdots,n)$$

为矩阵 $\boldsymbol{A}$ 的 k 阶顺序主子式.

如矩阵

$$\boldsymbol{A}=\begin{pmatrix} 1 & -1 & 0 & 1 \\ -1 & 2 & 0 & -1 \\ 0 & 0 & 3 & 1 \\ 1 & -1 & 1 & 4 \end{pmatrix}$$

有 4 个顺序主子式,分别为

$$D_1=1,D_2=\begin{vmatrix} 1 & -1 \\ -1 & 2 \end{vmatrix}=1,D_3=\begin{vmatrix} 1 & -1 & 0 \\ -1 & 2 & 0 \\ 0 & 0 & 3 \end{vmatrix}=3,D_4=|\boldsymbol{A}|=8.$$

由定义 6.6,n 阶矩阵有 n 个顺序主子式.

定理 6.7　**n 元二次型 $\boldsymbol{x}^{\mathrm{T}}\boldsymbol{A}\boldsymbol{x}$ 正定的充分必要条件为矩阵 $\boldsymbol{A}$ 的各阶顺序主子式都大于零,即**

定理 6.7 的证明

$$D_1=a_{11}>0,D_2=\begin{vmatrix} a_{11} & a_{12} \\ a_{21} & a_{22} \end{vmatrix}>0,\cdots,D_n=\begin{vmatrix} a_{11} & a_{12} & \cdots & a_{1n} \\ a_{21} & a_{22} & \cdots & a_{2n} \\ \vdots & \vdots & & \vdots \\ a_{n1} & a_{n2} & \cdots & a_{nn} \end{vmatrix}>0,$$

其中 $\boldsymbol{A}=(a_{ij})_{n\times n}$.

例 6.4.2　利用顺序主子式证明二次型

$$f(x_1,x_2,\cdots,x_n)=x_1^2+2x_2^2+5x_3^2+2x_1x_2+4x_2x_3$$

是正定的.

证明　此二次型的矩阵为 $\boldsymbol{A}=\begin{pmatrix} 1 & 1 & 0 \\ 1 & 2 & 2 \\ 0 & 2 & 5 \end{pmatrix}$,$\boldsymbol{A}$ 的各阶顺序主子式依次为

$$D_1=1>0,D_2=\begin{vmatrix} 1 & 1 \\ 1 & 2 \end{vmatrix}=1>0,D_3=\begin{vmatrix} 1 & 1 & 0 \\ 1 & 2 & 2 \\ 0 & 2 & 5 \end{vmatrix}=1>0,$$

所以二次型正定. 证毕

例 6.4.3 判断二次型 $f(x_1,x_2,x_3)=3x_1^2+x_2^2+5x_3^2+4x_1x_2-8x_1x_3-4x_2x_3$ 是否正定.

解法 1(顺序主子式法)

f 的矩阵为 $\boldsymbol{A}=\begin{pmatrix}3&2&-4\\2&1&-2\\-4&-2&5\end{pmatrix}$,因为 $\begin{vmatrix}3&2\\2&1\end{vmatrix}=-1<0$,所以二次型不是正定的.

解法 2(配方法)

$$\begin{aligned}f(x_1,x_2,x_3)&=3\left(x_1+\frac{2}{3}x_2-\frac{4}{3}x_3\right)^2-\frac{1}{3}x_2^2+\frac{4}{3}x_2x_3-\frac{1}{3}x_3^2\\&=3\left(x_1+\frac{2}{3}x_2-\frac{4}{3}x_3\right)^2-\frac{1}{3}(x_2-2x_3)^2+x_3^2,\end{aligned}$$

根据定理 6.6,它不是正定的.

本题还可利用特征值法(根据推论 6.5)证明,请读者自己写出.

例 6.4.4 设二次曲面的方程为

$$x^2+(2+t)y^2+tz^2+2xy-2xz-yz=5,$$

问参数 t 取何值时,该曲面表示椭球面?

解 若使该曲面为椭球面,则二次型

$$f=x^2+(2+t)y^2+tz^2+2xy-2xz-yz$$

必为正定二次型,即 f 的矩阵

$$\boldsymbol{A}=\begin{pmatrix}1&1&-1\\1&2+t&-\frac{1}{2}\\-1&-\frac{1}{2}&t\end{pmatrix}$$

为正定的.由定理 6.7,$\boldsymbol{A}$ 的各阶顺序主子式都大于零,即

$$D_1=1>0,D_2=\begin{vmatrix}1&1\\1&2+t\end{vmatrix}=1+t>0,D_3=\begin{vmatrix}1&1&-1\\1&2+t&-\frac{1}{2}\\-1&-\frac{1}{2}&t\end{vmatrix}=t^2-\frac{5}{4}>0.$$

由此可知,$t>\frac{\sqrt{5}}{2}$.所以当 $t>\frac{\sqrt{5}}{2}$ 时,题设二次曲面为椭球面.

6.4.3　正定矩阵的性质

性质 6.1　设 A 是正定矩阵，则

(1) kA 为正定矩阵，其中 k 为任意正实数；

(2) A^{-1} 为正定矩阵；

(3) A 的伴随矩阵 A^* 为正定矩阵；

(4) A^k 为正定矩阵，其中 k 为任意正整数；

证明　因为 A 正定，所以 A 的任一特征值 $\lambda>0$，且 $|A|>0$. 而 kA、A^{-1}、A^*、A^k 的特征值分别为

$$k\lambda, \frac{1}{\lambda}, \frac{|A|}{\lambda}, \lambda^k,$$

上述特征值都大于零，因此 kA、A^{-1}、A^*、A^k 均为正定矩阵.　　证毕

性质 6.2　若 A 为正定矩阵，C 为与 A 同阶的可逆矩阵，则 C^TAC 为正定矩阵.

证明　任取非零向量 $y\in\mathbf{R}^n$，令 $Cy=x$，则 $x\neq\mathbf{0}$（否则，由 $x=\mathbf{0}$ 得 $y=C^{-1}x=\mathbf{0}$，与 $y\neq\mathbf{0}$ 矛盾）. 因为 A 正定，所以 $x^TAx>0$.
从而

$$y^TC^TACy=(Cy)^TA(Cy)=x^TAx>0$$

故 C^TAC 为正定矩阵.　　证毕

性质 6.2 说明可逆线性变换保持二次型的正定性不变. 即正定二次型 x^TAx 经可逆线性变换 $x=Cy$ 后所得的二次型 y^TC^TACy 仍保持正定.

性质 6.3　设 A,B 为同阶的正定矩阵，则

(1) $A+B$ 为正定矩阵；

(2) $\begin{pmatrix} A & O \\ O & B \end{pmatrix}$ 为正定矩阵.

利用正定矩阵的定义，容易证明上述性质，请读者自己证明.

例 6.4.5　设 A 为 n 阶可逆矩阵，证明 A^TA 为正定矩阵.

证明　因为 $(A^TA)^T=A^TA$ 所以 A^TA 为对称矩阵.

又 $A^TA=A^TEA$，而 A 为可逆矩阵，E 为单位矩阵，也是正定矩阵，由性质 6.2 可知 A^TA 为正定矩阵.　　证毕

例 6.4.6　设 A 为 n 阶实对称矩阵，证明 A 正定的充分必要条件是存在 n 阶正定矩阵 B，使得 $A=B^2$.

证明　充分性　若存在 n 阶正定矩阵 B，使 $A=B^2$，由于 B 正定，根据性质 6.1 可知 B^2 正定，即 A 正定.

必要性　设 A 正定，则存在正交矩阵 Q，使

$$Q^{T}AQ=\begin{pmatrix}\lambda_1 & & & \\ & \lambda_2 & & \\ & & \ddots & \\ & & & \lambda_n\end{pmatrix}=\Lambda,$$

其中 $\lambda_1,\lambda_2,\cdots,\lambda_n$ 为 A 的特征值,且全大于零.

取

$$\Lambda_0=\begin{pmatrix}\sqrt{\lambda_1} & & & \\ & \sqrt{\lambda_2} & & \\ & & \ddots & \\ & & & \sqrt{\lambda_n}\end{pmatrix},$$

则 $\Lambda_0^2=\Lambda$,且

$$A=Q\Lambda Q^{T}=Q\Lambda_0^2Q^{T}=Q\Lambda_0Q^{T}Q\Lambda_0Q^{T}=(Q\Lambda_0Q^{T})^2,$$

令 $B=Q\Lambda_0Q^{T}$,则 $A=B^2$,且 B 正定.　证毕

6.4.4 其他有定二次型的判别

下面简要介绍半正定、负定和半负定二次型的性质及判别定理.

根据定义 6.5 可以证明下面的定理.

定理 6.8　设 A 是 n 阶实对称矩阵,则下列命题等价:

(1) $x^{T}Ax$ 负定;

(2) A 的负惯性指数为 n,即 $A\backsimeq -E$;

(3) 存在可逆矩阵 P,使得 $A=-P^{T}P$;

(4) A 的特征值全小于零;

(5) A 的奇数阶顺序主子式小于零,偶数阶顺序主子式大于零.

定理 6.9　设 A 是 n 阶实对称矩阵,则下列命题等价:

(1) $x^{T}Ax$ 半正定;

(2) A 的正惯性指数 $=R(A)=r(r<n)$;

(3) A 的特征值非负,但至少有一个等于零;

(4) 存在非满秩矩阵 $P(R(P)<n)$,使得 $A=P^{T}P$;

(5) A 的各阶顺序主子式非负,但至少有一个等于零.

关于半负定的相应定理,读者不难自行写出.关于定理的证明,请读者参阅有关书籍.

例 6.4.7　证明二次型 $f=n\sum\limits_{i=1}^{n}x_i^2-\left(\sum\limits_{i=1}^{n}x_i\right)^2$ 是半正定的.

解法1(配方法)

$$
\begin{aligned}
f &= (n-1)\sum_{i=1}^{n} x_i^2 - \sum_{1\leqslant i<j\leqslant n} 2x_i x_j \\
&= (x_1-x_2)^2+(x_1-x_3)^2+\cdots+(x_1-x_n)^2+(x_2-x_3)^2+\cdots+ \\
&\quad (x_2-x_n)^2+\cdots+(x_{n-1}-x_n)^2 \\
&= \sum_{1\leqslant i<j\leqslant n}(x_i-x_j)^2 \geqslant 0.
\end{aligned}
$$

当 $x_1=x_2=\cdots=x_n$ 时,等号成立,故 f 是半正定的.

解法2(特征值法)

二次型 f 的矩阵为

$$
\boldsymbol{A}=\begin{pmatrix} n-1 & -1 & \cdots & -1 \\ -1 & n-1 & \cdots & -1 \\ \vdots & \vdots & & \vdots \\ -1 & -1 & \cdots & n-1 \end{pmatrix},
$$

故 $\boldsymbol{A}$ 的特征多项式为

$$
|\lambda\boldsymbol{E}-\boldsymbol{A}|=\begin{vmatrix} \lambda-(n-1) & 1 & \cdots & 1 \\ 1 & \lambda-(n-1) & \cdots & 1 \\ \vdots & \vdots & & \vdots \\ 1 & 1 & \cdots & \lambda-(n-1) \end{vmatrix}
$$

$$
=\lambda\begin{vmatrix} 1 & 1 & \cdots & 1 \\ 0 & \lambda-n & \cdots & 0 \\ \vdots & \vdots & & \vdots \\ 0 & 0 & \cdots & \lambda-n \end{vmatrix}=\lambda(\lambda-n)^{n-1},
$$

故 $\boldsymbol{A}$ 的特征值为 $\lambda_1=0,\lambda_2=n(n-1$ 重$)$,故二次型是半正定的.

例 6.4.8　判断二次型 $f(x_1,x_2,x_3)=-5x_1^2-4x_2^2-x_3^2+2x_1x_2+4x_1x_3$ 的正定性.

解　f 的矩阵为

$$
\boldsymbol{A}=\begin{pmatrix} -5 & 1 & 2 \\ 1 & -4 & 0 \\ 2 & 0 & -1 \end{pmatrix},
$$

因为 $\boldsymbol{A}$ 的各阶顺序主子式

$$
D_1=-5<0,D_2=\begin{vmatrix} -5 & 1 \\ 1 & -4 \end{vmatrix}=19>0,D_3=|\boldsymbol{A}|=-3<0,
$$

所以 f 是负定的.

习题 6-4

1. 单项选择题

(1) 二次型 $f(x_1,x_2,\cdots,x_n)=x_1^2+x_n^2$ 是(　　)二次型.

A. 正定　　B. 半正定　　C. 不定　　D. 半负定

(2) 二次型 $f(x_1,x_2,x_3)=-2x_2^2$ 是(　　)二次型.

A. 半正定　　B. 负定　　C. 半负定　　D. 不定

(3) 下列矩阵中,正定矩阵是(　　).

A. $\begin{pmatrix}1&2&1\\2&5&3\\1&3&0\end{pmatrix}$　　B. $\begin{pmatrix}1&2&1\\0&5&3\\0&0&3\end{pmatrix}$

C. $\begin{pmatrix}1&3&3\\2&5&7\\2&7&10\end{pmatrix}$　　D. $\begin{pmatrix}1&2&-1\\2&5&-2\\-1&-2&6\end{pmatrix}$

(4) 二次型 $f(x_1,x_2,\cdots,x_n)=\boldsymbol{x}^{\mathrm{T}}\boldsymbol{A}\boldsymbol{x}$ 正定的充分必要条件是(　　).

A. $|\boldsymbol{A}|>0$　　B. f 的负惯性指数为零

C. $\boldsymbol{A}$ 的 n 个特征值全部大于零　D. f 的秩为 n

(5) 下列说法错误的是(　　).

A. 负定矩阵的特征值一定小于零

B. 半正定矩阵的行列式等于零

C. 负定矩阵的行列式一定小于零

D. 半正定矩阵的特征值大于等于零,但至少有一个为零

2. 填空题

(1) 二次型 $f(x_1,x_2,\cdots,x_n)=x_1^2+x_2^2+\cdots+x_t^2$,则 $t=$________时,f 正定.

(2) 设矩阵 $\boldsymbol{A}=\begin{pmatrix}-2&0&0\\0&t&1\\0&1&-t^2\end{pmatrix}$ 负定,则 t 满足的条件是________.

3. 判定下列二次型的正定性:

(1) $2x_1^2+5x_2^2+5x_3^2+4x_1x_2-4x_1x_3-8x_2x_3$;

(2) $-5x^2-6y^2-4z^2+4xy+4xz$;

(3) $2x_1x_2+2x_1x_3-6x_2x_3$.

习题答案与提示 6-4

本章基本要求

1. 掌握二次型及其矩阵表示,了解二次型秩的概念,了解合同变换和合同矩阵的概念.

2. 了解二次型的标准形、规范形的概念以及惯性定理.

3. 掌握用正交变换化二次型为标准形的方法,会用配方法化二次型为标准形.

4. 理解正定二次型、正定矩阵的概念,并掌握其判别法.

历史探寻:二次型

二次型也称为“二次形式”,对二次型的系统研究是从 18 世纪开始的,它起源于对二次曲线和二次曲面的分类问题的讨论.将二次曲线和二次曲面的方程变形,选主轴方向(即化二次型标准形的正交矩阵的列)的轴作为坐标轴以简化方程的形状,这个问题是在 18 世纪引进的,法国数学家柯西在其著作中给出结论:当方程是标准形时,二次曲面用二次项的符号来进行分类.然而,那时并不太清楚,在化简成标准形时,为何总是得到同样数目的正项和负项.1852 年,英国数学家西尔维斯特回答了这个问题,他给出了 n 元二次型的惯性定律,但没有证明.这个定律后被德国数学家雅可比于 1857 年重新发现和证明.1801 年,德国数学家高斯(C. F. Gauss,1777—1855)在《算术研究》中引进了二次型的正定、负定、半正定和半负定等术语.德国数学家魏尔斯特拉斯(K.Weierstrass,1815—1897)完成了二次型的理论体系并将其推广到双线性型.德国数学家赫尔维茨(A.Hurwitz,1859—1919)给出了利用行列式判别二次型正定的赫尔维茨定理.

20 世纪,线性代数的发展使得二次型的研究更加系统和抽象化,特别是矩阵理论和特征值理论的发展,为二次型的分析和应用提供了更强大的工具.同时,二次型在物理学、工程学和计算机科学等领域中的应用也越来越广泛,二次型的研究成果也为许多数学分支的发展做出了重要贡献.

总练习题 6

(A)

1. 单项选择题

(1) 设 $\boldsymbol{A}$ 为正定矩阵,则非齐次线性方程组 $\boldsymbol{Ax}=\boldsymbol{b}$(　　).

A. 无解　　B. 可能有解

C. 有无穷多解　　D. 有唯一解

(2) 若矩阵 $\boldsymbol{A}=\begin{pmatrix}2&-1&-1\\-1&2&-1\\-1&-1&2\end{pmatrix}$, $\boldsymbol{B}=\begin{pmatrix}1&0&0\\0&1&0\\0&0&0\end{pmatrix}$, 则 $\boldsymbol{A}$ 与 $\boldsymbol{B}$(　　).

A. 合同且相似　　B. 合同但不相似

C. 不合同但相似　　D. 既不合同也不相似

(3) 设 $\boldsymbol{A},\boldsymbol{B}$ 为 n 阶正定矩阵,则(　　)是正定矩阵.

A. $\boldsymbol{AB}$　　B. $\boldsymbol{A}^*+\boldsymbol{B}^*$

C. $\boldsymbol{A}^{-1}-\boldsymbol{B}^{-1}$　　D. $\boldsymbol{A}^{\mathrm{T}}-\boldsymbol{B}^{\mathrm{T}}$

(4) 设二次型 $f(x_1,x_2,x_3)=x_1^2+x_2^2+x_3^2+4x_1x_2+4x_1x_3+4x_2x_3$,则 $f(x_1,x_2,x_3)=2$在空间直角坐标系下表示的曲面为(　　).

A. 单叶双曲面　　B. 双叶双曲面

C. 椭球面　　D. 柱面

(5) 设二次型 $f(x_1,x_2,x_3)=x_1^2+x_2^2+5x_3^2+2ax_1x_2-2x_1x_3+4x_2x_3$ 正定,则 a 的取值范围为(　　).

A. $[-1,1]$　　B. $(-1,1)$

C. $\left(-\dfrac{4}{5},1\right)$　　D. $\left(-\dfrac{4}{5},0\right)$

2. 填空题

(1) 设二次型 $x_1^2+tx_2^2+3x_3^2+2x_1x_2$ 的秩为 2,则 $t=$________.

(2) 设 $\boldsymbol{A}$ 为实对称矩阵 ,且 $|\boldsymbol{A}|\neq 0$,把二次型 $f=\boldsymbol{x}^{\mathrm{T}}\boldsymbol{Ax}$ 化为 $f=\boldsymbol{y}^{\mathrm{T}}\boldsymbol{A}^{-1}\boldsymbol{y}$ 的可逆线性变换是 $\boldsymbol{x}=$________$\boldsymbol{y}$.

(3) 已知二次型 $f(x_1,x_2,x_3)=2x_1^2+3x_2^2+3x_3^2+4x_1x_2+2ax_2x_3\,(a>0)$,经正交变换 $\boldsymbol{x}=\boldsymbol{Py}$ 可化为标准形 $f=-y_1^2+2y_2^2+5y_3^2$,则 $a=$________.

(4) 已知二次型 $f(x_1,x_2,x_3)=x_1^2-2x_2^2+ax_3^2+2x_1x_2-4x_1x_3+2x_2x_3$ 的秩为 2,则 f 的规范形为________.

（5）若 $\boldsymbol{A}$ 是 n 阶正交正定矩阵，则 $\boldsymbol{A}=$________.

3. 已知 $\boldsymbol{A}=\begin{pmatrix}0&1&0&0\\1&0&0&0\\0&0&2&1\\0&0&1&2\end{pmatrix}$,

（1）写出以 $\boldsymbol{A}$ 和 $\boldsymbol{A}^{-1}$ 为矩阵的二次型；

（2）求 $\boldsymbol{A},\boldsymbol{A}^{-1}$ 的特征值；

（3）求相应于 $\boldsymbol{A},\boldsymbol{A}^{-1}$ 的二次型的标准形.

4. 化二次型 $f(x_1,x_2,x_3)=ax_1^2+bx_2^2+ax_3^2+2cx_1x_3$ 为标准形，并指出 a,b,c 满足什么条件时，$f(x_1,x_2,x_3)$ 是正定的.

5. 判断二次型 $f(x_1,x_2,\cdots,x_n)=\sum\limits_{i=1}^{n}x_i^2+\sum\limits_{1\leqslant i\leqslant n-1}x_ix_{i+1}$ 的正定性.

6. 设二次型 $f(x_1,x_2,x_3)=\boldsymbol{x}^{\mathrm{T}}\boldsymbol{A}\boldsymbol{x}=ax_1^2+2x_2^2-2x_3^2+2bx_1x_3(b>0)$，且有 f 的特征值之和为 1，特征值之积为 -12.

（1）求 a,b 的值；

（2）用正交变换将二次型 f 化为标准形，写出所用的正交变换.

7. 设 $\boldsymbol{A}$ 为可逆矩阵，证明：$f(x_1,x_2,x_3)=\boldsymbol{x}^{\mathrm{T}}\boldsymbol{A}^{\mathrm{T}}\boldsymbol{A}\boldsymbol{x}$ 为正定二次型.

8. 证明 $ax_1^2+bx_1x_2+cx_2^2$ 为正定二次型的充分必要条件是 $a>0,b^2-4ac<0$.

（B）

1. 单项选择题

（1）二次型 $f(x_1,x_2,x_3)$ 在正交变换 $\boldsymbol{x}=\boldsymbol{P}\boldsymbol{y}$ 下的标准形为 $2y_1^2+y_2^2-y_3^2$，$\boldsymbol{P}=(\boldsymbol{e}_1,\boldsymbol{e}_2,\boldsymbol{e}_3)$，若 $\boldsymbol{Q}=(\boldsymbol{e}_1,-\boldsymbol{e}_3,\boldsymbol{e}_2)$，则 $f(x_1,x_2,x_3)$ 在正交变换 $\boldsymbol{x}=\boldsymbol{Q}\boldsymbol{y}$ 下的标准形为（　　）.

A. $2y_1^2-y_2^2+y_3^2$　　B. $2y_1^2+y_2^2-y_3^2$

C. $2y_1^2-y_2^2-y_3^2$　　D. $2y_1^2+y_2^2+y_3^2$

（2）设 $\boldsymbol{A}$ 为三阶正定矩阵，$\alpha_1,\alpha_2,\alpha_3$ 为三维非零列向量，且 $\boldsymbol{\alpha}_i^{\mathrm{T}}\boldsymbol{A}\boldsymbol{\alpha}_j=0(i\neq j,i,j=1,2,3)$，则（　　）.

A. $\boldsymbol{\alpha}_1,\boldsymbol{\alpha}_2,\boldsymbol{\alpha}_3$ 线性无关

B. $\boldsymbol{\alpha}_1,\boldsymbol{\alpha}_2,\boldsymbol{\alpha}_3$ 线性相关

C. $\boldsymbol{\alpha}_1,\boldsymbol{\alpha}_2,\boldsymbol{\alpha}_3$ 可能线性无关也可能线性相关

D. 当 $\boldsymbol{\alpha}_1,\boldsymbol{\alpha}_2,\boldsymbol{\alpha}_3$ 均为单位向量时，线性无关

（3）设二次型 $f(x_1,x_2,x_3)=(x_1+x_2)^2+(x_2+x_3)^2-(x_3-x_1)^2$,

则其正负惯性指数依次为(　　).

A. 2,0　　B. 1,1　　C. 2,1　　D. 1,2

(4) 设 $\boldsymbol{A}$ 是三阶实对称矩阵,$\boldsymbol{E}$ 是三阶单位矩阵,$\boldsymbol{A}^2+\boldsymbol{A}=2\boldsymbol{E}$, $|\boldsymbol{A}|=4$,则二次型 $f(x_1,x_2,x_3)=\boldsymbol{x}^{\mathrm{T}}\boldsymbol{A}\boldsymbol{x}$ 的规范形为(　　).

A. $y_1^2+y_2^2+y_3^2$　　B. $y_1^2+y_2^2-y_3^2$

C. $y_1^2-y_2^2-y_3^2$　　D. $-y_1^2-y_2^2-y_3^2$

(5) 设 $\boldsymbol{A}=(a_{ij})_{n\times n}$ 为实对称矩阵,二次型 $f(x_1,x_2,\cdots,x_n)=\sum\limits_{i=1}^{n}\left(\sum\limits_{j=1}^{n}a_{ij}x_j\right)^2$ 为正定二次型的充分必要条件为(　　).

A. $|\boldsymbol{A}|=0$　　B. $|\boldsymbol{A}|\neq 0$

C. $|\boldsymbol{A}|>0$　　D. $|\boldsymbol{A}|<0$

2. 填空题

(1) 已知二次型 $f(x_1,x_2,x_3)=a(x_1^2+x_2^2+x_3^2)+4x_1x_2+4x_1x_3+4x_2x_3$,经正交变换 $\boldsymbol{x}=\boldsymbol{P}\boldsymbol{y}$ 可化为标准形 $f=6y_1^2$,则 $a=$________.

(2) 设二次型 $f(x_1,x_2,x_3)=\boldsymbol{x}^{\mathrm{T}}\boldsymbol{A}\boldsymbol{x}$ 的秩为 1,$\boldsymbol{A}$ 中各行元素之和为 3,则 f 经正交变换 $\boldsymbol{x}=\boldsymbol{Q}\boldsymbol{y}$ 下的标准形为________.

(3) 若二次曲面 $x^2+3y^2+z^2+2axy+2xz+2yz=4$,经正交变换可化为 $y_1^2+4z_1^2=4$,则 $a=$________.

(4) 设二次型 $f(x_1,x_2,x_3)=x_1^2-x_2^2+2ax_1x_3+4x_2x_3$ 的负惯性指数为 1,则 a 的取值范围是________.

(5) 若二次型 $f(x_1,x_2,x_3)=2x_1^2+x_2^2+x_3^2+2x_1x_2+tx_2x_3$ 是正定的,则 t 的取值范围是________.

3. 已知二次型 $f(x_1,x_2,x_3)=(1-a)x_1^2+(1-a)x_2^2+2x_3^2+2(1+a)x_1x_2$的秩为 2,

(1) 求 a 的值;

(2) 求正交变换 $\boldsymbol{x}=\boldsymbol{Q}\boldsymbol{y}$,把 $f(x_1,x_2,x_3)$ 化为标准形;

(3) 求 $f(x_1,x_2,x_3)=0$ 的解.

4. 已知三元二次型 $\boldsymbol{x}^{\mathrm{T}}\boldsymbol{A}\boldsymbol{x}$ 中,二次型矩阵 $\boldsymbol{A}$ 的各行元素之和均为 6,且满足 $\boldsymbol{A}\boldsymbol{B}=\boldsymbol{O}$,其中 $\boldsymbol{B}=\begin{pmatrix}1&1&2\\-2&-1&-3\\1&0&1\end{pmatrix}$,

(1) 用正交变换化二次型为标准形,并写出所用的正交变换;

(2) 求行列式$|\boldsymbol{A}+\boldsymbol{E}|$的值.

5. 设 $\boldsymbol{D}=\begin{pmatrix}\boldsymbol{A} & \boldsymbol{C}\\ \boldsymbol{C}^{\mathrm{T}} & \boldsymbol{B}\end{pmatrix}$ 为正定矩阵，其中 $\boldsymbol{A},\boldsymbol{B}$ 分别为 m 阶，n 阶对称矩阵，$\boldsymbol{C}$ 为 $m\times n$ 矩阵，

（1）计算 $\boldsymbol{P}^{\mathrm{T}}\boldsymbol{D}\boldsymbol{P}$，其中 $\boldsymbol{P}=\begin{pmatrix}\boldsymbol{E}_m & -\boldsymbol{A}^{-1}\boldsymbol{C}\\ \boldsymbol{O} & \boldsymbol{E}_n\end{pmatrix}$（$\boldsymbol{E}_k$ 为 k 阶单位矩阵）；

（2）利用（1）的结果判断矩阵 $\boldsymbol{B}-\boldsymbol{C}^{\mathrm{T}}\boldsymbol{A}^{-1}\boldsymbol{C}$ 是否为正定矩阵，并证明此结论.

6. 设二次型 $f(x_1,x_2,x_3)=2x_1^2-x_2^2+ax_3^2+2x_1x_2-8x_1x_3+2x_2x_3$，在正交变换 $\boldsymbol{x}=\boldsymbol{Q}\boldsymbol{y}$ 下的标准形为 $\lambda_1y_1^2+\lambda_2y_2^2$，求 a 的值及正交矩阵 $\boldsymbol{Q}$.

7. 设实二次型 $f(x_1,x_2,x_3)=(x_1-x_2+x_3)^2+(x_2+x_3)^2+(x_1+ax_3)^2$，$a$ 为参数，求

（1）$f(x_1,x_2,x_3)=0$ 的解；

（2）$f(x_1,x_2,x_3)$ 规范形.

8. 已知二次型 $f(x_1,x_2,x_3)=\sum\limits_{i=1}^{3}\sum\limits_{j=1}^{3}ijx_ix_j$，

（1）求二次型 $f(x_1,x_2,x_3)$ 的矩阵；

（2）求正交矩阵 $\boldsymbol{Q}$，使正交变换 $\boldsymbol{x}=\boldsymbol{Q}\boldsymbol{y}$ 化二次型 $f(x_1,x_2,x_3)$ 为标准形；

（3）求 $f(x_1,x_2,x_3)=0$ 的解.

习题答案与提示
总练习题 6

9. 设二次曲面的方程为 $x_1^2-2x_2^2-2x_3^2-4x_1x_2+4x_1x_3+8x_2x_3-1=0$，试判断二次曲面的形状.

MATLAB 全名为 Matrix Laboratory,是矩阵实验室的意思,矩阵为其基本的数据单元.MATLAB 最初是由 Cleve Moler 用 Fortran 语言设计的,目前的 MATLAB 是由 MathWorks 公司用 C 语言开发的.MATLAB 容易使用,可以由多种操作系统支持,具有丰富的内部函数,代码简短,计算功能强大,具有强大的图形和符号功能,可以自动选择算法,与其他软件和语言有良好的对接性,可拓展性强,用户可以根据自己的需要编写相应的命令与函数.MATLAB 已广泛应用于工程计算、控制设计、信号处理与通信、图像处理、信号检测、金融建模设计与分析等领域,是适用于科学和工程计算的数学软件平台.

MATLAB 在矩阵分析方面的功能非常强大,提供了大量的矩阵操作和分析函数,可以处理常见的线性代数计算问题,包括符号矩阵和符号线性方程组方面的计算问题.

本章介绍如何利用 MATLAB 实现前 6 章中的一些运算,包括用 MATLAB 计算行列式、实现矩阵运算、实现向量运算、求解线性方程组、求特征值和特征向量以及 MATLAB 在二次型中的应用.

第 7 章 用 MATLAB 做线性代数

7.1 用 MATLAB 计算行列式

在 MATLAB 中用函数 det 计算方阵的行列式,即可用 det($\boldsymbol{A}$)来计算方阵 $\boldsymbol{A}$ 的行列式.如果方阵 $\boldsymbol{A}$ 是数值,则返回数值结果,进一步,如果只包含整数元素,则返回结果为整数;如果矩阵 $\boldsymbol{A}$ 中包含符号元素,那么返回结果是符号表达式.MATLAB 中可使用[ ]创建矩阵,逗号或空格作为同一行元素的分隔,分号或回车作为行的分隔.其他创建矩阵的方式,我们将在下一节中具体介绍.

例 7.1.1 计算 $\begin{vmatrix} 3 & 1 & -1 & 2 \\ -5 & 1 & 3 & -4 \\ 2 & 0 & 1 & -1 \\ 1 & -5 & 3 & -3 \end{vmatrix}$.

在 MATLAB 的命令窗口中输入:

```
A=[3 1 -1 2;-5 1 3 -4;2 0 1 -1;1 -5 3 -3];
det(A)
```

则输出:

```
ans=
    40
```

注:(1) 对于简单的运算,可以直接在命令窗口以惯用的形式输入;

(2) 当表达式较复杂或重复次数较多时,可先定义变量,然后由变量表达式计算,例如上例中的“A”;若用户没有对表达式设定变量,则 MATLAB 自动将当前结果赋给 ans 变量;

(3) 若不想显示中间的结果,可用‘;’结束一行;若想再次查看,只需输入变量名.

例 7.1.2 计算 $\begin{vmatrix} \frac{1}{2} & \frac{1}{3} & \frac{1}{4} \\ \frac{1}{5} & \frac{1}{6} & \frac{1}{7} \\ \frac{1}{8} & \frac{1}{9} & \frac{1}{10} \end{vmatrix}$.

方法 1 在 MATLAB 的命令窗口中输入:

```
format rat
A=[1/2 1/3 1/4;1/5 1/6 1/7;1/8 1/9 1/10];
det(A)
```

则输出:

```
ans=
    1/33600
```

注:MATLAB 中数值有多种显示形式.缺省情况下,若数据为整数,则以整型表示;若为实数,则以保留小数点后的 4 位浮点数表示.输出格式可由 format 控制,该命令只影响在屏幕上的显示结果,不影响在内部的存储和运算,默认数据存储和运算都以双精度进行的.可结合 short (4 位小数)、long (14 位小数)、hex(16 进制)、bank(2 位小数)、short e (4 位小

数的指数形式)、long e(14 位小数的指数形式)、rat(分数形式).例如在命令窗口中输入 format long ,则以 14 位小数显示结果;输入 format rat,则以分数显示结果.

方法 2　在 MATLAB 的命令窗口中输入:

```
A=sym([1/2 1/3 1/4;1/5 1/6 1/7;1/8 1/9 1/10]);
det(A)
```

注:用函数“sym”生成符号矩阵.

例 7.1.3　计算 $D=\begin{vmatrix} a & 0 & 0 & b \\ 0 & c & d & 0 \\ 0 & e & f & 0 \\ g & 0 & 0 & h \end{vmatrix}$.

方法 1　在 MATLAB 的命令窗口中输入:

```
A=sym('[a 0 0 b;0 c d 0; 0 e f 0; g 0 0 h]');
D=det(A)
```

则输出:

```
D=
a*c*f*h-a*e*d*h-g*c*b*f+g*e*d*b
```

注:用函数“sym”生成符号矩阵,当矩阵元素包含非数值量,需要使用单引号.

方法 2　在 MATLAB 的命令窗口中输入:

```
syms a b c d e f g h;
A=[a 0 0 b;0 c d 0; 0 e f 0; g 0 0 h];
D=det(A)
```

注:用关键字“syms”声明一系列符号变量.

例 7.1.4　计算 $D=\begin{vmatrix} a & b & c & d \\ a^2 & b^2 & c^2 & d^2 \\ a^3 & b^3 & c^3 & d^3 \\ b+c+d & a+c+d & a+b+d & a+b+c \end{vmatrix}$.

在 MATLAB 的命令窗口中输入:

```
A=sym('[a b c d; a^2 b^2 c^2 d^2;a^3 b^3 c^3 d^3;b+c+d a+c+d a+b+d a+b+c]');
D=det(A);
D=simple(D)
```

则输出：

D =

(d-c) * (b-d) * (b-c) * (a-d) * (a-c) * (a-b) * (a+c+d+b)

注：用函数“simple”对得到的表达式进行化简，得到最简单的形式.

例 7.1.5　用克拉默法则求解下列方程组：

$$(1)\begin{cases}x_1+2x_2+3x_3=6,\\4x_1+5x_2+6x_3=15,\\7x_1+8x_2+9x_3=24;\end{cases}\quad(2)\begin{cases}x_1+2x_2+3x_3=1,\\2x_1+2x_2+x_3=1,\\3x_1+4x_2+3x_3=2.\end{cases}$$

借助 det 函数，我们可以用 function 关键字在 M 文件中定义函数，具体代码如下：

```
function Cramer(A,b)
D=det(A);
if D==0
    disp('克拉默法则失效.')
else
    disp('方程组有唯一解.')
    n=length(A);
    x=zeros(n,1);
    for i=1:n
        Ai=A;
        Ai(:,i)=b;
        Di=det(Ai);
        x(i)= Di/D;
    end
    x
end
```

代码中使用了分支结构语句 if…else…和循环结构语句 for，具体使用方法可以查找 MATLAB 的帮助或者 MATLAB 的相关教程，本书不再展开.代码中也涉及矩阵的生成以及矩阵元素的引用的内容，我们将在下一节中介绍.将该文件保存为 Cramer.m，在命令窗口中输入：

```
A=[1 2 3; 4 5 6; 7 8 9];
b=[6;15;24];
Cramer(A,b)
```

则输出：

克拉默法则失效.

继续输入:

```
A=[1 2 3;2 2 1;3 4 3];
b=[1;1;2];
Cramer(A,b)
```

则输出:

```
方程组有唯一解.
x =
         0
    0.5000
         0
```

习题 7-1

1. 用 MATLAB 中的函数 det 计算习题 1-1 第 3 题中的行列式.

2. 编写程序实现用克拉默法则求解线性方程组,并求解习题 1-5 第 3 题.

7.2 用 MATLAB 实现矩阵运算

7.2.1 矩阵的创建

矩阵是 MATLAB 中的基本对象,所有数据都以数组或矩阵的形式进行保存.生成矩阵的方法很多,具体包括

(1) 直接使用[ ]创建矩阵,逗号或空格作为同一行元素的分隔,分号或回车作为行的分隔,例如 A=[1 2 0;2 5 -1;4 10 -1] ;

(2) 用增量法构造矩阵,例如 a=1:10,b=1:2:10;

(3) 用 linspace 函数构造矩阵,例如 c=linspace(0,10,6);

(4) 用函数构造特殊矩阵,常用函数如表 7.1 所示.例如在命令窗口输入A=ones(2),则 $\boldsymbol{A}$ 为一个 2 行 2 列元素全为 1 的矩阵;输入 A=ones(2,3),则 $\boldsymbol{A}$ 为一个 2 行 3 列元素全为 1 的矩阵;

表 7.1 特殊矩阵的构造函数

函数	功　能
ones	创建一个所有元素都为 1 的矩阵
zeros	创建一个所有元素都为 0 的矩阵
eye	创建单位矩阵
diag	根据矢量创建对角矩阵
magic	创建一个方形矩阵,其中行、列和对角线上元素的和相等
rand	创建一个矩阵或数组,其中的元素为服从均匀分布的随机数
randn	创建一个矩阵或数组,其中的元素为服从正态分布的随机数

(5) 通过连接一个或多个矩阵形成新的矩阵,注意可以用这种方法创建矩阵甚至大多维数组,但不能生成不规则的矩阵.如果是水平生成矩阵,则每个子矩阵的行数必须相同;如果是垂直生成矩阵,则每个子矩阵的列数必须相同.例如在命令窗口中输入:

```
A = ones(2);
B = rand(2);
C = [A,B]
```

则输出:

```
C =
    1.0000    1.0000    0.1987    0.2722
    1.0000    1.0000    0.6038    0.1988
```

再输入 D=[A;B]

则输出:

```
D =
    1.0000    1.0000
    1.0000    1.0000
    0.1987    0.2722
    0.6038    0.1988
```

除通过以上聚合的方法外,也可以通过一些聚合函数产生新矩阵,常用函数如表 7.2 所示.

表7.2　矩阵聚合函数

函数	功　能
cat	沿指定的维聚合矩阵
horzcat	水平聚合矩阵
vertcat	垂向聚合矩阵
repmat	通过复制和叠置矩阵来创建矩阵
blkdiag	用已有矩阵创建分块对角矩阵

7.2.2 矩阵元素的引用

MATLAB引用矩阵元素的方法非常方便灵活，具体包括：

(1) 引用矩阵 $\boldsymbol{A}$ 的第 i 行第 j 列的元素可用 A(i,j)表示；

(2) 引用矩阵 $\boldsymbol{A}$ 的第 i 行可用 A(i,:)表示；

(3) 引用矩阵 $\boldsymbol{A}$ 的第 j 列可用 A(:,j)表示；

(4) 引用矩阵 $\boldsymbol{A}$ 的 i 到 j 行的第 k 列可用 A(i:j,k)表示，例如引用矩阵 $\boldsymbol{A}$ 的1到5行的第3列可用 A(1:5,3)表示；

(5) 引用矩阵 $\boldsymbol{A}$ 的 $i1$、$i2$、…、ik 行的第 j 列可用 A([i1 i2…ik],j)表示，例如引用矩阵 $\boldsymbol{A}$ 的1、3行的第2列可用 A([1 3],2)表示；

(6) 引用矩阵 $\boldsymbol{A}$ 的 i 到最后一行的第 j 列可用 A(i:end,j)表示；

(7) 引用矩阵 $\boldsymbol{A}$ 的第 i 行第 j 列的元素可用 A(t)表示，对于 m 行 n 列的矩阵，$t=(j-1)m+i$(MATLAB中矩阵元素按列存储，t 为第 i 行第 j 列的元素在序列中的存储位置，可用 sub2ind(size(A),i,j)获得).

7.2.3 矩阵的相关运算

MATLAB在矩阵分析方面的功能非常强大，提供了大量的矩阵操作和分析函数，可方便地实现相关的矩阵运算，线性代数中常见的矩阵运算命令及其功能如表7.3所示.下面我们将介绍如何使用“+”“-”“*”“^”“'”“inv”“rref”“rank”，我们将在后面的几节中继续介绍如何使用“\”“/”“orth”“null”“eig”.

表7.3　常用矩阵运算命令及其功能表

命令	功　能
A+B, A-B, A*B	矩阵 $\boldsymbol{A}$ 与 $\boldsymbol{B}$ 进行加、减、乘运算

续表

命令	功　能
A^n	求方阵 **A** 的 n 次幂,其中 n 为给定的数
det(A)	计算方阵 **A** 的行列式
transpose(A)	求矩阵 **A** 的转置
conj(A)	求矩阵 **A** 的共轭矩阵
A'	求矩阵 **A** 的共轭转置
A^(-1)或 inv(A)	求方阵 **A** 的逆
rref(A)	对矩阵 **A** 进行初等行变换,化为行最简形矩阵
rank(A)	求矩阵 **A** 的秩
trace(A)	求矩阵 **A** 的迹
A\B,	求 $\boldsymbol{AX}=\boldsymbol{B}$ 的解
C/A	求 $\boldsymbol{XA}=\boldsymbol{C}$ 的解
orth(A)	计算矩阵 **A** 的值域的一组正交基
null(A)	计算方阵 **A** 的零空间的一组正交基
eig(A)	计算方阵 **A** 的特征值
[P,V]= eig(A)	计算矩阵 **A** 的特征值和特征向量

例 7.2.1　设 $\boldsymbol{A}=\begin{pmatrix}1&2&3\\4&5&6\end{pmatrix}$,$\boldsymbol{B}=\begin{pmatrix}1&1&1\\1&1&1\end{pmatrix}$,$\boldsymbol{C}=\begin{pmatrix}1&0&3\\0&2&3\end{pmatrix}$,计算 $2\boldsymbol{A}+3\boldsymbol{B}+4\boldsymbol{C},\boldsymbol{AB}^{\mathrm{T}}\boldsymbol{C}$.

在 MATLAB 的命令窗口中输入:

```
A=[1 2 3; 4 5 6];
B=ones(2,3);
C=[1 0 3;0 2 3];
2 * A+3 * B+4 * C
```

则输出:

```
ans=
     9     7    21
    11    21    27
```

继续输入:

```
A * B' * C
```

则输出：

```
ans =

     6    12    36
    15    30    90
```

注：当矩阵规模较大且有一定的规律时，可以通过一些函数生成一些有规律的矩阵，然后将这些简单的矩阵聚合而成最终的矩阵．以矩阵 C 为例，C 可以看成由对角矩阵$\begin{pmatrix}1&0\\0&2\end{pmatrix}$和$\begin{pmatrix}3\\3\end{pmatrix}$按行拼接而成．因此可以在命令窗口中输入：

```
C=[diag([1,2]),3*ones(2,1)]
```

例 7.2.2　设 $\boldsymbol{A}=\begin{pmatrix}2&1&0\\1&1&2\\-1&2&1\end{pmatrix}$，$f(x)=x^2-3x+7$，求 $f(\boldsymbol{A})$．

在 MATLAB 的命令窗口中输入：

```
A=[2 1 0;1 1 2;-1 2 1];
fA=A^2-3*A+7*eye(size(A))
```

则输出：

```
fA =

     6     0     2
    -2    10    -2
     2    -3     9
```

注：$f(\boldsymbol{A})=\boldsymbol{A}^2-3\boldsymbol{A}+7\boldsymbol{E}$，其中 $\boldsymbol{E}$ 为与 $\boldsymbol{A}$ 同阶的单位矩阵，在 MATLAB 中可以用 size 返回矩阵 $\boldsymbol{A}$ 的大小，然后用 eye 生成一个与 $\boldsymbol{A}$ 同阶的单位矩阵．

例 7.2.3　求$\begin{pmatrix}3&-2&0&-1\\0&2&2&1\\1&-2&-3&-2\\0&1&2&1\end{pmatrix}$的逆矩阵．

在 MATLAB 的命令窗口中输入：

```
A=[3 -2 0 -1;0 2 2 1;1 -2 -3 -2;0 1 2 1];
inv(A)
```

则输出：

```
ans =

    1.0000    1.0000   -2.0000   -4.0000
```

```
        0    1.0000         0   -1.0000
  -1.0000   -1.0000    3.0000    6.0000
   2.0000    1.0000   -6.0000  -10.0000
```

例 7.2.4 求$\begin{pmatrix}1&2&1&-2\\2&2&0&-2\\1&4&3&-4\end{pmatrix}$的秩与行最简形矩阵.

在 MATLAB 的命令窗口中输入:

```
A=[1 2 1 -2;2 2 0 -2;1 4 3 -4];
r=rank(A)
```

则输出:

```
r=
   2
```

继续输入:

```
refA=rref(A)
```

则输出:

```
refA=
   1    0   -1    0
   0    1    1   -1
   0    0    0    0
```

在 MATLAB 中,我们可以使用函数 sym 或者命令 syms 生成符号矩阵,可参考 7.1 节中的例 7.1.3,我们也可以使用上述命令进行相应的符号矩阵的计算,这里不再单独举例说明.

习题 7-2

1. 用 MATLAB 中的运算符"+""-""*"实现习题 2-2 第 2 题(1)、(2)中的矩阵运算.

2. 用 MATLAB 中的运算符"^"计算例 2.2.7、例 2.2.8 中方阵的幂.

3. 用 MATLAB 中的运算符"^"或函数 inv 计算习题 2-6 第 5 题中矩阵的逆矩阵.

4. 分别用 MATLAB 中的函数 rank 和 rref 求习题 2-5 第 3 题中矩阵的秩和行最简形矩阵.

7.3 用 MATLAB 实现向量运算

向量可以看成特殊的矩阵，所以在 MATLAB 中，适用于矩阵的运算符、命令、函数同样适用于向量. 另一方面，由于其特殊性，也拥有一些向量所独有的运算，比如，向量的数量积、向量积、向量之间的夹角、向量组的正交化. 向量 $\boldsymbol{\alpha}$ 与 $\boldsymbol{\beta}$ 的数量积可由 dot(α,β)来实现；向量 $\boldsymbol{\alpha}$ 与 $\boldsymbol{\beta}$ 的向量积可由 cross(α,β)来实现；向量 $\boldsymbol{\alpha}$ 的长度可由 norm(α)来实现；向量 $\boldsymbol{\alpha}$ 与 $\boldsymbol{\beta}$ 之间的夹角可借助反余弦函数 acos 实现；向量组的正交化可由函数 orth 来实现.

例 7.3.1 设 $\boldsymbol{\alpha}=(1,2,2,-2)$，$\boldsymbol{\beta}=(4,2,-1,2)$，求 $[\boldsymbol{\alpha},\boldsymbol{\beta}]$，$\|\boldsymbol{\alpha}\|$，$\|\boldsymbol{\beta}\|$，$\langle\boldsymbol{\alpha},\boldsymbol{\beta}\rangle$.

在 MATLAB 的命令窗口中输入：

```
alpha=[1 2 2 -2];
beta=[4 2 -1 2];
dotproduct=dot(alpha,beta)
```

则输出：

```
dotproduct=
    2
```

再输入：

```
norma=norm(alpha)
```

则输出：

```
norma=
    3.6056
```

再输入：

```
normb=norm(beta)
```

则输出：

```
normb=
    5
```

再输入：

```
angle=acos(dotproduct/(norma*normb))
```

则输出：

```
angle =
    1.4596
```

例 7.3.2 把向量组 $\boldsymbol{\alpha}_1=(1,-1,0)$，$\boldsymbol{\alpha}_2=(1,0,1)$，$\boldsymbol{\alpha}_3=(1,-1,1)$ 正交化.

在 MATLAB 的命令窗口中输入：

```
alpha1 = [1 -1 0];
alpha2 = [1 0 1];
alpha3 = [1 -1 1];
A = [alpha1;alpha2;alpha3]';
orth(A)
```

则输出：

```
ans =
    -0.7071    0.0000   -0.7071
     0.5000   -0.7071   -0.5000
    -0.5000   -0.7071    0.5000
```

注：B = orth(A) 通过奇异值分解得到 $\boldsymbol{A}$ 的值域的一组正交基，不同于施密特正交化过程. $\boldsymbol{B}$ 的列向量可以张成和 $\boldsymbol{A}$ 的列向量相同的空间，$\boldsymbol{B}$ 的列数与 $\boldsymbol{A}$ 的秩相同，且 $\boldsymbol{B}$ 的列向量是正交的，即有 $\boldsymbol{B}^{\mathrm{T}}\boldsymbol{B}=\boldsymbol{E}$，其中 $\boldsymbol{E}$ 为与 $\boldsymbol{A}$ 的秩同阶的单位矩阵. 对施密特正交化过程，可用 function 关键字在 M 文件中定义函数，用循环结构语句 for 编写代码来实现，这里不再展开.

习题 7-3

1. 用 MATLAB 中的运算符“+”“-”“ * ”实现习题 3-1 第 2 题中的向量的线性运算.

2. 用 MATLAB 中的函数 dot, norm, acos 计算 $[\boldsymbol{\alpha},\boldsymbol{\beta}]$，$\|\boldsymbol{\alpha}\|$，$\|\boldsymbol{\beta}\|$，$\langle\boldsymbol{\alpha},\boldsymbol{\beta}\rangle$，其中 $\boldsymbol{\alpha}=(4,2,2,1)$，$\boldsymbol{\beta}=(1,-2,2,-4)$.

3. 用 MATLAB 中的函数 orth 将例 5.1.4 中的向量组标准正交化.

7.4 用 MATLAB 求解线性方程组

MATLAB 中用 A\b 可以求 $\boldsymbol{Ax}=\boldsymbol{b}$ 的解.如果 $\boldsymbol{Ax}=\boldsymbol{b}$ 没有解,可以用 pinv(A) * b得到一个最小二乘意义上的解;如果 $\boldsymbol{Ax}=\boldsymbol{b}$ 有无数解,也可以用 pinv(A) * b 得到一个解.MATLAB 中用 C/A 可以求 $\boldsymbol{XA}=\boldsymbol{C}$ 的解,用 null(A)通过奇异值分解得到矩阵 $\boldsymbol{A}$ 的零空间的一组正交基.对于求解 $\boldsymbol{Ax}=\boldsymbol{b}$,当有唯一解时,我们可以用 A\b 求解;当有无数解时,我们可以用 pinv(A) * b 求一个特解,然后用 null(A)得到对应的齐次方程的基础解系.需要注意的是,对求解线性方程组,一定要先对解的情况进行判断,否则可能会出现一些错误.

例 7.4.1 求解 $\begin{cases}4x_1+2x_2-x_3=2,\\3x_1-x_2+2x_3=10,\\11x_1+3x_2=8.\end{cases}$

若直接在 MATLAB 的命令窗口中输入:

```
A=[4 2 -1;3 -1 2;11 3 0];
b=[2;10;8];
x=A\b
```

则输出:

```
Warning: Matrix is close to singular or badly scaled.
         Results may be inaccurate.RCOND= 5.139921e-018.

x=

  1.0e+016 *
   -0.4053
    1.4862
    1.3511
```

继续输入:

```
A * x
```

则输出:

```
ans=

     0
```

```
    8
    8
```

易见,得到的结果并非方程组的解.

若输入:

```
x=pinv(A)*b
```

则输出:

```
x=
      1.2130
     -1.4478
      1.9565
```

继续输入:

```
A*x
```

则输出:

```
ans=
      0.0000
      9.0000
      9.0000
```

易见,得到的结果也不是方程组的解.

继续输入:

```
rA=rank(A)
```

则输出:

```
rA=
      2
```

继续输入:

```
B=[A,b];
rB=rank(B)
```

则输出:

```
rB=
      3
```

通过上述结果可以看出,系数矩阵的秩不等于增广矩阵的秩,因此,方程组无解.若不对方程组解的情况进行判断,直接使用相应的命令求解,则可能得到一个错误的结果,这是在使用软件求解时,特别需要注意的问题.使用软件求解得到结果时,要根据实际问题验证结果的合理性.

例 7.4.2 求解

$$\begin{cases} 2x_1+x_2-x_3+x_4=1, \\ x_1+2x_2+x_3-x_4=2, \\ x_1+x_2+2x_3+x_4=3. \end{cases}$$

在 MATLAB 的命令窗口中输入：

```
A=[2 1 -1 1;1 2 1 -1;1 1 2 1];
b=[1;2;3];
B=[A,b];
rA=rank(A)
```

则输出：

```
rA =
     3
```

继续输入：

```
rB=rank(B)
```

则输出：

```
rB =
     3
```

系数矩阵的秩等于增广矩阵的秩，且小于未知数的个数，因此，方程组有无数解，且解空间的维数为 1.

继续输入：

```
eta=A\b
```

则输出：

```
eta =
     1
     0
     1
     0
```

输入：

```
A * eta
```

则输出：

```
ans =
     1
     2
     3
```

易见,得到的结果确为方程组的解.

若输入:

```
eta=pinv(A) * b
```

则输出:

```
eta=
    0.4783
    0.5217
    0.8261
    0.3478
```

输入:

```
A * eta
```

则输出:

```
ans=
    1.0000
    2.0000
    3.0000
```

易见,得到的结果也是方程组的解.通过 x=A\b 或 x=pinv(A) * b,我们可以得到方程组的一个特解,下面我们继续使用 null 函数得到 $\boldsymbol{Ax}=\boldsymbol{b}$ 对应的齐次方程 $\boldsymbol{Ax}=\boldsymbol{0}$ 的基础解系.

继续输入:

```
xi=null(A)
```

则输出:

```
xi=
    -0.6255
     0.6255
    -0.2085
     0.4170
```

输入:

```
A * xi
```

则输出:

```
ans=
    1.0e-015  *
    0.3331
    0.3331
```

```
   -0.0555
```

易见,在误差允许的范围内 $\boldsymbol{xi}$ 确为 $\boldsymbol{Ax}=\boldsymbol{0}$ 的解,所以 $\boldsymbol{Ax}=\boldsymbol{b}$ 的通解可表示为 $\boldsymbol{x}=\boldsymbol{eta}+k\boldsymbol{xi}$,其中 k 为任意实数.

习题 7-4

1. 用 MATLAB 中的函数 rref 求:

(1) 习题 4-2 第 3 题中各齐次方程组系数矩阵的行最简形矩阵;

(2) 习题 4-3 第 4 题中各非齐次方程组增广矩阵的行最简形矩阵.

2. 用 MATLAB 中的函数 null 求习题 4-2 第 3 题中各齐次方程组的基础解系.

3. 用 MATLAB 中的函数 pinv 及 null,求习题 4-3 第 4 题中各非齐次方程组的特解及其对应的齐次方程组的基础解系.

7.5 用 MATLAB 求方阵的特征值及特征向量

MATLAB 中用 eig(A)计算方阵 $\boldsymbol{A}$ 的特征值,用[P,V] = eig(A)计算方阵 $\boldsymbol{A}$ 的特征值和特征向量,其中 $\boldsymbol{V}$ 为以 $\boldsymbol{A}$ 的特征值为对角线元素的对角矩阵,$\boldsymbol{P}$ 的列向量为对应的特征向量.

例 7.5.1 计算$\begin{pmatrix}1&2&2\\0&2&2\\0&0&2\end{pmatrix}$的特征值和特征向量.

在 MATLAB 的命令窗口中输入:

```
A=[1 2 2;0 2 2;0 0 2];
[P,V]=eig(A)
```

则输出:

```
P =

    1.0000    0.8944   -0.8944
         0    0.4472   -0.4472
         0         0    0.0000

V =

    1    0    0
```

```
     0     2     0
     0     0     2
```

从上述结果中,可以看出 $\boldsymbol{A}$ 有两个不同的特征根 1,2,且 2 是 2 重特征根,但对应于 2 的线性无关的特征向量最多只有一个,因此,$\boldsymbol{A}$ 无法对角化.

例 7.5.2 设 $\boldsymbol{A}=\begin{pmatrix}5 & -3 & 2\\ 6 & -4 & 4\\ 4 & -4 & 5\end{pmatrix}$,求可逆矩阵 $\boldsymbol{P}$,使 $\boldsymbol{P}^{-1}\boldsymbol{A}\boldsymbol{P}$ 为对角矩阵.

在 MATLAB 的命令窗口中输入:

```
A=[5 -3 2;6 -4 4;4 -4 5];
[P,V]=eig(A)
```

则输出:

```
P=
   -0.4082   -0.7071    0.3333
   -0.8165   -0.7071    0.6667
   -0.4082   -0.0000    0.6667
V=
    1.0000         0         0
         0    2.0000         0
         0         0    3.0000
```

根据线性代数的知识,我们知道,有 $\boldsymbol{P}^{-1}\boldsymbol{A}\boldsymbol{P}=\boldsymbol{V}$.通过 MATLAB,我们可以容易验证该结论.

在 MATLAB 的命令窗口中输入:

```
P^(-1)*A*P
```

则输出:

```
ans=
    1.0000   -0.0000    0.0000
    0.0000    2.0000   -0.0000
   -0.0000   -0.0000    3.0000
```

例 7.5.3 设 $\boldsymbol{A}=\begin{pmatrix}2 & 2 & -2\\ 2 & 5 & -4\\ -2 & -4 & 5\end{pmatrix}$,求正交矩阵 $\boldsymbol{Q}$,使 $\boldsymbol{Q}^{\mathrm{T}}\boldsymbol{A}\boldsymbol{Q}$ 为对角矩阵.

在 MATLAB 的命令窗口中输入:

```
A=[2 2 -2;2 5 -4;-2 -4 5];
[Q,V]=eig(A)
```

则输出:

```
Q=

   -0.2981    0.8944    0.3333
   -0.5963   -0.4472    0.6667
   -0.7454         0   -0.6667

V=

    1.0000         0         0
         0    1.0000         0
         0         0   10.0000
```

通过 MATLAB,我们容易验证 $\boldsymbol{Q}$ 为正交矩阵,且有 $\boldsymbol{Q}^{\mathrm{T}}\boldsymbol{A}\boldsymbol{Q}=\boldsymbol{V}$.

在 MATLAB 的命令窗口中输入:

```
Q'*Q
```

则输出:

```
ans=

    1.0000   -0.0000    0.0000
   -0.0000    1.0000         0
    0.0000         0    1.0000
```

输入:

```
Q'*A*Q
```

则输出:

```
ans=

    1.0000         0   -0.0000
    0.0000    1.0000   -0.0000
   -0.0000         0   10.0000
```

习题 7-5

1. 用 MATLAB 中的函数 eig 求 5.2 节中例 5.2.4、例 5.2.5 中矩阵的特征值、特征向量.

2. 用 MATLAB 中的函数 eig 求 5.3 节中例 5.3.4 中矩阵对应的对角矩阵 $\boldsymbol{\Lambda}$ 及可逆矩阵 $\boldsymbol{P}$,并验证 $\boldsymbol{P}^{-1}\boldsymbol{A}\boldsymbol{P}=\boldsymbol{\Lambda}$.

3. 用 MATLAB 中的函数 eig 求 5.4 节中例 5.4.1 中矩阵对应的对角矩阵 $\boldsymbol{\Lambda}$ 及正交矩阵 $\boldsymbol{Q}$,并验证 $\boldsymbol{Q}^{\mathrm{T}}\boldsymbol{Q}=\boldsymbol{E}$,$\boldsymbol{Q}^{\mathrm{T}}\boldsymbol{A}\boldsymbol{Q}=\boldsymbol{\Lambda}$.

7.6 MATLAB 在二次型中的应用

由于二次型可以和实对称矩阵建立一一对应的关系,因此求二次型标准形及所作的线性变换可由计算对应矩阵的特征值和特征向量得到,二次型的分类可以借助对应矩阵的特征值的计算或各阶顺序主子式的符号来判断.因此,我们可以方便地利用 MATLAB 中[Q,V] = eig(A)得到二次型的标准形及所作的线性变换,利用 MATLAB 中的 eig 或 det 函数判断二次型的类型.

例 7.6.1 用正交变换把二次型 $f(x_1,x_2,x_3)=2x_1^2-4x_1x_2+x_2^2-4x_2x_3$ 化为标准形,并写出所作的正交变换.

根据线性代数的知识,我们知道二次型 f 对应的矩阵 $\boldsymbol{A}=\begin{pmatrix}2&-2&0\\-2&1&-2\\0&-2&0\end{pmatrix}$.因此,在 MATLAB 的命令窗口中输入:

```
A=[2 -2 0;-2 1 -2;0 -2 0];
format rat
[Q,V]=eig(A)
```

则输出:

```
Q=
    -1/3        2/3       -2/3
    -2/3        1/3        2/3
    -2/3       -2/3       -1/3
V=
      -2          0          0
       0          1          0
       0          0          4
```

因此,作线性变换 $\boldsymbol{x}=\boldsymbol{Q}\boldsymbol{y}$,即

$$\begin{pmatrix} x_1 \\ x_2 \\ x_3 \end{pmatrix} = \begin{pmatrix} -\frac{1}{3} & \frac{2}{3} & -\frac{2}{3} \\ -\frac{2}{3} & \frac{1}{3} & \frac{2}{3} \\ -\frac{2}{3} & -\frac{2}{3} & -\frac{1}{3} \end{pmatrix} \begin{pmatrix} y_1 \\ y_2 \\ y_3 \end{pmatrix},$$

可得 f 的标准形为 $-2y_1^2+y_2^2+4y_3^2$.

例 7.6.2　判定下列二次型的正定性：

(1) $2x_1^2+5x_2^2+5x_3^2+4x_1x_2-4x_1x_3-8x_2x_3$；

(2) $-5x^2-6y^2-4z^2+4xy+4xz$；

(3) $2x_1x_2+2x_1x_3-6x_2x_3$.

方法一　用特征值法判断.

(1) 在 MATLAB 的命令窗口中输入：

```
A=[2 2 -2;2 5 -4;-2 -4 5] ;
format rat
eig(A)
```

则输出：

```
ans=
      1
      1
     10
```

因为矩阵 $\boldsymbol{A}$ 的特征值全为正数，所以此二次型为正定二次型.

(2) 在 MATLAB 的命令窗口中输入：

```
A=[-5 2 2; 2 -6 0;2 0 -4];
format rat
eig(A)
```

则输出：

```
ans=
     -8
     -5
     -2
```

因为矩阵 $\boldsymbol{A}$ 的特征值全为负数，所以此二次型为负定二次型.

(3) 在 MATLAB 的命令窗口中输入：

```
A=[0 1 1;1 0 -3;1 -3 0];
```

```
eig(A)
```
则输出:
```
ans =
   -3.5616
    0.5616
    3.0000
```
因为矩阵 $\boldsymbol{A}$ 的特征值有正数也有负数,所以此二次型为不定二次型.

方法二 利用各阶顺序主子式的符号判断.

(1) 在 MATLAB 的命令窗口中输入:
```
A=[2 2 -2;2 5 -4;-2 -4 5];
D1=det(A(1,1))
```
则输出:
```
D1 =
     2
```
输入:
```
D2=det(A(1:2,1:2))
```
则输出:
```
D2 =
     6
```
输入:
```
D3=det(A)
```
则输出:
```
D3 =
    10
```
因为各阶顺序主子式全为正,所以此二次型为正定二次型.

(2) 在 MATLAB 的命令窗口中输入:
```
A=[-5 2 2; 2 -6 0;2 0 -4];
D1=det(A(1,1))
```
则输出:
```
D1 =
    -5
```
输入:
```
D2=det(A(1:2,1:2))
```
则输出:

```
D2=
    26
```
输入:
```
D3=det(A)
```
则输出:
```
D3=
    -80
```
因为奇数阶顺序主子式全为负,偶数阶顺序主子式为正,所以此二次型为负定二次型.

(3) 在 MATLAB 的命令窗口中输入:
```
A=[0 1 1;1 0 -3;1 -3 0];
D1=det(A(1,1))
```
则输出:
```
D1=
    0
```
输入:
```
D2=det(A(1:2,1:2))
```
则输出:
```
D2=
    -1
```
输入:
```
D3=det(A)
```
则输出:
```
D3=
    -6
```
因为各阶顺序主子式不满足有定二次型的条件,所以此二次型为不定二次型.

对上述判断过程可用 function 关键字在 M 文件中定义函数,用分支结构if...else...语句和循环结构 for 语句编写代码来实现,为了简单,我们仅给出利用各阶顺序主子式判断给定矩阵是否正定的判定程序,具体如下:
```
function flag=isSymmetricPositiveDefinite(A)
%判定给定方阵 A 是否是正定矩阵
%返回结果 1 表示是,0 表示不是
```

```
if sum(abs(A-A'))==0          %判定 A 是否对称
    flag=1;
    for i=1:length(A)
    Ai=A(1:i,1:i);
    Di=det(Ai);
    if Di<=0
    flag=0;
    break;
    end
    end
else
    flag=0;
    disp('A is not symmetric!')
end
```

习题 7-6

1. 用 MATLAB 中的函数 eig 求习题 6-2 第 4 题中二次型对应的实对称矩阵 $\boldsymbol{A}$ 的标准形及正交矩阵 $\boldsymbol{Q}$,使 $\boldsymbol{Q}^{\mathrm{T}}\boldsymbol{A}\boldsymbol{Q}=\boldsymbol{\Lambda}$.

2. 利用二次型对应的矩阵,编写程序实现自动判断例 7.6.2 中的二次型的类型.

附　录

2014—2023年全国硕士研究生招生考试线性代数部分试题汇编

一、单项选择题

1. (2014年数一、数二、数三)行列式 $\begin{vmatrix} 0 & a & b & 0 \\ a & 0 & 0 & b \\ 0 & c & d & 0 \\ c & 0 & 0 & d \end{vmatrix} = (\quad)$.

A. $(ad-bc)^2$　　B. $-(ad-bc)^2$

C. $a^2d^2-b^2c^2$　　D. $b^2c^2-a^2d^2$

2. (2014年数一、数二、数三)设 $\boldsymbol{\alpha}_1,\boldsymbol{\alpha}_2,\boldsymbol{\alpha}_3$ 均为三维向量,则对任意常数 k,l,向量组 $\boldsymbol{\alpha}_1+k\boldsymbol{\alpha}_3,\boldsymbol{\alpha}_1+l\boldsymbol{\alpha}_3$ 线性无关是向量组 $\boldsymbol{\alpha}_1,\boldsymbol{\alpha}_2,\boldsymbol{\alpha}_3$ 线性无关的(　　).

A. 必要非充分条件

B. 充分非必要条件

C. 充分必要条件

D. 既非充分又非必要条件

3. (2015年数一、数二、数三)设 $\boldsymbol{A}=\begin{pmatrix} 1 & 1 & 1 \\ 1 & 2 & a \\ 1 & 4 & a^2 \end{pmatrix}$, $\boldsymbol{b}=\begin{pmatrix} 1 \\ d \\ d^2 \end{pmatrix}$,集合 $\Omega=\{1,2\}$,则 $\boldsymbol{Ax}=\boldsymbol{b}$ 有无

穷多解的充要条件是(　　).

A. $a\notin\Omega,d\notin\Omega$　　B. $a\notin\Omega,d\in\Omega$

C. $a\in\Omega,d\notin\Omega$　　D. $a\in\Omega,d\in\Omega$

4. (2015 年数一、数二、数三)二次型 $f(x_1,x_2,x_3)$ 在正交变换 $\boldsymbol{x}=\boldsymbol{P}\boldsymbol{y}$ 下的标准形为 $2y_1^2+y_2^2-y_3^2$, $\boldsymbol{P}=(\boldsymbol{e}_1,\boldsymbol{e}_2,\boldsymbol{e}_3)$,若 $\boldsymbol{Q}=(\boldsymbol{e}_1,-\boldsymbol{e}_3,\boldsymbol{e}_2)$,则 $f(x_1,x_2,x_3)$ 在正交变换 $\boldsymbol{x}=\boldsymbol{Q}\boldsymbol{y}$ 下标准形为(　　).

A. $2y_1^2-y_2^2+y_3^2$　B. $2y_1^2+y_2^2-y_3^2$　C. $2y_1^2-y_2^2-y_3^2$　D. $2y_1^2+y_2^2+y_3^2$

5. (2016 年数一) $f(x_1,x_2,x_3)=x_1^2+x_2^2+x_3^2+4x_1x_2+4x_1x_3+4x_2x_3$,则 $f(x_1,x_2,x_3)=2$ 在空间直角坐标系下表示二次曲面为(　　).

A. 单叶双曲面　　B. 双叶双曲面

C. 椭球面　　D. 柱面

6. (2016 年数二)设 $\boldsymbol{A},\boldsymbol{B}$ 是可逆矩阵,且 $\boldsymbol{A}$ 与 $\boldsymbol{B}$ 相似,则下列错误的是(　　).

A. $\boldsymbol{A}^{\mathrm{T}}$ 与 $\boldsymbol{B}^{\mathrm{T}}$ 相似　　B. $\boldsymbol{A}^{-1}$ 与 $\boldsymbol{B}^{-1}$ 相似

C. $\boldsymbol{A}+\boldsymbol{A}^{\mathrm{T}}$ 与 $\boldsymbol{B}+\boldsymbol{B}^{\mathrm{T}}$ 相似　　D. $\boldsymbol{A}+\boldsymbol{A}^{-1}$ 与 $\boldsymbol{B}+\boldsymbol{B}^{-1}$ 相似

7. (2016 年数二、数三) $f(x_1,x_2,x_3)=a(x_1^2+x_2^2+x_3^2)+2x_1x_2+2x_2x_3+2x_1x_3$ 正负惯性指数分别为 1,2,则(　　).

A. $a>1$　　B. $a<-2$

C. $-2<a<1$　　D. $a=1$ 或 $a=-2$

8. (2017 年数一、数三)设 $\boldsymbol{\alpha}$ 为 n 维单位列向量, $\boldsymbol{E}$ 为 n 阶单位矩阵,则下列正确的为(　　).

A. $\boldsymbol{E}-\boldsymbol{\alpha}\boldsymbol{\alpha}^{\mathrm{T}}$ 不可逆　　B. $\boldsymbol{E}+\boldsymbol{\alpha}\boldsymbol{\alpha}^{\mathrm{T}}$ 不可逆

C. $\boldsymbol{E}+2\boldsymbol{\alpha}\boldsymbol{\alpha}^{\mathrm{T}}$ 不可逆　　D. $\boldsymbol{E}-2\boldsymbol{\alpha}\boldsymbol{\alpha}^{\mathrm{T}}$ 不可逆

9. (2017 年数三)设矩阵 $\boldsymbol{A}=\begin{pmatrix}2&0&0\\0&2&1\\0&0&1\end{pmatrix}$, $\boldsymbol{B}=\begin{pmatrix}2&1&0\\0&2&0\\0&0&1\end{pmatrix}$, $\boldsymbol{C}=\begin{pmatrix}1&0&0\\0&2&0\\0&0&2\end{pmatrix}$,则(　　).

A. $\boldsymbol{A}$ 与 $\boldsymbol{C}$ 相似, $\boldsymbol{B}$ 与 $\boldsymbol{C}$ 相似

B. $\boldsymbol{A}$ 与 $\boldsymbol{C}$ 相似, $\boldsymbol{B}$ 与 $\boldsymbol{C}$ 不相似

C. $\boldsymbol{A}$ 与 $\boldsymbol{C}$ 不相似, $\boldsymbol{B}$ 与 $\boldsymbol{C}$ 相似

D. $\boldsymbol{A}$ 与 $\boldsymbol{C}$ 不相似, $\boldsymbol{B}$ 与 $\boldsymbol{C}$ 不相似

10. (2017 年数二)设 $\boldsymbol{A}$ 为三阶矩阵, $\boldsymbol{P}=(\boldsymbol{\alpha}_1,\boldsymbol{\alpha}_2,\boldsymbol{\alpha}_3)$ 为可逆矩阵,使

得 $\boldsymbol{P}^{-1}\boldsymbol{AP}=\begin{pmatrix}0&0&0\\0&1&0\\0&0&2\end{pmatrix}$，则 $\boldsymbol{A}(\boldsymbol{\alpha}_1,\boldsymbol{\alpha}_2,\boldsymbol{\alpha}_3)=($　　$)$.

A. $\boldsymbol{\alpha}_1+\boldsymbol{\alpha}_2$　　B. $\boldsymbol{\alpha}_2+2\boldsymbol{\alpha}_3$　　C. $\boldsymbol{\alpha}_2+\boldsymbol{\alpha}_3$　　D. $\boldsymbol{\alpha}_1+2\boldsymbol{\alpha}_2$

11.（2018 年数三）下列矩阵中与矩阵 $\begin{pmatrix}1&1&0\\0&1&1\\0&0&1\end{pmatrix}$ 相似的为(　　).

A. $\begin{pmatrix}1&1&-1\\0&1&1\\0&0&1\end{pmatrix}$　　B. $\begin{pmatrix}1&0&-1\\0&1&1\\0&0&1\end{pmatrix}$

C. $\begin{pmatrix}1&1&-1\\0&1&0\\0&0&1\end{pmatrix}$　　D. $\begin{pmatrix}1&0&-1\\0&1&0\\0&0&1\end{pmatrix}$

12.（2018 年数一）设 $\boldsymbol{A},\boldsymbol{B}$ 为 n 阶矩阵，记 $R(\boldsymbol{X})$ 为 $\boldsymbol{X}$ 的秩，$(\boldsymbol{X},\boldsymbol{Y})$ 为分块矩阵，则(　　).

A. $R(\boldsymbol{A},\boldsymbol{AB})=R(\boldsymbol{A})$

B. $R(\boldsymbol{A},\boldsymbol{BA})=R(\boldsymbol{A})$

C. $R(\boldsymbol{A},\boldsymbol{B})=\max\{R(\boldsymbol{A}),R(\boldsymbol{B})\}$

D. $R(\boldsymbol{A},\boldsymbol{B})=R(\boldsymbol{A}^{\mathrm{T}},\boldsymbol{B}^{\mathrm{T}})$

13.（2019 年数一、数二、数三）设 $\boldsymbol{A}$ 为三阶实对称矩阵，$\boldsymbol{E}$ 为三阶单位矩阵，$\boldsymbol{A}^2+2\boldsymbol{A}=\boldsymbol{E}$，$|\boldsymbol{A}|=4$，则二次型 $\boldsymbol{X}^{\mathrm{T}}\boldsymbol{AX}$ 的规范形为(　　).

A. $y_1^2+y_2^2+y_3^2$　　B. $y_1^2+y_2^2-y_3^2$

C. $y_1^2-y_2^2-y_3^2$　　D. $-y_1^2-y_2^2-y_3^2$

14.（2019 年数一）如图，有三张平面两两相交，交线相互平行，它们的方程为 $a_{i1}x+a_{i2}y+a_{i3}z=d_i(i=1,2,3)$，线性方程组的系数矩阵和增广矩阵分别为 $\boldsymbol{A},\widetilde{\boldsymbol{A}}$，则下列正确的是(　　).

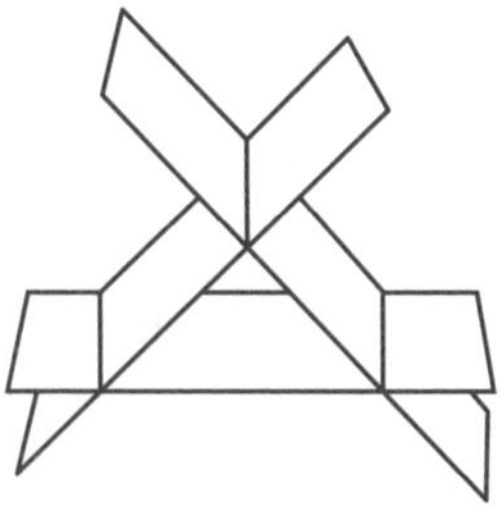

A. $R(\boldsymbol{A})=2,R(\widetilde{\boldsymbol{A}})=3$

B. $R(\boldsymbol{A})=2,R(\widetilde{\boldsymbol{A}})=2$

C. $R(\boldsymbol{A})=1,R(\widetilde{\boldsymbol{A}})=2$

D. $R(\boldsymbol{A})=1,R(\widetilde{\boldsymbol{A}})=1$

15.（2019 年数二、数三）设 $\boldsymbol{A}$ 是四阶矩阵，伴随矩阵 $\boldsymbol{A}^*$，若线性方程组 $\boldsymbol{Ax}=\boldsymbol{0}$ 的基础解系中只有 2 个解向量，则 $\boldsymbol{A}^*$ 的秩是（　　）.

A. 0　　B. 1　　C. 2　　D. 3

16.（2020 年数一）若矩阵 $\boldsymbol{A}$ 经初等列变换化成矩阵 $\boldsymbol{B}$，则（　　）.

A. 存在矩阵 $\boldsymbol{P}$，使得 $\boldsymbol{PA}=\boldsymbol{B}$　　B. 存在矩阵 $\boldsymbol{P}$，使得 $\boldsymbol{BP}=\boldsymbol{A}$

C. 存在矩阵 $\boldsymbol{P}$，使得 $\boldsymbol{PB}=\boldsymbol{A}$　　D. 方程组 $\boldsymbol{AX}=\boldsymbol{0}$ 与 $\boldsymbol{BX}=\boldsymbol{0}$ 同解

17.（2020 年数一）已知直线 $L_1:\dfrac{x-a_2}{a_1}=\dfrac{y-b_2}{b_1}=\dfrac{z-c_2}{c_1}$ 与直线 $L_2:\dfrac{x-a_3}{a_2}=\dfrac{y-b_3}{b_2}=\dfrac{z-c_3}{c_2}$ 相交于一点，法向量 $\boldsymbol{\alpha}_i=\begin{pmatrix}a_i\\b_i\\c_i\end{pmatrix}$，$i=1,2,3$，则（　　）.

A. $\boldsymbol{\alpha}_1$ 可由 $\boldsymbol{\alpha}_2$、$\boldsymbol{\alpha}_3$ 线性表示　　B. $\boldsymbol{\alpha}_2$ 可由 $\boldsymbol{\alpha}_1$、$\boldsymbol{\alpha}_3$ 线性表示

C. $\boldsymbol{\alpha}_3$ 可由 $\boldsymbol{\alpha}_1$、$\boldsymbol{\alpha}_2$ 线性表示　　D. $\boldsymbol{\alpha}_1$、$\boldsymbol{\alpha}_2$、$\boldsymbol{\alpha}_3$ 线性无关

18.（2020 年数二）设四阶矩阵 $\boldsymbol{A}=(a_{ij})$ 不可逆，a_{12} 的代数余子式 $A_{12}\neq 0$，$\boldsymbol{\alpha}_1,\boldsymbol{\alpha}_2,\boldsymbol{\alpha}_3,\boldsymbol{\alpha}_4$ 为 $\boldsymbol{A}$ 的列向量组，$\boldsymbol{A}^*$ 为 $\boldsymbol{A}$ 的伴随矩阵，则 $\boldsymbol{A}^*\boldsymbol{x}=\boldsymbol{0}$ 的通解为（　　）.

A. $\boldsymbol{x}=k_1\boldsymbol{\alpha}_1+k_2\boldsymbol{\alpha}_2+k_3\boldsymbol{\alpha}_3$，其中 k_1,k_2,k_3 为任意常数

B. $\boldsymbol{x}=k_1\boldsymbol{\alpha}_1+k_2\boldsymbol{\alpha}_2+k_3\boldsymbol{\alpha}_4$，其中 k_1,k_2,k_3 为任意常数

C. $\boldsymbol{x}=k_1\boldsymbol{\alpha}_1+k_2\boldsymbol{\alpha}_3+k_3\boldsymbol{\alpha}_4$，其中 k_1,k_2,k_3 为任意常数

D. $\boldsymbol{x}=k_1\boldsymbol{\alpha}_2+k_2\boldsymbol{\alpha}_3+k_3\boldsymbol{\alpha}_4$，其中 k_1,k_2,k_3 为任意常数

19.（2020 年数一、数二、数三）设 $\boldsymbol{A}$ 为三阶矩阵，$\boldsymbol{\alpha}_1,\boldsymbol{\alpha}_2$ 为 $\boldsymbol{A}$ 的属于特征值 1 的线性无关的特征向量，$\boldsymbol{\alpha}_3$ 为 $\boldsymbol{A}$ 的属于特征值 -1 的特征向量，则 $\boldsymbol{P}^{-1}\boldsymbol{AP}=\begin{pmatrix}1&0&0\\0&-1&0\\0&0&1\end{pmatrix}$ 的可逆矩阵 $\boldsymbol{P}$ 为（　　）.

A. $(\boldsymbol{\alpha}_1+\boldsymbol{\alpha}_3,\boldsymbol{\alpha}_2,-\boldsymbol{\alpha}_3)$　　B. $(\boldsymbol{\alpha}_1+\boldsymbol{\alpha}_2,\boldsymbol{\alpha}_2,-\boldsymbol{\alpha}_3)$

C. $(\boldsymbol{\alpha}_1+\boldsymbol{\alpha}_3,-\boldsymbol{\alpha}_3,\boldsymbol{\alpha}_2)$　　D. $(\boldsymbol{\alpha}_1+\boldsymbol{\alpha}_2,-\boldsymbol{\alpha}_3,\boldsymbol{\alpha}_2)$

20.（2021 年数一）二次型 $f(x_1,x_2,x_3)=(x_1+x_2)^2+(x_2+x_3)^2-(x_3-x_1)^2$ 的正惯性指数和负惯性指数为（　　）.

A. 2,0　　B. 1,1　　C. 2,1　　D. 1,2

21.（2021 年数一、数三）已知 $\boldsymbol{\alpha}_1=\begin{pmatrix}1\\0\\1\end{pmatrix}$，$\boldsymbol{\alpha}_2=\begin{pmatrix}1\\2\\1\end{pmatrix}$，$\boldsymbol{\alpha}_3=\begin{pmatrix}3\\1\\2\end{pmatrix}$，记 $\boldsymbol{\beta}_1=\boldsymbol{\alpha}_1$，

$\boldsymbol{\beta}_2=\boldsymbol{\alpha}_2-k\boldsymbol{\beta}_1, \boldsymbol{\beta}_3=\boldsymbol{\alpha}_3-l_1\boldsymbol{\beta}_1-l_2\boldsymbol{\beta}_2$，若 $\boldsymbol{\beta}_1,\boldsymbol{\beta}_2,\boldsymbol{\beta}_3$ 两两正交，则 l_1,l_2 依次为（　　）.

A. $\frac{5}{2},\frac{1}{2}$　　B. $-\frac{5}{2},\frac{1}{2}$　　C. $\frac{5}{2},-\frac{1}{2}$　　D. $-\frac{5}{2},-\frac{1}{2}$

22.（2021 年数一）设 $\boldsymbol{A},\boldsymbol{B}$ 为 n 阶实矩阵，下列不成立的是（　　）.

A. $r\begin{pmatrix}\boldsymbol{A} & \boldsymbol{O}\\ \boldsymbol{O} & \boldsymbol{A}^{\mathrm{T}}\boldsymbol{A}\end{pmatrix}=2r(\boldsymbol{A})$　　B. $r\begin{pmatrix}\boldsymbol{A} & \boldsymbol{AB}\\ \boldsymbol{O} & \boldsymbol{A}^{\mathrm{T}}\end{pmatrix}=2r(\boldsymbol{A})$

C. $r\begin{pmatrix}\boldsymbol{A} & \boldsymbol{BA}\\ \boldsymbol{O} & \boldsymbol{AA}^{\mathrm{T}}\end{pmatrix}=2r(\boldsymbol{A})$　　D. $r\begin{pmatrix}\boldsymbol{A} & \boldsymbol{O}\\ \boldsymbol{BA} & \boldsymbol{A}^{\mathrm{T}}\end{pmatrix}=2r(\boldsymbol{A})$

23.（2021 年数二）设三阶矩阵 $\boldsymbol{A}=(\boldsymbol{\alpha}_1,\boldsymbol{\alpha}_2,\boldsymbol{\alpha}_3), \boldsymbol{B}=(\boldsymbol{\beta}_1,\boldsymbol{\beta}_2,\boldsymbol{\beta}_3)$ 若向量组 $\boldsymbol{\alpha}_1,\boldsymbol{\alpha}_2,\boldsymbol{\alpha}_3$ 可由 $\boldsymbol{\beta}_1,\boldsymbol{\beta}_2,\boldsymbol{\beta}_3$ 线性表示，则可得（　　）.

A. $\boldsymbol{AX}=\boldsymbol{0}$ 的解为 $\boldsymbol{BX}=\boldsymbol{0}$ 的解

B. $\boldsymbol{A}^{\mathrm{T}}\boldsymbol{X}=\boldsymbol{0}$ 的解均为 $\boldsymbol{B}^{\mathrm{T}}\boldsymbol{X}=\boldsymbol{0}$ 的解

C. $\boldsymbol{BX}=\boldsymbol{0}$ 的解均为 $\boldsymbol{AX}=\boldsymbol{0}$ 的解

D. $\boldsymbol{B}^{\mathrm{T}}\boldsymbol{X}=\boldsymbol{0}$ 的解为 $\boldsymbol{A}^{\mathrm{T}}\boldsymbol{X}=\boldsymbol{0}$ 的解

24.（2022 年数一）下列是 $\boldsymbol{A}_{3\times 3}$ 可对角化的充分而非必要条件是（　　）.

A. $\boldsymbol{A}$ 有 3 个不同特征值

B. $\boldsymbol{A}$ 有 3 个无关特征向量

C. $\boldsymbol{A}$ 有 3 个两两无关特征向量

D. $\boldsymbol{A}$ 不同特征值对应的特征向量正交

25.（2022 年数一、数二）设 $\boldsymbol{\alpha}_1=\begin{pmatrix}\lambda\\1\\1\end{pmatrix}, \boldsymbol{\alpha}_2=\begin{pmatrix}1\\ \lambda\\1\end{pmatrix}, \boldsymbol{\alpha}_3=\begin{pmatrix}1\\1\\ \lambda\end{pmatrix}, \boldsymbol{\alpha}_4=\begin{pmatrix}1\\ \lambda\\ \lambda^2\end{pmatrix}$. 若 $\boldsymbol{\alpha}_1,\boldsymbol{\alpha}_2,\boldsymbol{\alpha}_3$ 与 $\boldsymbol{\alpha}_1,\boldsymbol{\alpha}_2,\boldsymbol{\alpha}_4$ 等价，则 λ 的取值范围是（　　）.

A. $\{0,1\}$　　B. $\{\lambda \mid \lambda\neq -2, \lambda\in \mathbf{R}\}$

C. $\{\lambda \mid \lambda\neq -1, \lambda\neq -2, \lambda\in \mathbf{R}\}$　　D. $\{\lambda \mid \lambda\neq -1, \lambda\in \mathbf{R}\}$

26.（2022 年数二）设 $\boldsymbol{A}$ 为三阶矩阵，$\boldsymbol{\Lambda}=\begin{pmatrix}1 & & \\ & -1 & \\ & & 0\end{pmatrix}$，$\boldsymbol{A}$ 的特征值为 $1,-1,0$ 的充分必要条件为（　　）.

A. 存在可逆矩阵 $\boldsymbol{P},\boldsymbol{Q}$，使得 $\boldsymbol{A}=\boldsymbol{P\Lambda Q}$

B. 存在可逆矩阵 $\boldsymbol{P},\boldsymbol{P}^{-1}$ 使得 $\boldsymbol{A}=\boldsymbol{P\Lambda P}^{-1}$

C. 存在正交矩阵 $\boldsymbol{Q},\boldsymbol{Q}^{-1}$ 使得 $\boldsymbol{A}=\boldsymbol{Q\Lambda Q}^{-1}$

D. 存在可逆矩阵 $\boldsymbol{P}$，使得 $\boldsymbol{A}=\boldsymbol{P\Lambda P}^{\mathrm{T}}$

27.（2022 年数二）设 $\boldsymbol{A}=\begin{pmatrix}1&1&1\\1&a&a^2\\1&b&b^2\end{pmatrix}$，$\boldsymbol{b}=\begin{pmatrix}1\\2\\4\end{pmatrix}$则 $\boldsymbol{Ax}=\boldsymbol{b}$ 的解的情况为(　　).

A. 无解　　　　B. 有解

C. 有无穷多解或无解　　　　D. 有唯一解或无解

28.（2023 年数一）已知 n 阶矩阵 $\boldsymbol{A},\boldsymbol{B},\boldsymbol{C}$ 满足 $\boldsymbol{ABC}=\boldsymbol{O}$，$\boldsymbol{E}$ 为 n 阶单位矩阵，记 $\begin{pmatrix}\boldsymbol{O}&\boldsymbol{A}\\\boldsymbol{BC}&\boldsymbol{E}\end{pmatrix}$，$\begin{pmatrix}\boldsymbol{AB}&\boldsymbol{C}\\\boldsymbol{O}&\boldsymbol{E}\end{pmatrix}$，$\begin{pmatrix}\boldsymbol{E}&\boldsymbol{AB}\\\boldsymbol{AB}&\boldsymbol{O}\end{pmatrix}$ 的秩分别为 r_1,r_2,r_3，则(　　).

A. $r_1\leqslant r_2\leqslant r_3$　　B. $r_1\leqslant r_3\leqslant r_2$　　C. $r_3\leqslant r_1\leqslant r_2$　　D. $r_2\leqslant r_1\leqslant r_3$

29.（2023 年数一）下列矩阵不能相似于对角矩阵的是(　　).

A. $\begin{pmatrix}1&1&a\\0&2&2\\0&0&3\end{pmatrix}$　　　　B. $\begin{pmatrix}1&1&a\\1&2&0\\a&0&3\end{pmatrix}$

C. $\begin{pmatrix}1&1&a\\0&2&0\\0&0&2\end{pmatrix}$　　　　D. $\begin{pmatrix}1&1&a\\0&2&2\\0&0&2\end{pmatrix}$

30.（2023 年数一、数二）已知向量 $\boldsymbol{\alpha}_1=\begin{pmatrix}1\\2\\3\end{pmatrix}$，$\boldsymbol{\alpha}_2=\begin{pmatrix}2\\1\\1\end{pmatrix}$，$\boldsymbol{\beta}_1=\begin{pmatrix}2\\5\\9\end{pmatrix}$，$\boldsymbol{\beta}_2=\begin{pmatrix}1\\0\\1\end{pmatrix}$.若 $\boldsymbol{\gamma}$ 既可 $\boldsymbol{\alpha}_1,\boldsymbol{\alpha}_2$ 线性表示，也可以由 $\boldsymbol{\beta}_1,\boldsymbol{\beta}_2$ 线性表示，则 $\boldsymbol{\gamma}=$(　　).

A. $k\begin{pmatrix}3\\3\\4\end{pmatrix}$，$k\in\mathbf{R}$　　　　B. $k\begin{pmatrix}3\\5\\10\end{pmatrix}$，$k\in\mathbf{R}$

C. $k\begin{pmatrix}-1\\1\\2\end{pmatrix}$，$k\in\mathbf{R}$　　　　D. $k\begin{pmatrix}1\\5\\8\end{pmatrix}$，$k\in\mathbf{R}$

31.（2023 年数二）设 $\boldsymbol{A},\boldsymbol{B}$ 为 n 阶可逆矩阵，$\boldsymbol{E}$ 为 n 阶单位矩阵，$\boldsymbol{M}^*$ 为矩阵 $\boldsymbol{M}$ 的伴随矩阵，则$\begin{pmatrix}\boldsymbol{A}&\boldsymbol{E}\\\boldsymbol{O}&\boldsymbol{B}\end{pmatrix}^*=$(　　).

A. $\begin{pmatrix} |A|B^* & -B^*A^* \\ O & A^*B^* \end{pmatrix}$　　B. $\begin{pmatrix} |A|B^* & -A^*B^* \\ O & |B|A^* \end{pmatrix}$

C. $\begin{pmatrix} |B|A^* & -B^*A^* \\ O & |A|B^* \end{pmatrix}$　　D. $\begin{pmatrix} |B|A^* & -A^*B^* \\ O & |A|B^* \end{pmatrix}$

32. (2023 年数二) 二次型 $f(x_1,x_2,x_3)=(x_1+x_2)^2+(x_1+x_3)^2-4(x_2-x_3)^2$ 的规范形为(　　).

A. $y_1^2+y_2^2$　　B. $y_1^2-y_2^2$　　C. $y_1^2+y_2^2-4y_3^2$　　D. $y_1^2+y_2^2-y_3^2$

二、填空题

1. (2014 年数一、数二、数三)设二次型 $f(x_1,x_2,x_3)=x_1^2-x_2^2+2ax_1x_3+4x_2x_3$ 的负惯性指数是 1,则 a 的取值范围________.

2. (2015 年数一)n 阶行列式 $\begin{vmatrix} 2 & 0 & \cdots & 0 & 2 \\ -1 & 2 & \cdots & 0 & 2 \\ \vdots & \vdots & & \vdots & \vdots \\ 0 & 0 & \cdots & 2 & 2 \\ 0 & 0 & \cdots & -1 & 2 \end{vmatrix}$=________.

3. (2015 年数二、数三)三阶矩阵 A 的特征值为 $2,-2,1$,$B=A^2-A+E$,则 $|B|$=________.

4. (2016 年数一、数三) $\begin{vmatrix} \lambda & -1 & 0 & 0 \\ 0 & \lambda & -1 & 0 \\ 0 & 0 & \lambda & -1 \\ 4 & 3 & 2 & \lambda+1 \end{vmatrix}$=________.

5. (2017 年数一、数三)$A=\begin{pmatrix} 1 & 0 & 1 \\ 1 & 1 & 2 \\ 0 & 1 & 1 \end{pmatrix}$,$\alpha_1,\alpha_2,\alpha_3$ 为线性无关三维列向量,$A\alpha_1,A\alpha_2,A\alpha_3$ 的秩为________.

6. (2017 年数二) 矩阵 $A=\begin{pmatrix} 4 & 1 & -2 \\ 1 & 2 & a \\ 3 & 1 & -1 \end{pmatrix}$ 的一个特征向量 $\begin{pmatrix} 1 \\ 1 \\ 2 \end{pmatrix}$,则 a=________.

7. (2018 年数一)设二阶矩阵 A 有两个不同特征值,α_1,α_2 是 A 线性无关的特征向量,且满足 $A^2(\alpha_1+\alpha_2)=\alpha_1+\alpha_2$,则 $|A|$=________.

8. (2018 年数三)设 A 为三阶矩阵,$\alpha_1,\alpha_2,\alpha_3$ 为线性无关的向量组,

满足 $\boldsymbol{A\alpha}_1=2\boldsymbol{\alpha}_1+\boldsymbol{\alpha}_2+\boldsymbol{\alpha}_3$，$\boldsymbol{A\alpha}_2=2\boldsymbol{\alpha}_2+\boldsymbol{\alpha}_3$，$\boldsymbol{A\alpha}_3=-\boldsymbol{\alpha}_2+\boldsymbol{\alpha}_3$，则 $\boldsymbol{A}$ 的实特征值为________.

9.（2019 年数一）$\boldsymbol{A}=(\boldsymbol{\alpha}_1,\boldsymbol{\alpha}_2,\boldsymbol{\alpha}_3)$ 为三阶矩阵，$\boldsymbol{\alpha}_1,\boldsymbol{\alpha}_2$ 线性无关，$\boldsymbol{\alpha}_3=-\boldsymbol{\alpha}_1+2\boldsymbol{\alpha}_2$，则齐次线性方程组 $\boldsymbol{AX}=\boldsymbol{0}$ 的通解为________.

10.（2019 年数二）设行列式 $D=\begin{vmatrix}1&-1&0&0\\-2&1&-1&1\\3&-2&2&-1\\0&0&3&4\end{vmatrix}$，$A_{ij}$ 表示 D 中 (i,j) 元的代数余子式，则 $A_{11}-A_{12}=$________.

11.（2019 年数三）已知 $\boldsymbol{A}=\begin{pmatrix}1&0&-1\\1&1&-1\\0&1&a^2-1\end{pmatrix}$，$\boldsymbol{b}=\begin{pmatrix}0\\1\\a\end{pmatrix}$，若线性方程组 $\boldsymbol{Ax}=\boldsymbol{b}$ 有无穷多解，则 $a=$________.

12.（2020 年数一、数二、数三）$\begin{vmatrix}a&0&-1&1\\0&a&1&-1\\-1&1&a&0\\1&-1&0&a\end{vmatrix}=$________.

13.（2021 年数一）设 $\boldsymbol{A}=(a_{ij})$ 为三阶矩阵，A_{ij} 为代数余子式，若 $\boldsymbol{A}$ 的各行元素之和为 2，$|\boldsymbol{A}|=3$，则 $A_{11}+A_{21}+A_{31}=$________.

14.（2021 年数二）$f(x)=\begin{vmatrix}x&x&1&2x\\1&x&2&-1\\2&1&x&1\\2&-1&1&x\end{vmatrix}$ 中 x^3 项系数为________.

15.（2022 年数一）已知矩阵 $\boldsymbol{A}$ 和 $\boldsymbol{E}-\boldsymbol{A}$ 可逆，其中 $\boldsymbol{E}$ 为单位矩阵，若矩阵 $\boldsymbol{B}$ 满足 $(\boldsymbol{E}-(\boldsymbol{E}-\boldsymbol{A})^{-1})\boldsymbol{B}=\boldsymbol{A}$，则 $\boldsymbol{B}-\boldsymbol{A}=$________.

16.（2022 年数二）设 $\boldsymbol{A}$ 为三阶矩阵，交换 $\boldsymbol{A}$ 的第 2 行和第 3 行，再将第 2 列的 −1 倍加到第 1 列，得到矩阵 $\boldsymbol{B}$ 满足 $\begin{pmatrix}-2&1&-1\\1&-1&0\\-1&0&0\end{pmatrix}$，则 $\boldsymbol{A}^{-1}$ 的迹 $\mathrm{tr}(\boldsymbol{A}^{-1})=$________.

17.（2023 年数一）设向量 $\boldsymbol{\alpha}_1=\begin{pmatrix}1\\0\\1\\1\end{pmatrix}$，$\boldsymbol{\alpha}_2=\begin{pmatrix}-1\\-1\\0\\1\end{pmatrix}$，$\boldsymbol{\alpha}_3=\begin{pmatrix}0\\1\\1\\-1\end{pmatrix}$，$\boldsymbol{\beta}_1=\begin{pmatrix}1\\1\\1\\-1\end{pmatrix}$.

若 $\boldsymbol{\gamma}=k_1\boldsymbol{\alpha}_1+k_2\boldsymbol{\alpha}_2+k_3\boldsymbol{\alpha}_3$，若 $\boldsymbol{\gamma}^{\mathrm{T}}\boldsymbol{\alpha}_i=\boldsymbol{\beta}^{\mathrm{T}}\boldsymbol{\alpha}_i\ (i=1,2,3)$，则 $k_1^2+k_2^2+k_3^2=$________.

18.（2023 年数二、数三）已知线性方程组 $\begin{cases} ax_1+x_3=1, \\ x_1+ax_2+x_3=0, \\ x_1+2x_2+ax_3=0, \\ ax_1+bx_2=2 \end{cases}$ 有解，其中 a,b 为任意常数，若 $\begin{vmatrix} a & 0 & 1 \\ 1 & a & 1 \\ 1 & 2 & a \end{vmatrix}=4$，则 $\begin{vmatrix} 1 & a & 1 \\ 1 & 2 & a \\ a & b & 0 \end{vmatrix}=$________.

三、解答证明题

1.（2014 年数一、数二、数三）证明 n 阶矩阵 $\begin{pmatrix} 1 & 1 & \cdots & 1 \\ 1 & 1 & \cdots & 1 \\ \vdots & \vdots & & \vdots \\ 1 & 1 & \cdots & 1 \end{pmatrix}$ 与 $\begin{pmatrix} 0 & \cdots & 0 & 1 \\ 0 & \cdots & 0 & 2 \\ \vdots & & \vdots & \vdots \\ 0 & \cdots & 0 & n \end{pmatrix}$ 相似.

2.（2015 年数一）设 $\boldsymbol{\alpha}_1,\boldsymbol{\alpha}_2,\boldsymbol{\alpha}_3$ 为 $\mathbf{R}^3$ 的一个基，$\boldsymbol{\beta}_1=2\boldsymbol{\alpha}_1+2k\boldsymbol{\alpha}_3$，$\boldsymbol{\beta}_2=2\boldsymbol{\alpha}_2$，$\boldsymbol{\beta}_3=\boldsymbol{\alpha}_1+(k+1)\boldsymbol{\alpha}_3$，

（1）证明 $\boldsymbol{\beta}_1,\boldsymbol{\beta}_2,\boldsymbol{\beta}_3$ 为 $\mathbf{R}^3$ 的一个基；

（2）当 k 为何值时，非零向量 $\boldsymbol{\xi}$ 在基 $\boldsymbol{\alpha}_1,\boldsymbol{\alpha}_2,\boldsymbol{\alpha}_3$ 和 $\boldsymbol{\beta}_1,\boldsymbol{\beta}_2,\boldsymbol{\beta}_3$ 下坐标相同，并求所有的 $\boldsymbol{\xi}$.

3.（2015 年数一、数三）$\boldsymbol{A}=\begin{pmatrix} 0 & 2 & -3 \\ -1 & 3 & -3 \\ 1 & -2 & a \end{pmatrix}$ 相似于 $\boldsymbol{B}=\begin{pmatrix} 1 & -2 & 0 \\ 0 & b & 0 \\ 0 & 3 & 1 \end{pmatrix}$，

（1）求 a,b；（2）求 $\boldsymbol{P}$，使 $\boldsymbol{P}^{-1}\boldsymbol{AP}$ 为对角矩阵.

4.（2015 年数二、数三）$\boldsymbol{A}=\begin{pmatrix} a & 1 & 0 \\ 1 & a & -1 \\ 0 & 1 & a \end{pmatrix}$ 且 $\boldsymbol{A}^3=\boldsymbol{O}$，

（1）求 a；（2）$\boldsymbol{X}-\boldsymbol{XA}^2-\boldsymbol{AX}+\boldsymbol{AXA}^2=\boldsymbol{E}$，求 $\boldsymbol{X}$.

5.（2016年数一）$A=\begin{pmatrix}1&-1&-1\\2&a&1\\-1&1&a\end{pmatrix}$，$B=\begin{pmatrix}2&2\\0&a\\-a-1&-2\end{pmatrix}$，当$a$取何值时，$Ax=B$无解、有唯一解、无穷多解.有解时求解.

6.（2016年数一、数二、数三）$A=\begin{pmatrix}0&1&-1\\2&-3&0\\0&0&0\end{pmatrix}$，

（1）求A^{99}；

（2）$B=(\alpha_1,\alpha_2,\alpha_3)$，$B^2=BA$，$B^{100}=(\beta_1,\beta_2,\beta_3)$将$\beta_1,\beta_2,\beta_3$表示为$\alpha_1,\alpha_2,\alpha_3$线性组合.

7.（2016年数二、数三）$A=\begin{pmatrix}1&1&1-a\\1&0&a\\a+1&1&a+1\end{pmatrix}$，$\beta=\begin{pmatrix}0\\1\\2a-2\end{pmatrix}$且方程组$Ax=\beta$无解，

（1）求a的值；（2）求方程组$A^{\mathrm{T}}Ax=A^{\mathrm{T}}\beta$的通解.

8.（2017年数一、数三）设三阶矩阵$A=(\alpha_1,\alpha_2,\alpha_3)$有3个不同特征值，且$\alpha_3=\alpha_1+2\alpha_2$，

（1）证明$r(A)=2$；（2）若$\beta=\alpha_1+\alpha_2+\alpha_3$，求方程组$Ax=\beta$的通解.

9.（2017年数一、数三）设二次型$f(x_1,x_2,x_3)=2x_1^2-x_2^2+ax_3^2+2x_1x_2-8x_1x_3+2x_2x_3$在正交变换$x=Qy$下标准形为$\lambda_1y_1^2+\lambda_2y_2^2$，求$a$的值及正交矩阵$Q$.

10.（2018年数一）设实二次型$f(x_1,x_2,x_3)=(x_1-x_2+x_3)^2+(x_2+x_3)^2+(x_1+ax_3)^2$，$a$为参数，

（1）求$f(x_1,x_2,x_3)=0$的解；（2）求$f(x_1,x_2,x_3)$的规范形.

11.（2018年数一、数二、数三）已知a为常数且矩阵$A=\begin{pmatrix}1&2&a\\1&3&0\\2&7&-a\end{pmatrix}$可经初等变换化为矩阵$B=\begin{pmatrix}1&a&2\\0&1&1\\-1&1&1\end{pmatrix}$，（1）求$a$；（2）求满足$AP=B$的可逆矩阵$P$.

12.（2019年数一）已知$\alpha_1=\begin{pmatrix}1\\2\\1\end{pmatrix}$，$\alpha_2=\begin{pmatrix}1\\3\\2\end{pmatrix}$，$\alpha_3=\begin{pmatrix}1\\a\\3\end{pmatrix}$为$\mathbf{R}^3$的一个基，

$\boldsymbol{\beta}=\begin{pmatrix}1\\1\\1\end{pmatrix}$在此基下坐标为$\begin{pmatrix}b\\c\\1\end{pmatrix}$,

(1) 求 a,b,c;

(2) 证明 $\boldsymbol{\alpha}_2,\boldsymbol{\alpha}_3,\boldsymbol{\beta}$ 为 $\mathbf{R}^3$ 的一个基,求 $\boldsymbol{\alpha}_2,\boldsymbol{\alpha}_3,\boldsymbol{\beta}$ 到 $\boldsymbol{\alpha}_1,\boldsymbol{\alpha}_2,\boldsymbol{\alpha}_3$ 的过渡矩阵.

13. (2019 年数一、数二) 设 $\boldsymbol{A}=\begin{pmatrix}-2&-2&1\\2&x&-2\\0&0&-2\end{pmatrix}$ 与 $\boldsymbol{B}=\begin{pmatrix}2&1&0\\0&-1&0\\0&0&y\end{pmatrix}$相似,

(1) 求 x 与 y;(2) 求可逆矩阵 $\boldsymbol{P}$,使 $\boldsymbol{P}^{-1}\boldsymbol{AP}=\boldsymbol{B}$.

14. (2019 年数二)已知向量组(Ⅰ) $\boldsymbol{\alpha}_1=\begin{pmatrix}1\\1\\4\end{pmatrix},\boldsymbol{\alpha}_2=\begin{pmatrix}1\\0\\4\end{pmatrix},\boldsymbol{\alpha}_3=\begin{pmatrix}1\\2\\a^2+3\end{pmatrix}$与(Ⅱ) $\boldsymbol{\beta}_1=\begin{pmatrix}1\\1\\a+3\end{pmatrix},\boldsymbol{\beta}_2=\begin{pmatrix}0\\2\\1-a\end{pmatrix},\boldsymbol{\beta}_3=\begin{pmatrix}1\\3\\a^2+3\end{pmatrix}$等价,求 a 的取值,并将 $\boldsymbol{\beta}_3$ 用 $\boldsymbol{\alpha}_1,\boldsymbol{\alpha}_2,\boldsymbol{\alpha}_3$ 线性表示.

15. (2020 年数一、数三)二次型 $f(x_1,x_2)=x_1^2-4x_1x_2+4x_2^2$ 经正交变换$\begin{pmatrix}x_1\\x_2\end{pmatrix}=\boldsymbol{Q}\begin{pmatrix}y_1\\y_2\end{pmatrix}$化为二次型 $f(x_1,x_2)=ay_1^2+4y_1y_2+by_2^2$,其中 $a\geqslant b$,

(1) 求 a,b;(2) 求正交矩阵 $\boldsymbol{Q}$.

16. (2020 年数一、数二、数三)设 $\boldsymbol{A}$ 是二阶矩阵 $\boldsymbol{P}=(\boldsymbol{\alpha},\boldsymbol{A\alpha})$,其中 $\boldsymbol{\alpha}$ 为非零向量,且不是 $\boldsymbol{A}$ 的特征向量,

(1) 证明 $\boldsymbol{P}$ 可逆;(2) 若 $\boldsymbol{A}^2\boldsymbol{\alpha}+\boldsymbol{A\alpha}-6\boldsymbol{\alpha}=\boldsymbol{0}$,求 $\boldsymbol{P}^{-1}\boldsymbol{AP}$,并判断 $\boldsymbol{A}$ 是否可相似对角化.

17. (2020 年数二)二次型 $f(x_1,x_2,x_3)=x_1^2+x_2^2+x_3^2+2ax_1x_2+2ax_1x_3+2ax_2x_3$ 经可逆变换$\begin{pmatrix}x_1\\x_2\\x_3\end{pmatrix}=\boldsymbol{P}\begin{pmatrix}y_1\\y_2\\y_3\end{pmatrix}$化为 $g(x_1,x_2,x_3)=y_1^2+y_2^2+4y_3^2+2y_1y_2$,

(1) 求 a;(2) 可逆矩阵 $\boldsymbol{P}$.

18.（2021 年数一、数二、数三）设矩阵 $\boldsymbol{A}=\begin{pmatrix} a & 1 & -1 \\ 1 & a & -1 \\ -1 & -1 & a \end{pmatrix}$，

（1）求正交矩阵 $\boldsymbol{P}$，使 $\boldsymbol{P}^{\mathrm{T}}\boldsymbol{AP}$ 为对角矩阵；

（2）求正定矩阵 $\boldsymbol{C}$，使得 $\boldsymbol{C}^2=(a+3)\boldsymbol{E}-\boldsymbol{A}$，$\boldsymbol{E}$ 为三阶单位矩阵.

19.（2021 年数二）设矩阵 $\boldsymbol{A}=\begin{pmatrix} 2 & 1 & 0 \\ 1 & 2 & 0 \\ 1 & a & b \end{pmatrix}$ 仅有 2 个不同特征值，若 $\boldsymbol{A}$ 相似于对角矩阵，求 a,b 的值，并求可逆矩阵 $\boldsymbol{P}$，使 $\boldsymbol{P}^{-1}\boldsymbol{AP}$ 为对角矩阵.

20.（2022 年数一）设二次型 $f(x_1,x_2,x_3)=\sum\limits_{i=1}^{3}\sum\limits_{j=1}^{3} ijx_ix_j$，

（1）求二次型 $f(x_1,x_2,x_3)$ 的矩阵；

（2）求正交矩阵 $\boldsymbol{Q}$，使正交变换 $\boldsymbol{x}=\boldsymbol{Qy}$ 化二次型 $f(x_1,x_2,x_3)$ 为标准形；

（3）求 $f(x_1,x_2,x_3)=0$ 的解.

21.（2022 年数二）设二次型 $f(x_1,x_2,x_3)=3x_1^2+4x_2^2+3x_3^2+2x_1x_3$，

（1）求正交变换 $\boldsymbol{x}=\boldsymbol{Qy}$ 化二次型 $f(x_1,x_2,x_3)$ 为标准形；

（2）证明 $\lim\limits_{x\to\infty}\dfrac{f(\boldsymbol{x})}{\boldsymbol{x}^{\mathrm{T}}\boldsymbol{x}}=2$.

22.（2023 年数一）设二次型 $f(x_1,x_2,x_3)=x_1^2+2x_2^2+2x_3^2+2x_1x_2-2x_1x_3$ 和 $g(y_1,y_2,y_3)=y_1^2+y_2^2+y_3^2+2y_2y_3$，

（1）求可逆线性变换 $\boldsymbol{x}=\boldsymbol{Qy}$，将 $f(x_1,x_2,x_3)$ 化为 $g(y_1,y_2,y_3)$；

（2）是否存在正交变换 $\boldsymbol{x}=\boldsymbol{Qy}$ 将 $f(x_1,x_2,x_3)$ 化为 $g(y_1,y_2,y_3)$？

23.（2023 年数二）设矩阵 $\boldsymbol{A}$ 满足：对任意 x_1,x_2,x_3 均有 $\boldsymbol{A}\begin{pmatrix} x_1 \\ x_2 \\ x_3 \end{pmatrix}=\begin{pmatrix} x_1+x_2+x_3 \\ 2x_1-x_2+x_3 \\ x_2-x_3 \end{pmatrix}$，

（1）求 $\boldsymbol{A}$；（2）求可逆矩阵 $\boldsymbol{P}$ 和对角矩阵 $\boldsymbol{\Lambda}$，使得 $\boldsymbol{P}^{-1}\boldsymbol{AP}=\boldsymbol{\Lambda}$.

习题答案与提示

附录

参考文献

[1] 李世栋,乐经良,冯卫国,等.线性代数.北京:科学出版社,2004.

[2] 孟昭为,孙锦萍,赵文玲.线性代数.北京:科学出版社,2004.

[3] 王纪林.线性代数.北京:科学出版社,2004.

[4] 郝志峰,谢国瑞,汪国强.线性代数.2 版.北京:高等教育出版社,2003.

[5] 同济大学数学科学学院.工程数学——线性代数.7 版.北京:高等教育出版社,2023.

[6] 华中科技大学数学系.线性代数学习辅导与习题全解.北京:高等教育出版社,2003.

[7] 陈殿友,术洪亮.线性代数.北京:清华大学出版社,2006.

[8] 汪雷,宋向东.线性代数及其应用.北京:高等教育出版社,2003.

[9] 胡显佑.线性代数.北京:中国商业出版社,2006.

[10] 宋兆基,徐流美.MATLAB6.5 在科学计算中的应用.北京:清华大学出版社,2005.

[11] 苏金明,阮沈勇.MATLAB 实用教程.北

京:电子工业出版社,2006.

[12] David C.Lay.线性代数及其应用.刘深泉,洪毅,马东魁,等,译.北京:机械工业出版社,2012.

[13] 上海交通大学数学系.线性代数.2版.北京:科学出版社,2000.

[14] 戴斌祥.线性代数.北京:北京邮电大学出版社,2009.

[15] 李尚志.线性代数.北京:高等教育出版社,2014.

[16] 杨刚,吴惠彬.线性代数.北京:北京理工大学出版社,2002.

[17] 居余马,杜翠琴.线性代数简明教程.北京:清华大学出版社,2004.

读者意见反馈

为收集对教材的意见建议,进一步完善教材编写并做好服务工作,读者可将对本教材的意见建议通过如下渠道反馈至我社。

咨询电话　400-810-0598

反馈邮箱　hepsci@pub.hep.cn

通信地址　北京市朝阳区惠新东街4号富盛大厦1座

　　　　　高等教育出版社理科事业部

邮政编码　100029